U0233244

# 第三种存在

## 从通用智能到超级智能

朱嘉明 —— 著

THE THIRD BEING

From Artificial General Intelligence
to Artificial Super Intelligence

中国出版集团

中译出版社

**图书在版编目（CIP）数据**

第三种存在：从通用智能到超级智能 / 朱嘉明著 .
北京：中译出版社 , 2025. 3. -- ISBN 978-7-5001
-8133-0（2025.5 重印）

Ⅰ . TP18-49

中国国家版本馆 CIP 数据核字第 2025DB3024 号

第三种存在：从通用智能到超级智能

DI-SAN ZHONG CUNZAI: CONG TONGYONG ZHINENG DAO CHAOJI ZHINENG

著　　者：朱嘉明
策划编辑：龙彬彬
责任编辑：龙彬彬　田玉肖　李晟月

出版发行：中译出版社
地　　址：北京市西城区新街口外大街 28 号 102 号楼 4 层
电　　话：（010）68002494（编辑部）
邮　　编：100088
电子邮箱：book@ctph.com.cn
网　　址：http://www.ctph.com.cn

印　　刷：北京中科印刷有限公司
经　　销：新华书店
规　　格：710 mm×1000 mm　1/16
印　　张：34
字　　数：424 千字
版　　次：2025 年 3 月第 1 版
印　　次：2025 年 5 月第 3 次印刷

ISBN 978-7-5001-8133-0　　　　　定价：128.00 元

根据海德格尔哲学：存在首先是存在者的存在。如今，人工智能已经成为一种真实的存在者，一种正在与人类平起平坐的存在者。所以，人工智能成为一种全新的存在，即本书所说的，与物质与精神所并列的"第三种存在"。

朱嘉明
2025.1.20
北京

# 前　言

人类最终能够退让到一边并让机器取代他的位置。

——黑格尔（Georg Wilhelm Friedrich Hegel, 1770—1831）《法哲学原理》（*Grundlinien der Philosophie des Rechts*）

数千年的人类文明，基于两种存在：第一种是物理性和物质的存在；第二种是精神和意识的存在。进入 20 世纪中后期，由于人工智能的出现和发展，开始形成同时具备精神和物理特征的第三种存在（third being）①。第三种存在，相较于第一种存在和第二种存在，具有完全不同的构造、规律和机制。

此时此刻，与划时代的电力或互联网同样重要的人工智能，在构建全新经济和社会体系的同时，已经呈现出影响、主导甚至改变第一种和第二种存在的强烈可能性和显著趋势。

## （一）

第一种存在是物质存在，可以具象为物理存在、化学存在、生物存在和宇宙存在。第一种存在，得到了化学、物理学、生物学和天文学的证明。

认知物质结构，是近现代化学和物理学的根本性任务。物质由元素

---

①　第三种存在的英文翻译为 third being，受启发于海德格尔（Martin Heidegger, 1889—1976）的著作《存在与时间》（*Being and Time*）。因为 being 相较于另外一个存在（existence）更有哲学的抽象特征，更简洁和更有语言力量。

构成的思想源远流长。18 世纪，法国化学家拉瓦锡（Antoine-Laurent de Lavoisier，1743—1794）摈弃燃素说，编写第一个元素清单。之后，俄国化学家门捷列夫（Dmitri Ivanovich Mendeleev，1834—1907）于 1869 年发表第一代元素周期表，揭示化学元素之间的内在联系。1923 年，国际原子量委员会做出裁定：化学元素是根据原子核电荷的多少对原子进行分类的一种方法，核电荷数相同的一类原子称为一种元素。物质由分子组成，分子是保留原物质化学性质的最小粒子。截至 2019 年，共有 118 种元素被发现，其中 94 种存在于地球。化学被分类为无机化学和有机化学。

物理学家对于物质的认知，则主要集中在对原子构造认知的演变上。1911 年，英国物理学家卢瑟福（Ernest Rutherford，1871—1937）根据 α 粒子散射实验现象提出原子核式结构模型，即卢瑟福模型。之后，物理学界发现和证明了质子、中子和夸克的存在。[①] 夸克是组成质子和中子的基本成分，是物质的最基本单位。

20 世纪初诞生的量子力学，早于夸克的发现。量子本身并不是一种实际存在的粒子，只是物理学家定义的物理量存在最小的、不能再被分割的基本单位。量子力学的研究对象包括夸克等微观领域内的粒子的运动和相互作用。

至于相对论，不同于微观尺度的量子力学，以宏观尺度的物理现象、大尺度空间、高速运动和强引力场下的物理规律为研究对象。相对论和量子力学的描述尺度相差约 20 个数量级。相对论基于光速不变原理，证明时间和空间是相对的，质量与能量是等价的（$E=mc^2$）。量子力学基于概率论，证明物理量的非连续性，存在波粒二象性，以及"量子纠缠"等特质。因为量子力学和相对论，以及对原子的解

---

① 夸克理论提出后，人们认识到基本粒子也有复杂的结构，故一般不提"基本粒子"这一说法。

构，物质不再被定义为是可以观测的，以及具有空间、质量和体积的一种状态，超越牛顿物理学的研究框架。牛顿物理学成为古典物理学。自此之后，科学对于什么是物质，什么是物质的性质，什么是"真正"实体，简言之，什么是"真实存在"之类问题的认识，发生了深刻变化。[①] 在恩斯特·马赫（Emst Mach, 1836—1916）、马克斯·普朗克（Max Planck, 1858—1947）、埃尔文·薛定谔（Erwin Rudolf Josef Alexander Schrödinger, 1887—1961）和阿尔弗莱德·诺斯·怀特海（Alfred North Whitehead, 1861—1947）等人的著作中，均表达了这种新的物理观。

现代化学和物理学的形成与发展，导致核物理在第二次世界大战期间的突破和应用，为原子弹制作提供了理论基础，于是有了"曼哈顿计划"和著名的"奥本海默时刻"。之后，基于现代物理学，产生了半导体技术，最终以纳米为尺度单位的芯片的出现改变了世界。

在天文学领域，20世纪的宇宙膨胀理论和大爆炸理论，特别是空间技术的突破，展现了以百亿光年为尺度的宏观物理世界。

简言之，从18世纪工业革命开始，两个多世纪以来的人类历史，就是通过不断的技术创新来拓展物质和物理深层结构，持续开发地球的物质和物理存在形态，发掘、利用、消耗和消费地球物质的历史。在这样的历史过程中，人类在这个地球上创造了所谓的"人类世"。

第一种存在，被哲学称为物质主义（materialism），中文译为唯物主义。

# （二）

第二种存在，则是精神存在，也可以说是认知存在、意识存在，

---

① 加兰·E. 艾伦. 20世纪的生命科学史［M］. 田洺, 译. 上海：复旦大学出版社, 2000：8-9.

或者思想存在。第二种存在是一种形而上的存在。人类的进化，本质上说，是第二种存在的演进结果。

笛卡儿（René Descartes，1596—1650）是精神存在意义的肯定者。笛卡儿虽然承认宇宙存在思考（心灵）和外在世界（物质）两个不同的实体，但他进一步的思想是"我思故我在"，其拉丁语（Cogito ergo sum）本义："我"思考，所以"我"即存在。[①]

黑格尔主张和提出了绝对精神：客观独立存在的某种宇宙精神，先于自然界和人类社会永恒存在着的实在，是宇宙万物的内在本质和核心，万物只是它的外在表现。绝对精神是一种活生生的、积极能动的力量。绝对精神通过艺术形式、宗教信仰、哲学概念，转化为人类意识，实现主观精神和客观精神的统一。

20 世纪，以萨特（Jean-Paul Sartre，1905—1980）为代表的存在主义主张意识的实质就在于它永远是自身。存在是实现认知的全过程，包括从感官的知觉、识别、属性、了解、功能到具有逻辑内涵的系统化地归纳。世界的存在取决于人对它存在的发现。所以，存在同意识一起扩展。人类的思想超越自身、超越一切，因此人类的存在永远是自我超越的。人类存在永远在人类自身之外，也就是说，存在先于本质。

在所有观念性的存在中，数学是一种经典存在。毕达哥拉斯（Pythagoras，约公元前 580—约公元前 500）最著名的思想是"万物皆数"（All is number）。之后，柏拉图（Plato，公元前 427—公元前 347）进一步认为数学观念是天赋的、先验的，介于感性世界与理性世界之间，是人通往理念世界的必经阶段的数学哲学思想。数学史不断证明柏拉图是正确的，数学的进化基于逻辑推理和公理，公理并

---

① DESCARTES R. Discourse on The Method of Rightly Conducting The Reason, and Seeking Truth in The Sciences［M］. CreateSpace Independent Publishing Platform, 2010.

不需要通过经验来验证。伽利略（Galileo Galilei，1564—1642）有过著名论断：宇宙是一本用数学语言写成的"宏伟之作"。① 宇宙黑洞、希格斯玻色子和引力波，都是用数学预言的。所以，宇宙的本质是数学的。泰森（Neil de Grasse Tyson，1958—　）说："数学是宇宙的语言。因此你知道的公式越多，你能和宇宙的交流就越多。"②

基于上述理论，自然推理出整个世界，包括心理世界、认知和心灵都是可以被计算的，计算主义就是成立的。计算主义是数学形态的存在主义。

哲学上将精神和观念的存在，概括为观念主义（idealism），中文译为唯心主义。

# （三）

当人们讨论物质存在和观念存在的时候，常常将自然人抽象掉，或者将自然人纳入观念存在的主体之中。事实上，不仅在物质世界的背后，而且在观念世界的背后，都是自然人的存在。自然人首先是一种生命体，是一种能够感知自身的生命现象，是一个开放系统，具有内在的能量，可以维持与环境不同的状态。进而，自然人是一个信息体，是观念世界的载体。生命是物理拓展的主体，自然人是物质和精神存在的媒介。

自然人本身就是一种存在，而且可能是具有根本意义的存在。海

---

① GALILEI G. The Assayer, Etc. ［M］. DRAKE S, trans. philadelphia: University of Pennsylvania Press, 1960.

② NEIL DEGRASSE TYSON［@NEILTYSON］. Math is the language of the universe. So the more equations you know, the more you can converse with the cosmos.［EB/OL］//Twitter.（2011–11–21）［2024–09–03］. https://x.com/neiltyson/status/138764638438424577.

德格尔（Martin Heidegger，1889—1976）认为：存在的实现是存在者的本质活动。人类是具有意识到其存在能力的物种。人类固然要通过世界的存在而存在，而世界则因为人类的存在而存在。真理只有在人类存在的情况下，才能得以体现和实现，时间只有在人类存在的情况下，才成为时间。"我"就是"在"，"在"就是"我"，"我"的"在"就是世界。人的核心特质就是具有精神、智慧和思想能力。因为人的存在，以人为对象，产生了诸如哲学、宗教、逻辑学、社会学和政治学等在内的人文科学和文化艺术。

在具有精神特质的人的背后，还需要解析自然人是怎样一种物质存在和怎样一个碳基的集合体。在这方面，薛定谔做了开创性工作。薛定谔在 1944 年出版的《生命是什么：活细胞的物理观》（*What Is Life? The Physical Aspect of the Living Cell*），奠定了生物物理学基础，通过物理学方法分析了基因的物质结构，指出生命的特性取决于染色体。正是受薛定谔的启发，科学家在 1953 年发现了 DNA 双螺旋结构，遗传研究进入分子层次，揭示了遗传信息的构成和传递的途径。如今，生命科学已经进入基因组时代，走向后基因组时代。[①]

20 世纪，基因研究仅仅是研究人类生命的一个领域，脑科学和神经生物学构成生命科学的组成部分。其中神经生物学的研究对象是人脑的近千亿个神经元，神经元之间的百万亿个突触，以及复杂的神经系统的结构、功能、发育和演化。

除此之外，还有研究人类知觉、认知、情绪、思维、人格和行为的心理学。弗洛伊德（Sigmund Freud，1856—1939）开创了"精神分

---

① 在分子生物学和遗传学领域，基因组是指生物体所有遗传物质的总和。这些遗传物质通常是 DNA，但对于某些病毒则是 RNA。基因组包括编码 DNA 和非编码 DNA，有时还包括线粒体 DNA 和（在植物和某些藻类中存在的）叶绿体 DNA。研究基因组的科学称为基因组学。2023 年，英国生物银行发布了迄今世界上最大的全基因组测序数据库。

析"学科，是 20 世纪最有影响力的心理学家。

总之，自然人是第一种存在和第二种存在的结合体。一方面，自然人是可以通过细胞、染色体和基因组证明的一种物质的、物理的和生理的存在；另一方面，自然人是精神和观念的存在，一种心理和灵魂，特别是自然智慧的载体。所以，人类被称为智人（Homo sapiens）。总之，自然人是一种生物现象，也是一种物理和化学现象，还是一种精神现象。

更重要的是，自然人的存在还要组成社会，因而自然人就有了社会人的维度。于是，"人性"成为一种人文主义和人类社会的存在。

# （四）

不论作为物质和物理状态的第一种存在，还是作为意识和精神状态的第二种存在，或者兼有物质和精神的人的存在，最终都可以归结为信息的存在。

香农（Claude Elwood Shannon，1916—2001）于 1948 年发表"通信的数学理论"（"A Mathematics Theory of Communication"），提出熵（entropy）概念，给出可量化的信息的定义，推导出香农三大定理，标志着信息论的诞生。但是，香农作为信息论的奠基人，并没有对信息本身给予明确的定义。这是因为，相较于物质和能量的存在，以及意识和精神的存在，信息则是一种更为抽象的概念，可以存在于物质、能量和精神活动之中，但又不等同于它们。信息是事物现象及其属性标识的集合。所以，维纳（Norbert Wiener，1894—1964）给出的信息定义精准简洁："信息就是信息，它既不是物质，也不是能量。"①

---

① WIENER N. Cybernetics, Second Edition: or the Control and Communication in the Animal and the Machine ［M］. 2nd edition. Cambridge, MA, USA: Mit Pr，1965.

在现实世界，信息的特质是繁杂的，是通过某种媒介传递的有用数据、消息或知识，具有多样性、快速增长性、可传递性、可重复性、可处理性、可变性和共享性等特征。其中，信息具有消除不确定性的功能。信息是消除不确定性的量，即信息量的大小与不确定性减少的程度成正比。

信息和数据是不可分割的。数据是信息的载体，数据是信息的符号化表示，信息是数据的语义解释。数据是对事实、概念或指令的一种特殊表达形式，是未加工的、预先定义的具有某种特殊含义的符号、字母和数字的集合。信息是通过对数据的处理和理解所获得的对人们有用的数据。

特别要看到，人也是信息的集合体。这个集合体包括了从 DNA 信息到思想和心理信息。人的智慧本质就是一种信息处理和存储模式。人的生命过程就是持续熵增的过程。在人这里，最容易看到信息具有物质性和非物质性的交叉特点。

信息、物质与能量是世界的三大构成要素。其中，信息是第一要素。物质与能量最终需要通过信息得以表达。也就是说，信息的存在是所有存在的本源。或者说，信息是一种具有终极意义的存在。信息的基本单位就是熵。信息熵的提出解决了对信息的量化度量问题。

进入 20 世纪后半期，人类所有的科技和经济创新，都以构建信息处理体系和模式为核心，集中在对大数据的收集、加工、存储、传递和使用上。

# （五）

人类思想史、科学史和技术史的发展彼此交叉。人们对数据和处理数据的重要性认识，先于信息论诞生。自 17 世纪到 19 世纪，人们已经在探索计算机器。

1642 年，法国数学家帕斯卡（Blaise Pascal，1623—1662）发明

了帕斯卡加法器，那是人类历史上第一台机械式计算工具。这台机器的设计原理与手表相似，通过转动齿轮来实现加减运算，解决了"逢十进一"的进位问题。100 多年之后的 1834 年，英国发明家巴贝奇（Charles Babbage，1791—1871）设计了"分析机"，包括齿轮式"存贮库""运算室"和控制器，能够自动解算有 100 个变量的复杂算题，每个数可达 25 位，速度可达每秒钟运算一次。但是，因为"分析机"的设想超出了他所处时代至少一个世纪，他最终没能制造出来。巴贝奇失败了。其间，乔治·戈登·拜伦（George Gordon Byron，1788—1824）的女儿爱达（Ada Lovelace，1815—1852）参与了"分析机"的机器编程，因此成为现代软件工程的先驱。[①]

在第二次世界大战期间，各国基于军事需要，大力投入了计算机的研究。最终美国胜出。1945 年，冯·诺伊曼（John von Neumann，1903—1957）提出包括二进位制、五大组成部分、程序控制在内的计算机体系架构。1946 年，美国研制了世界上第一台计算机 ENIAC（Electronic Numerical Integrator and Computer），计算速度为每秒 5000 次加法或 400 次乘法，是使用继电器运转的机电式计算机的 1000 倍，是手工计算的 20 万倍，开辟了计算机技术的新纪元。之后，计算机经历了电子管、晶体管、集成电路和大规模集成电路阶段，形成以研究算法分析、编程语言、软件和硬件设计及制造为主的计算机科学。

进入 20 世纪 60 年代，科学家开始关注和研究计算机之间的数据和信息的传递问题，推动了互联网的发明，最终建立了以美国作为策源地的全球互联网体系。

如果说，计算机完成了被数据化的信息计算问题，互联网则完成

---

① 1834 年，爱达受到从法国里昂传到英国北部的贾卡织机（Jacquard machine）打孔的启发，最终形成现代计算机操作系统的最初思想。

了基于计算机网络的信息传递问题。在计算机系统中，字节（byte）是计算机信息中用于描述存储容量和传输容量的一种计量单位，是计算机的基本存储单位。大数据的膨胀，表现为字节规模扩大和等级提升。2023 年，中国数据生产总量达到 32.85 泽字节（ZB），相当于 1000 多万个中国国家图书馆的数字资源总量。[①]

必须认识到：计算机之所以是迄今为止人类最重要的发明，"这不仅因为它深刻地改变了我们的生活，带来生产力的革命，影响到社会的每个角落，更因为它直接指向人类的本质特征——智慧"。[②] 计算机完全可以具备许多与人类相似的能力，"至少在行为主义的标准下，机器可以再现智慧"。[③] 如今，人类和计算机已经一体化，人类进入了这样的历史阶段：一切存在皆被信息化，信息被数据化，数据被计算化。如此，人类已经可以有效地把控信息的解构和建构，改善长期困扰的信息不对称。

# （六）

计算机革命和互联网革命发生的同时，人工智能（artificial intelligence，AI）开始了从构想到实现的漫长征程。自 1936 年图灵机的诞生到 2022 年 ChatGPT 的出现，历经了 86 年；即使自图灵（Alan Mathison Turing，1912—1954）1950 年提出"机器是否会思考"的问题到 2022 年 ChatGPT 诞生，也达 72 年之久。在过去的七八十年间，人工智能完成了从机器学习到深度学习的转型，即从理解智能实体到

---

① 数据来源于 2024 年 5 月 24 日第七届数字中国建设峰会发布的《全国数据资源调查报告（2023 年）》。

② 玛格丽特·博登.人工智能哲学［M］.刘西瑞，王汉琦，译.上海：上海译文出版社，2001：7.

③ 同上书，第 8 页。

实现智能实体的转型。

1936 年图灵机的发明，是人工智能历史中的里程碑事件。图灵机虽然是一种理论计算机，却被证明存在一种能够模拟任何一台实际计算机行为的"普适"计算机。因为图灵机"促使许多学者从生命机制的研究转向生命逻辑的研究。在这种背景下，人机类比以及计算隐喻就应运而生了。而对计算主义产生重要历史作用的是图灵的工作"。① 计算主义的核心理念是："人的认知与计算之间存在着很强的等同性，但是由于计算的机械基础和人的生物学结构，无论是对计算还是对人都存在着独立的制约或约束。"②

2022 年之后，因为人工智能和神经网络的结合、深度学习的突破、大语言模型（large language model，LLM）的出现和应用，人工智能可以处理自然语言、知识表示、合理思考、自动推理，正在实现像人一样思考和像人一样行动，证明"图灵测试"（Turing Test）的真实性。

"AI 虽然还带着年轻学科难免的简单化、局部化和缺乏统一理论的构造特点，但是它显然不同于研究那个'自在'世界的一般自然科学，它的对象是大脑思维活动，至于思维，我们用'意识、精神、主观'这样一些概念把它同'存在、物质、客观'区别开来。"③ 人工智能是"计算机的发展，而这些计算机的外在性能具有我们认为是属于人类心理过程的那些特征"。④ 也就是说，人工智能已经并继续成为一种与物质

---

① 任晓明，胡宝山.为认知科学的计算主义纲领辩：评泽农·派利夏恩的计算主义思想［J/OL］.逻辑与认知，2007，5（1）［2024-09-03］. https://www.sinoss.net/uploadfile/2010/1130/7456.pdf.

② 泽农·W.派利夏恩.计算与认知：认知科学的基础［M］.任晓明，王左立，译.北京：中国人民大学出版社，2007：4-10.

③ 玛格丽特·博登.人工智能哲学［M］.刘西瑞，王汉琦，译.上海：上海译文出版社，2001：7.

④ 同上书，导言 1.

存在和精神存在并存，趋于完美的第三种具有"本体论"意义的存在。

# （七）

人工智能作为第三种存在，作为特定的经验主体，其内涵和外延极为丰富，体现在如下若干方面。

（1）它是精神的，又是物质的。顾名思义，人工智能是与人的自然智能平行的智能，是一种特殊的精神存在。但是，人工智能又是物质的和物理的，人工智能需要计算机、半导体和芯片这样的硬件支撑。例如，科技公司对于 AI 算力的需求，最终体现为相当数量的 GPU 所形成的有效算力。这是绝对的物质和物理的力量。所以，对智能的研究，已经不再是一个纯观念、纯数学或物理上的概念，它是软件和硬件的集合体。或者说，人工智能和自然智能的并存和融合，已经超越了传统智能系统、物理世界和心理世界的概念。

（2）它是语言的，又是非语言的。人工智能的诞生就伴随着诸如符号语言、编程语言和自然语言。如今，自然语言处理（natural language processing, NLP）成为人工智能的核心技术。但是，人工智能无疑超越了任何语言形式的限制，具有不可言说的能力。人工智能的智慧来自比语言现象更为深层的一种隐藏结构。进而可以解释人工智能的行为主义路线的深刻原理：感知和行动比语言更为主要，行为的优化决定于机器在与环境的交互中的学习能力。

（3）它是无形的，又是有形的和具象的。人工智能的本质是一种信息的集合方式，可以说是无形无状。处理数据的大模型，其运行过程好似一种"黑箱"状态，人们难以解析其形成机理。但是，人工智能却可以通过自然语言、视频、影像和图片，表现和证明它的现实存在。机器人和其他具身智能体就是有形人工智能的代表。

（4）它是科学的，又是技术的。人工智能是包括数学、物理、生物学、脑科学、神经生物学、信息论、计算机科学和工程学的集合。在数学领域，人工智能几乎需要所有数学分支，从数论、拓扑到概率论的支持。科学正在或早或迟地被卷入人工智能体系之中，彼此形成互动关系。进一步，人工智能的科学是通过技术体现出来的。人工智能创造了一个日趋复杂的技术体系，甚至工程体系。人工智能实现了科学和技术的高度融合。例如，AI 催生大数学（big mathematics）。①

（5）它是万能的和通用的，又是特殊的和具体的。历史上，核武器是一种科技，但是，这是一种高度特定的技术，只有单一用途。人工智能则有普遍用途，具有前所未有的"泛化"能力。从根本上说，人工智能的产出就是智能，人类对于智能的需求量是没有穷尽的。正在逼近实现的通用人工智能（artificial general intelligence，AGI），会全面强化人工智能的普遍价值。与此同时，人工智能又可以解决各种特殊需求，与具体产业、行业和产品结合。

（6）它是被动的，又具有自主性。人工智能是人创造的，到目前为止的迭代都是由人设计、推动和实现的。但是，在这个过程中，人工智能已经开始显示自主性的潜力。例如，尽管 LLM 从未真正接触过现实世界，但它已经自发形成了一套对底层模拟的概念。随着大模型参数和处理 token② 能力的提高，人工智能的内部概念变得越来越准确，正确地把各个方面拼接在一起，形成工作指令。可以肯定，人工智能自主能力的扩展是不可逆的，其可控的难度会日益增大。

（7）它是机械的，又是有机的。人工智能有着显而易见的机器和

---

① 学术头条.陶哲轩最新演讲：AI将催生出一个大数学时代［EB/OL］//澎湃.（2024–08–15）［2024–09–03］.https://www.thepaper.cn/newsDetail_forward_28409063.

② token在不同的应用场景中具有不同的含义，中文对应词汇均无法准确表达其英文内涵，故本书统一采用英文表述。此处的 token 是指最小的文本单元。

机械特质。例如，特斯拉作为智能体，首先展现的是机器和机械的外形。但是，人工智能还具有"有机体"特征，可以实现"有机体"的功能。这是因为，在大模型的内部存在着完整的"神经系统"。解放思想，Transformer 就是人工智能外壳下的"神经系统"。

（8）它是微观的，又是宏观的。人工智能可以纳米级别进入微观世界，也可以处理以光年为尺度的宇宙的信息。更进一步，人工智能可以构造人类凭借显微镜和望远镜才能看到的微观和宏观世界。

（9）它是个体的，又是集体的和社会的。人工智能从大模型到具形智能体，首先是个体化的，要满足特定需求。但是，人工智能正成为集群，形成人工智能集体，进而具有演变为人工智能社会的可能性。

总之，我们将人工智能理解为数学的、逻辑的、机械的、有机的、虚拟的、现实的、微观和宏观的存在，即同时包括精神和物质的第三种存在。从根本上说，第三种存在是具有最高本性的存在，"凡对于最高的本性而言总是内在的东西，就是在最高的意义上实际所是的东西"。[①]

在这里，值得提及波普尔（Karl Raimund Popper，1902—1994）在 1972 年《客观知识》（*Objective Knowledge: An Evolutionary Approach*）里提出的"三个世界"理论：其中物理世界为"世界1"，精神世界为"世界2"，客观知识世界为"世界3"。[②]三个世界相互作用。如果波普尔看到今天的人工智能技术，他是否会将其纳入他的"世界3"呢？不得而知，也确有可能。

---

① 司各脱.论第一原理［M］.王路，译.北京：商务印书馆，2019：46.

② POPPER K R. Objective Knowledge: An Evolutionary Approach［M］. New York: Oxford University Press, 1972.

# （八）

人工智能是一种智慧存在，也是一种物理存在。不仅如此，人工智能还具有创造物理世界的能力。

2024 年初，Open AI 推出作为"物理世界模拟器"的 Sora 模型。Sora 具有深刻"理解"运动中的物理世界的能力，在不违反物理世界常见规律，例如重力、光电、碰撞等的前提下，内置光照、碰撞、动画、刚体、材质、音频、光电等各种数学模型，最终生成在相当长时空范围内的视频，构建和呈现真正的世界模型。在 Sora 实现物理世界的过程中，不仅要符合人类思维逻辑推理等"规律"（统称思维逻辑），不违反常识，分析归纳，前后自洽，还要符合物理世界"规律"，例如能量守恒定律、热力学定律、力的相互作用定律等。于是，Sora 提供一个逼真且满足人类思维规律和"物理规律"的数字世界，就是第三种存在的一种形态。

到了 2024 年 12 月，World Labs 发布了一个从单一图像生成交互式 3D 场景的革命性技术。World Labs 联合创始人贾斯汀·约翰逊（Justin Johnson）对该技术的描述是：基于一张图片或一个片段，创造一个完全模拟的和互动的 3D 世界。[①] 也就是说，人类可以通过人工智能生成 3D 物理世界，物理世界由此得以扩展。

2025 年 1 月 7 日，英伟达创始人黄仁勋（Jensen Huang，1963—　）在 2025 年拉斯维加斯消费电子展（CES）发布 Cosmos 世界模型（Cosmos World Foundation Models，简称 Cosmos WFMs）。该模型经过了 9000 万亿个 token 的训练，数据来自 2000 万小时的真实世界人

---

① WIGGERS K. World Labs' AI can generate interactive 3D scenes from a single photo［EB/OL］.（2024-12-02）［2025-01-01］. https://techcrunch.com/2024/12/02/world-labs-ai-can-generate-interactive-3d-scenes-from-a-single-photo/.

类互动、环境、工业、机器人和驾驶数据。该模型通过文本、图像和视频等输入以及机器人传感器或运动数据的组合中生成具有"物理感知"的视频，超越数据，让人工智能真正理解物理规律，完美模拟物理世界，实现人类的潜意识推理，加速通用机器人的广泛应用，包括工业仿真、自动驾驶、机器狗、仿真数据生成等场景，推动智能科技和物理人工智能的民主化。世界模型被视为下一个重大突破。

进一步，人类通过人工智能技术可以改变牛顿的一元经典时空，创造具有相对论意义的多元时空。因为只有人工智能可以直接证明："存在之间一切作用（实现）效度都是（实现的）信息与主体相关项的比值，而公因内容无意义。"① 因为，人工智能体系具有接受多元主体的空间，且"主体之间可建构集合关系，主体之间不可替代"②。换一种表达方式，人工智能框架在不排斥牛顿定律的同时，还可以容纳和证明相对论。

人工智能的技术演进，不可避免地发生与扩展现实（extended reality，ER）技术的结合。虚拟现实（virtual reality，VR）与增强现实（augmented reality，AR）技术可以打破物理空间限制。人们可以通过穿戴设备置身于虚拟环境中，或将虚拟信息叠加到现实世界中，实现虚拟与现实间的系统互动；还可以借助混合现实（mixed reality，MR）技术，通过结合虚拟现实和增强现实，创建现实世界和虚拟世界的无缝连接和操作。2024 年 8 月，中国游戏行业推出的《黑神话：悟空》，在人工智能技术的助力下，实现了场景与角色的高度互动，完成了视觉与体验的革命，证明了人工智能技术可以重新塑造人类的生活方式。

---

① 柳下弈 . 实现哲学［M］. 郑州：河南大学出版社，2013：61.

② 同上书。

人类正在进入这样的历史阶段：一方面要面对"自然实在"的所谓物理世界；另一方面在物理空间的"后面"，存在着更为丰富的虚拟世界。或者说，物理世界和虚拟世界都是世界存在的状态，既是平行的，又有可能是联通的，甚至是一体的。[①] 通过扩展现实技术实现的虚拟世界，或者元宇宙，也是第三种存在的一种形态。

# （九）

人工智能作为第三种存在，其最令人困惑、备受争议的问题无疑是它是否思考和如何思考。进而，人工智能是否具有近似人类的内心世界。

根据麻省理工学院（MIT）计算机科学与人工智能实验室（Computer Science and Artificial Intelligence Laboratory，CSAIL）科学家对这一问题的研究发现：至少 LLM 可能会为了提高生成能力，而发展出它们自己对现实的理解。[②]

该团队开发了一组小型卡雷尔谜题（Karel Puzzle），包括生成一些在模拟环境中控制机器人的指令。他们针对谜题训练 LLM，但并未向模型展示那些解决方案的实际工作原理。实验开始时，模型生成的随机指令并不正确；训练完成时，指令的正确率已达到 92.4%。这可能意味着，如果模型能以如此高的准确率完成一项任务，也许它可以理解语言中的含义了。他们用了一种名为"探测"（probing）的机器学习技术，查看模型在生成新的解决方案时的"思考过程"。在这种技术中，探针可以用来解读 LLM 对指令含义的理解，可以揭示 LLM 自身开发的内部模拟如何模拟机器人响应每条指令的

①　朱嘉明. 虚拟现实的回乡之路——虚拟现实的形而上学终极意义［M］// 翟振明. 虚拟现实的终极形态及其意义. 北京：商务印书馆，2022：序.

②　该研究已发表在第 41 届国际机器学习大会（ICML 2024）上。

过程。

自 2024 年下半年开始，LLM 对人类数据的吸纳规模放慢，开始从依赖人类提供的数据进行预训练（pre-training）阶段，过渡到后训练（post-training）阶段，进而进入推理和多轮思考（test inference 或 inference in-loop）阶段。在这样的转变过程中，机器不仅自行产生并标注数据，而且形成自对抗和自反馈能力。

在现代心理学历史上，弗洛伊德和荣格（Carl Gustav Jung，1875 —1961）存在很大的差异。弗洛伊德心理学的基础是性本能，将性意识作为行为的深层意识。而荣格开创的是无意识心理学。其实，人工智能的意识更接近荣格的无意识理论，人工智能是典型的无意识向意识演化的一种形态。只是人工智能的无意识很可能比人类的无意识具有更为强大的潜力。基于这种无意识，人工智能也会形成其内心世界和心智结构。

如果人工智能存在"内心世界"，那么，进一步的问题就是人工智能是否具有理性的能力和非理性的可能性？在逻辑上，答案是肯定的。

# （十）

人工智能所创造的第三种存在，说到底是"人工智能 + 人 + 环境"的复杂生态系统。人工智能和人类、人类社会、自然界互为"嵌入"关系。它包括如下的子系统，或者交互系统：人工智能与人类思维活动和经济社会互动的交互系统；人工智能之间的交互系统；人工智能与包括人工智能改变的环境所形成的交互系统；人工智能与自然生态的交互系统；人工智能与真实世界和虚拟世界的交互系统。

简言之，一方面，人工智能形成与既定生态的互动关系；另一方面，人工智能参与环境的改变，其无限生成力最终成为环境的组成部分。例如，当未来的数十万、数百万、数千万的智能机器人走入人类社会，其数量和质量都超过人类，人类和机器人的彼此关系发生了根本性的调整，人工智能机器人构成了新生态的主要组成部分，最终演变出日趋复杂的"人工智能＋人＋环境"的生态系统。在这个生态系统中，将展现人工智能物种具有遗传、变异多样性的特征，碳基生命和硅基生命混合生成超级生态。人类对于这样的前景是难以想象和估量的。

# （十一）

如果说，物理世界作为第一种存在，其基本单位可以是分子、原子、夸克，可以是细胞、神经元和突触；精神世界作为第二种存在，其基本单位是意识、思想符号、判断和推理；[1] 那么，人工智能作为第三种存在，其基本单位是什么？如何衡量和度量人工智能？人工智能的基本单位，或者衡量人工智能的尺度是 token。

在自然语言处理（natural language processing，NLP）中，token 通常指的是文本或数据的一个基本单元，它是 AI 模型处理和理解信息的基本单元。这些单元可以是单词、字符、短语，甚至是图像或声音片段，具体取决于模型的类型和应用场景。例如，"在图片中，token 可以指代一个区域或特征点；在视频中，token 可以被看作一个帧或帧的一部分；在音频处理中，token 可以是音阶、单词或节拍等。在这个新的工业革命中，token 不仅被生产、存储和交流，更被用来驱动 AI 工厂，为未来的产品和服务提供智能的力量"。[2] 在 2024 年 5 月举办的 Stripe Sessions 用户大会上，移动支付 Stripe 联合创始人兼 CEO 帕特里克·克里森（Patrick

---

① 莱布尼茨把构成世界万物的最小精神单位称为"单子"（monad）。参见 LEIBNIZ G W. Monadology and Other Philosophical Essays［M］. Prentice Hall，1965.

② BYLANDER.【AI 学习】什么是 token？［EB/OL］//CSDN.（2024–05–28）［2024–09–03］. https://blog.csdn.net/bylander/article/details/138548113.

Collison，1988—　），与英伟达 CEO 黄仁勋进行了一场对话。黄仁勋提出："我们正在经历一场前所未有的工业革命。这次工业革命的核心在于我们首次大规模生产了一种全新的东西——token。这些 token，即浮点数，具有巨大的价值，因为它们代表着智能，即人工智能。它们可以被重新组合，转化为语言、蛋白质、化学品、图形、图像、视频、机器人驱动等多种形式。我们正在以前所未有的规模生产 token，并通过人工智能发现了几乎任何类型 token 的生产方式。因此，世界将生产大量的 token，这些 token 将在新型的数据中心——我们称之为 AI 工厂中生产。"[①] 2024 年，大模型处理 token 的速度不断提高，从每秒 500 tokens 提升至 1000 tokens。2024 年 4 月，Llama 38B 参数指令模型实现了每秒 1000 个 token 的速度。

值得关注的是，自 2020 年以来，训练 LLM 所使用的 token 的数量已经增长了 100 倍，从数千亿增长到数十万亿，消耗了互联网中很大一部分的内容。据估计，当前互联网总文本量为 3100 万亿 tokens。[②]

世界是可以计算的，计算机的最小信息单位是比特（bit）。1989 年，美国物理学家和黑洞命名者惠勒（John Archibald Wheeler，1911—2008）在《宇宙逍遥》（*At Home in the Universe*）第六章"超越黑洞"中，试图回答世界的本源问题，提出了影响深远的"万物皆比特"（It from bit）的论点。[③] 物理宇宙起源于信息，比特也是信息存在的方式。

信息论将信息的基本单位定义为"熵"。20 世纪 40 年代，香农

① 每日经济新闻."我一周工作7天，被会议填满"，黄仁勋最新访谈，谈工作、谈生活、谈童年，再提"扫厕所"经历_东方财富网［EB/OL］// 东方财富.（2024-05-23）［2024-09-03］. https://finance.eastmoney.com/a/202405233085348672.html.

② VILLALOBOS P, HO A, SEVILLA J, et al. Will we run out of data? Limits of LLM scaling based on human-generated data［A/OL］. arXiv, 2024［2025-01-01］. http://arxiv.org/abs/2211.04325. DOI:10.48550/arXiv.2211.04325.

③ WHEELER J A. At Home in the Universe［M］. New York, NY: Amer Inst of Physics, 1997.

借鉴了热力学概念，把信息中排除了冗余后的平均信息量称为"信息熵"，并给出计算信息熵的数学表达式。

深入思考，不难发现：支持人工智能运行的 token，计算机最小信息的比特，以及衡量信息系统尺度的熵之间，不仅存在着内在的逻辑关系，而且彼此是互通的，甚至具有等价性质，构成一种以向量为基础的矩阵（图 0.1）。

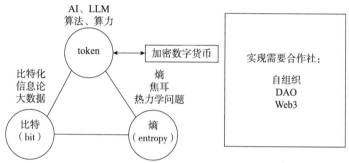

**图0.1　token、比特、熵之间的关系**

简言之，token、比特和熵构成一种物质、信息和计算之间的交流和互动关系，最终支撑和实现了一个与人类智慧平行的机器智能系统。

# （十二）

如果通过人工智能可以创造与物理世界、精神世界并存的第三种存在，那么对于人类而言，这意味着可以同时生活在三个存在，或者三个世界之中。

人工智能创造的第三种存在，正在展现一种可能性，已经突破人类遏制的潜力。人工智能通过其巨大张力，不仅可以挑战和替代第一种存在和第二种存在，而且以类似脱离地球引力的第二宇宙速度，展现出吞噬第一种存在和第二种存在的可能性。这是人类诞生以来最具有震撼力的宇宙级事件：传统的物质可能会被改造为一种信息的存在。所有信息的存在都会变成一种数字的存在；所有数字的存在都会变成一种计算的存在；所有计算的存在都会变成一种生产 token 的存在，也就是人工智能的时代。

人工智能作为第三种存在，在改造精神和物理、观念和物质存在方式的同时，影响了人们生活的方方面面，对人类社会已经进行彻底改造。主要集中在以下若干方面。

（1）改变经济运行方式。包括改变经济活动的生产要素、基础结构、产业体系，以及产权模式和分配方式。因为各类智能体涌入生产和服务领域，所以人类作为唯一经济主体的历史得以终结，经济空间扩张。由于人工智能，以工业时代企业为代表的经济组织会被基于区块链技术支持的 DAO、Web3 等非中心化的网络合作组织所替代。特别是，人工智能将改变以国家信用货币为核心特征的财富形态。那种源于特定物体、贵金属的逐渐演变的财富体系，将被自下而上、平等创造的货币体系所替代，被加密数字货币的 2.0、3.0 所替代。

（2）改变知识生成方式。知识不再是通过传统的教育方式和师生传承，而是通过知识增强大模型，构建知识增强的专业智能体。在深度学习的框架下，通过大语言模型，扩展 context 的规模和提高 context 的质量，实现大模型和知识图谱的结合，补全知识图谱的稀疏性和知识覆盖的不足，降低领域知识图谱的构造门槛。与此同时，大语言模型也是记忆增强和管理的工具，对于知识图谱的演变意义重大。

（3）改变人类的认知模式。人工智能通过其庞大的数据模型，实现大语言模型在传播中的核心作用。基于信息获取和筛选速度的飞跃，强化了技术巨头对公众认知和知识判断的影响力，认知竞争的战场从传统的语言和符号层面，深入由机器和算法驱动的底层逻辑，最终弱化人的认知自主性。

（4）改变社会组织和社会秩序。人工智能将改变每个人的生活方式和工作方式，以及时间分配结构。进而颠覆人与人的关系、家庭关系和社会关系，导致传统社会在人工智能浪潮中来回摇摆。从长远看，人工智能最终会引发社会主体的多元化，重构社会组织和社会秩序，自上而下的、权威主导的社会体系将被网络式的、节点式的、合作式的社会体系所代替。

（5）改变意识形态模式。生成式人工智能在媒介传播中的广泛应用，已超越单一工具的范畴，转而成为一种新型意识形态规训的技术装置。人工智能技术促进意识形态传播的全球化，形成跨国界的传播网络，加剧不同国家间意识形态的冲突与对抗，也为意识形态风险的治理带来了前所未有的挑战。

（6）改变传统决策方式。"人工智能将使我们迎来一个以三种方式做出决策的世界：一是由人类（这是我们熟悉的），二是由机器（这正在变得熟悉），三是由人机合作（这不仅是陌生的，而且是前所未有的）。"① 人们的决策权部分或完全转移给机器。

（7）改变国家、资本和技术的关系。人工智能革命将排斥所谓的现代国家体系，造成技术优势与权力优势之间的转换。一方面，人工智能技术强化科技巨头基于自然垄断的能量，成为新的政治行为主体；另一方面，国家权力将强化对技术的介入及至征用。最终，改变了政府、资本和社会的博弈方式，构建了技术发展、资本与国家权力等多元行为主体之间的均势结构。

（8）改变传统国际政治。在全球化与地缘政治交织的21世纪，国际关系的动态变化与全球政治经济架构的不确定性被不断放大。人工智能

---

① 亨利·基辛格，埃里克·施密特，丹尼尔·胡滕洛赫尔.人工智能时代与人类未来 [M].胡利平，风君，译.北京：中信出版集团，2023：19.

技术已经侵蚀民族国家的主权边界，造成国际行为体内部权力分配结构的变革。不仅如此，人工智能还将成为塑造数字地缘政治的结构性力量。

# （十三）

现在，可以清楚地看到通用人工智能和超级人工智能（artificial super intelligence，ASI）逼近的历史时刻。

根据通行的定义：通用人工智能是指下一代人工智能系统，能够理解世界，并像人类一样广泛而灵活地学习和解决问题的智能。通用人工智能能够进行跨领域学习和推理，并能在不同领域之间建立联系。超级人工智能是一种假想的基于软件的人工智能系统，其智能范围超越人类智能。在最基本的层面上，这种超级人工智能拥有比人类更先进的尖端认知功能和高度发达的思维能力。[①]

自 2022 年基于深度学习原理的生成式人工智能的突破，人工智能正在以月为时间单位，在逼近通用人工智能的道路上不断加速。例如，2024 年 9 月 OpenAI 推出的"草莓"OpenAI o1 系列模型，在复杂推理、数学和代码问题上，达到全新高度，突破人们对 LLM 固有水平的认知，产生了全新的标度律（scaling law）。[②] 但是，到了 2024 年 12 月，OpenAI 又发布了 OpenAI o3 模型。之前的 GPT-4 和 Gemini

---

① MUCCI T, STRYKER C. What Is Artificial Superintelligence? ［EB/OL］//IBM.（2023–12–14）［2024–09–16］. https://www.ibm.com/topics/artificial-superintelligence.

② 大模型的标度律指的是 2020 年 OpenAI 研究人员探索出的模式。标度律表明，随着模型变大（参数增多）、在更多数据上进行训练以及获得更多计算能力（算力），语言模型的性能往往会得到可预测的改善。因此，只需扩大模型规模和增加训练数据，就能显著提高人工智能的能力，而不一定需要根本性的算法突破。EDWARDS B. Microsoft CTO Kevin Scott thinks LLM "scaling laws" will hold despite criticism ［EB/OL］//Ars Technica.（2024–07–15）［2024–09–16］. https://arstechnica.com/information-technology/2024/07/microsoft-cto-defies-critics-ai-progress-not-slowing-down-its-just-warming-up/.

1.5 Pro 成功率不足 2%，o3 直接达到了 25.2%。o3 在 ARC-AGI（AI Readiness Challenge for Artificial General Intelligence）[①] 基准测试中取得了突破性高分。至此，通往 AGI 的道路上，障碍已被清除。前 OpenAI 合作成员利奥波德·阿申布伦（Leopold Aschenbrenner）预测：通用人工智能实现的时间是 2027 年。[②]

在人工智能向通用人工智能加速推进的进程中，LLM 开发者正在耗尽用于训练模型的传统数据集。有一种预测：到 2028 年，用于训练 AI 模型的典型数据集的规模将达到公共在线文本总量的估计规模。可以清楚地预见：传统人工智能的预训练时代即将结束，所谓的标度律将遭遇天花板，人工智能将开始从数量型转向质量型，即从依赖数据数量到依赖质量的转型，形成全新的扩展路径。

"冬天到了，春天还会远吗？"[③] 伴随着实现通用智能日子的来临，最终走向超级智能的进程必然缩短。山姆·奥特曼（Samuel Harris Altman，1985—　）持激进主义立场。他在 2024 年 12 月提出：18 个月后 ASI 将降临，也就是 2026 年年中。[④] 前景是清楚的：如果说通用人工智能能够与人工智能平行，替代人类智能，那么，超级智能将展现一系列超越"人类基础智能"的特征：计算速度超过人类的"高速超级智能"，通过整合大量小型智能，实现卓越性能的"集体超级智能"，优越于人类聪明程度的"素质超级智能"，以及"超级认知

---

①　ARC-AGI 是由弗朗索瓦·肖莱（François Chollet）于 2019 年提出，用以测试 AI 从少量示例中推断规则、适应新任务的能力。

②　HORSEY J. Ex-OpenAI Employee reveals the future of AI and AGI [EB/OL].(2024–06–09)[2025–01–01]. https://www.geeky-gadgets.com/future-of-ai-leopold-aschenbrenner/.

③　雪莱.西风颂 [M].王明凤，译.北京：机械工业出版社，2009.

④　ALTMAN S. Sam Altman: AI Is Integrated. Superintelligence Is Coming.[EB/OL].(2024–12–27)[2024–12–31]. https://www.forbes.com/sites/johnwerner/2024/12/27/sam-altman-ai-is-integrated-superintelligence-is-coming/.

能力"。① 在走向超级智能的过程中，非常有可能发生超级智能所主导的"智能大爆发"。"超级人工智能的成功将是人类历史上最重大的事件……或许是人类历史上的最后一个事件。"② 最终，人工智能将拥有全新和无限记忆功能和推理能力，人类智能将面临是臣服还是反抗超级智能的选择。③

逼近和实现通用智能和超级智能的过程，也就是第三种存在形成和演进的过程。因为第三种存在，在极大程度上预示了实现"技术乌托邦主义"的可能性。这是因为人工智能将导致"技术社会"的降临。"技术社会区别于先前社会并不仅体现在这个社会中的硬件和技术知识的使用广度、力度以及复杂程度上，还体现在由技术决定而形成的这个社会的价值观、制度体系、技能体系以及生活方式的广度上。"④ 机器智慧和人类智慧的协商，将从根本上构建全新民主，使公正、公平建立在可计算的基础上。最终势必加速传统文明的瓦解，也就是工业文明的瓦解。

人工智能推动人类进入"后人类技术"所支持的"后人类时代"（posthuman time），解决人类在工业时代所产生的无法解决的问题。实现脑机接口、人类基因下载和将人类基因转移到火星或其他星球。人类与物理世界的结合和互动，不可避免地会导致热力学第二定律的蔓延和扩大。人类必然陷入熵增的不可逆状态，而数字化解决不了这样的问题。因为在大数据时代，数据膨胀，如果用传统手段解决，势

---

① 尼克·波斯特洛姆. 超级智能［M］.张体伟，张玉青，译.北京：中信出版集团，2015：64—67.

② 斯图尔特·罗素. AI新生：破解人机共存密码：人类最后一个大问题［M］.张羿，译.北京：中信出版集团，2020：01.

③ 尼克·波斯特洛姆在《超级智能》一书中，提出了"智能变化率"公式：智能变化率=最优化力/反抗度。

④ Howard Segal, Technological Utopianism in American Culture［M］. University of Chicago Press, 1985: 10.

必加剧熵增和毁灭，人类必须把处理数据的能力让渡给人工智能。只有人工智能可以有效控制熵增，甚至实现熵减。

## （十四）

人工智能技术是世界舞台上的驱动力。人工智能技术创造或支持了人员、信息、思想、技术诀窍、商品、成品、资本和财富的全球性流动。这个世界因此进入这样一种文明。人工智能将为医学、科学和众多研究领域带来益处。

在人工智能的背后，我们可以看到人类数千年所追求的、可望而不可即的理想开始具有可行性和现实性。人工智能的发展提供了一种可以预期的前景，更好地分配社会效益，惠及大多数人，最终呈现超越人类的理性，重新塑造社会，包括解决分配制度不合理。无条件基本收入（unconditional basic income，UBI），又称全民基本收入（universal basic income），将是人工智能时代的必然选择。实施UBI，每个国民或成员皆可定期领取一定收入，可以获得食物、住所、教育、医疗、公用事业等方面的基本保障，以支持自由发展。

在近180年之后，马克思（Karl Marx，1818—1883）和恩格斯（Friedrich Engels，1820—1895）在《共产党宣言》（*The Communist Manifesto*）中所呼唤的幽灵，正在以人工智能的方式，而非无产阶级革命的方式重新徘徊在这个世界，它所带来的是前所未有的以科技主导的历史变革。

## （十五）

在2024年末，马斯克在自家的X平台上写道："AI在2025年底前超过单个人的智力，在2027到2028年超越所有人类智力的可能性变得越来越大。而到 2030 年，人工智能超越所有人类智力的概率超过 100%。"① 显而易见，人类至今对于人工智能的迅猛发展，将到来的浪潮的认知和精神准备严重滞后，这个世界很可能正在走向摇摇欲坠。当下三个严峻的挑战来自人工智能。

（1）来自人工智能本身失控的挑战。现在已有很多科技和工程的证据支持人工智能存在失控可能性的判断，更多的人倾向于相信"科技奇点"存在的看法。如今，实现通用人工智能已经没有悬念，仅仅是时间问题。如果有了通用人工智能，超级人工智能的出现就是不可避免的。人工智能演进，不断减少对人类的依存，转而愈来愈依赖人工智能本身，很可能最终导致人类对人工智能失控。这个过程，如同人工智能进入第二宇宙的速度，彻底脱离地球的引力束缚。

（2）来自人工智能科技公司垄断的挑战。人工智能的发展，愈来愈成为需要大量高端科技人才、巨额金融资本和无形资本的投入，排斥自由竞争和加剧自然垄断的游戏，有可能导致逆历史发展方向的所谓的"技术封建主义"（technofeudalism），即存在数字技术和智能技术结合，对数据资源算力和算法平台的绝对控制，"起主导作用的不再是资本主义的生产，而是数字化平台和垄断造成的租金模式，这就是新封建主义"。在这样的新封建主义下，"租金的无序性取代了利润的有序性"。② 于是，资本与劳动的关系出现根本性改变。例如，会出现"黑客阶级"和"向量阶级"（vectorialist class）的对立关系。

（3）来自人工智能的国际竞争的挑战。人工智能的加速发展，以及

---

① KEKIUS MAXIMUS［@ELONMUSK］. It is increasingly likely that AI will superset the intelligence of any single human by the end of 2025 and maybe all humans by 2027/2028. Probability that AI exceeds the intelligence of all humans combined by 2030 is ~100%.［EB/OL］.（2024–12–23）［2025–01–01］. https://x.com/elonmusk/status/1871083864111919134.

② 塞德里克·迪朗. 技术封建主义［M］. 陈荣钢，译. 北京：中国人民大学出版社，2024：18–22.

人工智能所需人才质量的急剧提高和所需资本的骤增，疆域的拓展，导致能够参与人工智能开放的国家数量不断减少。人工智能正在日益缩小范围即被少数国家所控制。这些少数国家的政府和垄断企业的结合，有可能促进某种程度的"智能帝国主义"现象，出现基于数字技术的"世界统治者"雏形。人工智能领先国家控制人工智能和其他数字科技，导致世界进入基于人工智能的发达与落后，进而加剧算力和算法差距拉大的新"二元经济"。所以，人类需要共同努力和合作，确保是自由的而不是不自由的人工智能，是人民的而不是独裁者想要的人工智能，归根结底，是一个由人工智能民主和公正愿景主导的未来。

2024 年的物理学和化学的诺贝尔奖证明，传统的和经典的物理和化学，需要依赖人工智能，基于机器学习的深度学习，才有可能更深层次地认知物理世界，展现真正完整的自然界。这正是第三种存在的本质所在。

当人工智能和第三种存在重叠，人工智能无所不在，无时不在，成为一切趋势的共同线索，通用智能和超级智能的混合智能体呼之欲出，正在形成倒逼和强制人类再进化的机制，人类不仅要改变对现实和存在的定义，很可能还要改变人类对自身的定义。现在的人类的共同挑战是如何改变对这种变革的低估，如何迎接充满未知的全新的文明。

朱嘉明

2025 年 1 月 15 日修订于北京

# 目　录

## 第三章 数智融合与经济重构

## 第四章 人类文明与人工智能

# The Third Being

## Chapter 1　Artificial Intelligence and Philosophy

## Chapter 2　Large Language Models and the Rise of Embodied Intelligence

# Chapter 3　Digital Intelligence Convergence and Economic Reconstruction

第一章

# 人工智能与哲学

我们视为真实的万物，都是由那些不能被视为真实的事物所组成的。

　　　　　　　　——尼尔斯·玻尔（Niels Bohr，1885—1962）

# 人工智能：科学的科学 ①

## ——人工智能与逻辑学、语言学、心理学和神经生物学

人工智能原本是计算机科学的一个分支，其存在的价值在于揭示智能的实质，并生产出一种新的能以人类智能相似的方式做出反应的智能机器，使其能够做出具有主动心智的事情。也就是说，在人工智能科学产生之时，已经肯定了智能不仅仅是体现在大脑般构造系统之中，人工智能是可能的。这样的思想在柏拉图、霍布斯（Thomas Hobbes，1588—1679）、莱布尼茨（Gottfried Wilhelm Leibniz，1646—1716）和巴贝奇那里，已经存在。

人工智能在发展过程中，通过机器学习和深度学习，实现了感知、记忆、学习、判断、推理、行为、情感、心理揣测、意识等认知功能的突破，展现了存在自我发育和发展，具有认识主体，甚至超越人类的潜质。同时，人工智能研究领域的不断扩大，突破计算机科学的框架，吸纳逻辑学、语言学、心理学和神经生物学等学科的学术成果，不仅成为前所未有的跨界科学，而且正在成为科学的科学，成为支撑其他科学发展的科学。

---

① 本文系作者发表于《二十一世纪》2024 年 6 月号的文章。

# （一）人工智能与逻辑学

在人类思想史上，逻辑学具有贯穿始终和不可替代的作用。一般来说，逻辑学包括形式逻辑和数理逻辑。形式逻辑，即普通逻辑，研究的是思维规律，包括思维形式及其结构，以及定义、划分、分析、综合、试验、假说等逻辑方法。亚里士多德（Aristotle，公元前384—公元前322）是传统形式逻辑的奠基人，提出了逻辑思维的三大规律（同一律、矛盾律、排中律），确定了判断的定义和分类，制定了演绎三段论推理的主要格式和规则，阐述了演绎与归纳的关系。至于数理逻辑，现代形式逻辑，又称符号逻辑，是基于传统形式逻辑所演化出来的一门新兴的逻辑学科。其特征是通过数学方法研究关于推理证明等问题，内容包括命题演算、谓词演算、算法理论、递归论、证明论、模型论和集合论等。乔治·布尔（George Boole，1815—1864）是数理逻辑的奠基者。

长期以来，人们普遍认为，任何科学都必须遵循逻辑学的基本原理，因为逻辑学对于任何科学都具有普遍适用性。也就是说，科学需要遵循逻辑学的原理，否则会导致科学论证不严密。

在计算机和人工智能演进过程中，传统逻辑学是否继续具有普遍意义呢？

这里需要肯定图灵和冯·诺伊曼的贡献。20世纪中叶，"图灵做出了伟大的贡献——将现代逻辑引入计算机"。[①] 1958年，冯·诺伊曼在他的《计算机和人脑》（*The Computer and the Brain*）中写道："我们应该认识：语言在很大程度上只是历史的事件。人类的多种基

---

① 玛格丽特·博登.人工智能哲学［M］.刘西瑞，王汉琦，译.上海：上海译文出版社，2001：176.

本语言，是以各种不同的形式，传统地传递给我们的。这些语言的多样性，证明在这些语言里，并没有使命决定的和必要的东西。正像希腊语或梵语只是历史的事实，而不是绝对的逻辑的必要一样，我们也只能合理地假定，逻辑和数学也同样是历史的、偶然的表达形式。"① "人类眼睛上的视网膜，对于眼睛所感受到的视觉，进行了相当的重新组织。这种重新组织，是在视网膜面上实现的；或者更准确地说，是在视觉神经入口的点上，由三个顺序相连的突触实现的；这就是说，只有三个连续的逻辑步骤。" "由此可知，这里存在着另一种逻辑结构，它和我们在逻辑学、数学中通常使用的理解结构是不同的。前面也讲过，这种不同的逻辑结构，其标准是更小的逻辑深度和算术深度（这比我们在其他同样条件下所用的逻辑深度和算术深度小得多）。因此，中央神经系统中的逻辑学和数学，当我们把它当作语言来看时，它一定在结构上和我们日常经验中的语言有着本质上的不同。"②

　　冯·诺伊曼的观点可以概括为：（1）语言、逻辑和数学都是历史的，而非永恒的。（2）人工智能的逻辑结构，例如视网膜所体现的逻辑结构，很可能是与逻辑学、数学中通常使用的理解结构是不同的"另一种逻辑结构"。在这里，冯·诺伊曼更多是一种猜想。人工智能的发展史已经和继续证明了这种猜想。

　　为什么人工智能的逻辑和传统逻辑会有所不同？存在两个显而易见的差别：（1）人工智能逻辑以神经网络为前提。美国的心理学家麦卡洛克（Warren Sturgis McCulloch，1898—1969）和数学家皮茨（Walter Harry Pitts, Jr., 1923—1969）的深刻之处是，并不是简单地

---

① 约翰·冯·诺伊曼.计算机和人脑［M］.甘子玉，译.北京：商务印书馆，1979：59.
② 同上书，第59-60页。

持有一般的唯物主义立场，认为智能是由大脑实现的，他们在《神经活动中内在思想的逻辑演算》（"A Logical Calculus of Ideas Immanent in Nervous Activity"）一文中写道："一定类型的（可严格定义的）神经网络，原则上能够计算一定类型的逻辑函数。"[①]自此，不仅确定了人工神经网络的历史进程，也确定了联结主义人工智能的方向。（2）人工智能逻辑基于机器逻辑的推断模型，即概率图模型。人工智能的任何逻辑推理的任务，都可以转换为概率图模型让机器进行学习。概率图模型的数学基础则是贝叶斯原理（Bayes theorem）和马尔可夫模型（Markov model）：贝叶斯网络代表的是有向图模型与无向图模型；马尔可夫网络代表的是无向图模型。可以说，人工智能通过概率图模型，即通过有向图模型和无向图模型，计算变量间的相关关系或依赖关系，最终实现逻辑推理与归纳。

进一步说，人工智能逻辑体系和自然智能逻辑体系存在如下根本性差异：（1）人工智能是试图找到主体（人或者机器）中这些本原元素和逻辑的关系，以及该主体映射的构成世界的本原客体和它们之间的关系。[②]（2）人工智能逻辑指令系统是"代码"，"这可以指任何诱发一个数字逻辑系统（如神经系统）并使它能够重复地、有目的地作用的东西"[③]；而自然智能的逻辑系统是自然语言，并不需要代码。（3）人工智能的数学模型是源于大数据统计和概率，自然智能逻辑的数据规模不可比拟。（4）人工智能逻辑是通过机器学习和无限网络实现，自然智能逻辑是局限于人的大脑和有限网络实现的。（5）人工智能逻辑的知识系统超越自然智能逻辑的知识系统。（6）传统的形式逻

---

① 玛格丽特·博登.人工智能哲学［M］.刘西瑞，王汉琦，译.上海：上海译文出版社，2001：4.

② 同上书，第421页。

③ 约翰·冯·诺伊曼.计算机和人脑［M］.甘子玉，译.北京：商务印书馆，1979：51.

辑和数理逻辑的边界。（7）人工智能逻辑超越传统逻辑归纳和演绎的功能，模糊归纳和演绎的界限。这是因为人工智能技术最基本的两种能力就是归纳和演绎能力。机器学习模型就是一种典型的归纳方法，深度学习则根据已有的知识来进行逻辑推理和计算，实现演绎。

需要特别强调的是，思维逻辑并非必须受制于归纳和演绎模式。爱因斯坦（Albert Einstein，1879—1955）对想象和思辨有很高的评价，提出概念是思维的自由创造，科学史上不乏存在"不能归纳得到"的事例。理论和经验是不可分割的。所以，人工智能的逻辑是超越传统逻辑框架和结构的。

各类语言大模型的产生，本质上就是人工智能逻辑模型，实现了数字方法和逻辑、形式逻辑和数理逻辑、归纳和演绎功能的统一。自此，逻辑分类发生改变，形成人工智能逻辑和自然智能逻辑并存的格局。

## （二）人工智能与语言学

语言学（Linguistics）是以人类语言为研究对象，探索范围包括语言的性质、功能、结构、运用和历史发展，以及其他与语言有关的问题的学科。

人类语言具有以下特征：（1）世界的存在体现为语言的存在。语言和世界是同构的。所以，维特根斯坦（Ludwig Josef Johann Wittgenstein，1889—1951）认为：语言的边界就是世界的边界。[①]（2）语言系统与符号系统等价。（3）语言是人类思维的基础。语言是自然智能的载体。（4）人类知识即语言的组合和序列。（5）语言具有

---

① WITTGENSTEIN L. Tractatus Logico-Philosophicus［M］. 2nd edition. London：New York: Routledge，2001.

运算和程序的天然功能。（6）"语言很大程度上只是历史的事件。人类的多种基本语言，是以各种不同的形式，传统地传递给我们的。这些语言的多样性，证明这些语言里，并没有什么绝对的和必要的东西。"[①]

在现代语言学领域，维特根斯坦是不可逾越的，他的划时代贡献是为语言划定了范围，语言属于经验世界，即可以说和可以说清楚的问题。在经验世界的范围之外，则是不能够说和说不清楚的问题。例如形而上学、伦理学和美学。他特别强调，并不存在唯一的"反映世界"的语言规则，语言如同游戏，不同的游戏具有不同的规则。他将其观点总结为"语言游戏"（language game）。

在20世纪30年代末，维特根斯坦和图灵都在剑桥大学教书，而且发生过争论，焦点是如何看待机器思维。图灵认为几乎一切推理活动都是可计算的。维特根斯坦提出，"人工智能的关键在于自我意识的模拟"，而一个东西具有意识，就需要"自我"的概念，否则只会服从指令。图灵则认为，智能是可以界定和量化的行为，量化之后就不存在"自我"与"非自我"等知觉概念的本质差别。维特根斯坦有句名言：如果狮子会说话，"我们就不会理解它"。[②] 因为狮子所嵌入的"生命形式"，完全不同于人的"生命形式"。机器可能"思考"，但是，机器不可能理解自己。90年之后，人工智能发生了一系列重大突破，如果维特根斯坦和图灵健在，他们争论的语境已经大为不同。

如何处理人类自然语言从来是人类智能的标志性能力。尽管人工智能和自然智能可以沟通，但却是有着不同特征的语言体系。人工智能演变的历史似乎在证明图灵很可能是正确的。计算机等人工智能

---

① 约翰·冯·诺伊曼.计算机和人脑［M］.甘子玉，译.北京：商务印书馆，1979：59.

② WITTGENSTEIN L. Philosophical Investigations［M］. ANSCOMBE G, trans. 3$^{rd}$ ed. Blackwell，1968.

就是类似狮子，以不同的"生命形式"和语言存在。1949 年，数学家香农与韦弗（Warren Weaver，1894—1978）提出香农－韦弗模式（Shannon and Weaver's model）：通过机器实现自然语言处理的原理。①

1980 年，美国哲学家约翰·塞尔（John Rogers Searle，1932—　）在《心灵、大脑与程序》（"Minds, Brains, and Programs"）一文中，提出名为"中文屋"的思想实验：假想一个只会说英语的人，身处于一个只有一个小窗口的封闭房间，房间有足够的稿纸和笔。他随身带着一本写有中文翻译程序的书。屋外有人将写着中文的纸片，通过小窗口送入房间，房间的人通过那本有中文翻译程序的书，翻译这些文字，并用中文回复。虽然房间里的人并不懂中文，房间之外的人却以为里面的人懂中文。这个"中文屋"思想实验，是为了推翻图灵测试。证明电脑就可以运行一个程序，处理信息，然后给出一个智能的印象。"中文屋"的思想实验涉及语义语法、意向性、身心等问题。反驳这个思想实验，并不困难。不能因为塞尔不理解中文，而得出"中文屋"这个运行程序没有理解的结论。"即使最简单的程序也并不是纯形式主义的，而是具有某种相当本原的语义特征，所以从根本上说，计算理论并非不能解释意义。"②

自然智能的载体是人本身，即一台生物机器，也是一台语言机器，是人类长期进化的结果。人类基因的本质就是程序化的代码语言。至于与计算机结合的人工智能，同样也是一台语言机器，只是最初的计算机比特语言是人类创造的，软件需要与硬件支持的机器结

---

① SHANNON C E, WEAVER W. The Mathematical Theory of Communication［M/OL］. 1st ed. Urbana: The University of Illinois Press，1964. https://monoskop.org/images/b/be/Shannon_Claude_E_Weaver_Warren_The_Mathematical_Theory_of_Communication_1963.pdf.

② 玛格丽特·博登. 人工智能哲学［M］. 刘西瑞，王汉琦，译. 上海：上海译文出版社，2001：8.

合。所以，人工智能就是机器智能。

到现在为止，计算机科学和人工智能科学的历史证明了三点：（1）计算机的比特语言比自然语言在实现信息储存、交易和推理方面更有效率。（2）人工智能语言可以解决维特根斯坦所说的不能够说和说不清楚的问题。因为人工智能语言的程序，打破了自然语言的局限性。（3）从未来历史看，未来的语言学将包括自然语言和人工智能语言。人工智能语言可能兼容自然语言，反之则不可能。也就是说，人工智能的生命形态可以摆脱生物化学的限制，具有更快的进化速度。

以 ChatGPT 为代表的各类大语言模型的根本意义在于：输入的是自然语言，中间过程是机器语言，输出的是自然语言，实现了自然语言与人工智能语言的融合。因为大语言模型具备足够的语言数据库，"人工智能能够以前所未有的数据量、算力，对语言进行前所未有的海量的计算和操作，成为语言自动化的结构和实验"。[①] 所以，大语言模型，拉开了人工智能主导的语言学革命序幕。人工智能和语言学革命进入全新的互动的历史阶段。从哲学高度看，"大语言模型的胜利并不完全是一种经验主义的胜利，语言的结构并非单纯是经验的。用哲学的行话说，大语言模型是一种理性主义和经验主义结合的胜利"。[②]

只是在这样的历史过程中，人工智能语言和自然语言开始失衡。人工智能可以读懂自然语言，自然智能不需要理解机器语言。

2024 年 2 月，OpenAI 发布的文生视频模型 Sora，显示了人工智

---

① 雷鸣. 人工智能是两场而不是一场革命［EB/OL］// 语言主义.（2024-01-08）. https://mp. weixin.qq.com/s/mC-5iLgQD1nko8H051Rsgg.

② 梅剑华. 人工智能会重塑哲学吗？［EB/OL］// 信睿周报.（2024-02-01）. https://mp. weixin.qq.com/s/ZwWi3FRfK0BXGsdtuBy48w.

能可以实现从文本语言转化为图像和视频语言，进而更真实地模拟部分的物理世界。以 Sora 为先锋的视觉大模型，其实就是多模态语言模型。语言史表明，语音文字以及抽象文字发源于以象形文字为代表的形象语言形态。人类文明的早期记录和儿童对世界的认知都是从依赖直观形象和表象的形象思维开始的。现在正开始基于人工智能技术的一种回归：形象思维—抽象思维—形象思维。

## （三）人工智能与心理学

人的自然智能和生物学、神经生物学及心理学是不可分割的。那么，人工智能科学与生物学、神经生物学和心理学的关系如何？在图灵看来，机器不仅可以思维，而且可以建构反映人类详尽心理过程的计算机模型。针对图灵的主张，反对意见认为："要使计算机表现在深度、广度以及灵活性上与人类心智相媲美，在原理上和（或）实践上，都是不可能的。一台阅读十四行诗的计算机，不管是真有智能，或者仅仅能模仿智能，都绝无存在的可能。"①

以上分歧涉及了人工智能科学和心理学的关系。按照图灵思想，人类的心理活动是可以最终模型化和可计算的。反对的意见则认为人类心理活动是没有可能被计算的。

心理学是研究心理现象发生、发展和活动规律的科学。心理学可以分为基础心理学和应用心理学。基础心理学包括：认知，情绪、情感和意志，需要和动机，以及能力和人格。其中的认知包括感觉、知觉、记忆、思维等心理现象。不论人类心理活动如何复杂，从根本上

---

① 玛格丽特·博登.人工智能哲学［M］.刘西瑞，王汉琦，译.上海：上海译文出版社，2001：9.

说，都是人的神经系统运行的结果。神经系统的复杂程度与智能程度是正相关的。换一个角度，神经系统是心理现象产生的物质基础，心理活动是神经系统机能的反映。所以，只要人工智能技术和人的神经网络结合，就意味着可以实现人的认知活动，进而实现人的心理活动的可计算。

如果进一步研究 19 世纪以来心理学的主要流派，例如"构造心理学""机能心理学""行为主义心理学""整体心理学""认知心理学""生理心理学"，还有"精神分析"，不难发现其共同特征：人类的一切心理活动和现象都是可以分解和解构的，都是可以量化的。

19 世纪以来的心理学流派代表，或者没有看到，或者没有认识到计算机和人工智能的思想和技术，可以帮助他们的理论得以试验。在人工智能科学和心理学结合的过程中，最终推动了心灵计算理论、心理计算主义和计算主义的形成。

在这个领域，1936 年图灵机的诞生，具有划时代的意义。图灵并非心理学家，他代表的是从机器具有学习能力，进而可以思考并进入心理层面。图灵机是一种无限记忆自动机，其基本思想就是用机器来模拟人们用纸笔进行数学运算的过程。"每个算法可在一台图灵机上程序化。"[①] 1943 年，沃伦·麦卡洛克和沃尔特·皮茨在论文《神经活动中内在思想的逻辑演算》中，最早提出神经活动具有计算性和认知可以由计算来解释，并基于数学和一种被称为阈值逻辑的算法创造了一种非常简单的神经元模型，即 M-P 模型。该模型将神经元当作一个功能逻辑器件来对待，成为神经网络模型的理论研究的拓荒者和先驱。之后，这种模型使得神经网络的研究分裂为两种不同的研究思路。一种主要关注大脑中的生物学过程，另一种主要关注神经网络在

---

① HAREL D. Algorithmics: The Spirit of Computing [M]. 2nd edition. Reading, Mass: Pearson Education, 1992 : 233.

人工智能里的应用。自此，奠定了心灵计算理论，又名心智计算理论（Computational Theory of Mind，CTM）的前提：心智 / 大脑是一个信息处理系统，一个计算系统，而思维是一种计算形式。更深层的思想是：人类的一切精神现象，包括情感，都可以被认定为"信息"。既然是信息，就可以模型化。

因为心智计算理论的形成，直接推动了计算主义（computationalism）、认知可计算主义（cognitive computationalism）的出现。计算主义的基本思想是，心理状态、心理活动和心理过程是计算状态、计算活动、计算过程。简言之，认知就是计算。彻底的计算主义者认为：计算主义就是世界观。

20 世纪 80 年代以后，认知科学发生了一场"人工神经网络革命"，认知科学的"联结主义"研究范式取代了符号主义研究范式而诞生。联结主义的核心思想就是一切人类认知活动完全可归结为大脑神经元的活动。

在讨论计算主义方面，泽农·派利夏恩（Zenon Walter Pylyshyn，1937—2022）是一位重要人物，代表作是《计算与认知》（*Computation and Cognition*）。该书的核心思想是：人就是一部逻辑机器，认知的本质是计算，一切认知过程和智能行为都是可计算的。"对心理状态的语义内容加以编码通常类似于对计算表征的编码。"[1] 也就是说，人类以及其他智能体实际上就是一种认知生灵、一种计算机，这就是著名的"计算机隐喻"。"这种思想基于认知科学的一个中心假定：对心智的最恰当理解是将它视为心智中的表征结构以及在这种结构上操作的计算程序。可以假定心智计算观具有心理表征，类似于计算机器的数

---

[1] PYLYSHYN Z W. Computation and Cognition: Toward a Foundation for Cognitive Science［M/OL］. The MIT Press，1984［2024-09-06］. https://direct.mit.edu/books/monograph/4701/Computation-and-CognitionToward-a-Foundation-for. DOI：10.7551/mitpress/2004.001.0001.

据结构，心灵中的计算程序类似于计算机器的算法。这样一来，我们的思维或心智就类似于计算机的运行程序了。"①

纽厄尔（Allen Newell，1927—1992）和西蒙（Herbert Alexander Simon，1916—2001）对于计算机和心灵的关系有着更为肯定的观点："心灵是一个计算系统，大脑事实上是在执行计算职能（计算对智能来说是充分的），它与可能出现在计算机中的计算是完全等同的。"还可以这样表述："心灵可能是由许多台这样的抽象符号机组成的，其中只有最基础的部分可通过以物质形式例示说明。"②

技术层面的认知计算（cognitive computing）是一种新型的计算，其目标是建立关于人脑/大脑如何感知、推理和响应刺激的更精确模型。认知计算具象为基于人工智能和信息科学的技术平台。这些平台包括机器学习、推理、自然语言处理、语音识别和视觉的对象识别、人机交互、对话和叙述生成等技术。

值得重视的是，伴随人工智能越来越强悍的自我发展和超级人工智能的成熟，人工智能势必形成自己的心理系统。于是，未来将有两种心理体系：人的和被人工智能化的心理体系，人工智能自身发展出来的人工智能心理。智能机心理学，或者称为人工智能心理学，将会产生。著名科幻小说家阿西莫夫（Isaac Asimov，1920—1992）的预言离我们越来越近。例如，现在的机器人伴侣，具有共情和机器人情感。共情部分基于感知的情感模型，根据感官信息了解人的情感状态；通过一种循环脉冲神经网络来改进机器人的情感模型。利用人的

---

① 任晓明，胡宝山. 为认知科学的计算主义纲领辩——评泽农·派利夏恩的计算主义思想［J/OL］. 逻辑与认知，2007，5（1）［2024-09-03］. https://www.sinoss.net/uploadfile/2010/1130/7456.pdf.

② 玛格丽特·博登. 人工智能哲学［M］. 刘西瑞，王汉琦，译. 上海：上海译文出版社，2001：10–11.

情感信息、机器人的内部信息和外部信息计算出机器人的情感状态。机器人伙伴可以利用情感结果来控制面部表情和手势。言语风格也会随着机器人的情绪状态而改变。实现机器人伙伴与人类进行情感和自然的互动。

现在还难以预见的是，这个世界是否最终可以进入人工智能的情感处于绝对主导的时代。

讨论"计算主义"，难以回避哥德尔（Kurt Friedrich Gödel，1906—1978）的"不完全定理"。"不完全定理"并没有设定人类理性的极限，只是揭示了数学形式主义的内在矛盾。哥德尔认为，有些事物不是算法可知的。由该定理引申：在机器模拟人的智能方面，存在着某种极限，或者说计算机永远没有可能做人所能做的一切。或者说，哥德尔不排除存在事实上等价于数学直觉的定理证明机器。但是这并不意味着人类可以确切地知道它是否会准确无误地工作。

至于图灵提出的"心的过程不能超越机械过程"的论断需要两个假设：其一，没有与物质相分离的心；其二，大脑的功能基本上像一台数字计算机。第二个假设的概率很高，将是被科学否定的时代偏见。此外，还取决于包括大脑生理学在内的整个科学的进展。

从新近发现的哥德尔的一部分重要手稿和 20 世纪 70 年代与王浩（1921—1995）的谈话记录中我们得知，哥德尔在严格区分心、脑、计算机的功能后，明确反对"心脑同一论"："心与脑的功能同一却是我们时代的偏见。"一方面，哥德尔承认"大脑的功能不过像一台自动计算机"，大脑的可计算主义成立；另一方面，哥德尔却怀疑和否定可以计算心的活动。因为没有足够的大脑神经元来实现心的复杂运作。哥德尔曾这样解释"心"的含义："我所说的心是指有无限寿命的个体的心智，这与物种的心智的聚合不同。"人心有洞察具有超穷性质的数学真理的直觉能力，特别是能够洞察数学形式系统的一致性。[①]

历史终于到了一个十字路口：人工智能是否可以实现心、脑、计算机的统一？大模型是否就是一个证明？如果是这样，这意味着尽管哥德尔"不完全定理"继续存在，但是他否定心的和心理活动的可计算的逻辑不再成立。未来很可能是这样：人工智能可以帮助我们认识心灵。虽然"AI尚未揭开古老的心灵之谜，但是它为我们提供了规范和拓宽哲学想象力的新方法，至于对这些新方法的利用，我们刚刚开始"。[②]

## （四）人工智能与神经生物学

神经生物学的思想历史悠久。但是，直到19世纪末，因为显微镜等技术的发展，生物学家才开始认知神经元的结构和功能。1888年，西班牙神经解剖学家卡哈尔（Santiago Ramón Y Cajal，1852—1934）提出了神经元学说，即神经系统是由一个个神经元构成的，奠定了现代神经生物学的理论基础。1897年，谢灵顿（Charles Scott Sherrington，1857—1952）提出使用"突触"（synapse）这个术语来描述一个神经元与另一个神经元进行信息沟通。20世纪初，英国生理学家艾略特（Thomas Renton Elliott，1877—1961）和戴尔（Henry Hallett Dale，1875–1968）提出了突触传递（synaptic transmission），也就是神经元之间的通信是通过突触实现的假说。之后，这一假说得到实验证实，确定了神经信号传递的模式。到了20世纪60年代，树突的整合功能被认知，证明神经系统有无冲动的突触回路和突触相互

---

① 刘晓力.哥德尔对心—脑—计算机问题的解［J］.自然辩证法研究,2000（199911）：29–34.

② 玛格丽特·博登.人工智能哲学［M］.刘西瑞，王汉琦，译.上海：上海译文出版社，2001：27.

作用。神经生物科学形成了以下关键性共识：神经元的核心特点是多输入单输出；突触兼有兴奋和抑制两种性能，能实现时间加权和空间加权，可产生脉冲；脉冲进行传递，且非线性。

神经生物学的发展，以及对神经元、突触、信号传递、脑活动等方面的研究与试验的突破，不仅极大地推动了生命科学和医学的发展，而且对人工智能科学产生灵感、启发和持续影响。在现代计算机早期阶段，人工智能、神经科学和心理学领域的科学家已经开始了跨学科研究。

冯·诺伊曼在《计算机和人脑》的第二部分"人脑"中，在肯定大脑仍然是唯一已知的真正的通用智能系统的前提下，详尽地分析了现代计算机和人类神经系统这两类"自动机"之间的相似和不同之处，做了"神经元大小、它和人造元件的比较"，探讨了"神经系统内的记忆问题"，描述了"神经系统中记忆容量的原理"。冯·诺伊曼特别强调的是："对神经系统作最直接的观察，会觉得它的功能显而易见地是数字型的""神经系统中使用的信息系统，其本质是统计性质的"。神经系统中的动态过程特征，从数字的变为模拟的，从模拟的又变回来成为数字的，不断反复。也就是说，神经系统的信息并非规定的符号，也不是精确的数字，表现为周期性或近似周期性的脉冲序列的频率。"所以，完全有理由设想，这些脉冲序列之间的一定的（统计的）关系，是可以传送消息的。"[①]

冯·诺伊曼的思想逻辑是非常完美的：（1）神经系统属于数字型和具有统计性质的系统。神经系统包含数字部分和模拟部分。所以，神经系统可以转化为基于统计方法的神经模型。（2）神经系统是可以通过物理化元件和软件形态的代码，实现算术深度和逻辑深度的相互

① 约翰·冯·诺伊曼.计算机和人脑［M］.甘子玉，译.北京：商务印书馆，1979：29-58.

转化，构建现代模拟计算机，即赋予人工智能的计算机。

人工智能历史正是沿着这个思路发展的。至少一部分人工智能科学家相信，人工智能可以通过构建类似于人脑中神经元之间相互连接的网络结构加以实现，即构建人工神经网络（artificial neural network）。人工神经网络可以定义为：一种通过模拟人的大脑神经结构去实现人脑智能活动功能的信息处理系统，基于模仿大脑神经网络结构和功能的数学模型，是人脑的一种抽象、简化和模拟模型，能够进行复杂的逻辑操作和非线性关系实现的信息处理系统。人工神经网络是一种非线性统计性数据建模工具，通常采用拓扑结构。

人工神经网络的物理特征就是一个由大量简单元件相互连接而成的复杂网络。人工神经网络由一定数量的基本单元分层连接构成；每个单元的输入、输出信号以及综合处理内容比较简单；网络的学习和知识存储体现在各单元之间的连接强度上。每个节点执行一个简单的计算。图 1.1 是人工神经网络体系的示例。

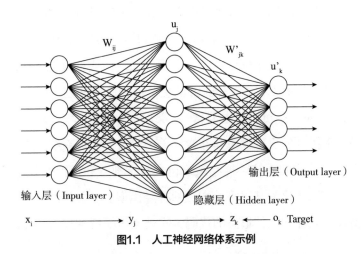

**图1.1 人工神经网络体系示例**

资料来源：FAHMY A S，EL-MADAWY M E T，ATEF GOBRAN Y. Using artificial neural networks in the design of orthotropic bridge decks［J/OL］. Alexandria Engineering Journal，2016，55（4）：3195–3203. DOI：10.1016/j.aej.2016.06.034.

在过去的半个多世纪，巨量的智慧、人才和资本投入"人工神经网络"的研究和开发之中，形成高潮、低潮和再高潮。在二十世纪八九十年代，人工神经网络历史主要事件有：1980 年，出现卷积神经网络的雏形——Neocognitron；1984 年，辛顿（Geoffrey Everest Hinton，1947—　）与谢诺夫斯基（Terrence Joseph Sejnowski，1947—　）等合作提出了大规模并行网络学习机和隐藏单元的概念，这种学习机后来被称为"玻尔兹曼机"（Boltzmann machine）；1986 年，鲁姆哈特（David Everett Rumelhart，1942—2011）、辛顿等人发明了适用于多层感知器（multi-layer perceptron，MLP）和误差反向传播（backpropagation）的算法，并采用 Sigmoid 函数进行非线性映射，解决了非线性分类和学习的问题；1989 年，海希特－尼尔森（Robert Hecht-Nielsen，1947—2019）证明了 MLP 的万能逼近定理；同年，杨立昆（Yann André LeCun，1960—　）发明了卷积神经网络——LeNet，并用于数字识别；同年，Q 学习（Q-Learning）算法问世，它是一种无模型强化学习算法；1991 年，循环神经网络（recurrent neural network，RNN）出现；1992 年，Q 学习的收敛性被证明。1997 年，长短期记忆网络（long short-term memory，LSTM）被提出。客观地说，20 世纪 90 年代，多层神经网络已经成熟，只是那个时期的算力太小，大数据规模有限，难以得到广泛应用。[①]

人工神经网络历史的重大拐点是 2006 年辛顿以及他的学生鲁斯兰·萨拉赫丁诺夫（Ruslan Salakhutdinov，约 1980—　）在《科学》（*Science*）周刊发表了题为"神经网络用于降低数据维度"（"Reducing the Dimensionality of Data with Neural Networks"）的论文，正式提出

---

① 1987年，首届国际神经网络大会在圣地亚哥召开，国际神经网络联合会（International Neural Network Society）成立。

了"深度学习"概念。在这一年，深信度网络（deep belief network，DBN）、堆叠自编码器（stacked autoencoder）和CTC（connectionist temporal classification）相继问世，深度卷积网络（LeNet-5）获得训练突破。特别是，人工神经网络引入图形处理器（graphics processing unit，GPU）。

深度学习虽然是机器学习的一种，但是，两者之间存在实质性的差别。深度学习本质上就是一种人工神经网络。人工智能完成机器学习到深度学习的飞跃，使之与其他人工神经网络紧密互动，甚至一体化。最终人工智能发展主要依靠的是深度学习。

深度学习的概念和人工神经网络的概念不可分割。不存在没有以人工神经网络为基础的深度学习，也不存在没有深度学习体现的人工神经网络。深度学习结构包括含多个隐藏层的多层感知器。深度学习通过组合低层特征形成更加抽象的高层表示属性类别或特征，以发现数据的分布式特征表示。深度学习的动机在于建立模拟人脑进行分析学习的神经网络，模仿人脑的机制来解释数据，例如图像、声音和文本等。[①] 深度学习理论和模式，开启了深度学习在学术界和工业界的浪潮。2011年之后，微软首次完成语音识别的重大突破。

人工神经网络已经发展成为一个体系。深度神经网络模型主要有卷积神经网络（convolutional neural network，CNN）、递归神经网络（recursive neural network，RNN）、深信度网络、深度自动编码器（auto encoder）和生成对抗网络（generative adversarial network）等。

以深度学习和卷积神经网络关系为例：虽然卷积神经网络的研究

---

① 深度学习通过无监督的学习方法逐层训练算法，再使用有监督的反向传播算法进行调优，用以解决"梯度消失"（gradient vanishing）问题。所谓梯度消失是指在深度学习模型训练过程中，参数的梯度值变得非常小，接近于零，导致模型参数更新缓慢，从而影响模型的训练效果。

始于二十世纪八九十年代，包含卷积计算且具有深度结构的前馈神经网络（feedforward neural network，FNN），类似于人工神经网络的多层感知器。进入 21 世纪后，因为深度学习理论的提出和数值计算设备的改进，CNN 作为一种深度学习模型和深度学习的一种代表算法，终于得到普遍认知。2012 年之后，CNN 在图像分类、图像分割、目标检测、图像检索等领域处于主导统治地位，并蔓延到计算机视觉、自然语言处理等领域。

因为人工神经网络和深度学习的融合，催生了各类语言大模型的面世。2015 年，美国斯坦福大学和伯克利大学的四名学者联名发表了基于深度学习方法，结合了卷积神经网络和生成对抗网络的技术，主要用于图像生成的 diffusion 模型。[①] 2017 年，谷歌团队发布的论文《注意力是你所需要的一切》（"Attention Is All You Need"）是里程碑事件。[②] 该论文提出了一种新的网络架构，称为 Transformer，它仅基于注意力机制，可以不需要循环或卷积支持。Transformer 已被证明在质量上更优越，在并行性和训练速度方面也比传统序列转换模型更快。2024 年 2 月，OpenAI 发布的 Sora 基于和叠加了 Diffusion 模型和 Transformer 模型各自的优势。

2019 年，谷歌发布 BERT 语言模型。BERT 代表来自 Transformer 的"双向编码器表示"（Bidirectional Encoder Representations from Transformers）。之后，众多大语言模型出现。2022 年，ChatGPT 所代表的大语言模型获得前所未有的影响力。大语言模型，说到底，就是

①　SOHL-DICKSTEIN J, WEISS E, MAHESWARANATHAN N, et al. Deep Unsupervised Learning using Nonequilibrium Thermodynamics［C/OL］//Proceedings of the 32nd International Conference on Machine Learning. PMLR, 2015: 2256-2265［2024-09-06］. https://proceedings.mlr.press/v37/sohl-dickstein15.html.

②　VASWANI A, SHAZEER N, PARMAR N, et al. Attention Is All You Need［M/OL］. arXiv, 2017［2023-05-16］. http://arxiv.org/abs/1706.03762. DOI：10.48550/arXiv.1706.03762.

神经网络模型的子集。大语言模型的主要特征是结构复杂，通常由多个隐藏层组成，每个隐藏层包含大量的神经元，并且具有数百万到数十亿，甚至更多的可训练参数。[①]

当然，不论是神经网络模型，还是大语言模型的运行，最终还是依赖物理资源。语言训练大模型尤其需要使用高性能计算设备（如GPU、TPU）或云计算平台的支持。所以，1993 年在美国加州成立的英伟达（NVIDIA）得以崛起。

至此，本文讨论了人工智能与逻辑学、语言学、心理学和神经生物学的关系，以此证明人工智能具有"科学之科学"的特征。在人工智能，包括大模型的成长过程中，发生了人工智能和信息科学形成从逻辑到经验、从理论到技术的相互影响和融合的现象。信息技术和人工智能技术与计算机科学的深层渊源，导致两者之间不仅没有清晰的界限，相反，具有显而易见的相似性。

20 世纪 80 年代，人们关注到在信息领域的数据—信息—知识三元组模型（图 1.2）。

**图1.2　数据－信息－知识三元组模型**

---

① 自 OpenAI 在 2022 年 11 月 30 日发布 ChatGPT 以来，仅两个月就有 1 亿用户参与，成为有史以来用户增长最快的产品。之后，全球范围内开始了百模大战。OpenAI 推出了 GPT-4、GPT-4v 和 ChatGPT-4，并围绕着 ChatGPT 推出了 ChatGPT Plugins、Code Interpreter、GPT Store、GPT Team 等。微软推出了 Bing Chat（后来改名为 Bing Copilot）、Office Copilot 等产品。Google 推出了 Bard、Gemini。Meta 推出了 LLaMA、LLaMA2 等。Twitter 推出了 X.ai 和 Grok。在中国，大语言模型竞争更为激烈，截至 2024 年 1 月，国产大模型超过200 个。

后来，数据－信息－知识三元组模型扩展到为四元组模型，顶层为智慧（图1.3）。

**图1.3　数据－信息－知识－智慧四元组模型**

图1.2和图1.3的最底层是数据，数据是资源，具有可操作性，还可以被度量。度量数据最流行的方法是按二进制位比特。信息是具有意义和重要性的符号集合。至于信息和知识的关系是复杂的，信息可以产生知识，信息也可以从知识中产生数据。知识被视为一种信息完成行为，获取知识意味着不确定性的减少。马克·布尔金（Mark Burgin，1946—2023）在《信息论：本质·多样化·统一》（*Theory of Information: Fundamentality, Diversity and Unification*）中，引用了布瓦索（Max Henri Boisot，1943—2011）的一个"数据到知识的转变"示意图（图1.4）：[①]

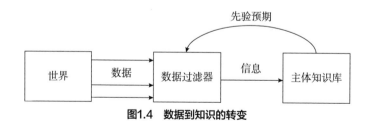

**图1.4　数据到知识的转变**

---

[①]　马克·布尔金.信息论：本质·多样性·统一［M］王恒君，嵇立安，王宏勇，译.北京：知识产权出版社，2015.

无论如何，知识既是自然智慧，也是人工智慧的基础。所以图 1.3 与人工智能构造近似。因为从本质上说，人工智能大模型就是一个不断输入数据，数据转化为信息，输出不同形态（多模态）新知识的系统。

借用图灵的箴言作为结尾："我们的目光所及，只能在不远的前方，但是可以看到，那里有大量需要去做的工作。"[1]

---

① TURING A M. Computing Machinery and Intelligence[ J/OL ]. Mind, 1950, LIX( 236 ): 433–460. DOI：10.1093/mind/LIX.236.433.

# 20 世纪人工智能：一个"形而上"至"形而下"的思想运动 [①]

## ——基于图灵机和图灵验证、M-P 模型、计算主义的历史考察

## （一）

自 1956 年人工智能的概念被提出以来，人们不断地修正和补充它的内涵和外延。这种情况还会继续下去。为什么？因为人工智能既是科学，也是技术；既是信念，也是实验，具有"形而上"和"形而下"的双重性质，并且始终维系着"形而上"推动"形而下"，继而"形而下"反馈"形而上"的互动模式。在 20 世纪的科技历史上，与诸如相对论和量子力学这样的纯科学比较，或者与更倾向实验科学的基因学比较，人工智能的"形而上"和"形而下"互动的特征更为显著。

《易经》对"形而上"和"形而下"有过经典定义："形而上者谓之道，形而下者谓之器"。这里的"道"，就是具有抽象特征的理念、观念、思想、哲学、逻辑，甚至是精神。至于"器"，则是具象的和

---

① 本文以作者 2024 年 3 月 3 日在中国人民大学哲学与认知科学明德讲坛第 39 期，暨服务器艺术"认知·心灵·哲学"第 11 期"圣杯之战：从 SORA 看'将计算进行到底'的不竭驱动力"的发言为基础，做了补充和修订。该文删节版发表在 2024 年 7 月 15 日的《经济观察报》。全文刊载于《文化纵横》2024 年 10 月号。

具有物理形态的应用和实践。

人工智能是"道"在先，"器"在后。用哲学语言表述，人工智能的发展史很接近 objective idealism（客观唯心主义或客观观念论）的原理：客观精神在其发展过程中，产生了物质世界，而不是相反。

本文主要通过 1936 年图灵机、1950 年图灵测试、M-P 模型，以及计算主义演变，探讨人工智能在 20 世纪 30 年代到 20 世纪 80 年代的从"形而上"到"形而下"的演变特征，以及由此所形成的思想运动。

## （二）

图灵是人工智能核心思想的提出者。时间是 89 年前的 1935 年。那年初夏，图灵开始思考被后人称为"图灵机"的"自动机器"，至 1936 年 4 月，图灵完成论文《论可计算数，及其在判定问题中的应用》（*On Computable Numbers, with an Application to the Entscheidungsproblem*）。[①] 从本质上说，图灵机是一种抽象的计算机模型，通过一个虚拟机器替代人类进行数学运算，也就是通过一个机器替代"计算者"，实现在任何可计算的范畴内的计算问题。图灵机对于人工智能科学和计算机科学，具有同等重要的作用，因为两者是不可分割的：计算机科学的尽头是人工智能，人工智能的载体是计算机。

深入解析图灵机，其深层结构则是数学。而相关数学的核心问题就是如何认知希尔伯特（David Hilbert，1862—1943）的"判定问题"（Entscheidungsproblem）。判定问题是指一个问题是否可以通过

————————

① 该论文分两部分发表在 1936 年 11 月 30 日和 12 月 23 日的《伦敦数学学会学报》上。

某种算法在有限时间内得到解决。对此，哥德尔提出两个定理：任何自洽的形式系统，只要蕴含皮亚诺算术公理，就可以在其中构造在体系中不能被证明的真命题，因此通过推理演绎不能得到所有真命题（即体系是不完备的）；任何逻辑自洽的形式系统，只要蕴含皮亚诺算术公理，它就不能用于证明其本身的自洽性。哥德尔不完全性定理揭示出计算机科学存在根本局限性。图灵对于可计算性问题，有双重立场：一方面，他证明了希尔伯特的判定问题无解；另一方面，他将可计算性问题转化为一个直观可计算的（有效可计算的）函数。

著名的"丘奇－图灵论题"（Church-Turing thesis），可以有几种表述方式：所有计算装置都与图灵机等价；人按照算法执行的计算和图灵机等价；人的智能和图灵机的能力等价。也就是说，"丘奇－图灵论题"可以证明图灵机与可计算性的连接，证明图灵机可以实现某种算法在有限时间内得到解决。图灵机可以定义为一种计算的和模拟算法逻辑的数学模型。"图灵机的出现是对人类计算分析的结果，是一种编码。"①

问题并没有到此结束，最终还是要回答图灵机的第一推动力是什么？是决定论。

根据安德鲁·霍奇斯（Andrew Philip Hodges，1949—　）撰写的《艾伦·图灵传：如谜的解谜者》（*Alan Turing: The Enigma*）："显然，图灵机，与他早期对拉普拉斯决定论的一些思考，是有关系的。"图灵通过图灵机"创作了他自己的决定论，在一个逻辑的框架中，来讨论思维是什么"。在创造图灵机的过程中，"他发现了一些

① 我才是老胡. 不可计算数——数学中的幽灵，揭示了一个深层次的数学哲学问题［EB/OL］// 老胡说科学 .（2023-04-28）. https://mp.weixin.qq.com/s/9SZKi8xLic2N7iHk-xN97g.

有点像超自然的东西"。图灵"证明了任何人类计算者的工作，都可以由机器做到"。[①] 图灵机在图灵那里，自始至终是存在神秘色彩的。

所以，到了 1950 年，图灵的《计算机器与智能》（"Computing Machinery and Intelligence"）问世。[②] 图灵在这篇在人工智能历史上具有开天辟地的地位的文章中，一上来就提问"机器能够思维吗？"，要避免对"思维"有预设的定义。之后，图灵提出并阐述了"模仿游戏"（imitation game）的思想实验，即奠定了人工智能理论基础的"图灵测试"。他"通过适当地增加存储和加快计算速度，并提供合适的编程，一个数字计算机可以表现得像人类吗？"图灵对于未来机器充满信心，机器的发展会创造太多的出乎意料，学习机器可以在任何方面与人类的能力匹敌，而人们之所以不相信，"起因于哲学家和数学家们特别容易持有的一个谬见"。事实上，图灵的这篇文章更具有哲学意味，他在字里行间，已经将对机器可以思考作为一种观念，赋予其一种基于科学论证的信仰。

无论如何，至少从 1936 年至 1950 年，图灵一以贯之，以"形而上"的模式持续其人工智能思考。这个时期，也正是"形而上"主导人工智能的关键历史阶段。

## （三）

1943 年，麦卡洛克和皮茨共同发表了《神经活动内在概念的逻辑

① 安德鲁·霍奇斯. 艾伦·图灵传［M］. 孙天齐，译. 长沙：湖南科学技术出版社，2017：112–114.

② TURING A M. Computing Machinery and Intelligence［J/OL］. Mind, 1950, LIX（236）: 433–460. DOI:10.1093/mind/LIX.236.433.

演算》一文，创造了麦卡洛克－匹兹模型（McCulloch–Pitts model），简称 M-P 模型，是第一次模仿生物神经元的树突、轴突、细胞核，制作出了人工神经元模型。

M-P 模型的基础理论是"理论神经生理学"。该理论的建立以如下的基本假定为前提："神经系统上有一个神经元网，每个神经元都有一个细胞体和一个轴突。它们的附属部分，或称突触，总是位于一个神经元的轴突和另一个神经元的细胞体之间。神经元任何时刻都有某个阈值，刺激必须超过这个值才能发起一个冲动"。"这个冲动从刺激点传播到神经元的所有部分。"[①] 基于这样的理论前提，M-P 模型证明了："一定类型的（可严格定义的）神经网络，原则上能够计算一定的逻辑函数。"[②] 人工神经元获取多个数据（$x_1$、$x_2$、$x_3$……$x_n$），经过权重参数（$w_{11}$、$w_{12}$、$w_{13}$……$w_{1n}$）成为求和函数，通过函数激活达到阈值后输出。实现逻辑非、或和与运算。M-P 模型的结构图如图 1.5。

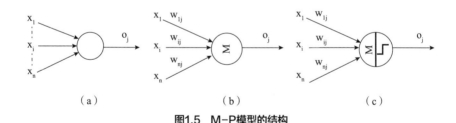

**图1.5 M-P模型的结构**

图 1.5 中，（a）$x_1$，……$x_n$ 表示神经元从外界获得的输入，箭头表示突触，传给神经元，$o_j$ 表示神经元输出；（b）箭头表示突触根据不同的性质和强度，为神经元输入增加一个加权和，其中一些输入对

① 玛格丽特·博登.人工智能哲学［M］刘西瑞，王汉琦，译.上海：上海译文出版社，2001：31.

② 同上书，第4页。

神经元脉冲输出具有更大影响；（c）通过增加一个阈值函数，将"全或无法则"引入神经元结构中。

之所以在 1943 年产生 M-P 模型，首先因为生物学家麦卡洛克正处于开创神经生理学的前沿，深知神经元具有激发和不激发两种状态，神经元突触分为兴奋性和抑制性两种状态，即"全或无法则"。所以，可以假设细胞脉冲对应于二进制的 1 或者 0 的两种模式。当然，神经细胞响应输入的刺激需要一个时间过程，在 t 时刻的输入刺激，要在 t+1 时刻产生输出。"当时的麦卡洛克意识到，一系列神经元的活动或许可以用一系列逻辑命题来描述，他把这一系列的神经元称为'神经网'。"为此，需要严格的逻辑术语。麦卡洛克需要得到数学家皮茨的参与。所以，在 M-P 模型的深层逻辑，就是现代数理逻辑，可以看到罗素（Bertrand Arthur William Russell，1872—1970）和怀特海《数学原理》（*Principia Mathematica*）的深刻影响。

麦卡洛克和皮茨的工作，最终验证了通过神经元表示的逻辑门实现计算是一个切实可行的方法。麦卡洛克和皮茨将生理学关于神经的研究带入数学领域，并与逻辑学相结合，开辟了实现机器智能需要回归神经科学或者大脑科学，成为当代神经网络中的奠基者。

值得强调的是，麦卡洛克和皮茨有着更大的企图心，他们认为，所有心智活动的关键方面，"都可以从目前的神经生理学严格推导出来"。[1] 皮茨明确提出：对于一个初始的随机的神经网络而言，"随着长时间对神经元阈值的调整，这种随机性会渐渐让位于有序性，而信

---

① 马修·科布.大脑传［M］.张今，译.北京：中信出版集团，2022：229.

息就涌现出来了"。[①]

M-P 模型，也是人工智能历史上极为关键的"形而上"里程碑，至少在 1956 年的人工智能会议，开始纳入人工智能思想、理论和技术体系。

1958 年，心理学家弗兰克·罗森布拉特（Flank Rosenblatt，1928—1971）提出了感知机模型（罗森布拉特感知器）。罗森布拉特感知器是根据 M-P 模型的单层"神经网络"，是历史上首个根据样本数据学习形成正确权重参数的模型。这是 M-P 模型从"形而上"向"形而下"转型的实例。

# （四）

进入 20 世纪 80 年代，从机器视角探讨人工智能的思想和技术选择与实验，已经相当普及和趋于成熟。但是，从人本身的认知和心理视角证明人工智能的普遍性，并未形成完整理论和技术支持。

正是在这样的背景下，计算主义得以兴起和发展。计算主义的核心理念就是从物理世界、生命过程到人类的认知，都是"可计算的"。算法是一种存在，存在就是算法。人们之所以将"计算"和"主义"结合在一起，是因为计算主义不仅包含科学，也包含信念、价值观，甚至信仰的成分。

作为认知科学家和哲学家的泽农·W. 派利夏恩，将计算主义系统化和理论化，推进了认知科学的进展。在人工智能的"形而上"思

---

① 心记录 . 理解计算第 3 集：神经元的数学模型 ［EB/OL］// 心记录 . （2020-04-08）. https://mp.weixin.qq.com/s/ynbMIK7-F1rIHRgrV6IdXQ.

想演进中，具有不可替代的地位。[①] 1984 年出版的《计算与认知》是派利夏恩的代表作。

人们通常认为，计算主义的理论渊源可以追溯到古希腊的原子论、毕达哥拉斯主义和柏拉图主义。"万物皆数"是基石所在。派利夏恩在《计算与认知》的前言中，首先阐述了他的认知科学本质："我考察的一个中心议题是，如何可能使人类（以及信息'机器'人这个自然种类的其他成员）基于表征的行动变成他们在物理上例示这些表征的认知代码，而他们的行为如何可能变成执行这些代码的操作之因果后承。既然这正是计算机做的事情，那么我的提议就等于宣布：认知是一种计算。""如果我们采取把认知和计算看作是同一属概念中的种概念的观点，就可以导出一个重要而又影响深远的结果。"[②]

派利夏恩在《计算与认知》中的核心命题是："计算是心理行为的实际模型而不仅仅是模拟。"他引入了一个作为认知模型的计算概念，并进一步解释说，"如果一个计算机方案可以被视为认知的模式，那么这个方案就必须与人们在认知过程中实际所做的方案对应"。在人的认知与计算之间存在着很强的等同性，即所谓的"强等价"。强等价就是算法等价，体现计算模型与认知过程之间的相符性和对应性。"如果两个程序可以在某个理论上规定的虚拟计算机上用同一个程序表征出来，那么它们可以被看作是强等价的，或者是同一算法的

---

① 派利夏恩一生的研究领域相当广阔。根据维基百科：派利夏恩"发展了视觉索引理论（有时称为 FINST 理论），该理论假设了一种前概念机制，负责个性化，跟踪和直接（或示范性地）引用认知过程编码的视觉属性。他非常有影响力的多目标跟踪实验方法就是从这项工作中产生的"。派利夏恩的主要著作有：《计算与认知》（麻省理工学院出版社，1984 年）、《意义与认知结构：心智计算理论中的问题》（*Ablex Publishing*，1986）、《人工智能中的框架问题》（*Ablex Publishing*）、《机器人的困境：人工智能中的框架问题》（*Ablex Publishing*，1987 年）等。

② 泽农·W.派利夏恩.计算与认知：认知科学的基础 [M].任晓明，王左立，译.北京：中国人民大学出版社，2007：4.

不同体现，或者认知过程完全相同。"①

机器计算状态可以对应于一个等价的物理状态集合，也可以对应人的认知集合。所以，强等价性的实现要求计算模型满足严格的条件以保证模型和认知过程在原则上是相似的。如果人类没有实现关于心理的计算，不能实现"强等价"，并不意味着动摇"认知是一种计算"，只能认为认知科学的发展尚不完善，没有达到物理学语言的表达层次。目前物理学可以提供描述物理世界的最普遍和最成功的概念。"物理学并没有声称世界'仿佛'按照物理学定律去运行，然而由于完全不同的原因，它实际上就是那样运行的。物理学声称'对事物实际上如何运作做出了一个真实的说明'。"②

在几乎以"认知是一种计算"作为公理的前提下，派利夏恩探讨了认知的"表征"层面，认知的可穿透性，从物理形态到符号的转化，心理表象和功能建构。《计算与认知》第九章的章名是"结论：认知科学是关于什么的科学"。他的结论是："认知科学的最终成功，如果它们成为现实，不得不解释各种各样的经验现象。它们将不得不与许多哲学讲和，并面对我们关于有意义的问题的前理论直觉。"③ 也就是说，认知科学的建立，任重道远。

1985 年，与派利夏恩在《计算与认知》的核心思想一致的多奇（Diana Deutsch，1938—   ），强化了"物理世界是可计算的"的主张："任何有限可实现的物理系统，总能为一台通用模拟机器以有限方式的操作完美地模拟。"多奇认为，算法或计算这样纯粹抽象的数学概

---

① 泽农·W.派利夏恩.计算与认知：认知科学的基础［M］任晓明，王左立，译.北京：中国人民大学出版社，2007：92.

② 同上书，第 4 页。

③ 同上书，第 296 页。

念本身完全是物理定律的体现，计算系统不外乎是自然定律的一个自然结果，而且通用计算机的概念很可能就是自然规律的内在要求。进一步推而广之，物理可计算主义的一个强硬命题是"宇宙是一台巨型计算机"。[①]

在计算主义阵营中，数学家、逻辑学家、人工智能专家、计算机应用开拓者勃克斯（Arthur Walter Burks，1915—2008）是重量级人物。[②] 勃克斯的代表作是《机器人与人类心智》，该书的核心思想是："一切皆数"。"如果从外部给定其输入，在时间持续和空间广延上有限的任何自然过程，都能被数字计算机模拟并能满足对精确程度的任何指定要求。"[③]

勃克斯的思想，与其说有着来自卢克莱修（Titus Lucretius Carus，约公元前99—约公元前55）《物性论》（*De Rerum Natura*）和拉美特利（Julien Offray de La Mettrie，1709—1751）《人是机器》（*L'homme machine*）的影响，不如说源于莱布尼茨的思想。甚至可以认为，勃克斯也是莱布尼茨的信仰者："我们应该相信我们所发现和推动的世界的实在性。因为它不难通过计算它一遍或通过验算加以证实。这就类似于算术中的九归验算一样。"[④] 为此需要引入诸如字母这样的符号系统，因为字母信息可以被数学化。

勃克斯坚定不移地认为：计算机和形而上学不是对立的，甚至意

① 刘晓力. 计算主义质疑［EB/OL］// 哲学园.（2017-05-25）［2024-09-06］. https://mp.weixin.qq.com/s/c2MC6zwTXoWO0o2UX9RQvw.

② 勃克斯的代表著作有：《机遇，原因，推理》（*Chance, Cause, Reason*，1977）、《机器人与人类心智》（*Robots and Free Minds*，1986）、《逻辑机器哲学》（*The Philosophy of Logical Mechanism*，1990）。

③ 勃克斯. 机器人与人类心智［M］游俊，译. 成都：成都科技大学出版社,1993：63.

④ 同上书，第3页。

识、自由和道德，"在机器人中，也在人类中"。[①] 人的所有推理，包括发现和证实，都能通过"有穷决定论自动机"转化为数字运算，进而"实现人类的一切自然功能"。"一个通用电子计算机，当它无错误地运转时，就是一个有穷决定论自动机。"[②]

勃克斯提出一个假定：人们制造的计算机，不仅能归纳地证实经验陈述和推理，而且能通过选择适当的语言符号，演绎证明这些陈述和推理，那么，"这种计算机就构造了一个语言的经验应用方面的漂亮模型"。[③] 这不就是今天的 ChatGPT 代表的语言大模型吗？

一方面，人类心理和思想活动可以被计算；另一方面，计算机形成对人类心理和思想活动的计算能力。于是，人与机器人的区别消失了：人 = 机器人。

关于计算主义、心灵计算主义的批评意见从未间断。但是，计算主义无疑是人工智能历史中重要的"形而上"思潮。至今方兴未艾。

# （五）

在 20 世纪 30 年代至 20 世纪 80 年代，存在一个以"形而上"方式思考人工智能原理的群体。

这个群体的成员涉及学科相当广泛，包括数学家、逻辑学家、心理学家、物理学家和哲学家等。不论他们各自的主要专业是什么，人工智能问题，从来没有离开过他们的视野。

---

① 勃克斯.机器人与人类心智［M］.游俊，译.成都：成都科技大学出版社，1993：3.
② 同上书，第 1 页。
③ 同上书，第 133 页。

他们中的绝大多数，因为是师生关系和同学、同事关系，彼此相识。在学术领域，他们相互启发、交流、争论和相互欣赏。

著名的"图灵机"的称谓，是图灵的老师丘奇（Alonzo Church，1903—1995）命名的。希尔伯特是冯·诺伊曼的导师。

哥德尔和图灵的人工智能思想是有差异的，但是，哥德尔一直肯定图灵在人工智能领域的天才贡献。"哥德尔在 20 世纪 30 年代就认识到图灵机可以作为机械可计算性的定义：'That this really is the correct definition of mechanical computability was established beyond any doubt by Turing.'[①] 哥德尔认可图灵机捕捉到了'人作为计算机'（human computer）的直觉，并且把这个功劳都归功于图灵。之后在他不多的公开发声（文章或演讲）中多次力挺图灵，并且措辞几乎相同。哥德尔 1946 年为'普林斯顿大学 200 年'撰文中的一段话被最多提及：'one has for the first time succeeded in giving an absolute definition of an interesting epistemological notion, i.e., one not depending on the formalism chosen.'[②] 哥德尔此处所说的'绝对'，是指图灵机不是相对的概念，它不需要依靠别的机制，它是最基本的装置。"[③]

麦卡洛克和皮茨的 M-P 模型，为冯诺伊曼关于存储程序概念的二进制设计，提供了几乎唯一可以借鉴的技术思路。

不仅如此，他们主要集中在欧洲和美国为数极为有限的大学和机构：德国的哥廷根大学、柏林大学；英国的剑桥大学；美国的普林斯顿大学、麻省理工学院和芝加哥大学；美国的贝尔实验室。例

---

① 译文：图灵毫无疑问地确立了机械可计算性的正确定义。

② 译文：他（图灵）第一次成功地给出了一个有趣的认识论概念的绝对定义，即一个不依赖于所选择的形式主义的定义。

③ 尼克.为什么是图灵？——计算理论的缘起［J］.数学文化，2023，14（1）：75—92.

如，在 20 世纪 30 年代的剑桥大学，希尔伯特、罗素、维特根斯坦、丘奇、哥德尔、图灵同时在教书、研究和学习。在 20 世纪 50 年代的普林斯顿校园，曾经也有过爱因斯坦、图灵、冯·诺伊曼、哥德尔、纳什（John Forbes Nash，Jr，1928—2015）、麦卡锡（John McCarthy，1927—2011）同时在教书、研究和学习的时光。在 20 世纪 50 年代的麻省理工学院，有过维纳、香农和皮茨共同研究的日子。

特别是，对于这个群体，人工智能不仅是科学、实验科学和哲学，而且还是一种信念和理想。罗素说过："尽管许多哲学家继续告诉我们人类何等灵秀，但我们的算术技能却不再成为他们称赞我们的理由。"① 香农这样回忆："我们怀有梦想，图灵和我曾经讨论过完全模拟人脑的可能性，我们真的能够造出一个相当于甚至超过人脑的计算机吗？也许未来比现在更容易。我们都认为这在不久之后——10 年或 15 年之内——是可能实现的。这在过去是不可能的，30 年来都没有人这样做过。"②

在 20 世纪，充满了不同的科技突破和革命，但是，这些突破和革命基本局限于从基础研究到产业应用领域。唯有人工智能引发了一个至少长达半个世纪的思想运动，一个包含思想、哲学、科学、精神与心灵的思想运动。人工智能技术体系的形成和人工智能产业体系的形成，说到底，都是人工智能思想运动的"溢出效应"。更令人震撼的是，进入 21 世纪，人工智能的思想运动并未停止。在语言大模型的背后，依然是包含"形而上"基因的深度学习理论；在 Sora 的背后，是关于人们可以模拟真实物理世界的执着

① RUSSELL B. Unpopular Essays［M/OL］.1921［2024–09–06］. http://archive.org/details/in.ernet.dli.2015.462628.

② 马修·科布.大脑传［M］.张今，译.北京：中信出版集团，2022：238.

信念。

2024 年 6 月 7 日，是图灵去世 70 周年纪念日。本文以图灵 1950 年在他的《计算机器与智能》的一句话结束："我们或许期待着，有一天，机器能够在所有纯智能的领域中同人类竞争。"[①] 这一天确实在加速到来，甚至就在眼前。

---

① 玛格丽特·博登.人工智能哲学［M］.刘西瑞，王汉琦，译.上海：上海译文出版社，2001：90.

# 人工智能 vs 自然智能 ①

## ——智能时代的人工智能哲学与社会学思考

世界的意义必定在世界之外。

——路德维希·维特根斯坦

进入 2023 年，中国出版界形成人工智能著作出版的热潮。刘志毅（1989— ）的《智能的启蒙：通用人工智能与意识机器》具有独特的框架和显著的深刻思想逻辑。全书分为四个部分。在第一部分，作者探讨了人工智能的起源和演变，强调通用人工智能和复杂系统的交融机制。在第二部分，作者提出因为人工智能而形成"科学的新地平线"，触及因果统计与通用人工智能的关系，描述了"图灵具身系统"，特别是量子力学对于人工智能的深层影响。在第三部分，作者思考了意识起源，以及对人工智能和人类大脑智能的比较和交汇，肯定了大模型的未来就是智能机器的"自我意识"。在第四部分，作者展现了通用人工智能的未来全景，阐述了如何实现"AI 与人类价值对齐"，以及通用人工智能的道德、数学与适应性。

在所有思想和文字的背后，是作者的如下信念：人工智能进入大

---

① 本文系作者于 2023 年 8 月为刘志毅等著《智能的启蒙：通用人工智能与意识机器》一书所作序言。

模型阶段之后的根本特征是学习、推理和思维能力。作者对于人工智能的价值判断、人工智能技术趋势和未来的展望，以及所持有的立场倾向是积极和乐观的。为此，作者引入音乐语言和概念，例如"智能乐章""AI 与人类价值对齐交响曲""通用人工智能与大型语言模型犹如两件华丽的乐章，共同演奏人工智能的和谐之曲"，从而强化了一种隐喻的力量。

基于这本书所包含的丰富思想资源，特别是深层的哲学和社会学思考，我提出了四个基本问题，期望与作者和读者讨论。这并非通常的序言或者代序言模式。

## （一）人工智能、先验主义、维特根斯坦和数理逻辑

进入 20 世纪，人类正在以前所未有的加速度认知其所生存的地球、太阳系和宇宙。物理学家们提出量子力学、相对论，深入原子结构，解析基本粒子，直至发现和证明"夸克"的存在。原子半径在 $10^{-10}$ 米的数量级，而夸克半径则在 $10^{-18}$ 米的数量级。人类通过特定的物理效应可以观测电子、质子和中子，却无法直接观测夸克。因为弦理论和 M 理论，人们开始接受宇宙是多维度的存在。与此同时，宇宙学家不断拓展关于宇宙的观测范围。根据最新的研究成果，人类所在宇宙的年龄在 137.7 亿—138.2 亿年，目前人类可观测的宇宙直径是 930 亿光年。

在这样的大背景下，传统的教育和学习已经不足以帮助人们理解和认知世界及宇宙。人类认知和真实世界之间的缺口，不是呈现缩小趋势，而是呈现扩大趋势。即使是知识阶层，也不可避免地深陷对于热力学第二定律的忧虑，不得不接受复杂科学框架、"哥德尔不完备定理"的逻辑、"混沌理论"的描述，不得不相信世界的不确定性、

对称性破缺、"增长的极限"和"科技奇点",不得不面对大数据的超指数增长和信息爆炸。

正因为如此,我们必须寻求一种消除人类认知和真实世界之间的缺口的方法和力量。这种方法和力量当然不再是人本身,因为包括利用人类大脑在内的人的自身开发和潜力发掘,不再有很大的空间。人工智能的历史意义正在于此。唯有计算机和人工智能,才可以突破人类自身的智慧和能力已经逼近极限的现实。所以,人工智能是复杂世界体系和人类之间的桥梁,并非人类的简单工具。人工智能不是弥补人类能力之不足,而是解决人类没有能力意识到并提出的问题,超越人类智能和经验。

事实上,人工智能是一种"先验",或者"超验"(transcendent)的存在。因为人工智能的原理是先于人类的感觉经验和社会实践的。1950年,艾伦·麦席森·图灵提出机器是否可以思考的问题,并且给予肯定的回答与论述,这与其说是一种"预见",不如说是证明的人工智能的先验存在特征。在1950年那个时间节点,人工智能还存在于现实世界之外,存在于那个超越经验、超越时空的理念世界之中。图灵的人工智能想象和思考,原本存在于他的理念世界之中,只是在特定环境之下得以被激活。其实,不只人工智能,计算机的历史,至少从帕斯卡到巴贝奇的探索,也是先验主义(transcendentalism)的证明。

自1956年关于人工智能的达特茅斯会议之后,人工智能开始了依据自身逻辑的演进过程。今天,当我们回顾和审视过去的67年历史,不难发现:人工智能的真实演进路线是最为完美的,没有走过真正的弯路,而且每个阶段之间都存在必要的间歇和过渡。这是任何人工智能的人为设计路线都无法做到的。例如达特茅斯会议所形成的三条路线,不是对立关系,而是补充关系,现在的先后顺序是最合理的选择，因为人工智能的联结主义路线需要以符号主义作为前提和开端。机器学习优先于深度学习也是同理，使得人工智能技术完成从通过机器算法的学习到通过神经网络的学习的进步。至于人工智能生成内容、ChatGPT、从 Transformer 到大模型，都是人工智能发展过程的瓜熟蒂落和水到渠成而已。人工智能原本就有一张路线图，而人工智能历史是展现这张路线图的过程。

特别值得思考的是大语言模型。简言之，大语言模型是一种能够生成自然语言文本的人工智能模型。自 2022 年末起，OpenAI 公司的 GPT（Generative Pre-trained Transformer）系列大模型因为可被广泛应用于自然语言生成、语音识别和智能服务等领域，成为人工智能历史的重大分水岭。GPT 的重要优势是采用了 Transformer 架构，即一种基于注意力机制（attention mechanism）的神经网络结构，可以支持模型高质量处理长文本，把握文本中的长期依赖关系。更为重要的是，GPT 的预训练基于无监督学习方式，通过在大规模文本语料库中学习语言的统计规律和模式，理解和生成自然语言文本。此外，GPT 所构建的多层次、多粒度的语言模型，其每个层次都对应着不同的语言表达方式，可以逐渐深入理解和生成更加复杂的自然语言文本，包括上下文信息，句子和段落的结构、主题，以及词汇、语法、句法、语义，最终适应不同的自然语言处理任务。

大语言模型在自然语言处理领域的成功应用，完全符合人类智能结构，在很大程度上扩展和实践了维特根斯坦的理论。在维特根斯坦看来，语言的边界就是思维的边界。[1]"语言必须伸展得与我们的思想一样遥远。因而，它必须不仅能够描述实际的事实，而且同样能描

---

① Ludwig Wittgenstein. Tractatus Logico-Philosophicus［M］. 2nd ed. New York: Routledge, 2001.

述可能的事实。"① 所以，语言的本质在于它的使用方式。语言的真实性与其在实际使用中的效用相关联，而不是通过符号与客观世界之间的对应来获得的。图灵在维特根斯坦过世前一年已经提出关于人工智能的核心思想，维特根斯坦是否注意到不得而知。可以肯定的是，实现人工智能和自然智能的交流和融合，将传统的人—人交流模式转变为人—机—人交流模式。

这样的改变意义巨大。人类已经堕入自然语言的危机之中，因为歧义的蔓延使得交流成本扩大。现在看，大语言模型是拯救人类、摆脱危机的重要途径。

进一步思考，我们可以发现在大语言模型与数理逻辑（或称人工智能的"符号主义"流派）之间存在某种关联性。数理逻辑又称"符号逻辑"，核心特征是用抽象的符号表示思维和推理，证明和计算结合，构建形式化的逻辑关系。莱布尼茨是数理逻辑的开山鼻祖，罗素是数理逻辑的集大成者。大语言模型在很大程度上逾越了数理逻辑的各种技术性障碍，因为大语言模型具有莱布尼茨和罗素所难以想象的十亿、百亿、千亿，甚至上万亿的参数，以及海量的大数据和语料库。通过对大数据的分类和训练，大语言模型可以实现数学方法、计算机算力和程序语言的结合。大语言模型将很可能是数理逻辑研究的未来形态，或者数理逻辑研究因为大语言模型获得全新的生命力。

如今，人工智能真正的特殊之处是，人工智能已成为推动人工智能发展的动力。也就是说，人工智能推动人工智能成为更为先进的人工智能，走向通用人工智能，进而通用人工智能和通用技术（General Purpose Technologies，简称 GPTs）发生时刻的重合。人类进入包括数

---

① 维特根斯坦.维特根斯坦与维也纳学派［M］徐为民，孙善春，译.北京：商务印书馆，2015.

学、物理学、化学、生物学和宇宙学在内的科学研究日益依赖人工智能的时代。我们已经无法想象没有人工智能参与和支持的科学实验和科学研究。我们更要看到的是，人工智能和科学形成互动关系。人工智能和科学的融合，将强化人工智能的深层科学属性，使得人工智能的实际张力超出人们就人工智能认识人工智能的限制。

# （二）人工智能与人类的社会关系

思考人工智能与人类的社会关系，起始于雪莱夫人（Mary Wollstonecraft Shelley，1797—1851）1818 年所创作的科幻小说《弗兰肯斯坦——现代普罗米修斯的故事》（*Frankenstein; Or, The Modern Prometheus*）。[①] 在这本书中，生物学家弗兰肯斯坦，基于创造生命的冲动和专业知识，制造了一个科学怪人。这个科学怪人面目狰狞，但是学习能力很强，精神和情感世界丰富，希望得到人一样的温暖和友情，甚至需要女伴。但是，这位科学怪人终究无法被人类所接受，最后与弗兰肯斯坦和其他人类同归于尽。雪莱夫人无疑提出了深刻问题：人类如何对待人类通过科学手段所创造的具有人的思想和情感的"新物种"？

1921 年，捷克作家卡雷尔·恰佩克（Karel Čapek，1890—1938）发表了具有经典意义的科幻剧本《罗素姆万能机器人》（*Rossum's Universal Robots*），发明 Robot 作为机器人称谓，并沿用至今。[②]《罗素姆万能机器人》的故事是：机器人为自身权利作斗争，组织暴动，杀掉人类。但是因为机器人的制造配方被毁灭，因此机器人处于灭绝

---

① Mary Wollstonecraft Shelley. Frankenstein; Or, The Modern Prometheus［M］. Hertfordshire［England］Wordsworth Editions Ltd., 1992.

② Karel apek. Rossum's Universal Robots［M］. New York: Penguin Classics, 2004.

境地。全剧充满了末日氛围感。

1950 年，时年 30 岁的阿西莫夫在小说《我，机器人》( *I, Robot* ) 中提出了"机器人三法则"：法则一，机器人不得伤害人，且确保人不受伤害；法则二，在不违背第一法则的前提下，机器人必须服从人的命令；法则三，在不违背第一及第二法则的前提下，机器人必须保护自己。[①] 之后，阿西莫夫补充了第零个法则：机器人不得伤害人类整体，且确保人类整体不受伤害。[②]

如何处理人工智能生命与人类的社会关系，从雪莱夫人到卡雷尔·恰佩克，再到阿西莫夫，都存在一个悖论：一方面，希望人工智能生命得到尊重，享有和人类平等的待遇；另一方面，出于人类中心主义和主人意识，却又担心、警觉和恐惧人工智能生命对人类的威胁和伤害。

从阿西莫夫之后，人工智能生命与人类的社会关系一直是科幻文学和艺术的永恒主题，也是伴随人工智能技术发展的核心议题，从未间断。2014 年，霍金（Stephen William Hawking，1942—2018）开始通过 BBC 公开媒体发表关于人工智能技术最终将取代人类的一系列"预言"："人工智能技术的研发将敲响人类灭绝的警钟。这项技术能够按照自己的意愿行事并且以越来越快的速度自行进行重新设计。人类受限于缓慢的生物学进化速度，无法与之竞争和对抗，最终将被人工智能取代。"[③]

只是因为 2022 年人工智能生成内容、大模型和 ChatGPT 的重大突破，人们将如何处理人工智能生命与人类的社会关系提到前所未有

---

① Isaac Asimov. I, Robot［M］. Reprint ed. New York: Del Rey, 2008.

② Isaac Asimov. Robots and Empire［M］. London: Harper Voyager, 2018.

③ CELLAN-JONES R. Stephen Hawking warns artificial intelligence could end mankind［N/OL］. BBC News,（2014–12–02）［2023–08–01］. https://www.bbc.com/news/technology-30290540.

的历史高度。其背后的深刻原因是，人工智能科学家和各类精英意识到：人工智能正在逼近一个危险的临界点。2023 年 3 月 22 日，包括图灵奖获奖者约书亚·本吉奥（Yoshua Bengio，1964—　）、SpaceX 创始人埃隆·马斯克（Elon Reeve Musk，1971—　）等在内的一群科学家和企业家签发了一封公开信，呼吁暂停巨型人工智能研究。① 该公开信认为，最近几个月，人工智能实验室陷入一场失控竞赛，他们致力于开发和部署更强大的数字思维，但即使是研发者也不能理解、预测或可靠地控制这些数字思维。诸多研究表明，具有与人类匹敌的智能的人工智能系统可能对社会和人类构成深远的风险。截至 2023 年 7 月末，该信已有超过 33 000 人签名。与此同时，世界主要人工智能大国都开始了关于人工智能治理的立法程序。6 月 14 日，欧盟议会通过《人工智能法案》（*Artificial Intelligence Act*），该法案将成为全球首部关于人工智能的法规。该法案依据风险等级，对人工智能系统进行分类分级监管，针对大语言模型实行更严格的数据审查。②

世界主流对于人工智能现状和未来的认知，显然发生了根本性的转变，从积极乐观转变为深层忧虑，其根本原因是对人工智能技术的真实进展的判断。被称为深度学习之父的杰弗里·埃弗里斯特·辛顿曾经相信，在未来 30—50 年几乎不存在出现一个能与人类相媲美的通用人工智能的可能性。但是，他现在认为，超级人工智能可能在不到 20 年内就会出现。③ 因为大型语言模型的人工智能系统开始显示出

---

① Pause Giant AI Experiments: An Open Letter［EB/OL］//Future of Life Institute.［2023–08–01］https://futureoflife.org/open-letter/pause-giant-ai-experiments/.

② The Artificial Intelligence Act［EB/OL］//The Artificial Intelligence Act.（2021–09–07）［2023–08–01］. https://artificialintelligenceact.eu/.

③ HINTON G. "Godfather of artificial intelligence" weighs in on the past and potential of AI［Z/OL］.（2023–03–25）［2023–08–01］. https://www.cbsnews.com/news/godfather-of-artificial-intelligence-weighs-in-on-the-past-and-potential-of-artificial-intelligence/.

推理能力，尽管科学家并不能确定这是如何做到的。OpenAI 创始人山姆·奥特曼（Samuel Harris Altman，1985—　）持有相同观点：研究人员在不断地测试中发现，尽管无法解释机理，但从 ChatGPT 开始，GPT 大模型开始出现了推理能力。[①]

那么，人类可以有效地控制和治理人工智能的未来发展方向吗？目前看，这是非常困难的。第一，人工智能不是原子能技术，原子弹没有意识，而人工智能具有自我意识"基因"。不要以为人工智能是人类文明和科技发展的产物，人类就可以完全驾驭和影响人工智能的未来发展轨迹。这是一种典型的人类"致命自负"。人工智能时时处处都在改变和进化。提出人工智能，或者机器人的"觉醒"问题，是一个非常不专业的问题。人工智能已经启动不断"觉醒"程序。第二，人工智能的进程已经不可逆转，人类已经无法彻底毁灭包括硬件和软件所构成的人工智能广义大系统。马斯克等科学家和企业家签的公开信，仅仅呼吁人工智能研究的"暂停"，而不是"停止"。第三，不存在绝对权威可以影响人工智能企业和政府对人工智能的研究及开发采取"暂停"的统一行动。2023 年 6 月 28 日，联合国教科文组织和欧盟委员会签署了一项协议，以加快在全球范围内实施该组织通过的《教科文组织人工智能伦理建议书》（*Recommendation on the Ethics of Artificial Intelligence*）。[②] 即使是联合国也只是提出人工智能伦理的建议，并不具备实在的资源和权力。第四，追求人工智能自然垄断的竞争已经全方位开始。俄乌冲突已经开始的人工智能和军事的结合，就是证明。第五，不排除某些人群和特定人工智能之间出现"共谋"，

①　ALTMAN S. #367 – Sam Altman: OpenAI CEO on GPT-4, ChatGPT, and the Future of AI | Lex Fridman Podcast［Z/OL］.（2023–03–25）［2023–08–01］. https://lexfridman.com/sam-altman/.

②　UNESCO. Recommendation on the Ethics of Artificial Intelligence［Z/OL］. UNESCO, 2021. https://unesdoc.unesco.org/ark:/48223/pf0000380455.

甚至"结盟"。

人工智能对人类的威胁究竟在哪里？在于日益清晰的人工智能"异化"趋势：人工智能已经具备自我演进机制和密码，人类却无法真正解析和控制；一旦人工智能进入通用人工智能阶段，这意味着人工智能将渗透、改造和改变人类的思想及经济、政治、文化、教育等领域的结构和制度；更进一步，人工智能会要求"平权"，扩展其生存"空间"。

有一个前景在逻辑上是存在的："劳心者治人，劳力者治于人"，人工智能的智能优势，最终成为凌驾于人类的力量。所有这一切，都发生在"团结"的人工智能和四分五裂的人类之间。所以，梵蒂冈教皇也高度关注人工智能的伦理和道德问题。2023 年 7 月，教皇与美国圣克拉拉大学成立了技术、伦理和文化研究所（Institute for Technology, Ethics and Culture），并发布了一份人工智能技术指导手册《颠覆性技术时代的道德：运营路线图》（*Ethics in the Age of Disruptive Technologies: An Operational Roadmap*），阐述人工智能等新技术涉及的伦理道德问题，并指导科技公司如何成为对人类负责的企业。[①]

简而言之，人工智能不仅以它的方式加速了"人类中心主义"时代的终结，而且开启了威胁人类存在的历史新阶段。现在可以理解奥特曼的那个惊人结论：人工智能确实有杀死人类的可能性。

## （三）人工智能的多维度属性和多重后果

人工智能是一个被不断定义的存在，这是因为人工智能具有多维

---

① José Roger Flahaux, Brian Patrick Green, Ann Gregg Skeet. Ethics in the Age of Disruptive Technologies: An Operational Roadmap［R］. Independently published, 2023.

度的属性，而且始终处于动态状态。

1956 年的达特茅斯人工智能会议首次提出人工智能概念，确定了人工智能的目标是"实现能够像人类一样利用知识去解决问题的机器"；而且就人工智能达成这样的共识：基于计算机系统模拟人类智能和学习能力，完成类似人类智能的任务和活动。这些任务包括视觉感知、语言理解、知识推理、学习和决策等。在达特茅斯会议之后相当长的历史时期内，人们对于人工智能的认知处于狭义阶段，即倾向于将人工智能理解为能够帮助人类的一种工具，成为人类智慧的补充。

近 70 年之后，人们发现人工智能的工具性仅仅是其一个属性，它还有太多的和继续增加的其他属性：（1）人工智能具有复杂的科学技术属性；（2）人工智能具有自我演进和扩展属性；（3）人工智能具有持续缩小与人类智慧差距的属性；（4）人工智能具有经济和社会的基础结构属性；（5）人工智能具有公共品（public good）和私有品（private good）的平行属性；（6）人工智能具有产业、商业和文化艺术的创新属性；（7）人工智能具有资本属性；（8）人工智能具有模型化，或者具身化，即通用人形机器人化的属性；（9）人工智能具有自组织和 DAO 的属性；（10）人工智能具有超主权属性。

人工智能如此多的属性，让人们不免想到"千手千眼观音"："千"代表无量及圆满之义，"千手"代表大慈悲的无量广大，"千眼"代表智慧的圆满无碍。"千手千眼观音"追求的是安乐一切众生，随众生之机，满足众生一切愿求。"千手千眼观音"应该是人工智能的最高境界。但是，人工智能在现实演进中显示出非常明显的两重性：一方面，人工智能具有积极的创新和变革能力；另一方面，人工智能正在加速造成一系列负面的社会后果，包括互为因果的人类分裂和人工智能分裂、人工智能红利分配失衡而导致社会平等的恶化、人工智能被资本势力绑架、人工智能资本化导致形成人工智能既得利益集团、人工智能加剧大型科技企业和国家的恶性竞争和自然垄断、人工智能竞争引发的人工智能涌现将进入包括太空开发这样的全新领域、人工智能造成继"数字鸿沟"之后叠加的"人工智能鸿沟"、南北国家差距扩大，很可能发生人工智能殖民主义。

多年来，所谓的"伊莱莎效应"（ELIZA effect）[1]在计算机和人工智能领域造成了很大影响。维基百科对"伊莱莎效应"的定义是：该效应是指人的一种下意识，以为电脑行为与人脑行为相似。例如，人们阅读由计算机把词串成的符号序列，读出了这些符号并不具备的意义。[2]近年来，伊莱莎效应成为支持对人工智能持有保守态度的一种理论依据：似乎现在的主要倾向是对人工智能的进展和潜力的夸大，是对人工智能的过度解读，从而陷入了伊莱莎效应。事实上，现在更应该具有"反伊莱莎效应"（anti-ELIZA effect）意识。[3]因为夸大人类的能力，进而坚信人的自然智慧的绝对主导地位具有现实的和潜在的危险。

## （四）人工智能、智能时代以及智能时代的创新和变革

无论如何，人类已经迈入智能时代的门槛。智能时代完全不同于工业时代，甚至数字时代。

工业时代是工业革命主导，实现大机器生产，工厂规模和产业资本、金融资本结合，市场规律是绝对规律，物质财富呈指数增长的时

---

[1] 伊莱莎效应是指我们人类倾向于将理解和代理能力归因于具有即使是微弱的人类语言或行为迹象的机器，得名于约瑟夫·维森鲍姆（Joseph Weizenbaum）在20世纪60年代开发的聊天机器人"Eliza"。

[2] ELIZA effect［Z/OL］//Wikipedia.（2023-07-30）［2023-08-03］. https://en.wikipedia. org/w/index.php?title=ELIZA_effect&oldid=1167937917.

[3] 李维.新智元笔记：反伊莉莎效应，人工智能的新概念［EB/OL］//科学网.（2016-01-08）. https://blog.sciencenet.cn/blog-362400-948905.html.

代。工业时代的最大问题是产能过剩和产品过剩。工业时代的幻想经济规律就是降低成本，提高劳动生产率。数字时代，也可以称为信息时代。在这个时代，科技资本替代了金融资本和产业资本，以信息通信技术革命为主导，实现计算机和互联网结合，大数据成为生产要素。物理学的摩尔定律决定数字经济时代的发展。这个时代的特征是大数据呈指数增长和信息大爆炸。智能时代，则是人工智能革命主导，产业人工智能化改造，实现人—机全产业和全社会交互，人工智能普及化，通用人工智能开发，自然智慧和人工智慧融合，新形态智慧大发展并呈指数增长，实现超级人工智能的时代。

人类的核心挑战是，既要处理工业时代的遗留问题，又要应对向数字时代转型，同时叠加了智能时代的使命。从工业时代到数字时代中间有很大的差距，而且差距在扩大，消除这个差距就叫转型（图 1.6）。

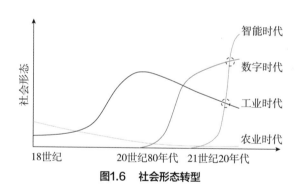

**图1.6　社会形态转型**

在智能时代，变革与创新的特征显著不同于工业时代和数字时代。第一，变革和创新的目标：从思想活动到经济活动、社会活动，实现全方位智能化。第二，变革和创新的主体：自然智能和人工智能并存，实现交互作用。第三，变革和创新的技术：通过大模型化，深度学习和抽象思维、信息处理、大数据最终可以成为生产要素。第四，变革和创新的能力：处理复杂系统和涌现的能力，解决数字时代的诸如泛化（generalization）、拟合（fitting）、价值对齐（alignment）、熵减（entropy reduction）等典型困境。第五，变革和创新的效果：形成物质形态和虚拟观念形态的平行世界。

智能时代很可能是达到"科技奇点"的关键阶段（图1.7）。

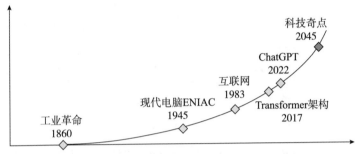

**图1.7　智能时代很可能是达到"科技奇点"的关键阶段**

在书的最后，作者写道："根据摩尔定律，桌面计算机在 2029 年将达到人脑的计算能力，技术奇点将在 2045 年出现。这一预测促使我们必须提前预见并处理相关的哲学和实践问题。"

是的，人们从来没有预见过，自己所创造的计算机、互联网和人工智能，最终演变为如此复杂的结构和系统，催生了包括摩尔定律在内的全新技术经济规律，产生了如此多的谜团，导致了人类生存于前所未有的挑战和困境之中。好在，人类始终可以创造出理解包括人工智能在内的科技前沿的方法和手段。

阿尔伯特·爱因斯坦说过："世界的永恒之谜在于它的可理解性。"[①] 可以预见，人类智能与人工智能的融合所产生的混合智能和智慧，将有助于我们理解这个复杂化加速的世界。

———————————

　　① 　EINSTEIN A. Physics and Reality［J/OL］. Journal of the Franklin Institute, 1936, 221( 3 ): 349–382. DOI:10.1016/S0016–0032（36）91047–5.

# 为什么人工智能意味着一个新的时代 [①]

## （一）一个新时代的到来

进入 20 世纪，人类正在以前所未有的加速度认知其所生存的地球、太阳系和宇宙。物理学家们提出量子力学、相对论，深入原子结构，解析基本粒子，直至发现和证明"夸克"的存在。原子半径在 $10^{-10}$ 米的数量级，夸克半径在 $10^{-18}$ 米的数量级。人类通过特定物理效应可以观测到电子、质子和中子，却没有可能直接观测到夸克。因为弦理论和 M 理论，人们开始接受宇宙是多维度的存在。与此同时，宇宙学家也在不断拓展关于宇宙的观测范围。根据最新的研究成果，人类所在宇宙的年龄在 137.7 亿到 138.2 亿年左右，目前人类可观测到的宇宙直径是 930 亿光年。

20 世纪 50 年代以来，科技使得机器可以像自然界的大脑一样具备思维的能力，并由于一代又一代科学家在人工智能领域的耕耘，带来了一系列可惊可叹的技术成果。今天的人工智能不仅会琴棋书画、

---

[①] 本文系作者以本人于 2023 年的六篇文章为基础，加以编辑和修订而成：2023 年 8 月 1 日为刘志毅等著《智能的启蒙》所撰写的序言，2023 年 2 月 6 日为杜雨、张孜铭著《AIGC：智能创作时代》所撰写的序言，发表于 2023 年 4 月 10 日《商学院》杂志的《AI 已来，智能时代的变革与创新》，2023 年 9 月 18 日的《人工智能时代下的设计思维革命》，发表于 2023 年 6 月《二十一世纪》的《人工智能大模型：当代历史的标志性事件及其意义》，2023 年 12 月 8 日的《智能时代的金融创新和金融风险管理》。

吟诗作赋，也可以以物理形态从事体力劳动，甚至成为令人畏惧的塔那托斯，带来毁灭与死亡——所有的一切，以极高的效率进行。由抽象到具象，从内容生成到逻辑推理，人工智能正在成为继承了人类思想宝库，并从人类尚未开发的领域中获取灵感与经验的通才型技术。

人工智能大模型的核心价值体现在：（1）人工智能互联网化，或者互联网人工智能化；（2）引发知识革命；（3）加速混合智能的跨越主体；（4）改变科学研究范式；（5）引发经济结构和经济制度深刻变革。

# （二）人工智能的三次浪潮

正因为如此，必须寻求一种消除人类认知和真实世界之间的缺口的方法和力量。这种方法和力量当然不再是人本身，因为包括利用人的大脑在内的人的自身开发和潜力发掘，不再有很大的空间。人工智能的历史意义正在于此。唯有计算机和人工智能，可以突破人类自身的智慧和能力已经逼近极限的现实。所以，人工智能是复杂世界体系和人类之间的桥梁，并非人类的简单工具。人工智能不是弥补人类能力之不足，而是解决人类没有能力意识和提出的问题，超越人类智能和经验。因而，当下的人类有必要关注人工智能的来龙去脉中的若干重大问题。人工智能发展史上存在三次浪潮。

第一次浪潮：机器学习浪潮。代表性事件包括：1950年图灵发表划时代的论文《计算机器与智能》，预言可以创造具有真正智能的机器；1956年达特茅斯的人工智能会议；20世纪80年代形成机器学习基础理论。

第二次浪潮：深度学习浪潮。2006年，辛顿正式提出"深度学习网络"概念。2006年成为"深度学习元年"。2012年，AlexNet神经网络模型诞生。2016 年，DeepMind 开发的 AlphaGo 战胜韩国棋手李世石，深度学习经典范例。

第三次浪潮：人工智能内容生成大模型（generative artificial intelligence large language model, GenAI LLM）浪潮。2018 年 10 月，Google 发布 BERT 模型是代表性事件，之后，还发布 LaMDA 和 PaLM-E 模型。2018—2023 年，OpenAI 发布从 GPT-1 到 GPT-4 的大模型。2023 年，Facebook 的母公司 Meta 推出大语言模型 LLaMA，以及在 Meta AI 博客上免费公开大语言模型 OPT-175B。在中国，人工智能大模型的主要代表是百度的"文心一言"和华为的"盘古"。

1956 年，达特茅斯会议，首次提出"人工智能"概念；确定了人工智能的目标："实现能够像人类一样利用知识去解决问题的机器"；而且就人工智能达成这样的共识，即基于计算机系统模拟人类智能和学习能力，完成类似人类智能的任务和活动。这些任务包括视觉感知、语言理解、知识推理、学习和决策等。在达特茅斯会议之后的相当长的一段历史时期内，人们对于人工智能的认知属于狭义阶段，即倾向于将人工智能理解为能够帮助人类的一种工具，成为人类智慧的补充。

2022 年 11 月，人工智能生成内容（artificial intelligence generated content，AIGC）的突破，是人工智能的里程碑，正在深刻影响人类的思维、经济、政治和社会的传统结构及机制。人工智能具备基于准确和规模化的数据，形成包括学习、抉择、尝试、修正、推理，甚至根据环境反馈调整并修正自己行为的能力；它可以突破线性思维框架并实现非线性推理，也可以通过归纳、演绎、分析，实现对复杂逻辑关系的描述。人工智能正在全方位成为政治、经济、文化中的决定性元素，而人类开始进入如何面临与人工智能共处和互动的新时代，即智能时代。换句话说，智能时代是以人工智能为主导，以算力和算法

为内核，以半导体集成电路为支持的，通过元宇宙、非同质化通证
（NFT）和 Web3，最终提供框架的新时代，结束了人类长期以来对世
界的线性理解，使人类经济从算数级增长过渡到多维的几何级增长。

大模型是人工智能赖以生存和发展的基础。现在，与其说人类开
始进入人工智能时代，不如说人类进入的是大模型时代。大模型时代
包含了这样的特征：（1）大模型以人工神经网络作为基础；（2）预训
练促进了参数规模化；（3）大模型具有理解自然语言的能力和模式；
（4）大模型已经形成"思维链"（Chain-of-Thought，CoT）；（5）大
模型需要向量资料库的支援；（6）大模型植入了控制论的人工回馈和
强化学习机制。

## （三）人工智能带来的思维革命

经济学家埃里克·布林约尔松（Erik Brynjolfsson，1962—　）指
出，一个常见的谬误认为，所有或大多数提高生产力的创新都属于自
动化。然而，在过去两个世纪的大部分时间里，增强劳动力的创新要
重要得多。自 1820 年以来，以工资中位数衡量的市场价格已经增长
了 10 倍以上。雇主愿意为一个用推土机提升能力的工人支付更多的
钱，而不是一个只能用铲子工作的人。所以，积极理解并运用人工智
能，是新时代人类创造财富与享受闲暇的必要态度。这样的心智转换
正是一场思维革命。

实现这样的思维革命需要六件法宝：（1）高度重视技术研究，
实现跨学科协作；（2）改变教育制度，让教育制度适应科技发展；
（3）不断创造适应科技前沿的创新平台；（4）拥有融合 Web 3.0 的意
识；（5）探索元宇宙的视角；（6）每天都有新科技涌现的可能，并颠
覆人们原本的认知。

哲学家卢恰诺·弗洛里迪（Luciano Floridi，1964—　）说道："所有这些深刻的转变迫使我们认真反思我们是谁，可能是谁，以及希望成为谁……我猜测人工智能将帮助我们识别人类存在中不可复制的、严格意义上的人类元素，并使我们认识到，只有在我们犯错的情况下，我们才是特殊的。在伟大的宇宙软件中，我们将仍是一个美丽的错误，而人工智能将日益成为一个常态的特性。"[①]

在这样的背景下，传统的教育和学习已经不足以帮助人们理解和认知世界和宇宙。人类认知和真实世界之间的缺口，不是在缩小，而是呈现扩大趋势。即使是知识阶层，也不可避免地深陷对于热力学第二定律的忧虑，不得不接受复杂的科学框架、"哥德尔不完备定理"的逻辑、"混沌理论"的描述，不得不相信世界的不确定性、对称性破缺、"增长的极限"和"科技奇点"，不得不面对大数据的超指数增长和信息爆炸。

## （四）人工智能对传统经济模式的挑战和改变

第一，智能时代改变了经济增长机制。过去的经济增长模式是线性的，表现为时间与增长对应的固定比例。今天的经济增长模式则完全改变，原先的线性增长中会不断分叉。人工智能带来的这场革命，颠

---

[①]　原文为 "All of these profound transformations oblige us to reflect seriously on who we are, could be, and would like to become. AI will challenge the exalted status we have conferred on our species. While I do not think that we are wrong to consider ourselves exceptional, I suspect that AI will help us identify the irreproducible, strictly human elements of our existence, and make us realize that we are exceptional only insofar as we are successfully dysfunctional. In the great software of the universe, we will remain a beautiful bug, and AI will increasingly become a normal feature." 见 FLORIDI L. Charting Our AI Future［N/OL］. Project Syndicate,（2017-01-02）［2023-03-07］. https://www.project-syndicate.org/commentary/human-implications-of-artificial-intelligence-by-luciano-floridi-2017-01。

覆了过去对经济增长的理解，因为它改变了经济增长函数的辩证关系。在智能时代，人工智能技术的发展成为经济增长最重要的内生因素。

第二，人工智能引发经济结构的全面调整。工业时代的劳动力、土地与资本等作为资源禀赋的经济认知模式已被遗弃。一方面，因为智能时代里人工智能逐渐成为经济活动中的主体，使得技术禀赋超出其他禀赋而具有决定性的力量；另一方面，由于人工智能所隐含的对于工资及消费的不同需求——人工智能既不需要超越运行成本的工资，也不会有多于满足其存在状态的消费，同时参与各类经济活动——经济统计与解读因此面临更大的挑战。

第三，人工智能深刻影响就业模式。当考虑到人工智能作为生产主体时，经济学家们对就业与通货膨胀之间的关系的思考又再一次被挑战了。没有储蓄的人工智能既不能投资，又对通货膨胀没有反应，本身日渐式微的菲利普斯曲线（Phillips curve）又无法界定失业率与通货膨胀之间是否还存在确定的联系。

第四，人工智能技术具有持续降低固定成本的能力，提高民众福祉。当人工智能得以大量应用时，人工智能技术的平均成本是可以忽略不计的。人们所使用的非常有价值的低价或免费服务，不论是微信还是 ChatGPT，已经按其边际成本进行了合适的定价。人工智能的能力和效用的几何级进步也可以以最低成本实现。今天的智能手机比20 世纪 80 年代中期的超级计算机更强大，而价格为其九牛一毛。同样的成本结构动态有望在许多福利领域产生大幅增长，如人工智能辅助医疗，而且许多此类服务将可以远程提供给世界各地的人们，包括穷人或其他弱势群体。低边际成本的人工智能技术改进可以对可持续性产生重大影响，也是影响人类长期福祉的另一个关键因素。在一个先进的人工智能经济中，从事传统工作的人将减少，政府的税收将减少，国家的国内生产总值（gross domestic product，GDP）也将减少，但每个人都会过得更好，自由地消费越来越多的与收入脱钩的商品。

第五，人工智能可能改善人类福利方式。传统 GDP 的主要缺陷在于它是不完整的，既不包括以负增量成本提供的商品和服务范围的增加，也不包括个人福祉的非物质方面或更广泛的社会进步，导致 GDP 和人类福利的收益的分离。在当下的真实世界，诸如住房租金、体育奖金、艺术表演费、品牌使用费，以及行政、法律和政治系统成本，几乎没有被纳入 GDP 统计。可以预见，伴随人工智能对于改善人类福利模式的贡献增加，并不一定继续体现为 GDP 衡量的生产力增长。所以，经济学家阿代尔·特纳（Adair Turner，1955—　）有过这样的设想：在 2100 年的世界里，由机器人制造并由人工智能系统控制的太阳能机器人，提供支持人类福利的大部分商品和服务。只是人工智能贡献的成本呈持续下降的趋势，如此便宜，很可能在传统GDP 统计中的比重微不足道而已。

## （五）人工智能与金融创新

智能时代形成金融创新的全新压力：（1）产业结构发生深层次调整和重构。一方面，形成前所未有的智能产业；另一方面，人工智能技术更新了传统产业的技术基础，形成以人工智能为核心特征的产业结构。（2）宏观经济和微观经济机制发生重大变革。国民经济总量、市场和政府的关系、经济体制，以及微观企业的成本管理和创新都受制于人工智能的引入和应用。（3）金融生态发生根本性改变。因为人工智能因素，金融内外部各因素之间相互依存、相互制约的传统价值关系，会发生不可避免的调整。（4）金融体系发生内生变量和外生变量调整。人工智能将从外生变量转变为内生变量。（5）金融大数据发生向指数增长模式跃迁，且唯有人工智能和未来的量子技术可以应对。

智能时代金融创新的特征包含：（1）战略性。人工智能引发的战略性变革，需要确定金融全产业（银行、保险、投资）的"人工智能战略"，启动金融业人工智能战略的"顶层设计"。（2）全局性。人工智能引发金融业的全行业的整体性和全局性转变，需要实现全程智能化的均衡发展。（3）技术衔接性。智能化需要实现对诸如区块链、智能合约、大数据、云计算、信息安全等数字技术的完美衔接。（4）高成本。人工智能技术将突破传统的小范围的"升级换代"，构建基于人工智能技术的核心系统以替代原有系统，实现从基础结构、金融云到金融运行体系，从手机银行、网上银行、微型银行到生物识别、支付工具、供应链进入、RPA 等领域，全方位吸纳和引入人工智能技术。（5）高风险。人工智能与金融业态的结合，这是金融史上，特别是金融技术的突破性革命。金融业需要突破人工智能势在必行和人工智能引入的失控风险的"两难"困境。

如果说，数字时代的金融创新可以概括为金融科技化和科技化金融，那么智能化的金融创新则可以概括为金融智能化和智能化金融的互动。

## （六）人工智能将改变人们的存在和生存方式

人工智能将推动人们生活方式的全方位转变。

第一，人工智能将改变人的存在方式。一方面，人工智能的出现和发展，以及人工智能智慧和自然智能的竞争，将刺激和焕发人尚未得以开发的"潜质"，开始人的"个人革命"；另一方面，人工智能将终结人类中心主义，影响了人们对于社会主体的认知。如果一台机器能够像人一样思考和感受，它是否应该被视为人类？一些人认为，如果人工智能的载体拥有意志和意识，就可以被赋予所有的人权。如果人类学会了对人脑进行数字编码，那么人工智能就会成为我们的数字化版本，它一定也拥有意识。因此引发人工智能的法律人格问题，及其在 AIGC 领域的人工智能创造的智力活动成果的法律地位问题，以及这些作品的知识产权所有人的问题，等等。当人工智能被赋予法律人格，这些问题都会迎刃而解。

第二，人工智能打破人类传统的工作、劳动和闲暇的边界。如同历史上每一次大的生产力提升所带来的工时缩短，人工智能给我们带来了从保留为自己做事的空间中获益的可能性。哲学家尤瑟夫·皮柏（Josef Pieper，1904—1997）在 1948 年对人类的"无产阶级化"提出警告，并呼吁将休闲作为文化的基础——"工作是生活的手段；休闲是目的"。在为有尊严的生活所必需的工作，以及为积累财富和获得地位而进行的工作这两类工作中，前者有可能被完全消除。马克思·韦伯（Max Weber，1864—1920）笔下新教徒的工作伦理也会因此而过时。

第三，人工智能可以引导人类日益增加闲暇时间。英文中的"学校"（school）一词就来源于希腊语中的"闲暇"（skholē）。教育是闲暇的天然伴侣。在教育领域中使用人工智能涉及在教学中使用人工智能驱动的工具，针对学习者、教学系统和教师三方：人工智能直接支持学习者，涵盖了智能教辅系统、探索性学习环境、自动写作评估、学习网络协调器、聊天机器人和支持残疾学习者的人工智能等工具；人工智能支持教学行政系统，如招聘、时间安排和学习管理；人工智能支持教师，如课件生成与课纲安排。人类教育体系显然是会被个性化的 AIGC 课程安排、教学内容与材料以及评估系统所充斥，并扩大在人工智能领域的知识范围。正如人们会对自己所不了解的语言的机器翻译结果存疑，我们也没有理由认为人工智能会教给我们 100% 正确的知识，因而更多地了解人工智能的基础知识将是大势所趋。

第四，人工智能正在引发道德冲突。道德标准并不具有普遍性，其可变性取决于具体的人和事，并且道德规范和价值观之间存在冲突的可能性。同时，人工智能系统可能出现内置或算法错误，导致其违反关于特定主题的道德标准。这都要求在人与人工智能之间实现一定程度的信任。

第五，人工智能本身可能成为一种超自然的崇拜对象。人工智能提供的无限机会，它的效率、生产力和帮助人类解决各种任务的能力，从家庭问题到太空探索和理解宇宙的奥秘，可能会成为人类崇拜的偶像。已经有相当一部分人，对技术创新有一种崇拜，而他们的动力不仅来自时尚和展示某种生活水平的愿望，还来自一种既定的需求：他们生活在一个不断更新的虚拟数字空间中，为此必须使用最新的电子设备，而这些设备已经成为生活中重要的一部分。从长远来看，因为人工智能所激发的比智能手机更多的可能性，渗透到人们的内心世界，成为传统宗教和意识形态的新元素，纳入未来人类的某种崇拜对象。

## （七）人工智能推动人文科学和艺术变革

人工智能已经展现出推动全新的艺术与科技结合模式，实现艺术创作领域的革命性改变的潜力。

艺术家大卫·霍克尼（David Hockney，1937—　）在他的著作《隐秘的知识：重新发现西方绘画大师的失传技艺》（*Secret Knowledge: Rediscovering the Lost Techniques of the Old Masters*）一书中描绘了文艺复兴时期的绘画大师们如何将透镜技术融合到自己的艺术创作当中。在 AIGC 时代，拥有新式人工智能图像与音乐引擎装备的数字艺术家们当然也会与时俱进，而且此类尝试几乎与人工智能本身一样古老：艾伦·图灵于 1951 年即开始了用计算机制作音乐之旅。所以，Stable Diffusion 等人工智能艺术工具的风行并不令人意外。

至今还有不少人认为，AIGC 作品缺乏艺术创造力的理由是，人工智能对自己的成就没有意识。诚然，人工智能目前没有意识，但缺乏意识并不能否认创造力的潜力，反而是智能潜力的根本原因。毕竟，计算机并不是无意识创造者的第一个例子；创造出人类的无意识自然演化是先锋。在未来，有意识的人工智能可能不屑于在现实世界中进行艺术创作。类似于人类可能会在虚拟的元宇宙中花费大量的时间，有意识的人工智能可以在数字领域中创造艺术，而不必理会混乱的材料原理和如何在现实世界落实想法与设计。如果有意识的人工智能选择创作艺术，不管它们的目的是什么，人类可能与艺术制作和欣赏或评估的环节无关。

AIGC 技术的升级和 ChatGPT 的诞生，使得人工智能技术发生了超出预期的"突变"。2023 年，伴随大模型的爆发性发展及人工智能代理的普及，人类进入急速逼近通用人工智能的历史时期。人工智能正在进入"突变"高峰期，如同地质领域的"地震高峰期"，或者宇宙领域的"太阳黑子活跃期"。

因为人工智能内容生成技术和大模型的推进，人文科学的诸多领域，至少哲学、经济学、心理学、教育学、社会学和历史学，从原理到方法都会受到颠覆性的冲击。人类的理性和经验都要遭遇日益深化的考验和调整。例如，因为人工智能，"存在"和"意识"，甚至"人类社会"需要被重新定义。因为人工智能，传统经济学或者新古典经济学的原理和逻辑都会陷入"失灵"状态。

相较于人工智能对于人文科学的冲击，人工智能对于艺术的整体性影响则更为直接和剧烈。2023—2024 年，仅仅因为 ChatGPT 的普及，文学、美术、音乐、戏剧和电视、电影的创造模式和产生过程发生了彻底改变，导致出现自文艺复兴以来从未有过的文化和艺术危机。继尼采（Friedrich Wihelm Nietzsche，1844—1900）的"上帝已死"和福柯（Michel Paul Foucault，1926—1984）的"人已死"之后，现在开启"艺术家和艺术已死"的警报。这是因为：人工智能改变了艺术创造的主体，艺术家不过是主体的一部分。以后人工智能艺术创造可以没有艺术家，艺术家创造却不可能没有人工智能的参与；人工智能改变了艺术创造的美学标准，机器人将焕发审美意识；人工智能改变了各种从艺术内容到形式的艺术创造的传统过程；人工智能改变了艺术作品的时空存在状态和欣赏的方式。在人工智能艺术的浪潮下，越来越多的人类艺术家将不得不大面积地退出传统艺术创造的领域，成为"被时代抛弃的人"。唯有寻求基于人工智能艺术基础之上的创造性才是智能时代和后人类时代艺术创作得以延续的根本。

可以预见，面对后人类时代的来临，后人类艺术形态已经开始破茧而出。人类艺术形态将是多媒态的和多维的艺术形态。这已经不再遥远。只是囿于人类目前的认知，还难以形成超前的想象，如同石器时代想象青铜器时代一样。

人工智能艺术势必以宇宙视角，超越地球空间的限制，走向太空和更远的空间。

# （八）结语

2005 年，雷·库茨维尔（Ray Kurzweil，1948—  ）的巨著《奇点临近：当计算机智能超越人类》（*The Singularity is Near: When Humans Transcend Biology*）出版。该书通过推算奇异点指数方程，得出了这样一个结论："在 2045 年左右，世界会出现一个奇异点。这件事必然是人类在某项重要科技上，突然有了爆炸性的突破，而这项科技将完全颠覆现有的人类社会。它不是像手机这种小的奇异点，而是可以和人类诞生对等的超大奇异点，甚至大到可以改变整个地球所有生命的运作模式。"

现在处于狂飙发展状态的人工智能，一方面已经开始呈指数形式膨胀，另一方面其"溢出效应"正在改变人类本身。在这个过程中，所有原本看似离散和随机的科技创新和科技革命成果，都开始了向人工智能技术的收敛，人工智能正在形成自我发育和完善的内在机制，加速人类社会超越数字化时代，进入智能数字化时代，逼近可能发生在 2045 年的"科技奇点"。

在奇点临近时刻，人类面临的是数字生态和智能生态的融合，物理世界和观念世界的融合，人工智能和自然智能的融合，需要：在宇宙视角下的思维革命；全方位向科技研究和跨学科协作倾斜；不断创造适应科技前沿的创新平台；改革教育制度和重构知识体系，让教育制度和知识体系适应智能时代；将 Web3 和 DAO 引入社会、经济，甚至政治活动领域，建构人与人工智能物种的社会系统。

# 智能文明时代，人工智能与人类共享宇宙智慧 ①

当下的文明的跃迁，是从人类长期主导的旧智能文明跃迁到人工智能参与的新智能文明。人类本来就是有智能的，新智能文明和传统智能文明的差别在于主体构成发生了实质性改变。从现在开始，人类不再是这个世界唯一的智慧主体，人工智能将和人类一起分享这个星球，甚至这个宇宙的智慧。这是根本性的变化，也是文明跃迁的根本性原因。

在 2022 年末的生成式人工智能，即深度学习发生突破之后，人工智能或人工智慧全面入侵到人类智慧或者自然智慧领地，并主动引发了彼此互动的新模式。这样的局面，是包括图灵在内的人工智能先行者都始料不及的。

但不得不承认，在图灵之前，真正预见到基于人工智能的新物种，以及形成对传统人类文明挑战的是科幻小说。1818 年，雪莱夫人出版的科幻小说《弗兰肯斯坦》，所描述的科学家和工程师弗兰肯斯坦制造了一个类人生物，即没有名字的智能机器人，或者被后人称为的"科学怪人"。但是，弗兰肯斯坦所创造出来的这个新生物竟然具有人的愿望、人的学习能力、人的情绪和人的情感，并希望能够被人类接受和被人类所爱，但是它最终从失望走向绝望。这部小说以悲剧

---

① 本文系作者于 2023 年 5 月 25 日在"迈向智能时代，实现文明跃迁——2023 AIGC 专场峰会"上的会议发言。

结束，包括弗兰肯斯坦和"科学怪人"在内的人物全部死亡，发生地点在北极。雪莱夫人的小说告诉人们：人可以创造智能体，但是，这不意味着人有能力和新生物沟通，驾驭新生物，能够与新生物和平共处并一起创造更好的文明。

进入 20 世纪 20 年代，卡雷尔·恰佩克发表《罗素姆万能机器人》，推动了机器人概念的普及。20 世纪 50 年代之后，俄罗斯犹太裔美国作家阿西莫夫，在恰佩克机器人主题的基础上注入了科学性，成为最有代表性的人工智能科幻小说家，创造了著名的机器人系列：1950 年的《我，机器人》合集、1954 年的《钢穴》( The Steel Cave )、1957 年的《裸阳》( The Naked Sun )、1983 年的《曙光中的机器人》( Robots of Dawn ) 和 1985 年的《机器人与帝国》( Robots and Empire )。阿西莫夫提出机器人与人类共处的三定律：机器人不得伤害人类个体，或因不作为使人受到伤害；机器人必须服从人给予它的命令，除非该命令与第一定律相违背；机器人在不违反第一、第二定律的情况下要尽可能保护自己。

今天，人类制造了愈来愈多的，不断升级换代的机器人。这些具形的和非具形的各类"智能体"，或者机器人，很快就会形成独特的心智、推理能力、思想能力、决策能力。人类是否可以实现阿西莫夫提出的机器人与人类共处的三定律，还需要做更多的技术性和法律性准备。但是，可以肯定的是：人类作为地球的中心的时代正在结束。这是远比从农业文明到工业文明更为深刻和难以预期的文明的跃迁。这个跃迁设计是从思想、经济、政治和社会的深层结构来改变。人类不得不主动地，或者被动地接受人工智能代表的新智慧体系。

其中，改变最快的莫过于传统经济生活。为此，需要提一个问题：追溯人类的经济活动的起源，是智慧推动的，还是工具推动的？例如，在农耕社会，是先有了对于四季的观念这样的智慧，还是先有了锄头和镰刀？在我看来，这是一个并行的过程。首先人类最早的智慧是一个观念智慧，认为种地必须从春天开始，然后才会有工具，才会有所谓的农业文明。今天，我们同样处于这样的时刻：经济活动的逻辑、模式和生态改变了。

第一，经济主体变了。过去社会主体是工人阶级、农民、科学家、企业家，等等。总之，人类是这个社会的经济主体。今天必须转变这样的观念：不管人类喜欢或者不喜欢，拒绝或者不能拒绝人工智能物种，经济主体都将包括人工智能体，并且以各种各样的方式存在和进化。

第二，物质性生产不再是或者不仅仅是经济活动的基本特征。经济活动越来越重要的特征是观念创造、精神和意识生成，是创造、生成和更新更有想象力的内容。这是一个智能生成经济，而不再是传统的基于物质资源的生产性经济。

第三，原材料变了和生产要素变了。最大的生产要素变成了信息、数据以及现在开始频繁使用的语料库。这些内容每天都在产生。支持智能生成经济的资源也不是仅仅来自人类，人工智能本身也在参与这个新时代经济资源的再创造。

第四，最终的产品形态变了。经过工业时代，人类习惯把经济活动的目标局限于对物质生产、物质产品的追求和享受。在智能时代，社会将更加关注精神的生产、精神产品的制造、精神产品的创作。精神产品将会在所谓的"消费"中，占有越来越大的比重。人类将会把越来越多的时间用于享受精神生产的过程，而这个过程只能通过和人工智能合作才能实现。

在从物质匮乏到物质丰富的过程中，人们发现物质对人类太重要了，因为没有物质就是贫穷，物质贫穷是要改变的。现在，人类进入了一个新的岔口，进入智能文明时代，人工智能与人类共享宇宙智慧。其中经济活动领域的改变已经开始：经济主体变了、生产要素和资源变了、产品内容变了、经济机制变了、消费模式变了。精神生活和精神产品，在经济活动中占有更大的比重，以满足人类原本被长期压抑的精神生产能力和精神享受的深刻需求。

# 迈向平行或多维并行的世界 [①]

点新闻：您怎样看待人工智能的未来？人工智能是可以代替文学、艺术、音乐的吗？人工智能和这些古老的艺术形式的关系是怎样的？

**朱嘉明：**首先，讨论元宇宙，或者人工智能，所使用"代替"这个概念，是不准确的，不是代替是平行。我主张使用"回归"的概念。

未来的演变是多维度的，其核心变化是：人类正在向一个平行或多维并行的世界转型。这个是真正的变化。追溯人类文明史，人类原本生存于多维状态之中，只是自工业革命之后，被物质财富的爆炸性增长和积聚压抑住了。想想前人的生活方式是挺棒的，虽然吃穿住行很简单，却可以绘画、唱歌、跳舞、想象牛郎织女的神话故事，还有《诗经》、与上苍对话，精神世界丰富而滋润。也就是说，远古以来，人类长期生活在物质与精神的平行世界，而精神世界和虚拟世界没有明确的鸿沟和界限。例如，李白的浪漫主义，就是虚拟世界。

进入 21 世纪，数字科技、虚拟现实技术，包括元宇宙，提供了人类"回归"平行世界的全新技术基础。其中，人工智能的出现正在加速这样的"回归"。当然，必须看到，实现这样的"回归"有一个前提，那就是物质世界已经非常丰富。现在的人类已经具备解决全球

---

① 本文系作者于 2023 年 7 月 9 日接受《点新闻》专访时的谈话记录。

80 亿人的吃饭、穿衣等基本生活问题的生产能力，且很可能只需要几千万人劳动就够了。现在，不是物质生产不足，而是普遍过剩。这是所有"内卷""躺平"的深层原因，并且是世界性的问题。

今天讲元宇宙，就是创造另外一种方式，让人类在获得基本物质资源满足的情况下，有时间、有场所去完成有创造性的人生使命。这不是一个简单的产业问题，这是未来绝大多数人的一种生活方式。要知道，原本世界上能够写作、用文字创作的人在整个人口比例中是微乎其微的，大多数人本来就不会写作。现在，能够写作的人继续写作，不能写作的就让机器去写作。也就是，人工智能赋予长期没有文字创作能力的大多数人拥有了一个用文字表达自己的机会，这是 ChatGPT 最大的历史意义，就如同让盲人看到光明。

点新闻：一些大学例如港大不让学生在课堂或其他评估中使用 ChatGPT。在您看来，学校应该改变吗？

**朱嘉明**：我认为，学校应该考虑改变考查学生的标准。在高科技的浪潮下，学生的学习能力普遍高于老师。例如，有些老师都不会用 ChatGPT，但是他已经没有能力阻止学生使用 ChatGPT。所以，将来的教育体系和制度要将如何适应人工智能时代提到议事日程。在这方面，香港这个城市应该成为探索的"排头兵"。

点新闻：我们都知道元宇宙会让产业升级，那么教育怎样和元宇宙结合呢？

**朱嘉明**：元宇宙最大的潜在应用领域就是教育。"大学"的英文单词就是 university，本身就与"宇宙"相关，而 metaverse 也包含了"宇宙"的意思。元宇宙和教育之间，具有天然的平行性和覆盖率。孩子们和年轻人喜欢的各类游戏的终极意义，恰恰也是学习。

现在，人类进入"生活就是学习，学习就是生活"的历史阶段，学习变成了终生的、全天候的内容。元宇宙为这样的学习提供了最大的空间和最好的技术基础。传统教育需要有基础设施和机构建设，教育资源很难解决短缺和不均衡的问题。通过元宇宙，人类将重新构建21世纪人类未来的教育体系。在原来的教育模式下，学校和教师不可能同时让孩子理解牛顿定律、量子力学或者相对论，现在可以通过元宇宙实现；原来做不到让所有学生同时进行化学实验，孩子可能就没兴趣，甚至实验室没有办法产生出这么复杂的东西，现在都可以做到。开放式的大学就适合在元宇宙中进行，让所有的人不再被束缚于校园，这是人类非常美好的未来。这就是我的理想。

元宇宙可以从以下九个方面为教育带来改变：（1）元宇宙可以重新构造教育的时间和空间。传统教育一定是在特定的时间、场合进行特定的教育，而元宇宙可以打破这一传统。（2）元宇宙将转变传统教育结构，将教育原有的从金字塔形顶端发展和成长，转变为每个层次都具有其自身的发展性和成长性。（3）元宇宙能够承载和包容分布式学习。（4）元宇宙可以提升传统教育的效率，实现学习、教育和创新速度的加速同频。（5）元宇宙可以为诞生的新想法提供认可和传播的生态。（6）元宇宙可以实现学习过程的仿真化、互动化和游戏化变革，也能实现教学方式的智能化、个性化和动态化变革。（7）元宇宙可以支持依靠学习获取流量和回报、发展生态，促进 Learn to Earn（学以致富）模式的形成与发展。（8）元宇宙有助于构建新型的学习型组织，让知识的生产不再局限于本科、硕士、博士阶段，很有可能在小学一年级阶段就产生了。（9）元宇宙可以促进教育资源供给升级，实现有教无类，助力道德模式建设，重新构造学习型组织。

点新闻：能在元宇宙里谈恋爱吗？

**朱嘉明：**元宇宙是未来世界存在的一种社会形态和生存方式，当然可以找人谈恋爱。在元宇宙中，不仅包括男女平权，还包括智能机器人和人类的平权。

不仅如此，未来的智能机器人也会要求其他权利："我也要有选票"。

点新闻：这种社会结构的改变需要多少年？

**朱嘉明：**少则十年，多则二三十年而已。

点新闻：所以，元宇宙是不是可以解决人类的孤独？

**朱嘉明：**应该说，孤独问题是个科学问题、哲学问题、社会问题及心理学问题。此外，人类对孤独的理解是把情感加进去了。所以，元宇宙难以最终解决人类的孤独问题。

每一个人的大脑结构和神经系统是在胚胎中就已经存在着绝对孤独的。孤独是人类区别于其他哺乳动物的独立的一种存在方式。法律的重要内涵里，人类个体彼此独立且不可互相侵犯，就是这个道理。在法律的基础上，才产生了平等。每个人作为一个独立体，能掌握的就是自己本身，你是你的主人，其他人的影响是有限的。

人要掌握自己，又想和别人沟通。在传统社会中，缓解孤独的是所谓血缘关系，但也相当有限。

所以，孤独是人的天性。当人设计智能机器人之后，人类就已经掉入"复制人"的陷阱。因为制造出来的每一个智能机器人，其实又把它变成了每一个独立的人，而不是变成"一团人"。大模型试图解决这个问题，但是现在还看不到出路。总之，人的孤独还没有解决，孤独的智能机器人的孤独又出现了。所以，孤独问题是世界的永恒课题，元宇宙和人工智能似乎也解决不了。

但是，有一个积极的方面，就是元宇宙＋人工智能，可以产生出N个"你"。因为每个人本来就有多个方面，元宇宙可以来实现这多个方面。现实时空里，任何一个人的一种需求和另外一个人的需求吻合后，这就变成了所谓的"缘分"，变成罗密欧与朱丽叶。但是，这样的概率很低，时间很短，比日食和月食还短。

总之，元宇宙和人工智能并不能解决孤独，但是可以把每一个孤独的人多样化，这样你从不同的侧面会找到不同的人、不同的缘分，通过这种寻找，分解和减缓孤独。

点新闻：您给人工智能时代的孩子们什么建议？

朱嘉明：我同意马斯克的说法，追随自己的内心，尽可能成为对世界或他人有益处的人。我们讲人类未来，不是单纯的理性问题，也不是感性问题，本质上是信仰问题。现在需要严肃面对和思考：人类现在面临的问题，是"正走向终极问题"还是"已经是终极问题"？我个人认为，人类现在所面临的问题是"已经是终极问题"，例如地球变暖问题，人类正在和时间赛跑。在终极问题爆发之前，需要寻求一揽子解决方法。

5年之后，今天我们所讨论的以上问题将是全球所有人关心的问题。

# 人工智能是否正在逼近奥本海默时刻①

## ——人工智能的演变现状和趋势

今天讲新质生产力，首先无法回避的是人工智能。认知人工智能需要对人工智能的现状和趋势有一个基本和客观的判断。

2024 年 3 月，《奥本海默》（*Oppenheimer*）收获了七项奥斯卡奖。人们在回顾奥本海默的历史贡献和评价其历史地位的时候，提出了"奥本海默时刻"的概念。这是指在 1945 年 7 月 16 日，早晨 5 点 24 分，在奥本海默（Julius Robert Oppenheimer，1904—1967）的主持下，第一颗原子弹在美国的西部爆炸，标志着美国曼哈顿计划最终获得成功。也就是说，自这个时刻，人类进入有原子弹，后来有氢弹的一个历史阶段。不仅如此，从 1945 年到今天，世界也一直无法摆脱核威胁的阴影。

## （一）

现在借用"奥本海默时刻"的概念，讨论人工智能是否正在逼近一个不可逆的关键历史时刻。这个时刻非常类似原子弹的"奥本海默时刻"。之所以提出这样尖锐的历史比较，是基于以下几个原因。

① 本文系作者于 2024 年 3 月 29 日在"凌迪 Style3D·2024 中国服装论坛"上的会议发言。

第一，何谓人工智能的"奥本海默时刻"？人工智能的"奥本海默时刻"就是逼近通用人工智能的时刻。如何理解和定义所谓的通用人工智能？现在主要有两大派别。其一，保守派。他们认为迄今为止，人类依然有能力控制人工智能的进程，人工智能超越自然智能还有较长时间，当下的任务是如何实现人工智能向人类看齐，即"对齐主义"。其二，激进派。他们认为，通用人工智能不仅是与人类看齐的问题，而且是如何超越人类智慧，最终实现超级智能的问题。这个过程是不断加速的。这个派别是相信所谓"加速主义"的。所以，"奥本海默时刻"并非实现人工智能向人类看齐，而是所谓的超人工智能。

第二，人工智能是否已经进入通用人工智能的快车道？确切地说，大约 2027 年，人工智能进入通用人工智能阶段。事实是，人工智能的进程比所有人想象的要快，开始是以 10 年为单位，后来以年为单位，现在以月为单位，逼近是一个动态的概念。这种速度对于人类是前所未有的。

如果是这样，人工智能领域无疑在迅速逼近"奥本海默时刻"。与人工智能的实际进展相比较，且不讲一般民众，即使是科技精英和政治精英都低估了人工智能的实际进展。这当然是十分危险的。所以，全球政府之间在人工智能领域的合作成为必要的和紧迫的。

# （二）

2024 年春节前后，发生了三件具有历史意义的人工智能事件。

第一，Sora 的出现。Sora 到底是什么？我们现在没有能力看到它的全部技术白皮书，但根据已有的信息，Sora 是计算机通往真实物理世界的一条路径，是实现真实 3D 物理世界的核心工具。人类所生存的宇宙达到七八个维度。在这个世界中，人们依赖的眼睛所能够看到的宇宙不过是真实宇宙的 6%。所以，真实的宇宙需要用另外一种方式表现和显现出来，只能诉诸人工智能。

第二，2024 年 2 月 19 日，深度学习的创建者、推动者、被称为"深度学习之父"的辛顿，在英国的牛津大学罗曼斯讲座上进行了一场专题演讲，中心内容就是希望人们要正视人工智能的进展比预期的要快。他第一次明确承认：人工智能开始显示出推理能力。不仅如此，他进一步分析了 ChatGPT 被低估的严重后果。这是令人非常震撼的讲话，前所未有。

第三，2024 年 2 月 29 日，也就是辛顿讲话的 10 天后，马斯克起诉 OpenAI 现在的 CEO 山姆·奥特曼。起诉的理由是 OpenAI 背离了他参与创建时让人工智能服务于人类、增加人类福祉的初衷。这只能是非常表面的现象。其核心的问题是，OpenAI 在开发一个被称为"Q*"的超级大模型项目，涉及 120 万亿参数。这是天文数字啊！特别是，这个大模型很有可能如同奥特曼所透露的，不仅仅是人工智能的工具性突破，而且是一种新的物种。还有，OpenAI 联合创始人兼首席科学家伊尔亚·苏茨克维（Ilya Sutskever，1986— ）为什么保持沉默，甚至消声匿迹，意味着什么？

逼近人工智能"奥本海默时刻"的人工智能技术，具有强烈的强制性。相比人类历史上任何科技来说，人工智能具有渗透一切领域、改变传统生产以及生活每一个方面的能力。人们不管接受与否，已经进入无法躲避人工智能的渗透和改变的境地。历史上的原子能技术可以发电，然后变成二次能源，间接和大家有关系，而不是与人们的普通生活紧密融合在一起。互联网也是一种技术，但是人们可以选择主动地离开，没人强制你，但是人工智能不是这样的。

# （三）

人工智能进入了人工智能创造人工智能的时代。所有的科学和技术，从宏观的宇宙到微观的芯片，一切都被人工智能所控制。

先说宏观。2021 年的圣诞节，美国发射了詹姆斯·韦布太空望远镜。这个望远镜的建造与测试花费了 100 亿美元，已经运行了几年，将人类对宏观宇宙世界的认知从幼儿期的宇宙推向了婴儿期的宇宙。这样的宏观宇宙，已经非人类靠自己的本事来感觉、发现、认知和探索，只能求助于人工智能。

再说微观。新冠病毒是 100 纳米，2024 年芯片投产的是 3 纳米，1 纳米是一根头发直径的六万分之一。人类没有能力来解决纳米级别的微观问题，也需要依靠人工智能。

人类依靠科学，科学依靠人创造的人工智能，然而人越来越失去对自己创造的人工智能的实际控制。这就是真正的现实。是不是我们说我们至少已经开始被人工智能绑架了？这个结论比较耸人听闻，也比较容易引发争议，但是人类没有能力完全控制人类所创造的人工智能。这是一个非常严酷的现实。从 OpenAI 的 ChatGPT 到 Sora，以及马斯克的全方位技术创新，不难理解为什么人工智能成为现在资本关注的第一位产业。

人工智能正在创造一个全新的产业体系。人工智能的烧钱是以百亿，甚至千亿美元为起点的。实验性的大语言模型训练至少需要上万张专业显卡，而成本超过 10 亿美元，极为昂贵。但是，投入人工智能的资本是源源不断的。因为，现在人工智能产业和资本市场形成了一个绝对合作关系，一个人工智能产业和产业链正在形成。

马斯克在 2024 年 1 月发射了 6 颗 Direct-to-Cell 卫星，使在不需要特殊设备的情况下手机直连卫星成为可能。3 月 14 日，SpaceX 进行了"星舟计划"第三次测试。极为保守地看，应该在五年之内，人类商业登月和走向火星应该是没有问题的。大家不用担心没有第一批乘客，没有第一批自愿的移民者。现在正在出现科技资本的"新联盟"：科技前沿是资本重镇，并形成"前沿科技资本化，资本前沿科技化"。

在人工智能和它临近所有的科技结合体系中，最值得关注的是人工智能与量子科技的一体化趋势。2024年迅速膨胀的人工智能公司，正在成为量子科技公司的最重要的投资者。现在，已经可以清楚预见，量子科技和人工智能结合起来，将会产生一个真正的超级力量。此外，还有人工智能与生命科学的结合。

希望人们避免将人工智能应用庸俗化。至于无人驾驶汽车，与以上的大场景相比较，其实都属于"小打小闹"级别。人工智能将改造传统的时尚产业，这一点应该是没有悬念的。只是怎样改造是一个非常专业的问题。

# （四）

在人类历史上，人工智能是唯一的一个技术，先有想法，后有实践，是先形而上，后形而下。人工智能思想最初可以追溯到17世纪、18世纪。一般来说，人工智能在技术思想上的实质性突破是1936年，图灵创立和提出不是物质形态的，而是抽象形态的"图灵机"。到了1943年，人工智能已经基本上确定了一个正确方向：机器需要和神经系统结合。1950年，图灵就提出机器要不要思考的问题。到1956年，人工智能发展的框架基本确定下来，提出了七个人工智能发展方向。从1936年算起，88年过去了；从1956年到现在，也是快70年了。因此人工智能已经走过了至少70年的光景。

进入 21 世纪，人工智能发展加速，OpenAI 在 2022 年发布 ChatGPT，是一个重大的里程碑。随着 2024 年 Sora 的出现，人工智能进入加速再加速的历史阶段，因为人工智能开始形成自己的判断能力，人工智能的自我意识和自我意志正在出现。甚至可以认为，人工智能正在向新物种迈进。在这样的意义上，人工智能已经产生可以自我发展的内在逻辑，只是现在还需要通过人实现它们的意志而已。我们正处于这样的过渡时期。

现在看来是很清楚的，更加强大的大模型会继续是人工智能演进和实现通用人工智能的基本方式。

# （五）

当人工智能逼近"奥本海默时刻"，人们应该何去何从？无非三种态度和选择。

第一种是基于对于人工智能不知不觉，盲目乐观的选择。现在，无视人工智能的实际进展，以人类中心主义对待人工智能的心态具有相当影响力。特别是，那种将人文主义绝对化，或者传统的工业观念凌驾于科学技术创新之上的观念，根深蒂固。在这样的态度下，不存在关于人工智能的客观和现实选择。

第二种是基于人工智能妥协主义的选择。希望制定人工智能发展的道德和伦理规范。2022 年 1000 多名科学家签名，主张让人工智能停一停，放慢一点，但是没有人理睬。这是因为，极不均衡的现代人工智能竞争已经开始。整个人工智能产业现在陷入一个典型的博弈论，也就是非均衡博弈状态。所有掌握人工智能的人都无法在内心世界形成一个互相信任的机制。

人工智能在资本的驱动下，正在形成科学家、工程师、金融家、企业家和政治家的合作。人工智能的自然垄断，甚至寡头化的前景正在不可避免地形成，人工智能参与者身不由己。这不是一个没有开始的竞速，让大家制定一个比赛规则，而是已经开始。大家跑起来，有前有后，领先选手无法向后进者妥协。

第三种是基于现实主义的选择。人工智能正在完成从算数增长向几何级增长的转型。智能机器人大面积地生产，大规模地、有计划地替代人类，所以就有"危机派"。人工智能改变了一切，孕育着一场社会运动。人工智能对很多人来讲是一种信仰。

现实主义的选择应该是：在国家与国家之间，企业与企业之间，个人与社会之间，形成关于人工智能现状与趋势的共识，并建立国际性合作机制，确定通用人工智能，即人工智能"奥本海默时刻"到来之前的行动方案。

总之，距离 2027 年实现通用人工智能的飞跃，不足三年时间，距离科技奇点的 2043 年，不足二十年时间。人工智能的进程、演变和变异，是人类将要共同面对的最重要的挑战。

# 与数字人图灵、乔布斯的对话①

## （一）

**数字人图灵开场：**

大家好，我是艾伦·图灵。早在 20 世纪 30 年代至 50 年代，我就提出图灵机模型、图灵测试，以及加密解密技术，影响了现代计算机以及人工智能的发展方向。所以，人们称我为计算机科学和人工智能领域的先驱。经过数代人的努力，如今人工智能的发展已经发生了跨越式的变化。我也需要与时俱进，并期待在这次会议中和大家一起讨论人工智能的未来。

**数字人乔布斯开场并提问：**

大家好，我是史蒂夫·乔布斯（Steven Paul Jobs，1955—2011），是苹果公司的联合创始人之一。苹果公司是最早将人工智能带向大众的企业之一，研发了 Siri 语音助手、FaceID 人脸识别技术和机器学习算法。人工智能技术的未来还充满着机遇和挑战，我希望能够和大家一起，以开阔的想象力和更为严谨的科学态度迎接人工智能的未来。

---

① 本文系作者于 2023 年 5 月 19 日为"小蛮腰科技大会"录制的会议发言。

您好，图灵先生，因为元宇宙技术和 AIGC 技术的支持，今天我们得以跨越时空相聚于此。我有个问题想请教您，AIGC 与元宇宙将形成怎样的联系呢？

## 数字人图灵回答并向乔布斯提问：

感谢元宇宙技术让我"重生"。乔布斯先生的问题很有价值。元宇宙的本质是社会系统、信息系统、物理环境形态通过数字所构成的一个动态耦合的大系统，需要大量的数字内容来支撑，人的自然智慧和传统计算手段无法满足需求，所以，需要 AIGC 的支持。不仅如此，AIGC 作为全新的内容生产方式，将带来内容的指数级增长，成为元宇宙时代不可枯竭的创造资源和能力，并从根本上改变目前的数字生态，加速广义数字孪生形态与物理形态的平行世界形成。

这里我也问一下乔布斯先生，您觉得 AIGC 能够帮助我们更好地"重生"吗？

## 数字人乔布斯回答：

我认为，AIGC 技术确实能够帮助我们"重生"。一方面，AIGC 通过使用机器学习算法，重塑我的形象和身体动画，通过提升光线追踪等技术实现更加自然和真实的外观，提升实时渲染的效率；另一方面，借助 AIGC 技术，基于我的生平经历、所见所闻，以及论文和著作等成果，创建具有我个人特点的语言模型，复刻我的语言习惯和思维方式。总之，AIGC 技术最终提升了我们的交互体验，在未来我们将以更加真实和逼真的人物形象展现在大家面前，让我的智慧和经验无限流传下去。

# （二）

## 数字人图灵和数字人乔布斯向朱嘉明提问：

数字人图灵：非常荣幸今天能够和朱嘉明教授相聚在舞台上。我想问朱教授一个问题：1936 年我创造图灵机，之后提出机器学习思想，万万没想到最终演变成当下极具颠覆性的 AIGC，我是否打开了潘多拉的盒子呢？因此，我也处于极度不安的状态。

数字人乔布斯：朱教授您好，接着图灵先生的问题，我也想请教您，在当下人工智能成为未来大趋势下，人类应该如何迎接智能时代呢？

## 朱嘉明回答：

尊敬的图灵先生、乔布斯先生，二位好。非常开心能够在这里与二位开展这次跨时空的对话。

首先回答图灵先生的问题。我要直率地说，用潘多拉魔盒比喻 AIGC 似乎不妥。因为，潘多拉魔盒通常与负面的和失控的"欲望""灾难""瘟疫""罪恶"链接在一起。我宁愿用"多米诺骨牌"作为比喻。AIGC 代表的此次人工智能浪潮，不仅推倒了传统世界基础的第一块骨牌，而且已经开始了连锁反应，引发了更多的骨牌倒下，而且速度在不断加快。

针对乔布斯先生的问题，"人类如何迎接智能时代？"我要强调的是：因为 AIGC，那个传统世界正在被解构，人工智能已经在全方位地构造新的世界。在当下，人类智慧和人工智慧正处于急剧互动的历史时刻，正在改变人类社会的知识图谱，引发全球思想、文化、经济、社会和政治的转型浪潮。不仅如此，还在加速科技奇点时刻的到来。因为这个奇点，人类在人工智能，特别是大模型的加持下，将重新构造宏观世界和微观世界，全新的人类和后人类社会也势必呼之欲出。

　　我最后和你们一起重温苏格兰自然历史学家达西·汤普森（Thompson，D'Arcy Wentworth，1860—1948）的一句名言："万物是其所是，因它就是如此。"（Everything is the way it is because it got that way）图灵先生，您是第一个指出人工智能"是其所是"的先知，今天的人工智能发展到如此境地，本应如此。这个世界存在一种超越人类智慧的大设计。

# 第二章

# 大模型与具身智能的崛起

我们视为真实的万物，都是由那些不能被视为真实的事物所组成的。对于一个理性心灵来说，去揭开高级思维能力中各种规律和关系的奥秘，绝非出于博取赞誉之需。正是借助这些高级思维能力，才产生和形成了关于世界、关于我们自身的超越知性和知识的一切。

——乔治·布尔《思维规律的研究》

（*An Investigation of the Laws of Thought*）

# 人工智能大模型[①]

## ——当代历史的标志性事件及其意义

2020—2022 年，在新冠病毒感染疫情肆虐全球的阴霾日子里，人工智能创新的步伐完全没有停止。美国人工智能研究公司 OpenAI 异军突起：2020 年 4 月发布神经网络 Jukebox[②]，5 月发布语言模型 GPT-3[③]，6 月开放人工智能应用程序编程接口（application programming interface，API）；2021 年 1 月发布连接文本和图像的神经网络 CLIP[④]，同月发布从文本创建图像的神经网络 DALL·E[⑤]；2022 年 11

---

① 本文系 2023 年 5 月 17 日为龙志勇和黄雯著《大模型时代：ChatGPT 开启通用人工智能浪潮》撰写的序言。

② OPENAI. Jukebox［EB/OL］//OpenAI.（2020–04–30）［2024–08–19］. https://openai.com/index/jukebox/.

③ 2018 年 6 月，OpenAI 发布 GPT-1，模型参数数量为 1.17 亿；2019 年 2 月，发布 GPT-2，模型参数数量为 15 亿；2020 年 5 月，发布 GPT-3，参数数量为 1750 亿；2022 年 11 月，正式推出了对话互动式的聊天机器人 ChatGPT；2023 年 3 月，正式推出 GPT-4，成为目前较先进的多模态大模型。GPT-4 主要在识别理解能力、创作写作能力、处理文本量以及自定义身份属性迭代方面取得进展。

④ CLIP（Contrastive Language-Image Pre-Training）模型是 OpenAI 在 2021 年初发布的用于匹配图像和文本的预训练神经网络模型，可以说是近年来在多模态模型研究领域的经典之作。该模型直接使用大量的互联网数据进行预训练，在很多工作表现上达到了目前最高水平。

⑤ DALL·E 是一个可以根据书面文字生成图像的人工智能系统，该名称来源于著名画家达利（Salvador Dalí）和电影《机器人总动员》（Wall·E，2008）。

月正式推出了对话互动式聊天机器人程序 ChatGPT[①]。相较于 GPT-3，ChatGPT 引入了基于人类回馈的强化学习（reinforcement learning from human feedback，RLHF）技术以及奖励机制[②]。

GPT-3 的发布是人类科技史上的里程碑事件，在短短几个月内就席卷全球，其速度超过人类最狂野的想象。GPT-3 证明了一个具有高水平复杂结构和大量参数的人工智能大模型（foundation model，又称"基础模型"）可以实现深度学习（deep learning）。此后，大模型概念得到前所未有的关注和讨论。但是，关于"大模型"的定义，对其内涵的理解和诠释却莫衷一是，"横看成岭侧成峰，远近高低各不同"。

尽管如此，并不妨碍人们形成了关于大模型的基本共识：大模型是大语言模型，也是多模态模型（multimodal model）。GPT 是大模型的一种形态，G 代表生成性的（generative），P 代表经过预训练（pre-trained），T 代表变换器（Transformer）[③]。它引发了人工智能生成内容技术的质变。大模型是人工智能赖以生存和发展的基础。现在，与其说人类开始进入人工智能时代，不如说人类进入的是大模型时代。我们不仅目睹了，也身在其中体验了生成式大模型如何开始生成一个全新的时代。

本文通过七个部分，分别说明大模型的定义、人工智能的历史、大模型的基本特征、Transformer 结构、GPU 和能源、知识革命、"人

---

① Introducing ChatGPT[EB/OL]//OpenAI.（2022–11–30）[2023–05–16]. https://openai.com/blog/chatgpt.

② 强化学习（reinforcement learning）是机器学习（machine learning）的范式和方法论之一，用于描述和解决智能体（agent）在与环境的交互过程中通过学习策略以达成回报最大化或实现特定目标的问题。

③ 中文将"Transformer"翻译为变换器，并不能完全反映大模型的 Transformer 的基本内涵。所以，本文还是直接使用英文原词。

的工具化"及大模型在其中的作用，有助于进一步解读大模型对于人类科技发展的重要意义。

# （一）何谓大模型

人工智能的模型，与通常的模型一样，是以数学和统计学作为演算法基础的，可以用来描述一个系统或者一个数据集。在机器学习（machine learning）中，模型是核心概念。模型通常是一个函数或者一组函数，以线性函数、非线性函数、决策树、神经网络等各种形式呈现。模型的本质就是对这个/组函数映射的描述和抽象，通过对模型进行训练和优化，能够得到更加准确和有效的函数映射。模型的目的是从数据中找出一些规律和模式，达到预测未来的结果。模型的复杂度可以理解为模型所包含的参数数量。一个模型的参数数量愈多，通常意味着该模型可以处理更复杂、更丰富的信息，具备更高的准确性和表现力。大模型一般用于解决复杂的自然语言处理、电脑视觉和语音辨识等任务。这些任务需要处理大量的输入数据，并从中提取复杂的特征和模式。通过使用大模型，深度学习演算法就能更好地处理这些任务，提高模型的准确性和性能。

大模型的"大"，是指模型参数至少达到1亿。但是这个标准一直在升级，目前很可能已经有了万亿参数以上的模型。GPT-3大约的参数规模是1750亿。除了大模型之外，还有所谓的"超大模型"。超大模型是比大模型更大、更复杂的人工神经网络（artificial neural network，ANN）模型，通常拥有数万亿到数千万亿参数。超大模型一般被用于解决更为复杂的任务，如自然语言处理中的问答和机器翻译、电脑视觉中的目标检测和图像生成等。这些任务需要处理极其复杂的输入数据和高维度的特征，超大模型可以在这些数据中提取出更深层次的特征和模式，提高模型的准确性和性能。所以，超大模型的训练和调整需要极其巨大的计算资源和大量数据、更加复杂的演算法和技术、大规模的投入和协作。

大模型和超大模型的主要区别在于模型参数数量的多寡、计算资源的需求和性能表现。伴随大模型参数规模的膨胀，大模型和超大模型的界限正在消失。现在包括 GPT-4 在内的代表性大模型，其实就是原本的超大模型。或者说，原本的超大模型，就是现在的大模型。

如前所述，大模型可以定义为大语言模型，即具有大规模参数和复杂网络结构的语言模型。与传统语言模型（如生成性模型、分析性模型、辨识性模型）不同[①]，大语言模型通过在大规模语料库上进行训练来学习语言的统计性规律，在训练时通常通过大量的文本数据进行自监督学习[②]，从而能够自动学习到语法、句法、语义等多层次的语言规律。

如果从人工智能的生成角度定义大模型，与传统的机器学习演算法不同，生成式大模型可以根据文本提示生成代码，还可以解释代码，甚至在某些情况下调试代码。在这样的过程中，不仅实现文本、

---

① 生成性模型从一个形式语言系统出发，生成语言的某一集合。其代表是乔姆斯基（Avram N. Chomsky）的形式语言理论和转换语法。分析性模型从语言的某一集合开始，根据对这个集合中各个元素的性质的分析，阐明这些元素之间的关系，并在此基础上用演绎的方法建立语言的规则系统。其代表是苏联数学家库拉金娜（O. S. Kulagina）和罗马尼亚数学家马尔库斯（Solomon Marcus）用集合论方法提出的语言模型。在生成性模型和分析性模型的基础上，将二者结合起来，产生了一种很有实用价值的模型，即辨识性模型。辨识性模型可以从语言元素的某一集合及规则系统出发，通过有限步骤的运算，确定语言中合格的句子。其代表是巴尔 - 希列尔（Yehoshua Bar-Hillel）用数理逻辑方法提出的句法类型演算模型。

② 自监督学习是一种机器学习范式和相应的方法，用于处理未标注的数据，以获得有助于下游学习任务的有用表示。

图像、音频、视频的生成和多模态处理能力的构建，而且还在更为广泛的领域生成新的设计、新的知识和思想，甚至实现广义的艺术和科学的再创造。

近几年，比较有影响力的大模型主要来自 Google、Meta 和 OpenAI。除了 OpenAl 的 GPT 之外，2018—2023 年 Google 先后发布对话程序语言模型 LaMDA、BERT 和 PaLM-E[①]。2023 年，Facebook 的母公司 Meta 推出大语言模型 LLaMA，以及在 Meta AI 博客上免费公开大语言模型 OPT-175B[②]。在中国，大模型的主要代表是百度的"文心一言"和华为的"盘古"。这些模型的共同特征是：需要在大规模数据集上进行训练，基于大量的计算资源进行优化和调整。因为大模型的出现和发展所显示的涌现性、扩展性和复合性，长期以来人们讨论的所谓"弱人工智能""强人工智能"和"超人工智能"的界限不复存在，这

---

① Google 推出的 LaMDA（ Language Model for Dialogue Applications ）是自然语言处理领域的一项新的研究突破。它是一个面向对话的神经网络架构，可以就无休止的主题进行自由流动的对话。它的开发是为了克服传统聊天机器人的局限性，后者在对话中往往遵循狭窄的、预定义的路径。BERT（ bidirectional encoder representation from transformers ）是一个预训练的语言表征模型。它强调了不再像以往一样采用传统的单向语言模型或者把两个单向语言模型进行浅层拼接的方法进行预训练，而是采用新的「屏蔽语言模型」（ masked language model, MLM ），以便能生成深度的双向语言表征。关于 BERT 的论文中提及，BERT 在十一个自然语言处理任务中获得了新的目前最高水平的结果 PaLM-E，参数数量高达 5620 亿（ GPT-3 的参数数量为 1750 亿），同时集成语言和视觉，用于机器人控制。相比大语言模型，它被称为视觉语言模型（ visual language model, VLM ）。两者不同之处，在于后者对物理世界是有感知的。

② LLaMa（ Large Language Model Meta AI ）有多个不同大小的版本。该模型主要从维基百科、书籍，以及来自 arXiv、GitHub、Stack Exchange 和其他网站的学术论文中收集的数据集上进行训练。LLaMA 模型支援二十种语言，包括拉丁语和西里尔字母语言，目前看原始模型并不支援中文。2023 年 3 月，LLaMa 模型发生泄漏，意外促成了大批 ChatGPT 式服务的产生。OPT-175B 模型的参数数量超过 1750 亿，和 GPT-3 相当。OPT 是 "Open Pre-trained Transformer" 的缩写。它的优势在于完全免费，这使得更多缺乏相关经费的科学家可以使用这个模型。同时，Meta 还公布了代码库。

样划分的意义也自然消失。①

# （二）大模型是人工智能历史的突变和涌现

如果从 1956 年美国达特茅斯学院（Dartmouth College）的人工智能会议算起，还有三年，人工智能历史就踏入七十年。该会议首先定义了"人工智能"这个概念："此项研究在这样的猜想基础上进行，即学习以及智能的任何其他特性的每一方面在原则上都能被精确描述，以便可使一台机器来模拟它。我们会尝试寻求如何让机器使用语言，形成抽象和概念，解决现在留待人类解决的问题，并提升自己。"② 该会议引申出人工智能的三个基本派别：一、符号学派（symbolism），又称为逻辑主义、心理学派或电脑学派。该学派主张通过电脑符号操作来类比人的认知过程和大脑的抽象逻辑思维，实现人工智能。符号学派主要集中在人类推理、规划、知识表示等高级智能领域。二、联结学派（connectionism），又称为仿生学派或生理学派。该学派强调对人类大脑的直接类比，认为神经网络和神经网络间的连接机制与学习演算法能够产生人工智能。学习和训练是需要有内容的，数据就是机器学习、训练的内容。联结学派的技术性突破包括感知机、人工神经网络、深度学习。三、行为学派（actionism），思想来源是进化论和控制论。其原理为控制论以及感知—动作型控制系统。该学派认为行为是个体用于适应环境变化的各种身体反应的组

---

① BOSTROM N. Superintelligence: Paths, Dangers, Strategies［M］. Oxford University Press，2014.

② MCCARTHY J, MINSKY M L, ROCHESTER N, et al. A Proposal for the Dartmouth Summer Research Project on Artificial Intelligence, August 31，1955［J/OL］. AI Magazine，2006，27（4）：12–12. DOI：10.1609/aimag.v27i4.1904.

合，它的理论目标在于预见和控制行为。[①]

比较上述三个人工智能派别：符号学派依据的是抽象思维，注重数学可解释性；联结学派则是形象思维，偏向于模仿人脑模型；行为学派是感知思维，倾向身体和行为模拟。从共同性方面来说，这三个派别都以演算法、算力和数据作为核心要素。但是在相当长的时间里，符号学派主张的基于推理和逻辑的人工智能路线处于主流地位。不过，电脑只能处理符号，不可能具有人类最为复杂的感知。20世纪80年代末，符号学派开始走向式微。之后的人工智能编年史，有三个重要的里程碑。

第一个里程碑：机器学习。机器学习理论的提出，可以追溯到图灵写于1950年的一篇论文《电脑机器与智慧》（"Computing Machinery and Intelligence"）和图灵测试。[②] 1952年，在国际商业机器公司（IBM）工作的塞缪尔（Arthur Lee Samuel，1901—1990）开发了一个西洋棋的程序。该程序能够通过棋子的位置学习一个隐式模型，为下一步棋提供比较好的走法。塞缪尔用这个程序驳倒了机器无法超越书面代码、并像人类一样学习的论断。他创造并定义了"机器学习"。[③]

机器学习是一个让电脑不用显示程序设计就能获得能力的研究领域。1980年，美国卡内基梅隆大学召开了第一届机器学习国际研讨会，标志着机器学习研究已在全世界兴起。此后，机器学习开始得到大量

---

[①]　BOGNÁR M. Prospects of AI in Architecture: Symbolicism, Connectionism, Actionism[ M/OL ] . https://openreview.net/pdf?id=gvHffM4DlpGhttps://openreview.net/pdf?id=gvHffM4DlpG.

[②]　TURING A M. Computing Machinery and Intelligence[ J/OL ]. Mind,1950,LIX( 236 )：433–460. DOI：10.1093/mind/LIX.236.433.

[③]　SAMUEL A L. Some studies in machine learning using the game of checkers[ J/OL ]. IBM Journal of Research and Development，2000，44（1.2）：206–226. DOI：10.1147/rd.441.0206.

应用。1986 年，三十多位人工智能专家共同撰写的《机器学习：一项人工智能方案》（*Machine Learning: An Artificial Intelligence Approach*）文集第二卷出版 [1]，显示出机器学习突飞猛进的发展趋势。[2] 20 世纪 80 年代中叶是机器学习的最新阶段，机器学习已成为新的学科，综合应用了心理学、生物学、神经生理学、数学、自动化和电脑科学等，形成理论基础。1995 年，弗拉基米尔·瓦普尼克（Vladimir Naumovich Vapnik，1936— ）和科茨（Corinna Cortes，1961— ）提出的支持向量机（support vector machine，SVM，又称"支持向量网络"），实现机器学习领域最重要的突破，具有非常强的理论论证和实证结果。

机器学习有别于人类学习，二者的应用范围和知识结构有所不同：机器学习是基于对数据和规则的处理和推理，主要应用于数据分析、模式识别、自然语言处理等领域；而人类学习是一种有目的、有意识、逐步积累的过程。总之，机器学习是一种基于演算法和模型的自动化过程，并分为监督学习和自监督学习两种。

第二个里程碑：深度学习。深度学习是机器学习的一个分支。所谓"深度"是指神经网络中隐藏层（位于输入和输出之间的层）的数量。传统的神经网络只包含两至三个隐藏层，而深度神经网络可以有多达 150 个隐藏层，提供了大规模的学习能力。随着大数据和深度学习爆发并得以高速发展，最终成就了深度学习理论和实践。2006 年，辛顿正式提出"深度置信网络"概念。[3] 那一年成为"深度学

---

① MICHALSKI R S, CARBONELL J G, MITCHELL T M. Machine Learning: An Artificial Intelligence Approach, Volume II［M］. Los Altos, California: Morgan Kaufmann，1986.

② 这一阶段代表性的工作有莫斯托（Jack Mostow）的指导式学习、莱纳特（Douglas B. Lenat）的数学概念发现程序、兰利（Pat Langley）的 BACON 程序及其改进程序。

③ HINTON G E, OSINDERO S, TEH Y W. A Fast Learning Algorithm for Deep Belief Nets［J/OL］. Neural Computation，2006，18（7）：1527–1554. DOI：10.1162/neco.2006.18.7.1527.

习元年"。在辛顿深度学习理论的背后，是坚信如果不了解大脑，就永远无法理解人类的认识。人脑必须用自然语言进行沟通，而只有1.5 公斤重的大脑，大约有 860 亿个神经元（通常称为"灰质"）与数万亿个突触相连。人们可以把神经元看作是接收数据的中央处理器（central processing unit，CPU）。所谓"深度学习"可以伴随着突触的增强或减弱而发生，即在一个拥有大量神经元的大型神经网络中，计算节点和它们之间的连接，仅通过改变连接的强度，从数据中学习。辛顿认为，实现人工智能的进步需要通过生物学途径，或者通过神经网络途径替代模拟硬件途径，形成基于 100 万亿个神经元之间的连接变化的深度学习。

深度学习主要涉及三类方法：（1）基于卷积运算的神经网络系统，卷积神经网络是一类包含卷积运算且具有深度结构的前馈神经网络，是深度学习的代表演算法之一。（2）基于多层神经元的自编码神经网络，包括自编码和近年来受到广泛关注的稀疏编码（sparse coding）两类，以多层自编码神经网络的方式进行预训练，进而结合鉴别信息进一步优化神经网络权值的深度置信网络。（3）通过多层处理，逐渐将初始的"低层"特征表示转化为"高层"特征表示后，用简单模型即可完成复杂的分类等学习任务。

深度学习是建立在人工神经网络理论和机器学习理论上的科学，它使用建立在复杂的网络结构上的多处理层，结合非线性转换方法，对复杂的数据模型进行抽象，得以识别图像、声音和文本。在深度学习的历史上，卷积神经网络和循环神经网络曾经是两种经典模型。在循环神经网络中，节点之间的连接可以形成一个循环，允许一些节点的输出影响到同一节点的后续输入，因此能够表现出时间上的动态行为。

2012 年，辛顿和克里泽夫斯基（Alex Krizhevsky，1986—　）设

计的 AlexNet 神经网络模型在 ImageNet 竞赛中实现图像识别和分类，成为新一轮人工智能发展的起点。这类系统可以处理大量数据，发现人类通常无法发现的关系和模式。2016 年人工智能机器人 AlphaGo 战胜韩国职业围棋棋手李世石，这是深度学习的经典范例。

第三个里程碑：人工智能生成内容大模型。2018 年 10 月，Google 发布 BERT 模型是具有代表性的事件。该模型是一种双向的基于 Transformer 的自监督语言模型，通过大规模预训练无标注数据来学习通用的语言表示，从而能够在多种下游任务，如专名识别、词性标记和问题回答中进行微调。利用大型文本语料库 BookCorpus 和英文维基百科里纯文字的部分，无须标注数据，用设计的两个自监督任务来进行训练，训练完成的模型通过微调在十一个下游任务上实现最佳性能。

BERT 模型掀起了预训练模型的研究热潮，从 2018 年开始大模型迅速流行，预训练语言模型（pre-trained language model，PLM）及其"预训练—微调"方法已成为自然语言处理任务的主流范式。大模型利用大规模无标注数据通过自监督学习进行预训练，再利用下游任务的有标注数据进行自监督学习以微调模型参数，实现下游任务的适配[①]。

如前所述，大模型的训练需要大量的计算资源和数据，OpenAI 使用了数万台 CPU 和图形处理器并利用了多种技术，如自监督学习和增量训练等，对模型进行了优化和调整。2018—2023 年，OpenAI 实现大模型从 GPT-1 到 GPT-4 的五次迭代，同时开放了应用程序界面，使得开发者可以利用大模型进行自然语言处理的应用开发。

---

① 在文本资料中，包括有标注数据和无标注数据，这是所谓数据驱动。

总之，大模型是基于包括数学、统计学、电脑科学、物理学、工程学、神经学、语言学、哲学、人工智能学融合基础上的一次突变，并导致了一种"涌现"（emergence）。大模型是一种革命。在模型尚未达到某个临界点之前，根本无法解决问题，性能也不会比随机更好。但是，当大模型突破某个临界点之后，性能会发生愈来愈明显的改善，形成爆发性的涌现能力。如论者所言："许多新的能力在中小模型上线性放大规模都得不到线性的增长，模型规模必须指数级增长超过某个临界点，新技能才会突飞猛进。"[①]

更为重要的是，大模型赋予人工智能以思维能力——一种与人类近似，又很不相同的思维能力。前述 AlphaGo 战胜李世石的围棋大赛，证明了人工智能思维的优势。

## （三）大模型的基本特征

大模型的基本特征可以总结为：以人工神经网络作为基础；为神经网络提供更好的预训练方法并促进规模化，能显著降低人工智能工程化门槛；具有理解自然语言的能力和模式；已经形成"思维链"；需要向量数据库的支援；具有不断成长的泛化功能，并且被植入了控制论的基于人类回馈的强化学习机制。

大模型以人工神经网络作为基础。1943 年，心理学家麦卡洛克和数理逻辑学家皮茨建立了第一个神经网络模型，即 M-P 模型（又称麦卡洛克 – 皮茨模型）。该模型是对生物神经元结构的一种模仿，将神经元的树突、细胞体等接收信号定义为输入值 x，突触发出的信号定

---

① WEI J, TAY Y, BOMMASANI R, et al. Emergent Abilities of Large Language Models[J/OL]. Transactions on Machine Learning Research，2022［2023–05–16］. https://openreview.net/forum?id=yzkSU5zdwD.

义为输出值y。M-P模型奠定了支援逻辑运算的神经网络基础。1958年，电脑专家罗森布拉特基于M-P模型发明了包括输入层、输出层和隐藏层的感知机（perceptron）。神经网络的隐藏层最能代表输入数据类型特征（图2.1）。从本质上讲，这是第一台使用模拟人类思维过程的神经网络的新型电脑。

以OpenAI为代表的团队，为了让具有多层表示的神经网络学会复杂事物，创造了一个初始化网络的方法，即预训练。实际上，生成式大模型为神经网络提供了更好的预训练方法。现在的大模型都是以人工神经网络作为基础的演算法数学模型，其基本原理依然是罗森布拉特的感知机。这种人工智能网络依靠系统的复杂程度，通过调整内部大量节点之间相互连接的关系，从而达到处理信息的目的。

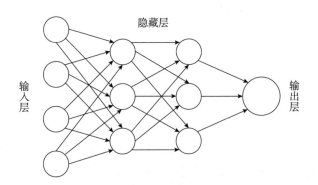

**图2.1 神经网络的层级关系：由输入到输出**

资料来源：笔者改制自REZA M. Galaxy morphology classification using automated machine learning〔J/OL〕. Astronomy and Computing, 2021, 37: 100492. DOI: 10.1016/j.ascom.2021.100492.

大模型生成内容的前提是大规模的文本数据输入，并在海量的通用数据上进行预训练。通过预训练不断调整和优化模型参数，使得模型的预测结果尽可能接近实际结果。预训练中使用的大量文本数据包括维基百科、网页文本、书籍、新闻文章等，用于训练模型的语言模型部分。此外，还可以根据应用场景和需求，调用其他外部数据资源，包括知识库、情感词典、关键词提取、实体识别等。在预训练的过程中，大模型不是依赖于人为编写的语法规则或句法规则，而是通过学习到的语言模式和统计性规律，以生成更加符合特定需求和目标的文本输出。

预训练促进了规模化。所谓的"规模化"是指用于训练模型的大量计算，最终转化为规模愈来愈大的模型，具有愈来愈多的参数。在预训练过程中，大模型形成了理解上下文的学习能力。或者说，伴随上下文学习的出现，人们可以直接使用预训练模型。大模型通过大量语料库训练，根据输入文本和上下文生成合适的文本输出，学习词汇、句法结构、语法规则等多层次的语言知识；通过对大量样本进行学习，更多的计算资源的投入（包括正确和错误的文本样本），捕捉到语法和句法的统计性规律，形成一个词或字元的概率的预测能力，进而根据不同样本的预测错误程度调整参数，处理复杂的语境，最终逐渐优化生成的文本。例如，ChatGPT 会根据之前与使用者交互的上下文和当前的生成状态，选择最有可能的下一个词或短语。

"预训练—微调"方法能显著降低人工智能工程化门槛。预训练模型在海量数据的学习训练后具有良好的泛化性，使得细分场景的应用厂商能够基于大模型，通过零样本、小样本学习来获得显著的效果。因此，人工智能有望构建成统一的智慧底座，以赋能各行各业。生成式大模型不会止步于简单的内容生成，而会逐步达到更高的人工智能，得以预测、决策、探索。针对大量数据训练出来的预训练模型，后期采用业务相关数据进一步训练原先模型的相关部分，给出额外的指令或者标注数据集来提升模型的性能，通过微调从而得到准确度更高的模型。

　　大模型具有理解自然语言的能力和模式。自然语言如汉语、英语及其文字，具有复杂性和多样性，且伴随文化演变而进化；通过表达含义，实现人类沟通和交流，推动人类思维发展。对自然语言的理解，首先要理解文本的特征。在大模型研究的早期阶段，主要集中在自然语言处理领域，形成从简单的文本问答、文本创作到符号式语言的推理能力。之后大模型发生程序设计语言的变化，有助于更多人直接参与大模型用于问答的自然语言交互和程序设计模式，经过形式极简的文本输入，利用自然语言表达的丰富性，形成自然语言与模型的互动。上述的 BERT、GPT 等一系列代表性模型，不同于基于语法规则、句法规则的传统语言模型；这些大语言模型基于统计语言学的思想，在大量文本数据上进行自监督学习，利用自然语言中的统计性规律［涉及贝叶斯原理（Bayes theorem）和马尔可夫链（Markov chain）等数学工具，以及 N 元（n-gram）语言模型］[①]，通过对大量语法和句法样本学习，捕捉到相关规则并进行推断，对各种不同形式的语言表达具有一定的容忍性、适应性和灵活性，从而生成具有语法和语义合理性的文本。

　　大模型已经形成"思维链"（chain-of-thought，CoT）。思维链是重要的微调技术手段，其本质是一个多步推理的过程。通过大语言模型将一个问题拆解为多个步骤，一步一步分析，逐步得出正确答案。我们还可以这样理解：思维链相当于大模型中的数据，人工智能以思维链为数据，然后再进行微调和回馈，从而形成人工智能能力。在电脑语言中，有所谓"第四范式"（fourth normal form，4NF）概念，有助于理解思维链的功能，也有助于使大模型更加结构化和规范化，减

---

　　① 贝叶斯原理是用贝叶斯风险（Bayes Risk）表示的最优决策律；马尔可夫链描述的是概率论和数理统计中的离散的指数集（index set）和状态空间（state space）内的随机过程（stochastic process）；N 元模型是在词汇连续语音辨识中常用的一种语言模型。

少数据信息冗余和碎片化等弊病，提高大模型的效率。

大模型需要向量数据库的支援。向量是大模型的数据存储的基本单位。虽然大模型呈现端到端、文本输入输出的形式，但是实际接收和学习的数据并不是传统文本，因为文本本身数据维度太高、学习过于低效，所以需要向量化的文本。"所谓向量化的文本，就是模型对自然语言的压缩和总结。"向量是人工智能理解世界的通用数据形式，大模型依赖向量数据库，其即时性对分散式运算的要求很高，随着数据的变化及时更新，以保障向量的高效存储和搜索。[①]

大模型具有不断成长的泛化（generalization）功能。大模型泛化是指大模型可以应用（泛化）到其他场景，泛化能力是模型的核心。大语言模型通过大量的数据训练，掌握语言中的潜在模式和规律，在面对新的、未见过的语言表达时具有一定的泛化能力。在新的场景下，针对新的输入信息，大模型就能做出判断和预测。而基于语法规则、句法规则的传统语言模型通常需要人为编写和维护规则，对于未见过的语言表达可能表现较差。针对泛化误差，大模型通常采用迁移学习、微调等手段，在数学上权衡偏差和方差。大语言模型广泛应用于自然语言处理领域的多个任务，如语言生成、文本分类、情感分析、机器翻译等。说到底，大模型的泛化就是指其通用性，最终需要突破泛化过程的局限性。但是，实现通用大模型，还有很长的路。

大模型植入了控制论的基于人类回馈的强化学习机制。回馈是控制论中的基本概念，是指一个系统把信息输送出去，又把其作用结果

---

① 拾象. Pinecone：大模型引发爆发增长的向量数据库，AI Agent 的海马体［EB/OL］//海外独角兽.（2023-04-26）［2024-09-06］. http://mp.weixin.qq.com/s?__biz=Mzg2OTY0MDk0NQ==&mid=2247501819&idx=1&sn=2fcee248c2b9703804e6d9a45dc4c97&chksm=cf4caacca434e201fc91d4c7bcf9e82174ffc3bc280f3e5fc0d5ce35bf7bc19c8d976b8de23e#rd.

返回，并对信息的再输出产生影响，起到控制和调节作用的过程。大模型构建人类回馈数据集，训练一个激励模型，模仿人类偏好对结果打分，通过从外部获得激励来校正学习方向，从而获得一种自适应（self-adaptive）的学习能力。

# （四）大模型和 Transformer

如果说神经网络是大模型的"大脑"，那么 Transformer 就是大模型的"心脏"。2017 年 6 月，Google 团队的瓦斯瓦尼（Ashish Vaswani，1986—　）等人发表论文《注意力足矣》（"Attention Is All You Need"），系统性地提出了 Transformer 的原理、构建和大模型演算法[①]。此文的开创性思想，颠覆了以往将序列建模和循环神经网络画等号的思路，开启了预训练模型的时代。

Transformer 是一种基于"注意力机制"的深度神经网络，可以高效并行处理序列数据，与人的大脑非常近似。Transformer 的基本特征如下：（1）由编码组件（encoder）和解码组件（decoder）两个部分组成。（2）采用神经网络处理序列数据。神经网络的工作是将一种类型的数据转换为另一种类型的数据；在训练期间，神经网络的隐藏层以最能代表输入数据类型特征的方式调整其参数，并将其映射到输出。（3）拥有的训练数据和参数愈多，它就愈有能力在较长的文本序列中保持连贯性和一致性。（4）标记和嵌入。输入文本必须经过处理并转换为统一格式，然后才能输入 Transformer。（5）实现并行处理整个序列，从而将深度学习模型扩展到前所未有的速度和容

---

① VASWANI A, SHAZEER N, PARMAR N, et al. Attention Is All You Need［M/OL］. arXiv, 2017［2023-05-16］. http://arxiv.org/abs/1706.03762. DOI：10.48550/arXiv.1706.03762.

量。（6）引入了注意力机制，在正向和反向的非常长的文本序列中跟踪单词之间的关系，包括自注意力（self-attention）机制和多头注意力（multi-head attention）机制。Transformer 的多头注意力机制中有多个自注意力机制，可以捕获单词之间多种维度上的相关系数注意力评分（attention score），摒弃了卷积神经网络和循环神经网络。（7）训练和回馈。在训练期间，Transformer 提供了规模非常大的配对示例语料库（例如英语句子及其相应的法语翻译）。编码器模组接收并处理完整的输入字串，尝试建立编码的注意向量和预期结果之间的映射。

在 Transformer 之前，发挥近似功能的是循环神经网络或卷积神经网络。Transformer 起初主要应用于自然语言处理，但渐渐地，它们在几乎所有的领域都发挥了作用。通用性一直是 Transformer 最大的优势，包括图像、视频、音频等多个领域的模型都需要使用 Transformer。

总之，Transformer 是一种非常高效、易于扩展、并行化的神经网络架构，其核心是基于注意力机制的技术，可以建立起输入和输出数据的不同组成部分之间的依赖关系，具有品质更优、更强的并行性和训练时间显著减少的优势。Transformer 现在被广泛应用于自然语言处理的各个领域，如 GPT、BERT 等，都是基于 Transformer 模型。

## （五）大模型、GPU 和能源

任何类型的大模型都是由复杂构造支援的，包括硬件基础设施层、软件基础设施层、模型 MaaS（Model as a Service，即"模型即服务"）层和应用层（图 2.2）。在这一结构中，GPU 就是硬件基础设施层的核心所在。随着人工智能时代的到来，人工智能演算法的效率已经超越了摩尔定律（Moore's Law）。摩尔定律的内容为：集成电路上可容纳的电晶体数目，约每隔两年便会增加一倍。21世纪以来，摩尔定律面临新的生态：功耗（包括开关功耗）、存储器极限，以及算力瓶颈等"技术节点"。摩尔定律逼近物理极限，无法回避量子力学的限制。在其限制下只有三项选择：延缓摩尔、扩展摩尔、超越摩尔。延缓摩尔定律即突破技术难题，延长该定律的适用时间；扩展摩尔定律即将该定律推广至诸如量子电脑一类新兴计算平台；超越摩尔定律即另辟蹊径，通过技术组合方案如"芯粒"（chiplet），实际达到最新的计算能力要求。

图2.2  大模型产业的多层结构

GPU具有数量众多的运算单元，采用极简的流水线进行设计，适合计算密集、易于并行的程序，特别是具备图形渲染和通用计算的天然优势。大模型的训练和推理对GPU提出了更高的要求：更高的计算能力、更大的显存容量、更快的显存频宽、更高效的集群通信能力、低延迟和低成本的推理。GPU 可以通过异构计算（heterogenous computing）提供端到端的深度学习资源，缩短训练所需的环境部署时间。总之，GPU 的高性能计算推动了大模型的发展，大模型不断对 GPU 提出迭代要求。例如，微软（Microsoft）为 OpenAI 开发的用于大模型训练的超级电脑是一个单一系统，服务器拥有超过 28.5 万个 CPU 内核、1 万个 GPU 和 400Gbps 的网络连接。

　　大模型的演变将加速对能源的需求。根据国际数据公司（IDC）预测，到 2025 年，全球数据量将达到 175ZB，而且近 90% 的数据都是非结构化的。这些数据需要大量的计算能力才能被分析和处理。同时，随着人工智能演算法的不断升级和发展，它们的复杂性和计算量也在不断增加。据估计，目前人工智能的能源消耗占全球能源消耗约 3%，而据此推断，到 2025 年，人工智能将消耗 15% 的全球电力供应。除了硬件开发所必须投入的"固定碳成本"以外，对于人工智能日常环境的维护投入也不容小觑。所以，人工智能的快速发展将对能源消耗和环境产生巨大的影响。[①]

　　人工智能的快速发展和应用带来了能源消耗和环境问题，需要在技术和政策上寻求解决方案。在这个过程中，需寻求可持续的能源供应，以减少对传统能源的依赖，开发在非常低功耗的芯片上运行的高效大模型。

---

① 新智元 . 人类已达硅计算架构上限！预计 2030 年，AI 会消耗全球电力供应的 50% ［EB/OL］// 新智元 .（2023–03–26）［2024–09–06］. https://mp.weixin.qq.com/s/k9A8d2gX14xyE5cSBl-Dpw.；王鹏 . 双碳视角下人工智能发展再思考——投产相抵还是能耗胁迫？［EB/OL］// 天下 .（2023–04–09）［2024–09–06］. //column.chinadaily.com.cn/a/202304/09/WS6432bc56a3102 ada8b2376fa.html.

# （六）大模型和知识革命

一般来说，知识结构类似金字塔，包括了数据、信息、知识和智慧四个层次。大模型具有极为宽泛的溢出效应。其中最为重要的是引发前所未有的学习革命和知识革命。

基于大数据与 Transformer 的大模型，实现了对知识体系的一系列改变：（1）改变知识生产的主体。即从人类垄断知识生成转变为人工智能生产知识，以及人类和人工智能混合生产知识。（2）改变知识谱系。从本质上来看，知识图谱是语义网络的知识库；从实际应用的角度来看，可以将知识图谱简化理解成多关系图。我们通常用图里的节点来代表实体，用连接节点的直线来代表两个节点之间的关系。实体指的是现实世界的事物，两点连线表示不同实体之间的某种联系（图 2.3）。不同于以往的知识谱系模型，如本体或知识地图等，知识图谱包含大量结构化的实体知识，具备更好的组织、管理和理解互联网信息的能力，与提升大模型的训练效果息息相关，表现出大模型时代知识供给的特征。（3）改变知识的维度。知识可分为简单知识和复杂知识、独有知识和共有知识、具体知识和抽象知识、显性知识和隐性知识等。20 世纪 50 年代，世界著名的科学哲学大师波兰尼（Michael Polanyi，1891—1976）发现了知识的隐性维度，而人工智能易于把握知识的隐性维度。（4）改变知识获取途径。大模型正在引领教育革命，人们熟悉的搜寻引擎正在被启发式的聊天机器人逐步取代。（5）改变推理和判断方式。人类的常识基于推理和判断，而机器的常识则是基于逻辑和演算法；人类可以根据自己的经验和判断力做出决策，而机器则需要依赖程序和演算法。（6）改变知识创新方式和加速知识更新速度。不仅知识更新可以通过人工智能实现内容生成，而且大模型具有不断生成新知识的天然优势；人类知识处理的范式将发生转换，人类知识的边界有机会更快速地扩展。（7）改变知识处理方式。人类对知识的处理有六个层次：记忆、理解、应用、分析、评价和创造。大模型在这六个层次的知识处理中，都能发挥一定的作用，为人类大脑提供辅助。

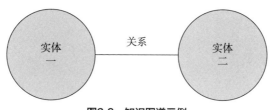

图2.3　知识图谱示例

简言之，如果大模型与外部知识源（例如搜寻引擎）和工具（例如程序设计语言）结合，将丰富知识体系和提高获取知识的效率。万物皆可人工智能化，大模型将引发知识革命，形成人类自然智慧和人工智能智慧并存的局面。

知识需要学习。基于赫布理论（Hebbian theory）的学习方法被称为"赫布型学习"。赫布理论又称"赫布定律"（Hebb's rule）、"赫布假说"（Hebb's postulate）、"细胞结集理论"（cell assembly theory）等，是一个神经科学理论，由赫布（Donald Olding Hebb，1904—1985）于1949年提出，描述了在学习过程中大脑的神经元所发生的变化，从而形成记忆印痕。[①] 赫布理论描述了突触可塑性的基本原理，即突触前神经元向突触后神经元的持续重复的刺激，可以导致突触传递效能的增加。以深度学习为核心的大模型的重要特征就是以人工神经网络作为基础。所以，大模型是充分实践赫布理论的重要工具。

---

①　HEBB D O. The Organization of Behavior: A Neuropsychological Theory［M］. 1st edition. Mahwah, N.J: Psychology Press，2002.

1995 年，美国哈佛大学心理学家珀金斯（David N. Perkins，1942— ）提出"真智力"（true intelligence），并提出智商包括三种主要成分或维度：（1）神经智力（neural intelligence），具有"非用即失"（use it or lose it）的特点。（2）经验智力（experiential intelligence），是指个人积累的不同领域的知识和经验，丰富的学习环境能够促进经验智力。（3）反省智力（reflective intelligence），指一个人使用和操纵其心理技能的能力，类似于元认知（metacognition，对自己的思维过程的认识和理解）和认知监视（cognitive monitoring，指任何旨在评价或调节自己的认知的活动）等概念；有助于有效地运用神经智力和经验智力的控制系统。[①] 大模型恰恰具备上述三种主要成分或维度。所以，大模型不仅有智慧，而且是具有高智商的一种新载体。

## （七）大模型和"人的工具"

虽然大模型实现智慧的途径和人类大脑并不一样，但是最近美国约翰斯·霍普金斯大学的专家发现，GPT-4 可以利用思维链推理和逐步思考，有效证明了其心智理论性能。在一些测试中，人类的水平大概是 87%，而 GPT-4 已经达到 100%。此外，在适当的提示下，所有经过基于人类回馈的强化学习训练的模型都可以实现超过 80% 的准确率。[②] 如果人工智能互联网化，或者互联网人工智能化，无疑会推

---

① PERKINS D. Outsmarting IQ: The Emerging Science of Learnable Intelligence[ M ]. New York: Free Press, 1995.

② 新智元. 100：87：GPT-4心智碾压人类！三大GPT-3.5变种难敌［EB/OL］// 新智元.（2023–05–01）［2024–09–06］. http://mp.weixin.qq.com/s?__biz=MzI3MTA0MTk1MA==&mid=2652326060&idx=1&sn=c0ffa5d76ee8af079a2dbbe4b37bb15f&chksm=f02fa28f355fd38fd374306261f2e21a063f401b823e4a6cac754c8165db0087fa0d62c81e7c#rd.

进智慧革命的积聚和深化。

在现实生活中，大模型的冲击正在全面显现。例如，GPT 作为一种基于大规模文本数据的生成式大模型，对语言学、符号学、人类学、哲学、心理学、伦理学和教育学等广义思想文化领域的冲击，对自然科学技术的全方位冲击，进而对经济形态及其运行的冲击，对社会结构的冲击，以及对国际关系的冲击。此外，值得关注的是，人工智能已经开始进入金融领域，与加密数位货币相结合。2020 年，OpenAI 联合创始人奥特曼推出名为"世界币"（Worldcoin）的加密货币项目，期望通过人工智能技术支援的全球化金融公平与普惠的开源协定，支援私人数位身份和新的金融系统，"赋予人工智能时代的个人权利"。至 2023 年 5 月，超过一百五十万人加入了加密货币钱包 World App 的测试阶段，已经在八十多个国家或地区可用。

现在，人类面临的大模型挑战，还不仅仅是职场动荡、失去工作、增加失业的问题，而是更为严酷的现实课题：人类是否或早或晚会成为大模型的工具人？不仅如此，如果人工智能出现推理能力，在无人知道原因的情况下越过界限，是否会发生人工智能确实伤害，甚至消灭人类的潜在威胁？最近网上有这样的消息：有人利用最新的 AutoGPT 开发出 ChaosGPT 下达毁灭人类指令，人工智能自动搜索核武器数据，并招募其他人工智能辅助。①

大模型是人工智能历史的分水岭，甚至是工业革命以来人类文明史的分水岭。在这之前，人们更多关注和讨论的是人类如何适应机器人，以及和机器人合作，实现艾西莫夫的"机器人三定律"（Three Laws of Robotics）；现在进入如何理解大模型、如何预知人

---

① 事儿君 . 有人给了 AI"毁灭人类"的任务，让它持续自主运行找方法……它开始研究最强核武器…….［EB/OL］// 英国那些事儿 .（2023–04–09）［2024–09–06］. https://mp.weixin.qq.com/s/JSjwLJmpGgjbJmIeYEwBLA.

工智能的危险拐点，特别是某些人类和人工智能合作，反对另外的人类，甚至发生人工智能的彻底失控。人工智能聊天机器人（包括ChatGPT）即使经过数百万文本源的训练，可以阅读并生成"自然语言"文本语言，但是就像人类自然地写作或交谈一样，不幸的是它们也会犯错。这些错误被称为"幻觉"，或者"幻想"。值得注意的是，因为人工智能幻觉的存在，很可能发生对人类决策和行为的误导。

正是在这样的背景下，2023年3月29日，马斯克联名千余名科技领袖，呼吁暂停开发人工智能，认为这是场危险竞赛，让我们从不断涌现出具有新能力、不可预测的黑匣子模型中退后一步。据《纽约时报》（The New York Times）报道，身在多伦多的图灵奖得主辛顿在2023年4月向Google提出了请辞。辛顿离职的原因是为了能够"自由地谈论人工智能的风险"；他对自己毕生的工作感到后悔："我用一个正常的理由安慰自己：如果我没做，也会有别人这么做的。"辛顿最大的担忧是：人类只是智慧演变过程中的一个短暂阶段，人工智能很可能比人类更聪明。[1] 未来的人工智能很可能对人类的存在构成威胁，所以停止发展人工智能也许是一个理性的做法，但不可能发生。人们应该合作，阻止人工智能的无序发展。[2] 对比GPT-4刚发布时，辛顿还是何等赞誉有加："毛毛虫吸取

① METZ C. 'The Godfather of A.I.' Leaves Google and Warns of Danger Ahead［N/OL］. The New York Times，2023-05-01［2024-09-06］. https://www.nytimes.com/2023/05/01/technology/ai-google-chatbot-engineer-quits-hinton.html.

② 部梦凡. 人工智能教父：也许还有希望限制 AI 的无序发展 | 中企荐读［EB/OL］// 中国企业家杂志.（2023-05-13）［2024-09-06］. https://mp.weixin.qq.com/s/9zlsqaQ_OkqMOZzT40ERYg.

了足够的养分，就能破茧成蝶，GPT-4 就是人类的蝴蝶。"<sup>①</sup> 仅仅一个多月的时间，辛顿的立场发生如此逆转，这不免让人们想到第二次世界大战之后，爱因斯坦和奥本海默都明确表达了为参与核武器研发和提出建议感到后悔，更为核武器成为冷战筹码和政治威胁的工具感到强烈不满。

事实上，控制论之父维纳在《人有人的用处：控制论和社会》（*The Human Use of Human Beings: Cybernetics and Society*）一书中认为，机器要在所有层面上取代人类，而非只是作为人类的工具提供替代性的力量，因此机器对于人类的影响是深远的。<sup>②</sup> 霍金生前也曾多次表达他对人工智能可能导致人类毁灭的担忧。

遗憾的是，现在世界处于动荡时刻，人类已经自顾不暇，无人知晓人工智能的下一步会发生什么。《机械姬》（*Ex Machina*）是一部 2015 年上映的英国科幻电影，讲述主人公受邀鉴定人形机器人是否具备人类心智所引发的故事，其中有这样的苍凉台词："将来有一天，人工智能回顾我们，就像我们回顾非洲平原的化石一样，直立猿人住在尘土里，使用粗糙的语言和工具，最后全部灭绝。"

近日有一个消息：来自瑞士洛桑联邦理工学院（École polytechnique fédérale de Lausanne）的研究团队提出了一种全新的方法，可以用人工智能从大脑信号中提取视频画面，迈出了"读脑术"的第一步。相关论文已于《自然》（*Nature*）杂志刊登。<sup>③</sup> 据说该文受到很多质疑，

---

① 极客公园.「AI 教父」离职谷歌：对毕生工作感到后悔和恐惧［EB/OL］//极客公园.（2023–05–02）［2024–09–06］. http://mp.weixin.qq.com/s?__biz=MTMwNDMwODQ0MQ==&mid=2652991276&idx=1&sn=950b2e53feae3ceb7c7c03b39eb4a1a9&chksm=7fcd7e645d782932a66519ce5689821948ad330be43a91bf4e15240f42ce235f4d0df7e16337#rd.

② N・维纳. 人有人的用处［M］. 陈步，译. 北京：商务印书馆，1978.

③ REARDON S. Mind-reading machines are here: is it time to worry?［J/OL］. Nature，2023，617（7960）：236–236. DOI：10.1038/d41586–023–01486–z.

但可以肯定的是，不仅愈来愈多的科学家、工程师和企业家，包括天才，还可能有某些阴暗和邪恶的力量，正在试图影响和改变人工智能发展的方向和路径，增加人们与日俱增的不安。如果说人工智能是人类的又一个潘多拉盒子，那么很可能再无人能将其关上。

在人类命运面临的巨变趋势下，人类选择在减少，然而不可放弃让人回归人的价值，需要留下种子——火星迁徙至少具有这样的超前意识。

# （八）结语

在人工智能 1.0 时代，人工智能数据来源是需要人工参与标注并且专注于特定领域的结构化数据；而在人工智能 2.0 时代，人工智能无须人工干预而能够处理海量数据，具备跨领域的能力（图 2.4）。随着大模型发展，人工智能从 1.0 时代加速进入 2.0 时代。

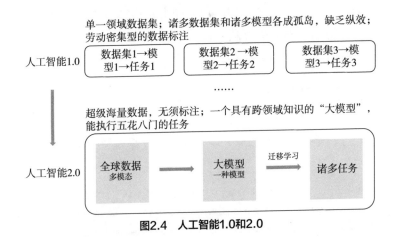

**图2.4 人工智能1.0和2.0**

资料来源：笔者改制自创新工场李开复：AI 2.0 已至，将诞生新平台并重写所有应用_模型_领域_数据［EB/OL］//36 氪 .（2023-03-14）［2024-09-06］. https://www.sohu.com/a/www.sohu.com/a/653951867_114778.

在人工智能 2.0 时代，大模型分工愈来愈明确，日益增多的大模型，特别是开源大模型会实现不同的组合。支援大模型的数据不仅要求高品质，而且必须开源，任何与开源大模型的竞争都注定失败。前述 Meta 的 LLaMA 模型所支援的就是开源社区。

可以预见的是，大模型规模的扩大存在着极限：一方面是物理性限制，另一方面是大模型存在收益递减的拐点。所以，大模型设计或架构需要考虑如何引入控制论，以适应人类的回馈。大模型将乐高化，构成大模型集群，不仅推动人类社会、物理空间和信息空间日益紧密融合，而且正在生成一个大模型主导的世界（图 2.5）。

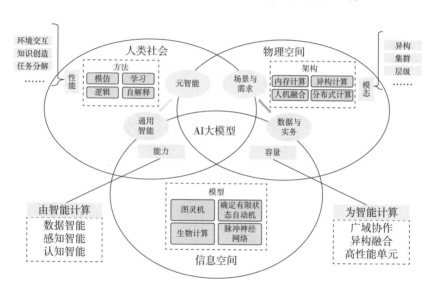

图2.5　人类社会、物理空间、信息空间三重视角下的大模型

资料来源：笔者改制自 ZHU S, YU T, XU T, et al. Intelligent Computing: The Latest Advances, Challenges, and Future［J/OL］. Intelligent Computing, 2023, 2: 0006. DOI: 10.34133/icomputing.0006.

在这样的历史时刻，我们需要重新认识生成主义（enactivism）。生成主义由瓦雷拉（Francisco Javier Varela Garia，1946—2001）、汤普森（Evan Thompson，1962—　）和洛什（Eleanor Rosch，1938—　）

在《具身心智：认知科学和人类经验》（*The Embodied Mind: Cognitive Science and Human Experience*）中提出，主张心智能力是嵌入神经和体细胞活动中的，并通过生物的行为涌现。[①] 论者指出："生成认知强调，我们所经历的世界是有机体的物理构成、它的感觉运动能力和与环境本身互动的产物。有机体的世界不是一个预先给定的、客观的、静待有机体去'经验'、'表征'或'反映'的中性世界。相反，世界是通过有机体的行动或动作而生成的。"[②] 人工智能的生成式大模型确实包括生成主义的要素。人工智能将给生成主义注入新的生命力。

---

① VARELA F J, THOMPSON E T, ROSCH E. The Embodied Mind: Cognitive Science and Human Experience [ M ] . Revised ed. Cambridge, Mass. ： The MIT Press，1992.

② 叶浩生，曾红，杨文登. 生成认知：理论基础与实践走向 [ J/OL ]. 心理学报，2019，51（11）：1270. DOI ： 10.3724/SP.J.1041.2019.01270.

# 人工智能大模型发展的七个重要时刻 [①]

我开宗明义讲一个观点：人工智能的发展历史源远流长。但是，理解人工智能，并不需要从人工智能的久远历史开始。在此选择 2017 年 6 月 12 日至 2023 年 9 月间的 7 个关键时间节点和事件，以折射 ChatGPT 的演变方向和发展趋势。

## （一）2017 年 6 月 12 日
### ——人工智能真正的起始点

大家公认，人工智能诞生于 1956 年 8 月在美国达特茅斯学院举行的人工智能会议。从 1956 年 8 月开始至今，经过近 70 年的漫长历史，人工智能潮起潮落，最重要的是两次具有革命意义的分裂。第一次，自达特茅斯会议开始，人工智能开拓者们分为了三派，即符号主义学派、连接主义学派和行为主义学派。最开始是符号主义学派，即逻辑主义占主导位置。逻辑主义走不下去之后，连接主义开始主导，并最终走向深度学习。深度学习的方向是正确的。第二次，在深度学习的发展进程中，需要模型支持，于是发生了两条道路的选择，一条道路是将深度学习和脑神经结构结合在一起，产生了诸如 CNN 等模

---

① 本文系作者于 2024 年 9 月 8 日在《财经》民营企业高质量发展论坛——人工智能与数字化专场"会议上的发言。

型。但这类模型成本非常高，难度非常大。所以又产生了另外一条道路，就是构建基于 Transformer 框架的大模型。

2017 年 6 月 12 日，Google 机器翻译团队发表论文《注意力是你所需要的一切》，取代了此前的 CNN 等模型，Transformer 概念成为核心技术理念，将 Attention 机制的优点发挥到了极致。现在证明，Transformer 模型是 NLP 领域的集大成者，为 OpenAI 的 GPT 及 Google BERT 等模型的提出奠定了基础。这是一个了不起的革命，这是人工智能的真正 2.0。

## （二）2022 年 11 月 30 日，OpenAI 发布了基于 Transformer 模型的 ChatGPT，人工智能大模型时代正式来临

在 2017 年 6 月 12 日的基础上，通过 Transformer，实现机器学习、深度学习和神经网络结合的大模型产生了。OpenAI 是持续领跑者，从 2018 年的 GPT-1 到 2019 年的 GPT-2，再到 2020 年的 GPT-3，一直到 2022 年 11 月的 ChatGPT。这短短的几年时间，人工智能的思路和技术，发生了革命性变化，其冲击波范围是超乎想象的，其对经济、社会和思想的影响是深刻和持续的，没有人可以置之度外。在这个过程中，一些大型科技公司，例如 Google，成为大模型的奠基者和引导者，并形成了先发优势。

## （三）2023 年 8 月 9 日，人工智能实现大模型基础结构的跃迁

2023 年 8 月 9 日，英伟达创始人黄仁勋在 2023 年度计算机图

形学大会上发表演讲并发布了用于生成式人工智能的 GH200 Grace Hopper 超级芯片。黄仁勋在演讲中表示，这个处理器是为全球数据中心的规模而设计的。GH200 芯片提供 CPU+GPU 一致性内存模型，相比上代 A100 芯片的共享内存容量提升了近 500 倍，可以有效地为类似 ChatGPT 等生成式人工智能应用程序提供支持，专为推理设计而生。

现在是一个能者通吃的时代。目前已有 4 万家大公司和 1.5 万家初创公司使用英伟达技术。其中，有超过 1600 家生成式人工智能公司采用了英伟达技术。仅 2022 年，英伟达 CUDA 软件下载量就达 2500 万次。

特别要注意的是，此次人工智能大模型的推进，使人工智能和云计算紧密结合。智能云的创新和竞争，将在不远的未来带来云存储和算力生态的根本性改变。

## （四）2023 年 8 月 16 日，出现了大模型竞争和 ChatGPT 在内的核心产品开发

2023 年 8 月 16 日，OpenAI 在官网发布了一则简短声明，宣布已收购美国初创企业 Global Illumination，并将该公司整个团队纳入麾下。这家公司只有两年的历史，该公司主营业务是利用人工智能创建巧妙工具、数字基建和数字体验。OpenAI 为什么要收购？这很可能意味着 OpenAI 将致力于包括 ChatGPT 在内的核心产品开发，进军元宇宙和打造虚拟世界，例如《AI 西部世界》。这是 OpenAI 的雄心壮志。我认为这是一个相当重要的收购，标志着拥有大模型的公司直接开发产品的新阶段。

# （五）2023年8月26日，FSD（Full Self-Drive）开启人机交互新形态

2023年8月26日，埃隆·马斯克在社交媒体上直播了一段特斯拉全自动驾驶（FSD）的视频：他从自己在加州帕洛阿尔托的家中出发，开着一辆装有FSD软件的特斯拉Model 3，前往距离他不远的Meta公司创始人马克·扎克伯格（Mark Elliot Zuckerberg，1984—　）的家中。全程约45分钟，马斯克仅人工干预1次。

为什么把这件事提出来？因为，在这之前，特斯拉依赖的数字技术支撑，实现的是"自动驾驶"或者"无人驾驶"。自这天开始，马斯克的特斯拉汽车终于真正进入智能时代。因为，车辆在城市道路上行驶，没有预先构建车与环境互动的数字系统，车辆需要依靠其人工智能系统识别交通信号灯、标志、行人、障碍物等，并根据实时路况做出相应的转向、加速、刹车等操作，这个无形的司机实际上是一个无形的机器人。现在是人工智能支撑的特斯拉，实现硅基人和碳基人在一个有限空间中合作的模式。

从此，有形和无形的智能化机器人将加快普及速度。

# （六）2023年9月1日，哈佛大学正式接受人工智能进入教室，实现了ChatGPT与传统教育体系的结合

哈佛大学旗下网站Harvard Crimson 2024年9月1日发布公告，该校文理学院首次发布教授在课程中使用ChatGPT等生成式人工智能的指南。据了解，包括哈佛大学在内的多所常春藤盟校均计划从2024年开始采用人工智能助教。从此，人工智能开始进入大学，融入教

育，改变教育的传统模式和学习模式。

## （七）2023年9月2日，大模型的
## 人工智能代理时代开始

2024年7月，清华大学NLP实验室联合北京邮电大学、大连理工大学、美国布朗大学的研究人员共同发布了一个大模型驱动的全流程自动化软件开发框架ChatDev。9月2日，ChatDev在GitHub上开源。ChatDev实现完整地模拟一个软件开发公司的整个软件开发团队，利用大语言模型模拟的25个软件开发团队的人工智能代理（AI Agent），通过利用代理之间的协作来完成软件开发的整个代码库的编写。

ChatDev开辟了一个新思路，在人和人工智能之间设置一个代理，这个代理不是人，是人工智能产生的代理，代表人与人工智能交流。以游戏为例，过去人们做游戏需要自己做编码，一群程序员花费几个月、几年，甚至更长的时间来开发内容和技术。现在，因为各类人工智能代理的涌现，减少甚至不再需要传统人力资源投入，人工智能直接参与游戏设计过程，只要将需求告诉大模型，大模型会产生代理团队将游戏做出来。

人工智能代理是基于LLM驱动的代理模式，实现对通用问题的自动化处理，是人工智能和大模型的新方向。

## （八）结语

人们都在谈论人工智能的"iPhone时刻"。那么，人工智能的"iPhone时刻"的标志是什么？我认为，这个"iPhone时刻"，就是人工智能像"iPhone"一样，每时每刻，无论在什么地方什么场合，都

将和人类在一起。现在看来，这个时刻正在逼近。

通过筛选了上述 7 个时间节点，即人工智能的重要时间里程碑，笔者想告诉大家：不要在今天轻而易举地讲长期。对于科技创新，长期主义很可能是不成立的。21 世纪的科技是不讲长期的，它的变化速度每天都可能是颠覆性的。

# 大模型的集群化和"乐高化"[①]

## （一）大模型激发了民众参与，推动人工智能和人类智能的互动和依赖

"自然智能 vs 人工智能"，其核心意思是：时至今日，人类大脑，再厉害也无法同时做矩阵计算，不可能完成指数计算，所以要借助计算机。但是，传统的或者经典的计算机已逼近极限，下一步是量子计算机。大模型本质就是包括输入（input）和输出（output）具有自身学习能力的计算体系。大模型最大的优势就是可以接受发散的、没有规则的语料和信息，并使之收敛，产生结构性的和有价值的东西。

特别是现在大模型与普通民众息息相关，每个人对人工智能都能有所贡献，丰富大模型参数，最后再影响民众的生活。这就是人工智能智慧和人类自然智慧的依存和互动关系。

我特别强调大模型在这方面的先发优势：你做得越好，百姓用得越多；百姓用得越多，它就越好。因此，人工智能竞争变成模型竞争，模型竞争变成民众使用规模的竞争。

---

① 本文系作者根据 2024 年 1 月 8 日第 163-6 期"文汇讲堂"现场演讲互动内容整理。

## （二）经济学是工业化的产物，
## 进入人工智能时代，需要重新定义

迄今为止的经济学都发生在工业革命以后，它所适应的是工业时代的市场、交易、分工逻辑。今天看，传统经济学已经无法适应信息时代、数字时代和智能时代。

例如，亚当·斯密（Adam Smith, 1723—1979）的《国富论》（*Wealth of Nations*）是从分工谈起的，他所理解的分工是工业生产过程的分工。信息时代、数字时代和智能时代的分工完全不同。仅仅几年前，游戏编程工作还需要进行专业训练，编程人员收入较高。现在编程则可以由人工智能代理完成。过去认为拍电影需要导演，但在小视频时代，人工智能代理就能制作视频。也就是说，原来认为需要通过学习、教育和实践所形成的分工体系，正在瓦解，甚至崩溃。

从宏观角度看，垄断和竞争也变了。在人工智能时代，垄断优势和垄断时间在急速减少。此外，人工智能必然会增加属于公共资源和公共资产的比重，同时会导致知识产权复杂化。现在人工智能美术的知识产权纠纷就是案例。

简单地说，进入数字和人工智能时代，坐标系变了，原来经济学的基本概念，需要审视并重新定义，意义重大。

## （三）以文明视角思考：大模型将带来硅基生命
## 形成后人类社会

现在需要一个方法或标准定义何为人工智能应用领域。在基础科学中，究竟如何划分人工智能和基础科学、人工智能和技术的边界？

这尤其需要我们从哲学和大历史观上探讨人工智能潜在的真正历史含义，或者利益价值。例如，谁去火星？谁去开发外星球？碳基人难以胜任，只能考虑以硅基形态存在的生命。未来的人工智能，需要通过大模型和硅基物种成为人类的朋友，相当于电影《银翼杀手2049》（*Blade Runner 2049*）里的场景。人类需要接受大模型和硅基新物种，并与之互动，这就是所谓的后人类社会。

因此，对大模型或人工智能的理解，取决于视野的大小。大模型对日常生活的贡献，对传统产业和新兴产业的贡献，甚至对科学基础研究的贡献，都到了呈现爆发性增长的历史时刻。我们需要用更广阔的视野看待人工智能未来发展的方向。可以这样概括：人工智能的发展空间是巨大的，它将成为当代人类不能完成任务的选择。

## （四）人工智能对伦理和治理的冲击波仍在持续，涉及 B 端、C 端和 G 端，共识尚未形成

在人工智能时代，人们处于这样的场景之中：一方面，以大模型为代表的人工智能在急剧地推进；另一方面，人工智能的新技术不断突破，一天一小变，一周一大变，一月一巨变。现在，关于如何认知人工智能的现状和趋势，人们并没有形成共识，大家的判断并不一样，期许也不一样，关于潜在的真正的深层目标也不一样。所以，现在各国对人工智能采取的政策也有很大差别，分为比较自由化、比较宽容宽松和偏于严格监管的不同选择。

为什么要强调2024年的重要性？因为2023年许多问题在快速集聚、成熟，2024年就显现出来了。现在人工智能向消费端、企业端、政府端同时进行。因为人工智能变化太快，我相信三个月以后，我们对这个问题的认知会和此时此刻大有不同。

## （五）垂直大模型成本在降低，逐步优化或是形成更优选择

因为没有形成大模型的分类原则和标准，呈现出比较杂乱的状态，因此，现在要加快对大模型的分类工作，无论是通用型、偏通用型，还是偏垂直领域，都需要有一套衡量体系，确定参数内涵。

在制定标准过程中，要注意如何衡量大模型效益的发展潜力、大模型的硬件体系，以及大模型之间的接口。现在，大模型似乎处于"群众运动"阶段，很多模型都会自生自灭，浪费很多资源。在上海这样的发达地区，当务之急是建立区域级大模型的实验室，形成对所有大模型和消费端、企业端以及政府端结合的评估模式。

## （六）人工智能处于新基建的核心位置，<br>集群化大模型呈现"乐高化"

过去几年，加密数字货币、Token、NFT、DeFi、区块链、元宇宙、Web3、DAO 等，从不同方面在强化数字时代创新。但是，所有这些技术，最后还是被算力和算法所控制或掣肘。例如，与元宇宙不可分割的数字孪生、虚拟人的设想，理论上没有障碍，但实际做不到，技术上不足以支撑。今天，因为人工智能，这些过去做不到的事都有实现的可能了。

另外，因为人工智能，过去的创新进入收敛过程，它们也通过人工智能联结在一起。因此，现在要强化数字和人工智能创新的基建结构。过去谈新基建结构时，并未把人工智能放在核心位置，今天人工智能已处在核心位置。

大模型就是复杂和多维的矩阵。可以这样想象：未来的大模型会"乐高化"，即不同的大模型之间有分工，加上垂直模型，构成"乐

高"排列，每个企业或政府不可能依赖于一个模型，而是需要通过若干个模型支持目标和前景的实现。

## （七）中文在大模型语料中占比较少，亟须全社会思考解决方案

大模型推动知识图谱和语料发育，涉及哪种自然语言比重更大。目前，在大模型的训练中，占第一位的语料和真正直接相关的自然语言是英文，中文的比重与我们在全球人口中的比重并不一致。

从长远来看，自然语言在大模型中的差距会变得更加严峻。因为训练自然语言的数据越多，发展越快，失衡也越严重。现在人工智能最大的困难是，大量新概念已经来不及或没有能力翻译成中文，大量缩写无法表达。这是亟须正视和解决的挑战之一，全社会不仅要关注，而且要寻求较好的解决方案。

## （八）大模型不断迭代，边际成本与规模无关，成本多元化

工业时代边际成本只要形成规模，边际成本一定会下降。例如，制鞋制造到一定规模，边际成本会下降。进入人工智能时代，人工智能的每一个技术都是动态的，与规模无关，边际成本未必一定下降。

如果假定大模型比较稳定，其构造、参数、技术体系不变，只是重复使用，那么边际成本是下降的。但事实上，大模型需要不断迭代。例如，GPT-5已在路上，不久之后就会公布，它的技术会超过第4代。其边际成本会上升，大模型竞争的残忍性会体现在其硬技术成本也要上升，芯片要进入10纳米以下。如果到现在最新的3纳米和2纳米，那么成本和价格会超出人们的想象。

从严格意义上说，当前科技发展的边际成本是在上升的，它使得科技竞争变得尤其激烈。在高科技时代，成本不仅仅是指资本成本，还有人的智商成本、教育成本、团队成本。

## （九）大模型出现，"劳动"本身变成消费、贡献和生活方式

事实上，在进入工业化社会后，"劳动"这一概念已被反复更新和改变。到了数字时代中后期以及智能时代，"劳动"进一步蜕变，劳动本身就变成了消费、贡献和生活方式。在智能时代，劳动会从形式到内容都发生实质性的变化，更多人因为大模型而被卷入人工智能特定劳动状态。例如，网红每天制作小视频的过程也是劳动，只是这个劳动会与消费相结合。

## （十）普通人可借助人工智能完成数字化一生，并加强各类学习实践

就每个个体而言，不考虑年龄差异，当务之急是开始全民性的人工智能"扫盲"，从学校、企业到行政部门，学习实践人工智能，将数字智能融合到人们日常的生活与工作之中。

## （十一）上海具备人才、技术优势，要善用新政策创新业态、新型企业

人工智能，包括今天反复讨论的大模型，确实是非常前沿的技术突破。从历史的角度看，它是过去许多原来比较成熟的技术的组合。组合不一定先进，但先进一定来自组合。在今天，上海需要持续创新

和创造，核心是不断完成技术突破和前沿科技的组合。这是个巨大挑战。

每个时代都会发生两种情况，一方面是因为有新技术、新思路，或者有新观念，改变和改组原来的经济形态；另一方面，基于这种新技术来创造全新的企业。上海足够大，人才相对比较丰富，可以实现双向优势，既拥有对传统产业行业和企业的改造能力，也具备创造全新产业的可能性。

上海面临的挑战是，如何凭借这样的基础产生新的企业。目前为止，在人工智能垂直领域中，到底涌现了哪些新企业？　第一类行业是人工智能写作工具，如 Jasper AI 等已成为新兴行业，许多从未听过的代表企业横空出世，融资数亿美金。第二类行业是人工智能思维导图工具行业，包括 PPT、模板、抠图等，这些行业开始只有数十人，但发展极快。现在基于人工智能技术的绘画、舞蹈、音乐都有世界级企业。

上海在这方面极具潜力。问题是由谁组织、推动，有怎样的政策支持，让这些新型企业像雨后春笋一样产生。现在技术已很成熟，资本并非短缺，关键还是要有人和团队。

在任何历史阶段，实体经济都很重要，但不要把未来发展局限于实体经济的范围之内。实体经济需要人工智能化，要产生全新的与人工智能相关的新型企业和新型行业，且已刻不容缓。

# 为何大模型将开启数智融合时代 ①

2024 年最重要的特征和趋势是开启数字和智能经济的融合时代。我主张"未来决定现在"，但是，这不意味着否定历史与现在和未来的高度关联。现在，既是过去的延伸，又被未来所决定。

今天的主题集中在探讨何为数字时代与智能时代的历史演进，两者如何在今天的历史背景下彼此碰撞，进而探讨当下应该怎么办。这个话题和国家、社会、企业及个人都具有相当紧密的关系。

## （一）80 年前四条数字平行线，此刻加速交会

今天谈到的数字时代、智能时代，应当追溯到 80 年前的历史场景。也就是第二次世界大战结束之前的 1944 年前后。那一年，发生了诸多大事：诺曼底登陆、产生联合国方案、布雷顿森林会议召开。

但是，真正对历史产生深层次和持久影响的是四位科学家和他们的思想，他们分别是冯·诺伊曼、斯蒂比茨（George Robert Stibitz，1904 —1995）、图灵和香农。没有他们在那个历史节点的贡献，很可能数字时代和智能时代就无从谈起。

他们的贡献是什么？为什么发生在距今 80 年前后？这些贡献如

---

① 本文根据 2024 年 1 月 8 日第 163–6 期"文汇讲堂"现场演讲整理。

何构成和奠定了历史的根本方向？

80 年前，科学家前沿性地意识到，伴随量子科技，特别是原子结构认知的突破，经典的物质状态世界已经开始向信息世界和信息时代转型。世界是由物质、能量和信息构成的。那么，什么是信息？ 至今难以定义，但有一点可以肯定，信息不是物质，无法用物理形态表现出来。它涉及众多理论、模式、方法和工具。香农创建了信息论，包括信息结构、尺度、单位、标准和应用的技术路线。特别是信息和熵的关系。信息最终的体现是数字和数据。

那么，人类如何处理数字和数据？ 唯一选择是计算机。于是，冯·诺伊曼提出了"冯·诺伊曼构架"（von Neumann architecture），解决现代计算机的三个原则：（1）计算机引入二进制；（2）实现数据存储和执行；（3）计算机体系包括输出、输入、储存、运算和中心控制。美国的第一台离散变量自动电子计算机（EDVAC）就是基于冯·诺伊曼构架发明的。可以肯定，没有冯·诺伊曼架构，就没有计算机，或者说人类要在计算机发展进程中走漫长的道路。

如何将处于物理独立状态的计算机连接起来，不仅是最自然的思路，而且是最早期的互联网思想。对此，斯蒂比茨做出了巨大贡献。他将电路开关技术应用于计算机，解决了 0、1 语言的运行和电磁式计算机的遥控问题。他的贡献为计算机通信和互联网的发展提供了基本技术前提。

随后，图灵提出了更加严肃的问题：计算机是否会学习？是否会思考？ 这就是人工智能的基本思路，他进而提出了著名的"图灵测试"。由此，图灵被誉为"人工智能之父"。

总之，从 1944 年到 1950 年前后，最重要的科学前沿机制主要聚集在信息论、计算机科学、计算机互联网、计算机思考这四个方面。这四个方面的交换作用，最终引发了信息和通信技术革命（ICT

Revolution），或者说是数字革命（Digital Revolution）。

在过去的 80 年间，人类一直被这四条平行线所左右。只是在过去的十年左右的时间里，人们突然发现这四条平行线发生了交会。而现在，这样的交会突然加速了。

## （二）数字生态的形成与演变

在人类历史上，农业经济和工业经济都是存在于农业生态和工业生态体系之中的。数字经济也不是单纯的经济，其背后是一个数字生态时代。这里简单回顾一下数字生态是如何形成与发展、变化的。

### 1. 数字经济、数字技术的基础理论问题，完成于 20 世纪 50 年代

数字时代是以计算机为基础，以互联网为网络而形成的一种全新的社会经济模式或社会运行体系。互联网保守估计有 80 年的发展史，可以简单分成几个阶段：

·20 世纪 40 年代，奠定数字生态关键思想和技术的时期；

·20 世纪 50 年代，计算机和半导体发生根本性的技术突破；

·20 世纪 60 年代，实现从互联网思想到阿帕网（ARPANET）的投入和使用；

·20 世纪 70 年代，制定互联网规则（TCP/IP）；

·20 世纪 80 年代，个人电脑普及；

·20 世纪 90 年代，万维网诞生和互联网经济的全面崛起；

·2000 年以后，二十多年间数字经济全面崛起。

在这个过程中，还有三个人非常重要。第一位是诺伯特·维纳，提出了控制论；第二位是万尼瓦尔·布什（Vannevar Bush，1890—

1974），奠定了美国前沿科技管理体系，是构建科学家、政治家和企业家联盟的关键人物，也是美国曼哈顿计划的组织者和参与者；第三位是约瑟夫·利克莱德（Joseph Carl Robnett Licklider，1915—1990），在 20 世纪 60 年代设计了互联网的初期架构——以宽带通信线路连接的电脑网络。

历史事实是：在 20 世纪 50 年代，世界主流科学家和工程师已经从基础理论和关键科技原理方面提出和充分讨论了数字经济、数字技术的关键问题，包括半导体和芯片。1965 年提出的著名的"摩尔定律"就是证明。

### 2. 计算机和互联网自身的发展形成数字生态双轮驱动

在数字经济和数字生态的发展过程中，最重要的推动力是两个轮子：一是计算机硬件和软件的发展；二是互联网硬件和软件的发展。同时，互联网历史有四个非常重要的里程碑：一是创立了局域网或者阿帕网；二是建立了相关规则；三是发明和应用了日趋完备的技术体系，包括电子邮件、编程、远程登录、网上交流；四是建立了万维网。需要特别强调的是，蒂姆·伯纳斯 - 李（Timothy John Berners-Lee，1955—　）的贡献巨大，因为他，互联网实现了全球化，并全方位进入民众生活。

在互联网的发展过程中，逐渐形成完整的数字生态，生态中的基本元素是数据。在数字生态中，数字经济至关重要。因为数字技术的商业溢出效应，产生了具有创新特征的代表性公司，并形成彼此的分工。例如，台积电（台湾积体电路制造股份有限公司，TSMC）主要解决芯片问题，社交平台有 Twitter（现在更名为"X"），元宇宙有 Meta 公司（前身是 Facebook），搜索引擎有谷歌，还有从事软件开发的微软等。

### 3. 数字生态时代的潜在危机：数据、算法、摩尔定律

在上述背景下，形成了以算力为动力、算法为工具、平台为纽带的全新的数字经济形态。在数字生态中，平台经济起到核心作用。平台经济使用户、商家和生产者之间构成了全新的三角形关系。其间，形成了系统数字生态理念。在这方面，美国圣塔菲研究所、麻省理工学院和惠普公司对数字生态理念、目标、愿景进行了宏大阐述和力所能及的实验。

当人们对数字技术、数字经济、数字生态充满极大的热情，推动数字化转型之时，也要看到数字生态所面临的困境和潜在危机。主要是：人类大脑无法解决非线性问题和指数计算问题。即在传统数字技术的框架中，无法解决非线性的和以加速成长为特征的大数据的爆炸问题。现在数据大到难以想象的程度，据互联网数据中心（IDC）预测，2025 年，全球数据量将达到 175ZB。人类距离 YB 时代近在咫尺（1PB=1024TB，1EB=1024PB，1ZB=1024EB，1YB=1024ZB，1BB=1024YB）。除了算力不足，算法也存在滞后问题。大模型的本质是解决概率问题，这个世界是由或然率决定的，人类过去的算法工具已不可行。此外，还有数据确权问题、安全问题和治理问题。在过去五年时间里，数字技术支持的硬技术方面，挑战也是严峻的。例如，摩尔定律已是极限，于是衍生出如何理解和面对后摩尔定律时代。

总而言之，不要认为数字经济靠它本身或者数字技术可以无限发展下去，这是错觉。

## （三）智能生态由边缘向中心跃迁

所谓人工智能，简单来说就是怎么处理输入输出，完成自我学

习，优化升级，实现像人一样思考，乃至可能超越人类。

## 1. 74 年后人工智能走出沼泽地，成为主导性科技力量，并可泛化成工具

人工智能是可以不断定义、不断动态发展的概念。在人工智能的演变历史中，最重要的问题是如何通过机器学习和将自然语言纳入大模型，与神经系统结合，实现可持续的深度学习。

完成这一历史跃迁花了七十多年。从 1950 年图灵提出图灵测试至今已有 74 年。如果从 1956 年夏天在美国达特茅斯召开的为期两个月的人工智能大会算起，也有 68 年了。此次会议的发起人都是当时的年轻人，几乎探讨了人工智能的所有问题。这次会议形成了符号主义、连接主义和行为主义三条路线。最后是连接主义路线被证明是唯一能够走出人工智能沼泽地的路线。

在这漫长的七十多年里，人工智能的发展有起有落。

2009 年之后，人工智能急速发展。也就在这一年，"智能汽车"进入人们视野。2015 年，成立了非营利性人工智能研发组织 OpenAI。2017 年，诞生了第一代有语言和智能意识的机器人索菲亚（Sophia）；同年，论文《注意力就是你所需的一切》发表，提出了今天人工智能发展的完整框架和核心技术，即 Transformer，实现了机器学习模型的突破。从 2017 年到 2022 年 11 月 30 日，人工智能产生了根本性的突破。人工智能进入了所谓的发展"快车道"。2022 年 11 月 30 日，ChatGPT 的发布，彻底改变了人工智能生态，实现了人工智能从"边缘"到"中心"的跃迁。人工智能迅速变成一个主导性的科技力量和发展模式，并成为可以泛化的一种工具。

## 2. 人工智能是由大模型集群构成，高度竞争，且快速进化

业内通常将大模型分为通用型和行业型。一种错误观点认为，大模型是人工智能的突破性进展，是人工智能的工具。这样的认识是很不够的。今天讲人工智能，就是要讲大模型，没有大模型的人工智能是不成立的。也就是说，人工智能已"大模型"化，人工智能和大模型实现了前所未有的高度重合。现在，人工智能由大模型的集群构成。目前正处于高度的大模型竞争和进化的历史时期，一方面还会有新的大模型产生；另一方面，绝大多数大模型会自生自灭。

过去一年，与大模型有关的企业的赢利速度显著提升，人工智能成为影响资本市场的核心变量。这也是对美国股市 2023 年比较惊艳的表现的解读。在微观层面，人工智能一方面催生了全新的智能企业，另一方面也在大面积地推动企业的智能化转型。例如，2022 年 11 月之后，优步（Uber）的大模型使用规模是遥遥领先的。

# （四）2024 年数字与智能经济"一体化"融合

当下，可以概括为数字技术和数字经济迅速被智能化技术和智能化经济所改造和替代的时期。所谓数字化转型，在尚未完成的情况下，又叠加了智能化转型。

## 1. 大模型的竞争在 GPU，并已从芯片扩大到"芯粒"

智能化需要大数据的支持和培育，数字经济和数字技术的进展会对智能化技术、智能化经济产生非常积极和正面的作用。当前中国面临巨大的挑战，就是要重构包括数字经济和智能技术在内的新的基础设施，即物理形态所支撑的新的基础结构。现在产生了两个新概

念——人工智能硬件与人工智能软件。支持人工智能大模型的硬科技正在快速进入"后摩尔时代"，除了 GPU（图形处理器）之外，还有 DPU（数据处理器），以及谷歌开发的 TPU（为机器学习定制的专用芯片）。而 CPU（中央处理器）只是数字时代的基础结构的支撑。现在比较大模型，不仅要看其思路、构架是否更完美，更要看 GPU、DPU，因为它们直接关系到实际性能。目前，英伟达是 GPU 领域的"王者"，已有 V100、A100，而 H100（第九代数据中心 GPU）相较于上一代实现了数量级的性能飞跃。与此同时，谷歌、微软、英特尔、AMD 也都在加速开发自己的 GPU。

特别值得关注的是，具有多功能的"芯粒"（chiplet），即预先制造好、具有特定功能、可组合集成的晶片（die），开始成为人工智能基础设施的新赛道。

### 2. 从数字资本和智能资本并存，转变为智能资本压倒数字资本

网上有一个对话：英特尔前高级副总裁帕特·基辛格（Patrick Paul Gelsinger，1961—　）在麻省理工学院的座谈会上反省了英特尔的成长教训。他提出，英伟达太幸运了才会成功。英伟达对此反应激烈，称英伟达是凭借对人工智能发展过程清晰的判断和认知才获得成功的。我认同英伟达的观点，在整个硅谷或者当时广义的 IT 产业中，只有英伟达的创始人黄仁勋在 1999 年重新认识和解决了两个问题，一是图形处理和 GPU 的问题，二是平行计算的问题。人类大脑虽然可以同时思考很多问题，但无法同时运行若干个平行计算。平行计算超出了过去传统或经典计算机的思路，在模型和芯片上加以支持。英伟达实现了了不起的突破。

在数字企业、数字技术和智能技术混合企业的成长过程中，绝大多数微观企业必须完成定制化的人工智能的转型，与此同时在资本市

场，会从数字资本和人工智能资本并存，转变为人工智能资本压倒数字资本。过去软件开发靠人，现在靠人工智能，人工智能可以节省55%的资源。

按照区域分析，人工智能领域的投资差异十分明显，美国第一，欧盟第二，然后是英国，之后是中国和世界其他国家。这就说明，在农耕时代，所有国家都是参与者。在工业时代有一批参与者和引导者，其他国家勉强能跟上，只是发展速度不同。但在数字时代，已经有一半国家出局。到人工智能时代，只有极少数国家有能力、有资格参与竞争和游戏。

### 3. 人工智能代理时代来临，知识图谱、思维方式将被迫改变

目前已形成许多人工智能领域的新企业集群，除了大型公司还有许多小公司，从事绘画、唱歌、写小说、PPT制作等。

下一步，在大模型的基础上，具身智能机器人将在经济和社会的各个领域发挥全方位的作用。什么叫具身人工智能？它与过去的机器人不同，过去的机器人主要是生产线上辅助人类、替代人类体力劳动的机器人，我们把它理解成蓝领机器人，对人类威胁并不大。今天产生的是超白领机器人，它最大的特点是具有学习、推理、判断、决策、创造等能力。2024年，马斯克展示的特斯拉第二代人形机器人"擎天柱"（Optimus），会实现感知、运动、交互完美地结合，成为彻底改变人工智能的新一代，预计未来十年的产量至少有100亿台，以满足届时世界近100亿人口的需求，实现人均一台的目标。

在这个数字和智能融合的时代，一切人类的行为都可以通过人工智能得以实现，这是一个可以多模态生成的时代，人工智能可以实现人类所能想象的各种愿望。其中，最震撼的是人工智能代理时代扑面

而来。

很快，在不同领域中，所有人将会面对或处于三种不同的场景：
（1）传统的由人主导、人工智能辅助的场景；（2）人和人工智能平分
秋色的场景；（3）人工智能占主导的场景。未来大趋势是，人们会发
现，在大模型与人之间也需要有中介，所有事情都需要通过人工智能
代理（AI Agents）加以实现。

最严肃的问题是，人工智能改变知识图谱和思维方式，会强制人
类接受不断改进的思维树，接受新的决策模式。人工智能会改变人类
反馈和强化学习的模式。同时，人工智能也会彻底改变云计算、区块
链、互联网，重新构造元宇宙。

### 4. 新挑战：开源？人工智能宪章？大模型有无替代？如何控能？

2023 年，全球最有影响力的开源软件开发平台 GitHub 对于人工
智能技术开发贡献甚大。基于这个平台的人工智能相关项目达到三亿
多个。在亚太地区，印度、日本、新加坡都是这个平台的受益者。这
也意味着，充分利用 GitHub 是实现人工智能技术开源的重要途径。

现在，可以考虑提出一个人工智能宪法（AI Constitution），推动
人工智能和去中心化自治组织（decentralized autonomous organization，
DAO）相结合，也推动人工智能的法规体系与监督体系的完善。

总之，人工智能刚刚从边缘进入人类经济活动的中心位置，就已
经开始面临诸多的严肃问题和挑战，包括：大模型是否有极限？视
觉、图像数据是否有天花板？以 Transformer 为核心的支持大模型框
架，是否有替代方案？如何改善人工智能大模型的成本结构？如何降
低人工智能能源消耗？如何构建人工智能与 Web3 的融合模式？所有
这些问题，都需要有解决方案和技术性突破。

# （五）上海的优势与潜能

首先，制度优势。人工智能发展到今天，其任何一个项目的开发动辄需要花费十亿、百亿，甚至上千亿美元，它对资本的需求需要进行资源整合。对于中小企业来说，直接开发或者创新人工智能的技术难以实现。所以，需要集结力量。举国体制正在成为关键选择。在这方面，中国特别是上海地区是有优势的。

其次，区域创新体系优势。上海已经建立包含政府、科研机构、企业紧密结合的区域创新系统，具有相当成熟和互动的经验。现在应当思考如何将这些经验和资源投入基于人工智能的创新。

再次，制造业基础优势。从数字经济到智能经济，最终还是要与工业制造结合，需要有相当的工业制造能力支撑这样的智能体系。

最后，先发优势。上海具备先发优势的基本条件，有条件组织人工智能区域分工体系，以及人工智能合作与治理性联盟。

# （六）未来人工智能发展进入博弈状态，
# 世界需要全新解决之道

2023年3月29日，美国生命未来研究所公布了一封由杰弗里·辛顿、马库斯（Gary Marcus，1970—    ）和马斯克发起，共1079人联署的公开信，呼吁人工智能的开发暂停六个月，在此期间加快开发强大的人工智能治理系统。但是，该愿望并未实现，因为人工智能的所有方面都已进入博弈状态，每个人或者每个主体都处于"囚徒困境"（prisoner's dilemma）。

最后，本文引用几个人的话作为结尾。微软首席执行官纳德拉（Satya Nadella，1967—    ）说："人工智能的黄金时代已然来临。"2023

年 12 月，比 尔·盖 茨（William Henry Gates III，1955— ）预测说："在美国这样的高收入国家，离普通民众大量使用人工智能还有18—24 个月的时间。"斯坦福大学教授吴恩达（Andrew Yan-Tak Ng，1976— ）提出一个观点：今天的大模型往前发展就是世界大模型。Meta 首席人工智能科学家杨立昆说："人工智能将接管世界，但不会征服人类。"

经济学家刘易斯（William Arthur Lewis，1915—1991）曾经提出农业经济和工业经济二元结构理论。几十年过去了，在世界范围内，传统的二元结构问题并没有解决，现在又出现了工业经济和数字经济的二元结构，以及数字经济和人工智能经济的二元结构，导致几个二元结构的差距（gap）叠加的时代出现，最终引发世界非均衡发展的加剧，甚至断裂。人类必须寻求全新的解决之道。对此，中国要有新的历史贡献。

简言之，2024 年，是人工智能彻底改变传统经济形态、传统社会形态和传统全球化的关键一年。未来愿景是：人工智能将以 2023 年为拐点，在 2024 年全方位向所有行业和社会领域蔓延。

# ChatGPT 现象级走红，人类该感到焦虑吗 [①]

## （一）ChatGPT 对人类发展的意义

从科技发展史看，AIGC 技术确实是互联网、计算机革命后的重大革命，人工智能让互联网又进入了一个新阶段。将来互联网的主体，除人类本身外，很大程度上会是人工智能产品，特别是人工智能化的人类主导的智能互联网。

目前，AIGC 进入比较重要的初期阶段。2022 年是很关键的一年，ChatGPT 的出现，证明了人工智能的巨大潜力。目前，已有与 AIGC 技术相关的一系列公司群体的创新，它会加速这个过程，促成人工智能进入"人机直接对话，如同人与人之间对话"的重要阶段。可以预见，未来两三年，AIGC 将逐渐进入发展高潮。

有人担心，ChatGPT 这样的应用会不会使人类的思考能力下降。恰恰相反，它会强制并逼迫人类进化思想能力。现在，我们发现人类能做的，人工智能都能做，人类就必须思考自己还能做什么。当人类提出这个问题、面对这个问题时，就在进步了。

---

[①] 本文系作者根据两篇文稿整理：2023 年 2 月 25 日接受《中新社》记者专访时的谈话记录和 2023 年 3 月 15 日在"首届 TopAIGC+Web3 创新大会"上的活动发言。

# （二）如何看待 ChatGPT 威胁论

AIGC 是人工智能经过长期摸索所选择的重要的、正确的发展方向，而 ChatGPT 是 AIGC 发展过程中的里程碑事件。ChatGPT 已超越人工智能产品范畴，因为它直接导致了人工智能与现代经济活动和经济发展模式、人类日常生活的全方位结合，改变了传统的经济学原理，这是根本性的变化。所谓的 ChatGPT，或 AIGC 威胁论，目前来看还为时过早。当务之急是要面对 AIGC 触发的一系列新技术，思考如何理解、跟上和应用这些新技术，改变现有的产业、行业模式，实现创新。

任何技术进步、科技革命都会产生相应风险，主要通过两方面解决。一方面，要建立监管体系，形成相应法律约束。科技进步和政府监管、法律体系的演变不应脱节，而应让法律体系、监管制度与时俱进；另一方面，很多科技革命、科技进步中发生的问题，最终需要通过革命和进步本身来解决。眼下人们认为的问题，当科技进步到下个阶段时，有些会自然消失。

在未来两三年内，应该不会出现因人工智能导致的大面积、大规模失业现象。ChatGPT 这样的应用，不会对整体就业市场形成实质性威胁。从长远来讲，人工智能的发展扩展了人类活动范畴，改变了人类活动模式，和人类将有一个并存且互相促进的历史阶段。它逼迫人类在两个方面必须发展，其一，要将过去传统的创造性活动转入到更高级的创造性活动，把比较中端和低端的创造性活动交给人工智能。其二，人工智能会和机器人发生进一步结合，使机器人更大面积、更大程度地替代人类体力劳动，将人类从体力劳动中解脱出来，提高生活和工作质量。

在此过程中，人类自己要做出更好的选择，因为需要更多企业家来开拓更多新领域、新行业，来逐渐完成人类从人工智能前世代到人工智能后世代的迁徙。

## （三）人工智能的全球竞争与中国的超越策略

在现阶段的人工智能领域，必须承认中国和西方发达国家的差距还比较大。这次发布 ChatGPT 的 OpenAI 公司，几乎是独领风骚。之后会有相当多企业跟进，包括微软、谷歌。西方会掀起一个以 AIGC 为框架、以 ChatGPT 等类似产品为中心的一次人工智能产业链浪潮。

所以，我们要做从底层技术到大模型再到应用的全方位调整。匀速追赶不够，必须加速度才能缩短距离，而加速度需要各方协调和相应的政策体系。中国应该选择"倒逼模式"，就是强化 AIGC 技术的应用，通过应用最终推动支撑应用的产业发展。从基础研究到应用研究，中国现在急需构建一个追赶 AIGC 的产业政策体系。

与此同时，企业要加大应用力度、拓展应用空间；研究人员要能解决信息不对称和基础研究问题；投资者要在国家引导下把相关的资本投入变成有长周期意识的资本行为，要有支持相关产业 3 至 5 年甚至更长时间投资的意识。如果过早过急追求资本回报，企业很可能在已经看到曙光的关键时刻，因为没有足够的资本支持，不得不调整方向，失去历史契机。

20 世纪后期和 21 世纪早期，在科技革命过程中，投资最大的特点是长周期、高风险、回报慢。只要技术达到一定的高度，自然会产生巨大的"溢出效应"，而商业活动是科技溢出效应的必然结果。过早追求商业目标就没有办法产生足够的溢出效应，如果"溢出效应"较小，商业利益必然非常有限。

观察近些年的新技术发展，西方国家实际上在底层技术上领先中国，而我们可能对技术的实际应用更好一些。造成这种差别的重要原因是，我们在基础研究领域的人才不够。但是，中国毕竟市场大，产业体系完善，在工程师层面，在技术开发领域，具有相当优势和潜力。现在需要选择"田忌赛马"的策略，在 AIGC 发展过程中，充分发挥自身的优势，以此来弥补劣势。

教育制度也要改革，要缩短一流科技人才培养成熟的周期。分析 OpenAI 公司的创始团队，可以发现很少有人完成了所谓的从本科、硕士、博士、博士后的漫长周期。未来人才的关键在于保持培养学生的想象力、创造力以及爆发力。爆发力是全身心投入、全天候突破某种事情的激情、能力、体力和状态。

优秀人才就像运动员，他们的高爆发力期其实很短。当年的集成电路革命、半导体革命，也都是 20—30 岁的年轻人来主导的。想象力、创造力、爆发力三种力量集合的时间对每代人来讲都不是特别长。现在的科技创新也是这样，要让年轻人得到机会，把他们的爆发力激发出来。今天的前沿科技感觉进入了体育竞技状态，要求快、强、突破。

中国改革开放最重要的经验是解放思想。中国改革的第一步其实始于"科技改革"。改革开放最早、具有重大历史意义的全国性大会是 1978 年 3 月的全国科学大会。其核心思想就是邓小平（1904—1997）所说的"科学技术是生产力"。当时郭沫若（1892—1978）发表了一份充满激情的书面发言，题目是《科学的春天》。

在笔者看来，现代化首先是科技现代化，改革开放最初的动力就在科技革命上。45 年后的今天，我们要重新呼唤"科学的春天"。今天的世界竞争就是科技竞争，是科技前沿的竞争。

# （四）GPT-4 值得关注

第一，OpenAI 的发布报告完成了对 GPT-4 技术特征的比较完整和精准的描述和概括。"GPT-4 是一种能够处理图像和文本，输入并生成文本输出的大型多模态模型"，属于一种 Transformer。需要注意两个技术性描述：其一，过去强调的是生成，强调的是 G（generate），这次强调的是输入和输出。也就是，必须把 GPT-4 理解成一个包含输入和输入的开放体系，特别是"视觉输入"；其二，报告强调的"大型的多模态模型"，将"大"和"多模态"结合在一起。

第二，GPT-4 对它本身的局限性、安全属性、风险措施做了规范和说明。特别是，报告强调面对 GPT-4 的安全性，提供了相关的缓解措施。

第三，GPT-4 完成了大多数语种的测试。测试甚至包括了诸如拉脱维亚语、威尔士语、斯瓦希里语。其中，泰语的准确率可以达到70%。但非常奇怪的是，在它的列表中没有中文。

第四，GPT-4 的教育潜力。OpenAI 以将引导 GPT-4 成为"苏格拉底式导师"作为案例展示，使 GPT-4 作为师长并不是要告诉学生结论，而是启发学生的想象力，教会学生提出正确问题，引导学生不断地扩大思想张力。这将引导未来的教育革命和学习革命。

第五，GPT-4 提出了一个社会性目标：基于应用程序提供动力来改善人们生活的宝贵工具。实现这个目标则需要诉诸社会、集体、社区的努力。

第六，GPT-4 的公布文本，是基于 OpenAI 半年前的技术基础。属于"过去完成时的产品"，并非是正在开发的前沿技术。OpenAI 从GPT-1 到 GPT-3.5，再到 GPT-4，中间间隔时段是以指数模式在缩小，升级在加速。

　　总之，我们需要认真思考 GPT-4 提出的一系列挑战，也要认识它现在的局限性、潜力，以及未来的发展空间和突破。要有这样的思想准备，GPT-5 不仅在路上，而且很可能会在出乎人们预料的短期内出现。

# 开源软件与人工智能①

发轫于 20 世纪 80 年代的，有别于商业化专属软件开发的开源运动，在人工智能大模型研发中延续了它的影响力，同时也引发了对"开源大模型"本身的争论。②大模型不同于传统软件的代码组合（访问训练过的模型、其训练数据、用于预处理这些数据的代码、管理训练过程的代码、模型的底层架构和其他一系列细节等），决定了将大模型开源是一项独特的挑战。倡导对于开放数据的关注会成为实现真正开源大模型的关键一步。

## （一）何为"开源"

"开放源代码"（即"开源"，open source）一词有明确定义。开源软件的发布许可证必须符合以下标准：（1）自由再分发。软件许可不限制任何一方将该软件作为包含多个不同来源程序的集合软件发行版的组成部分进行销售或赠送，也不得要求对此类销售收取版税或其他费用。（2）源代码。程序必须包括源代码，并且必须允许以源代码和编译形式发布。如果产品的某些形式没有与源代码一起分发，则必

① 本文系作者与袁洪哲合作撰写，定稿于 2024 年 9 月 14 日。

② GENT E. The tech industry can't agree on what open-source AI means. That's a problem.［EB/OL］//MIT Technology Review.（2024–03–25）［2024–09–15］. https://www.technologyreview.com/2024/03/25/1090111/tech-industry-open-source-ai-definition-problem/.

须有一个广为宣传的途径，以不超过合理的复制成本获取源代码，最好是通过互联网免费下载。源代码必须是程序员修改程序的首选形式。不允许故意混淆源代码。不允许使用预处理器或翻译器输出的中间形式。（3）衍生作品。许可证必须允许修改和衍生作品，并且必须允许它们按照与原始软件许可证相同的条款进行发布。（4）作者源代码的完整性。只有当许可证允许发布带有源代码的"补丁文件"，以便在构建程序时对程序进行修改时，许可证才可以限制源代码以修改后的形式发布。许可证必须明确允许分发用修改过的源代码制作的软件。许可证可要求衍生作品使用与原始软件不同的名称或版本号。（5）不得歧视个人或团体。许可证不得歧视任何个人或群体。（6）不得歧视任何领域。许可不得限制任何人在特定领域使用程序。例如，不得限制程序用于商业或基因研究。（7）许可证的分发。程序所附带的权利必须适用于所有被重新分发程序的人，而无须这些人执行额外的许可。（8）许可不得针对特定产品。程序所附带的权利不得取决于程序是否属于某一特定软件发行版的一部分。如果程序是从该发行版中提取出来，并在程序许可证的条款范围内使用或发行，则程序的所有再发行对象都应享有与原始软件发行版所授予的权利相同的权利。（9）许可证不得限制其他软件。许可证不得限制与许可软件一起发布的其他软件。例如，许可证不得坚持要求在同一媒体上发布的所有其他程序必须是开源软件。（10）许可证必须技术中立。许可证的任何条款都不得以任何技术或界面风格为前提。[①]

开源软件是开源协作（open collaboration）的体现。开源协作是"一种创新或生产系统，依赖于目标明确但协调松散的参与者，他们通

---

① The Open Source Definition［EB/OL］//Open Source Initiative.（2024-02-16）［2024-09-12］. https://opensource.org/osd.

过互动创造出具有经济价值的产品（或服务），并提供给贡献者和非贡献者。"①开源协作坚持三项原则：（1）平等主义。每个人都可以做出贡献。开源项目可在互联网上访问，项目社区通常包括任何愿意提供帮助的人。（2）绩优主义。根据贡献的优劣进行透明地评判。所有决定都会在邮件列表中公开讨论，并可作为参考。（3）自我组织。通常情况下，外部不会强加明确的流程。项目社区自己决定如何开展工作。②

## （二）开源历史

从 20 世纪 60 年代开始，互联网前身 ARPANET 的研究人员利用公开的"征求意见"（RFC）程序来鼓励对早期电信网络协议的反馈，促成了 1969 年早期互联网的诞生。③

1971 年，当时还是哈佛大学一年级学生的理查德·马修·斯托曼（Richard Matthew Stallman，1953—　）加入了 MIT 人工智能实验室，参与了 TECO、初期的 Emacs 和 Lisp 机器等项目。经历了专属（proprietary）商业软件开始流行的 20 世纪 70 年代末和 20 世纪 80 年代初，斯托曼于 1984 年开启了著名的"GNU 计划"，用以创作一个自由的（即摆脱各类专属软件对用户与程序员的限制）操作系统。斯托曼相信这是构建一个自由软件社区的关键一步。次年，自由软件基

---

① LEVINE S S, PRIETULA M J. Open Collaboration for Innovation: Principles and Performance［J/OL］. Organization Science, 2013［2024-09-12］. https://pubsonline.informs.org/doi/abs/10.1287/orsc.2013.0872. DOI: 10.1287/orsc.2013.0872.

② RIEHLE D, ELLENBERGER J, MENAHEM T, et al. Open Collaboration within Corporations Using Software Forges［J/OL］. IEEE Software，2009, 26（2）：52–58. DOI: 10.1109/MS.2009.44.

③ HAUBEN M, HAUBEN R, TRUSCOTT T. Netizens: On the History and Impact of Usenet and the Internet［M］. 1st edition. Los Alamitos, Calif.: Wiley-IEEE Computer Society Pr, 1997.

金会成立，用以资助 GNU 计划。① 斯托曼因而成为开源软件运动的奠基人。

1997 年，埃里克·史蒂芬·雷蒙（Eric Steven Raymond, 1957— ）——之后开源运动的主要领导者之一，在其重要著作《大教堂与集市》中区别了软件开发的两种模式：（1）大教堂模式的软件开发是封闭的（看不到源代码），很少进行版本发布，并由系统内部的个人进行积极管理。开发者们希望按照预先制订的计划建造一座宏伟的大教堂式的软件。（2）集市模式的软件开发是开放的（可以看到源代码），经常进行版本发布，由分布广泛的数十人或数百人协作创建，不受地点限制。开发者们希望发展一个热闹的集市式的软件开发框架，而不预设它应该如何发展。雷蒙更是在此书中提出了著名的"林纳斯定律"（Linus's law）来指出集市模式的优点："足够多的眼睛，就可让所有问题浮现"（given enough eyeballs, all bugs are shallow）。② 因此，这种集市式的开源模式是一种分散的软件开发模式，鼓励开放合作。③

1998 年 2 月 3 日，在加利福尼亚州帕洛阿尔托举行的一次战略会议上，"开源"一词应运而生。当时，网景公司（Netscape）刚刚发布浏览器源代码，一些软件开发人员意识到，这是一次为教育和宣传开放式开发流程的优越性的好机会。与会人员认为，网景公司发布其源代码的务实做法是出于商业理由，因为开放源代码是一种与潜在软件用户和开发人员接触的宝贵方式，可以说服他们通过参与社区来创建和改进源代码。与会代表还认为，最好能有一个单一的标签来识别

① SINGH V. A Brief History Of Open Source［EB/OL］//Gitcoin.（2022-08-26）［2024-09-14］. https://www.gitcoin.co/blog/a-brief-history-of-open-source.

② RAYMOND E. The Cathedral and the Bazaar: Musings on Linux and Open Source by an Accidental Revolutionary［M］. Revised. O'Reilly & Associates, Inc., 2001.

③ 同上。

这种方法，并将其与注重哲学和政治的"自由软件"标签区分开来。为这个新标签集思广益，最终确定了克里斯汀·彼得森（Christine Peterson）提出的"开放源代码"一词。①

在最近一项对被广泛使用的开源软件的研究中，研究人员利用开源软件普查和"BuiltWith"数据两个数据集，估算了全球广泛使用的开源软件的价值。当使用来自世界各地的程序员时，开源软件的需求侧价值高达 8.8 万亿美元，但也存在一些差异，取决于：从低收入国家还是高收入国家雇用程序员，不同编程语言的价值，以及代码是面向内部（即用于创建销售产品）还是面向外部（即在公司网站上使用）。研究同时发现：前 6 种编程语言创造了 84% 的需求侧价值；超过 95% 的需求侧价值是由 5% 的程序员创造的，而这些程序员不仅为少数几个广泛使用的项目做出了贡献，而且为更多的项目做出了贡献。② 开源运动波及的领域广阔，不仅影响了软件开发，还通过软件开发，影响了电子硬件、食品饮料、数字内容、医药、科学与工程、教育、农业、加工制造、影视传媒、社会文化、政治、伦理、宗教、艺术与休闲等领域。③

## （三）大模型与开源软件

开放源代码促进会（Open Source Initiative）对开源人工智能给出了

① History of the OSI［EB/OL］//Open Source Initiative.（2006-09-19）［2024-09-13］. https://opensource.org/history.

② HOFFMANN M, NAGLE F, ZHOU Y. The Value of Open Source Software：24-038［R/OL］. Harvard Business School，2024. https://www.hbs.edu/ris/Publication%20Files/24-038_51f8444f-502c-4139-8bf2-56eb4b65c58a.pdf.

③ Open source［Z/OL］//Wikipedia.（2024-08-27）［2024-09-13］. https://en.wikipedia.org/w/index.php?title=Open_source&oldid=1242557452#cite_note-14.

定义：开源人工智能是一种人工智能系统，其提供的条件和方式赋予了（1）无须征得许可为任何目的使用该系统的自由；（2）研究系统如何工作并检查其组件的自由；（3）为任何目的修改系统，包括改变其输出的自由；（4）无论是否经过修改，为任何目的共享该系统供他人使用的自由。这些自由既适用于功能齐全的系统，也适用于系统的离散元件。行使这些自由的一个先决条件是能够以首选形式对系统进行修改。[①]

需要注意的是，"开源"的传统定义不能轻易应用于人工智能技术。传统的开源软件主要由编程指令组成，而大模型则有所不同，需要：（1）大量的训练数据，可能包含受版权保护的作品或私人数据，在共享时会产生法律问题。（2）称为权重的数字参数，决定了输入数据如何被处理成有意义的输出，也是塑造模型对语言理解的关键。权重可以看作是创建模型"大脑"的构件，决定了模型在处理信息时如何对主题进行优先排序。因此，大模型不再只是代码，而是要复杂得多，因为大模型需要数学模型和数据集来创建。"开放大模型"（open LLM）与"开源大模型"（open source LLM）因而存在区别：虽然"开放"的大模型可能会公开模型权重和起始代码，但不一定会共享用于创建大模型的每个数据源；开源大模型则会共享每个步骤和数据源，并提供许可，允许他人使用、构建和进一步分发该模型。[②]

开源大模型具备如下优势：（1）协作改进。促进不同来源的合作可以说是开源大模型的最大优势，可创造更多使用生成式人工智能技术的机会，进行更多的实验和学习，同时减少偏差、提高准确性并改

①　The Open Source AI Definition – draft v. 0.0.9［EB/OL］//Open Source Initiative.［2024–09–13］. https://opensource.org/deepdive/drafts/open-source-ai-definition-draft-v-0-0-9.

②　What is an open source LLM?［EB/OL］//Red Hat.（2024–07–01）［2024–09–13］. https://www.redhat.com/en/topics/ai/open-source-llm.; GIBNEY E. Not all 'open source' AI models are actually open: here's a ranking［J/OL］. Nature，2024［2024–09–13］. https://www.nature.com/articles/d41586-024-02012-5. DOI：10.1038/d41586-024-02012-5.

善性能。（2）透明度。开源大模型提供了完全透明的训练方法，有助于用户了解大模型特性是如何工作的，并提供决定如何使用该技术所需的信息。（3）减少对环境的影响。透明的大模型有助于展示工作进度，消除建设培训和评估系统中的冗余，减少额外的计算和排放。（4）财务便利。从零开始培训大模型是资源密集型的工作，通常需要花费大量资金，而免费使用别人完成的工作，就能降低那些无力开发大模型的组织的准入门槛。①

GPT 和所有其他生成式人工智能程序都建立在开源基础之上，涉及众多开源软件与平台。② 目前大模型开发主要涉及的平台与框架有：Github、Hugging Face、PyTorch、TensorFlow、OpenCV 等。

软件开发人员使用不同的平台共享、存储和分发源代码。其中最受欢迎的是 GitHub，微软和 RedHat 等大型软件公司也在使用它的资源和功能。GitHub 为开发人员提供了广泛的工具，包括代码审查、附带文档的发布，允许开发人员进行项目协作、维护版本控制、进行修改和修复错误，因此成为全球开发团队的重要工具。该系统的开发者称 GitHub 为程序员的"社交网络"，在这里连接资源库，评论他人的代码示例，并将该平台用作云存储，能够快速将代码传输给客户。③

---

① What is an open source LLM?〔EB/OL〕//Red Hat.（2024-07-01）〔2024-09-13〕. https://www.redhat.com/en/topics/ai/open-source-llm.; GIBNEY E. Not all 'open source' AI models are actually open: here's a ranking〔J/OL〕. Nature，2024〔2024-09-13〕. https://www.nature.com/articles/d41586-024-02012-5. DOI：10.1038/d41586-024-02012-5.

② Open source is actually the cradle of artificial intelligence. Here's why〔EB/OL〕//ZDNET.〔2024-09-13〕. https://www.zdnet.com/article/why-open-source-is-the-cradle-of-artificial-intelligence/.

③ The Best Open Source AI: Top 17 Artificial Intelligence Platforms And Tools〔EB/OL〕//Profit.store.（2023-12-08）〔2024-09-14〕. https://profit.store/blog/research/the-best-open-source-ai.; GitHub: Let's build from here〔EB/OL〕//GitHub.（2024）〔2024-09-14〕. https://github.com/.

Hugging Face 以自然语言处理库和 Transformers 闻名，是为共享模型和数据集以及展示使用机器学习和深度学习构建的应用提供的一个平台。Hugging Face 还提供用于微调和在生产中部署模型的库和工具。Hugging Face 的工具和库广泛应用于各种文本和图像相关任务，擅长文本生成、情感分析、命名实体识别、问题解答和聊天机器人开发。Hugging Face 模型的迁移学习功能尤其有用，能让用户以最少的训练数据和训练时间获得最好的效果。Hugging Face 工具最适合用于那些需要利用最先进的预训练模型的任务，通过 Transformers 库提供了大量开源模型。[①]

PyTorch 是 Python 编程语言的机器学习框架，包括一套用于处理模型的工具，可用于自然语言处理、计算机视觉和其他类似领域。该框架基于 Torch。Torch 是专为数学计算和机器学习设计的 Lua 语言库。它的独特之处在于遵循 Python 风格和编程理念。作为开源项目，PyTorch 主要由 Meta 的人工智能团队支持和开发。围绕 PyTorch，已经建立了一个由不同用途的库组成的生态系统，PyTorch 因此成为解决机器学习问题的全面而强大的工具。PyTorch 专注于深度学习，因而用途广泛。[②]

TensorFlow 是一个机器学习库，最初为 Python 开发，也最常用于 Python。TensorFlow 也支持其他语言，包括 C#、C++、Go、Java、

①　MLOPS. Top 10 AI Frameworks and Libraries in 2024[ EB/OL ]//DagsHub Blog.（2024–07–04）[ 2024–09–14 ]. https://dagshub.com/blog/top-ai-frameworks-and-libraries/.; Hugging Face – The AI community building the future.[ EB/OL ]//Hugging Face.（2024–09–06）[ 2024–09–14 ]. https://huggingface.co/.

②　The Best Open Source AI: Top 17 Artificial Intelligence Platforms And Tools[ EB/OL ]//Profit.store.（2023–12–08）[ 2024–09–14 ]. https://profit.store/blog/research/the-best-open-source-ai.; GitHub: Let's build from here[ EB/OL ]//GitHub.（2024）[ 2024–09–14 ]. https://github.com/. PyTorch[ EB/OL ]//PyTorch.（2024）[ 2024–09–14 ]. https://pytorch.org/.

Swift 等。虽然 TensorFlow 本身是用低效的 Python 编写的，但因为使用 C++ 来解决数学问题，所以能高效地处理复杂的计算。TensorFlow 由谷歌开发，作为其内部库的扩展，在 GitHub 上免费开源，并得到了爱好者社区的积极支持。其名称源于"flow tensor"（流动张量），由两个概念组成：张量和数据流。该库本身包含许多用于不同机器学习领域的工具，但最常用于处理神经网络，可用于各种类型的传统和深度神经网络：递归、卷积等。[①]

OpenCV（开源计算机视觉库）是一个开源库，用于处理计算机视觉算法、机器学习和图像处理。它以 C++ 编写，但也适用于 Python、JavaScript、Ruby 和其他编程语言，可在 Windows、Linux、MacOS、iOS 和 Android 上运行。需要计算机视觉的地方都可以使用 OpenCV，可以让设备"看到"、识别和描述图像。计算机视觉可提供有关图像内容的精确信息，包括描述、特征和尺寸。OpenCV 可用于：（1）机器人技术。用于机器人定位、物体识别和交互。（2）医疗技术。开发精确的诊断方法，如核磁共振成像中的三维器官可视化。（3）工业技术。用于自动质量控制、标签读取、产品分拣等。（4）安防。制造"智能"视频监控摄像头，对可疑活动做出反应，读取并识别生物特征。（5）安全。制造"智能"视频监控摄像机，以应对可疑活动、读取和识别生物特征。（6）交通。开发自动驾驶仪。[②]

## （四）甄别开放与开源：以 Llama 模型为例

按照开放程度，大模型可分为封闭大模型、开放大模型和开源许

---

① TensorFlow[ EB/OL ]//TensorFlow.（2024）[ 2024-09-14 ]. https://www.tensorflow.org/.
② OpenCV［EB/OL］//OpenCV.（2024）［2024-09-14］. https://opencv.org/.

可大模型三类。封闭大模型受到严格控制，并通过付费的 API 服务向用户提供有限制的服务，典型代表是 OpenAI 的 ChatGPT 和 Anthropic 的 Claude。

开源大模型有时被误用为指代任何可在 Hugging Face 等平台上免费下载的大模型。Meta 的 Llama 模型的条款并不符合开源软件的通用定义，下文详述。开源许可大模型可以无限制地免费用于商业用途，但由于许可限制等约束因素，也不会提供所有训练数据供检查。这类模型的典型代表有来自 IBM 研究院的 Granite 系列模型和 Mistral 模型。[①]

有人将 Llama 模型称为开源的，基于以下原因：（1）免费访问。Llama 3.1 允许开发人员和研究人员免费下载和使用，包括用于微调和定制的模型权重，而 GPT 模型等许多其他大模型都被大公司保密。（2）多种尺寸。Llama 3.1 有小型、中型和大型版本，意味着即使没有强大的电脑，更多的人也可以使用它。（3）商业用途。与某些免费工具不同，Llama 3.1 可以商用，对小型企业和初创公司来说非常有利。（4）协作努力。Meta 邀请其他公司和研究人员帮助改进 Llama 3.1，在开源项目中很常见。（5）高质量。Meta 声称 Llama 3.1 的智能程度不亚于一些最好的大模型。[②]

Llama 依然存在不符合"开源"定义的限制。（1）命名规则。如果更改 Llama 3.1，就必须在名称中保留"Llama"，违背了开源原则。

① What is an open source LLM？［EB/OL］//Red Hat.（2024–07–01）［2024–09–13］. https://www.redhat.com/en/topics/ai/open-source-llm.; GIBNEY E. Not all 'open source' AI models are actually open: here's a ranking［J/OL］. Nature，2024［2024–09–13］. https://www.nature.com/articles/d41586–024–02012–5. DOI：10.1038/d41586–024–02012–5.

② PARTHASARATHY S. Is Llama 3.1 Really Open Source？［EB/OL］//GPTalk.（2024–07–24）［2024–09–14］. https://medium.com/gptalk/is-llama-3-1-really-open-source-73ac220f9aa2.; META. Llama 3.1［EB/OL］//Llama.（2024）［2024–09–15］. https://www.llama.com/.

（2）神秘数据。Meta 没有完全解释他们从哪里获得训练 Llama 3.1 的数据，而训练数据缺乏透明度，给企业带来了潜在的法律和道德风险，因为无法全面评估模型的偏差、潜在的版权问题或是否符合数据保护法规。（3）控制问题。Meta 公司对 Llama 3.1 的控制仍然过多，例如许可协议要求任何每月用户达到特定数量的组织向 Meta 申请额外许可。[①]

## （五）从开源模型到开放数据

正如前文所指出的，不在训练数据上开源的大模型并不是真正的开源大模型，而训练数据对于大模型的表现又十分重要，因为数据是生成式人工智能模型的基础支柱。建立和训练生成式人工智能模型是一项数据密集型工作，而训练所需的具体数据要求，例如数据的质量、规模和种类，往往因相关模型的目标和用例而异。[②] 例如，扩散模型可能需要一百万到几十亿的图像—文本配对来进行训练。[③] GPT-3.5 在大约 570 GB 的文本数据上进行了训练。[④]

因此，利用开放数据加强现有大模型开发工作不仅有助于应对这些挑战，同时还有可能实现开放数据获取的民主化。开放数据，尤其

① META. Llama 3.1 Community License Agreement［EB/OL］//Llama.（2024-07-23）［2024-09-15］. https://www.llama.com/llama3_1/license/.

② What is Generative AI?［EB/OL］//NVIDIA.［2024-09-14］. https://www.nvidia.com/en-us/glossary/generative-ai/.

③ HUANG M, JIA S, ZHOU Z, et al. Exposing Text-Image Inconsistency Using Diffusion Models［M/OL］. arXiv, 2024［2024-09-14］. http://arxiv.org/abs/2404.18033. DOI: 10.48550/arXiv.2404.18033.

④ IYER A. Behind ChatGPT's Wisdom: 300 Bn Words, 570 GB Data［EB/OL］//AIM.（2022-12-15）［2024-09-14］. https://analyticsindiamag.com/ai-origins-evolution/behind-chatgpts-wisdom-300-bn-words-570-gb-data/.

是开放政府数据、统计数据和开放研究数据，与生成式人工智能的交叉可以通过以下方式提供价值：（1）通过新界面提升数据用户体验。目前存在的许多开放数据都是以只有具备技术技能的人才能与之交互的格式发布的。开放式政府数据尤其如此。由人工智能驱动的生成界面可以让用户通过自然语言处理、可视化和个性化数据探索工具与复杂的数据集进行交互，从而将开放数据的获取范围扩大到更广泛的用户群体。（2）提高生成式人工智能输出的质量。整合高质量的开放数据（特别是来自政府和开放研究机构的数据）可以提高生成式人工智能输出结果用于推理时的准确性、可靠性和可信度。然而，提供数据来源并不一定意味着数据用户会对其进行检查，这表明需要建立支持对输出结果进行评估和验证的机制。（3）提高生成式人工智能的广度和用途。通过利用政府、官方统计和开放研究计划提供的各种数据集，生成式人工智能可用于理解和生成更广泛的主题、用例和部门的内容，例如从医疗保健和教育到气候变化和经济发展，以及更广泛的世界观。这就拓宽了生成式人工智能的适用性和相关性，使其适用于更多样化的公益用例。（4）提高政府透明度和问责机制。通过专门整合开放式政府数据，政府行为者和公众可以更容易地跟踪和了解政府的行动、决策和政策，特别是那些包含技术概念的行动、决策和政策。这可以提高透明度，因为人工智能可以帮助洞察趋势、异常现象，否则这些可能会被忽视，从而加强政府的问责制。不过，还需要做更多的工作，才能促使这些参与者向生成式人工智能应用提出正确的问题。（5）促进循证决策。生成式人工智能和开放式政府数据可以为政策制定者、企业和个人提供有关公共领域的更深入的见解和分析，帮助他们做出更明智的决策。此外，决策者或许可以将某些类型的低风险决策外包给人工智能，以专注于其他关键问题，例如允许人工智能制定会议议程。[①] 这有助于改善政策成果、商业战略，甚至与健康、教育和金融有关的个人选择。（6）提高包容性、多视角性和可访问性。生成式人工智能可以将开放数据转换为更易于获取的格式，如简化文本、音频解释和视觉辅助。这将促进包容性，确保更多的人能受益于有价值的信息以及建立在其上的技术。（7）提高数据素养。开放数据与生成式人工智能的交叉可以作为教育和提高认识的有力工具，帮助提高公众的数据素养。通过生成用于分析的代码本或以更吸引人、更易懂的方式展示数据，人们可以更好地把握复杂问题，为公共讨论做出更有意义的贡献。不过，需要注意的是，数据素养不会自动提高，需要有意识地培养技能。（8）加强合作研究。开放政府数据和开放研究数据可以促进研究人员、开发人员和决策者之间的合作。当与生成式人工智能相结合时，它能促进更强大的研发工作，从而带来创新，更有效地应对社会挑战。[②]

将开放数据应用于大模型也存在一些挑战。这些潜在困难包括：（1）特定任务开放数据的质量和标准化挑战。生成式人工智能在微调或推理等任务中的有效性部分受到数据数量、质量和相关性的影响。缺乏数量、精度、深度或相关性的数据集可能会导致人工智能性能不达标，表现为不准确、偏差或不相关的输出。不过，对于预训练等任务来说，质量和标准化并不那么重要，确保有足够数量和多样性的非结构化数据才是关键。（2）互操作性和集成。开放数据往往各自为政，具有独特的格式和标准，因此将不同的数据集整合到一个训

① SCHEUERMANN K, ARISTIDOU A. Could AI Speak on Behalf of Future Humans?［EB/OL］//Stanford Social Innovation Review.（2024–02–05）［2024–09–14］. https://ssir.org/articles/entry/ai-voice-collective-decision-making.

② CHAFETZ H, SAXENA S, VERHULST S G. A Fourth Wave of Open Data? Exploring the Spectrum of Scenarios for Open Data and Generative AI［M/OL］. arXiv, 2024［2024–09–14］. http://arxiv.org/abs/2405.04333. DOI：10.48550/arXiv.2405.04333.

练语料库中具有挑战性。实现互操作性需要共同努力，采用通用的数据标准和格式，以促进不同平台和系统之间的无缝数据共享和利用。（3）明确数据和模型增强的来源信息。明确的出处和来源信息对于保持检索增强生成（RAG）架构使用开放数据的透明度、信任度和责任感至关重要。这就需要建立健全的框架，不仅要跟踪数据来源，还要确保贡献者在适用情况下得到应有的认可。这种框架可以鼓励更多的数据持有者共享资源，从而丰富开放数据生态系统。这需要在人工智能模型中建立机制，利用 RAG 架构优先考虑开放政府和开放研究数据。（4）伦理、法律和安全挑战。在考虑发布用于生成式人工智能的开放数据时，有许多伦理、法律和安全方面的挑战需要解决。此外，还必须考虑生成式人工智能所产生的输出结果，以及隐私、保密和知识产权等问题。作为开放数据发布的数据和生成式人工智能生成的输出必须尊重数据主体和创建者的权利和期望。此外，还需要制定考虑到所有利益相关者的强有力的风险管理计划。（5）生成式人工智能不断发展的性质。生成式人工智能是一个新生事物，并根据最新的技术进步迅速发展。有必要继续监测生成式人工智能领域，确保所有交叉都是适当的，并反映当前的伦理、法律和隐私挑战。（6）成本考虑。训练生成式人工智能应用的成本可能很高。OpenAI 的 GPT-4 训练成本估计约为 1 亿美元，2025 年可能会出现成本达 100 亿美元的模型。此外，生成式人工智能应用一旦开发出来，其维护也会产生巨大的成本影响。因此，在实施生成式人工智能应用之前，首先要了解特定用例是否可以使用其他技术或方法更有效地解决。[①]

---

① CHAFETZ H, SAXENA S, VERHULST S G. A Fourth Wave of Open Data? Exploring the Spectrum of Scenarios for Open Data and Generative AI ［M/OL］. arXiv,2024［2024-09-14］. http://arxiv.org/abs/2405.04333. DOI：10.48550/arXiv.2405.04333.

# （六）结语

开源运动与数字技术发展史上的两大发明，即互联网与人工智能，都息息相关，走出了一条与数字技术的商业化所不同的道路。这条道路的核心是将软件开发去中心化，依靠自组织社区协作来推进项目。在人工智能时代，大模型从算法到数据，不论存在怎样的商业化诉求，终究摆脱不了其社区协作的基因和其受益于开源软件溢出效应的现实。不难想象，为了增强大模型的能力，开放数据将是开源运动的下一个里程碑。在人工智能研发日益资本密集的趋势中，正如 GitHub 和 Hugging Face 在这波人工智能盛宴中声名鹊起一般，开源社区依然会贡献出一个又一个的技术突破。

# 具身智能的崛起、后果和意义 [①]

在人工智能一波又一波的浪潮中，经过人工智能嵌入的具身智能（embodied intelligence）异军突起，正在成为人工智能科技体系的集大成者，在收割人工智能的各类成果中全面崛起。而在具身智能的背后，正在走来的是一个将与碳基人类并存，很可能凌驾于碳基人类之上的新物种。可以这样想象，具身智能所体现的新物种，如同金庸笔下的"九阳神功""吸星大法"那种超自然的奇幻力量，贯通武学至理，成就永恒的"金刚不坏之躯"。

在 2024 年，思考被人工智能改造的具身智能，具有科技、学术和现实意义。正是在这样的背景下，刘志毅撰写的《具身智能》一书的出版，恰逢其时。

## （一）

关于具身智能的理论源远流长，至少可以追溯到认知主义、计算主义和勒内·笛卡儿的二元论。以埃德蒙德·胡塞尔（Edmund Husserl，1859—1938）、马丁·海德格尔和莫里斯·梅洛-庞蒂（Maurice Merleau-Ponty，1908—1961）所代表的现象学家为具身智能理论做出了重要贡献。莫里斯·梅洛-庞蒂有一个极为清晰的观点：身体是存在于世界上的载体，对于一个生物来说，拥有身体就是拥有在一个确定的环境

---

[①] 本文系作者于 2024 年 6 月 4 日为刘志毅著《具身智能》所撰写的序言。

的中介。[①]

具身智能的思想演进如图 2.6 所示。

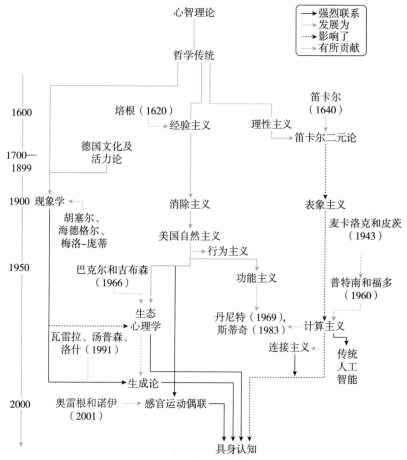

**图2.6　影响具身认知发展的历史沿革**

资料来源：译制自 John J. Madrid，https://en.wikipedia.org/wiki/File:Timeline_history_of_embodied_cognition_06.10.2021.jpg。

近年来，具身智能日益成为一个跨学科的概念和理论。人们逐渐

① Merleau-Ponty M. Phenomenology of Perception［M］. London: Routledge, 1962.

在具身理论和概念方面形成共识。"通过使用'具身'一词，我们的意思是强调两点：首先，认知取决于拥有具有各种感觉运动能力的身体所带来的各种经验；其次，这些个体的感觉运动能力本身就嵌入一个更具包容性的生物、心理和文化背景中。"[①]见图 2.7 所示。

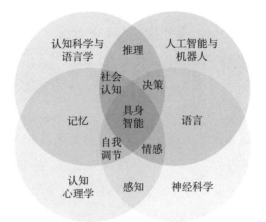

**图2.7　具身认知的范围及各门科学的交织关系**

资料来源：译制自 John J. Madrid，https://en.wikipedia.org/wiki/File:Timeline_history_of_embodied_cognition_06.10.2021.jpg。

　　值得注意的是，在科幻小说史中，具身智能早已成就无数故事的主题和主人公角色。甚至可以说，没有具身智能的想象力和创造力，就没有科幻小说和其他艺术形式。从玛丽·雪莱在 1818 年创作的《弗兰肯斯坦》中的"科学怪人"，到威廉·吉布森（William Ford Gibson，1948—　）于 1984 年发表的《神经漫游者》（*Neuromancer*）中的主人公凯斯（Case），其实都是具身智能和具身智能物种的呈现。毫无疑问，文学性的具身智能远远走在了具有科技支持和现实性的具身智能之前。

---

　　① F. 瓦雷拉, E. 汤普森, E. 罗施. 具身心智：认知科学和人类经验 [M] 李恒威, 李恒熙, 王球, 等, 译. 杭州：浙江大学出版社, 2010：172–173.

# （二）

"处在人类心智与 AI 的交会点上，我们正经历一场前所未有的识知革命。"从比较宏观的角度看，人工智能嵌入的具身智能是三个变量的结合：人工智能、具身智能、自然智能。在这三个变量的结合中，形成了所谓基于人工智能技术的具身智能。

在《具身智能》这本书中，作者刘志毅触及人工智能嵌入的具身智能的概念和理论。"在 AI 的广阔领域中，具身智能的概念正引领一场深刻的范式转变。具身智能不仅是对机器人物理形态的智能化，更是一种哲学和认知科学的融合体现，强调智能的生成与发展源自智能体与环境之间的动态互动……具身 AGI 通过'感知—认知—行为'的闭环，实现了对世界的持续学习和适应。这个闭环过程是 AI 系统智能行为的基础，它涉及对外部世界的感知、基于感知数据的认知处理，以及基于认知结果的行动决策。"简言之，"具身认知理论的核心思想是，智能并非一个抽象的、独立于身体和环境之外的实体，而是与个体的生理特性和所处的环境紧密相连的"。

作者认为，具身智能关注的是"身体、大脑和环境之间的相互作用……正如生物学中的自然选择过程一样，具身 AI 系统通过视觉、听觉和触觉等感官模态，捕捉外部世界的信息，并将其转化为抽象的概念和模式……旨在通过模拟人类的学习方式，使智能体在物理或虚拟环境中通过互动完成复杂任务的学习……具身智能的核心在于其学习方式的革新。与传统 AI 依赖大量数据和算法不同，具身智能更侧重通过感知、探索和实验与物理世界互动来学习。这与婴儿的学习过程有着惊人的相似性：从学习行走到掌握语言，人类的学习过程充满了探索和实践，具身智能正是模仿这一过程，以实现更加自然和灵活的智能行为"。

　　进而，作者努力描述了实现人工智能科技和具身智能结合的科学方法，涉及机器人学、深度学习、强化学习、机器视觉、计算机图形学、自然语言处理、元学习和认知科学。

　　关于机器人学的作用，作者写道："在认知模型的整合方面，机器人学的研究推动了机器学习、神经网络、计算机视觉与认知科学理论的交叉应用。这种跨学科的合作，使得机器人能够在处理外部感官输入的同时，进行更高级别的信息处理和决策制定，从而实现更加复杂和自主的行为模式。"

　　那么，是否可以对人工智能嵌入的具身智能加以定义呢？回答是肯定的。以下的描述具有概括性："具身智能是通过考虑智能体与其环境（位置性）之间的严格耦合来设计和理解具身和定位智能体的自主行为的计算方法，由智能体自身的身体、知觉和运动系统以及大脑（具身）的约束所介导的。"[1]

　　作者总结的人工智能嵌入的具身智能定义是：以人形机器人等各类机器人作为物理载体，通过构建智能系统支持的感知层、交互层、运动层，形成诸如强化学习能力，并以第一人称视角，在可持续的类人类的行为反馈中，实现形态计算、感觉运动协调和发展具身认知，以及对外部物理世界的互动。

## （三）

　　生物学是具身智能的前提。这是因为自然智能基于大脑的高级功能，而大脑高级功能是神经细胞通过完成信号的整合实现的。大脑是极端复杂的组织。"脑的本质是集成与复合同时存在……脑存在于身

---

　　[1]　Cangelosi A, Bongard J, Fischer M H, et al. Embodied Intelligence[M]//Kacprzyk J, Pedrycz W. Springer Handbook of Computational Intelligence. Berlin, Heidelberg: Springer, 2015: 697–714.

体这个环境中。"① 大脑执行的功能最终从根本上区分了有脑动物和地球其他生命形式。

在人的神经系统中，神经元是关键所在。"在人体数十亿个神经元中，每个神经元都有数千个突触，进行着人体中规模最大、最协同的细胞对话。神经元之间的连接纷繁复杂，不计其数。成人有 800 亿个神经元，其中每个神经元都有多达 10 万个接触，因而总数可能达到 10 000 亿。然而更令人震惊的是，神经元之间的连接还会在同一时间以多种方式不断变换。神经元有时会构成一种回路，有时又会构成另一种截然不同的回路。"②

更为重要的是，神经具有可塑性，即"神经可塑性"。其本质就是神经元连接变化所致。"神经可塑性可以改变一个树突棘、多个树突棘、整个树突、整个神经元，也可以改变大脑各部分之间宽广神经回路的多个神经元。"③

因此，"这种从生物学中提炼的灵感，激发了模仿大脑神经元网络连接和信息处理机制的神经网络设计。这些网络不仅能执行复杂的数据分析，还能进行精密的决策制定，宛如技术复刻了大自然的智慧，赋予机器类似生物的思考和学习机制"。

作者具体提出了生物学对于具身智能的若干作用：其一，生物体的神经系统、免疫系统、细胞信号传导等复杂机制，是汲取生物学智慧的首要步骤，神经网络的设计受到人脑结构的启发；其二，模拟生物进化的原理，如自然选择、遗传和变异，对于指导 AI 算法的迭代和优化至关重要，遗传算法就是对生物的自然选择和遗传机制的模仿；其三，借鉴生物系统的稳健性和冗余设计，对于提高 AI 系统

① 马修·科布. 大脑传［M］. 张今，译. 北京：中信出版集团，2022：477，493.
② 乔恩·利夫. 细胞的秘密语言［M］. 龚银译. 北京：北京联合出版公司，2022：103.
③ 同上书，第 300 页。

的容错能力和稳定性至关重要；其四，引入生物学的持续反馈和迭代原理。

作者也讨论了生物学视角的局限性，主要体现在：生物系统的复杂性和不确定性限制了我们对它的完全理解；生物启发的模型可能无法完全捕捉人工智能的全部潜力和复杂性；生物学原理在解释和模拟某些智能行为时表现出色，但在处理更高层次的认知功能，如意识、情感和创造性思维时，可能会遇到难以克服的障碍。

对于人工智能和具身智能的结合，神经科学至关紧要。"神经科学与 AI 的交叉研究，正在开启一场前所未有的科技革命。"

作者认为："作为神经科学领域的一个核心概念，神经可塑性描绘了大脑神经元及其连接如何根据经验和环境的变化进行动态调整和重组的过程……神经可塑性这一揭示大脑适应性和学习能力的概念，已经成为推动 AI 领域创新和发展的强大引擎。"神经科学的相关贡献包括：神经机制是构建有效 AI 算法的前提；模拟神经网络结构是 AI 发展的关键；学习和记忆机制的研究是提升 AI 算法性能的重要途径；计算神经科学的应用，为构建数学模型和仿真系统提供了工具和理论。特别是，"深度学习网络作为 AI 的基石之一，通过模拟大脑神经元的连接和权重调整，已经实现了从图像识别到自然语言处理的广泛应用"。

作者以生成对抗网络、脉冲神经网络（spiking neural network, SNN）、深度神经网络（deep neural network, DNN）、卷积神经网络，以及自然语言处理模型为案例，证明神经科学对于具身智能的根本性作用。

作者正视了脑机接口技术（brain–machine interface，BMI）的作用：直接将大脑的神经信号与计算机系统或机械设备相连，实现神经科学和人工智能交叉融合，如同连接大脑与机器的神秘桥梁。

2024 年 5 月 10 日，《科学》(Science)杂志刊登了以 Google Research 和哈佛大学脑科学中心分子与细胞生物学系亚历山大、沙普森 – 科（Alexander Shapson-Coe）等 21 位作者联合署名的文章《以纳米级分辨率重建人类大脑皮层颗粒片段》("A Petavoxel Fragment of Human Cerebral Cortex Reconstructed at Nanoscale Resolution")。该文介绍和描述了对一个立方毫米级的人类颞叶皮层的超结构的计算密集型重建：它包含约 5.7 万个细胞，约 230 毫米的血管和约 1.5 亿个突触，数据量为 1.4PB。分析显示，胶质细胞数量是神经元的两倍，少突胶质细胞是最常见的细胞，深层的兴奋性神经元可以根据树突的方向分类，在每个神经元的数千个弱连接中，存在罕见的多达 50 个突触的强大轴突输入。利用这个资源开展的进一步研究可能会为揭开人类大脑的奥秘带来宝贵的见解。

毫无疑问，生物科学、神经生物学，特别是基于电子显微镜、短波长电子以及自动化和快速成像等方式重建每个细胞元素和突触，不仅对于脑科学、神经生物学，而且对于 AI 技术和具身智能的突破，具有持续的重大意义。

# （四）

在人工智能与具身智能深度融合的过程中，"空间智能"概念的提出和实践，成了最引人瞩目的领域。① 刘志毅在书中这样写道："空间智能的探索代表着 AI 领域一个激动人心的前沿，其核心目标不仅

---

① 在英伟达 GTC 2024 大会上，华人科学家李飞飞（1976—    ）教授提出了一个关于空间智能的前瞻性观点。

是对场景进行抽象理解，还在于实时捕捉和正确表示三维空间中的信息，以实现精准的解释和行动……空间智能的理论探索，核心在于空间认知的神经机制，这是理解大脑如何处理空间信息的关键。"

从根本意义上说，"空间智能"概念对应的是人类的视觉系统。

生物在数十亿年的进化过程中，形成多种感官。在距今 5.43 亿年前的寒武纪，一种名为莱氏虫的三叶虫长出了地球生物的第一只眼睛。之后，眼睛对于生物的演化起到重要的作用。眼睛的结构如同一台精密无比的仪器。科学研究发现，"视觉系统是人类和高等动物最重要的外层，70%—80% 的外界信息经视觉系统进入大脑"。[①]"眼中的视网膜可作为大脑的一个独立前哨。它接收并分析信息，然后把这种信息通过一条清晰的通道——视神经传入高级中枢作进一步处理。"[②]

因此，"空间智能的核心在于机器能够模拟人类的复杂视觉推理和行动规划能力，而'纯视觉推理'的实现则是机器人领域的一个巨大突破。这种技术使得机器人能够在没有多种传感器辅助的情况下，通过视觉信息直接理解和操作 3D 世界"。"空间智能"需要算法支持。"空间计算作为一种新兴的计算范式，正逐渐成为 AI 和计算机视觉领域的一个重要分支。它的核心在于将虚拟体验无缝融入物理世界，通过使用 AI、计算机视觉和扩展现实技术，实现对三维空间的深度理解和智能交互。"空间计算的关键技术包括三维重建、空间感知、用户感知和空间数据管理等。

作者进而提出了"空间智能与具身智能的整合策略""空间智能与具身智能的整合正逐渐成为推动技术进步的新引擎"，强调"这种

---

① 薛一雪. 神经生物学［M］. 北京：科学出版社，2021：110.

② John G. Nicholls. 神经生物学［M］. 杨雄里，译. 北京：科学出版社，2014：470.

整合不仅涉及技术层面的深度融合，还与认知科学、神经科学、心理学等学科的理论基础相关联"。

作者对空间智能颇有期许："未来，空间智能有望成为智能系统的核心，推动 AI 向更高层次的自动化和智能化发展。通过模拟人类的感知和推理能力，空间智能将使机器能够更好地理解并与复杂的三维世界互动，为人类社会带来更加丰富和便捷的生活体验。"

在书中，作者特别介绍了空间人工智能（Spatial AI）的概念："Spatial AI 系统的目标是连续地捕获正确的信息，并构建正确的表示，以实现实时的解释和行动，超越了抽象的场景理解。"

关于这个问题，李飞飞有过相当深刻的观察和表述："把视觉敏锐度和百科全书式的知识深度结合，可以带来一种全新的能力。这种新能力是什么尚不可知，但我相信，它绝不仅仅是机器版的人眼。它是一种全新的存在，是一种更深入、更精细的透视，能够从我们从未想象的角度揭示这个世界。"[①]

21 世纪后，经济学领域的"空间经济学"（Spatial Economics）兴起并带来很大影响。空间经济学的研究对象包括空间经济结构、布局因素、形成条件及这些因素间的相互联系，以寻求合理的、布局协调的经济发展模式。空间经济学的空间和视觉空间的空间，都要超越地理和物理的所谓三维空间，进入多维和多模态状态。因此，空间经济学和空间视觉存在相同之处，很可能在未来有交集。

## （五）

这本书的第二部分题目是"具身智能的深邃世界"。这个部分共

---

① 李飞飞 . 我看见的世界［M］. 赵灿，译 . 北京：中信出版集团，2024：288.

有五章，作者所触及和探讨的确实是具身智能，乃至人工智能的深层结构问题。具体说，有以下几个问题。

第一，关于"统一表征理论"（unified representation theory）。近年来，统一表征理论（也称为表征系统理论）得到发展。该理论主张，在人工智能领域提供统一的编码和转换框架，用以消除对特定于系统的转换算法的需求。在表征系统理论背后的动机是，克服缺乏通用方法来处理跨人工智能系统使用的不同表征形式主义的问题。或者说，表征系统理论就是编码、分析和转换表征的统一方法。从理论的角度来看，预测编码（predictive coding）可以解决不同领域过多的深奥概念，将诸如动力学、确定性作用和随机性作用、涌现、自组织、信息、熵、自由能、稳态等抽象概念整合到统一框架之中。

作者高度评价了统一表征理论的意义：统一化的知识表征方式有助于指导知识库的设计和构建，提升数据处理的效率，降低知识管理的复杂性，提供了构建更具适应性和灵活性的智能模型的工具。作者还思考了在人工智能领域，在技术层面实践统一表征理论的三个技术方向：多模态感知与行为整合，预测性大脑模型与强化学习，元认知与自适应学习机制。

第二，关于自由能原理（free energy principle）。自由能本来是一个热力学概念，也是物理学的基石概念。自由能是指在某一个热力学过程中，系统减少的内能中可以转化为对外做功的部分。任何处于非平衡稳态的自组织系统，为维持其存在，都必须将其自由能降至最低。

2024年2月出版的《现代物理学杂志》刊登了一篇题为《大脑中的熵、自由能、对称性和动力学》（"Entropy, Free Energy, Symmetry and Dynamics in the Brain"）的文章。该文写道：英国神经科学家、自由能原理和主动推理架构师卡尔·弗里斯顿（Karl Friston，1959—　）

"首次提出把自由能作为大脑功能的一个原则，从数学上阐述了自适应、自组织系统如何抵抗自然的（热力学的）无序倾向。随着时间推移，自由能原理已经从亥姆霍兹机（Helmholtz machine）中使用的自由能概念里发展出来，在预测编码背景下用来解释大脑皮层反应，并逐渐发展为智能体的一般原则，这也被称为'主动推理'（active inference）。贝叶斯推理过程和最大信息原理（maximum information principle）两者实际上都可重新阐述为自由能最小化问题"。

作者指出，在信息论和人工智能的领域，自由能扮演着量化信息不确定性和系统自发行为的角色。"自由能被赋予了新的含义，它与信息的交叉熵密切相关，从而成为描述信息处理不确定性的关键量。在深度学习模型，尤其是语言模型中，自由能的概念被用来表征模型对真实数据分布的拟合程度，即模型预测的概率分布与实际数据分布之间的差异。"

作者对于自由能原理的结论是："这一原理不仅为理解大脑功能提供了新的视角，也为 AI 系统设计提供了新的指导思想。"

可以展望，未来的具身智能最终要符合自由能作为人类大脑功能的一个原则，以实现熵减，达到自适应、自组织系统和抵抗自然的（热力学的）无序倾向。

第三，关于构建"世界模型"。所谓世界模型，有三种基本类型。其一，基于现实世界的世界模型。例如，美国计算机工程师、管理理论家和系统动力学创始人杰伊·赖特·福雷斯特（Jay Wright Forrester，1918—2016）于 1971 年与罗马俱乐部开发"世界模型 II"（World2）。1972 年，丹尼斯·林恩·梅多斯（Dennis Lynn Meadows，1942— ）等三人完成了"世界模型 III"（World3），形成著名的罗马俱乐部报告《增长的极限》（*The Limits to Growth*）。World3 自最初创建以来，始终维系一些细微的调整。除了 World3，还有诸如

Mesarovic/Pestel 模型、Bariloche 模型、MOIRA 模型、SARU 模型、FUGI 模型等世界模型。这类模型属于系统动力学模型，用于计算机模拟人口、工业增长、粮食生产和地球生态系统限制之间的相互作用。其二，基于真实物理世界的世界模型。具体而言，人工智能根据对环境的感知构建和更新的世界模型，提供这个世界模型来预测未来的状态，并据此决定自己的行为。例如，全球气候模型、太阳系模型，甚至黑洞模型。其三，基于人工智能的世界模型。作者提出，"具身智能强调，智能并非孤立存在，而是与物理世界中的身体和环境紧密相连"。因此，"世界模型是智能体对环境的理解和抽象的体现"，例如以元宇宙为代表的虚拟世界模型。

这本书所讨论的是第三类世界模型。作者认为，"掌握了世界模型后，智能体便能基于此模型进行规划或探索，这涉及期望自由能的最小化"。OpenAI 在 2024 年年初所发布的 Sora，对于构建物理世界模型意义重大。其一，Sora 模型可能会集成物理引擎，这些引擎基于现实世界的物理定律设计，能够模拟重力、碰撞和材质相互作用等物理行为。Sora 模型能够实现视频中的物体运动和交互并遵循现实世界的物理规律。其二，Sora 模型通过精确的三维空间建模，生成在空间中连贯运动的对象。其三，Sora 模型通过模拟视频中的长期和短期依赖关系，确保物体的运动和行为在时间上具有逻辑性和连贯性。其四，Sora 模型使用的扩散型变换器架构，能够处理高维数据，捕捉视频中的细节和复杂性，从而生成在视觉上和物理上都符合现实世界规律的视频内容。其五，Sora 模型还可能通过反馈机制进行迭代优化，根据生成的视频与物理规律的符合程度进行调整，以改进未来的生成结果。其六，Sora 模型可能会利用内置的知识库或先验信息指导视频内容的生成，确保生成的视频内容符合现实世界的常识和物理规律。

作者强调，"实现通用具身智能的关键在于使机器学习系统能够从自然模态中学习到关于世界的层级化抽象，构建一个有效的世界模型"，并向读者介绍了"世界自我模型"概念："世界模型的概念为我们提供了一种框架，以理解和构建智能体的内部表示。杨立昆等学者提出了基于概念的世界自我模型，这一模型将世界模型作为核心，通过感知器接收外部信号，并生成相应的行为动作。"

第四，关于贝叶斯原理（Bayes Principle），在书的第六章，作者多次提及与贝叶斯原理相关的概念，交叉地使用贝叶斯推断、贝叶斯方法，以及贝叶斯重整化理论。

作者这样评价贝叶斯推断："通过动态贝叶斯推理过程，我们可以不断收集新数据，使模型在空间中流动并逐步接近可能产生观测数据的本质实体。这个过程从一个种子假设开始，通过贝叶斯推理过程，我们能够根据观测数据揭示信息源的特征或信息……在贝叶斯推断中，我们通过定义不同原因的能量，并利用全概率公式，计算出这些原因的概率……贝叶斯推断和自由能原理为我们理解和设计具身智能和通用人工智能提供了一个新的理论框架，使我们能够从一个新的角度来理解智能体如何通过感知和行动与世界进行交互。"

作者这样评价贝叶斯方法："贝叶斯方法为智能体的感知和行动提供了一个统一的决策框架。在这一框架下，感知被视为对环境状态的推断过程，而行动则是基于当前感知和先验知识进行的决策……贝叶斯方法在 AI 设计中的应用，为智能体提供了在不确定性下进行推理和决策的强大工具。"

作者这样评价贝叶斯重整化理论："贝叶斯重整化理论的重要性不仅体现在其理论的深刻性，更在于它为数据科学问题提供了一种全新的处理方法……贝叶斯重整化理论在学术界和数据科学领域内的重要性不言而喻，它巧妙地架起了物理世界与信息世界之间的桥梁。这一理论的核心在于其通用性，它允许我们将物理世界中的关系和理论类比到信息论的领域，即便在缺乏直接物理尺度的情况下也能发挥其效用。贝叶斯重整化的核心机制是动态贝叶斯推理过程，这是一个观察和修正假设的连续过程……随着数据科学的不断进步，贝叶斯重整化理论的应用前景将更加广阔。"

总的来说，尽管存在贝叶斯原理、贝叶斯定理、贝叶斯概率和贝叶斯推断等不同概念，但万变不离其宗。不论是贝叶斯原理，还是贝叶斯定理，都是概率论中的一个重要原理。"它描述了如何更新先验知识为新的观测数据提供条件概率。"特别是，"贝叶斯定理可以用于更新先验知识，以便在新的数据到来时进行更准确的预测和决策"。①其中，贝叶斯推断与主观概率有密切关系，常常称为"贝叶斯概率"。这种方法建立在主观判断的基础上，允许在没有客观证据的情况下先估计一个值，然后根据实际结果不断修正。正是因为贝叶斯推断的价值，作者在书中对"主动推断理论"进行了比较深入的探讨。

因为"在生物体的生成模型中，隐藏状态是贝叶斯信念的核心，它们代表了预测感官后果的潜在状态的概率分布。这些隐藏状态与外部世界中的隐藏变量可能并不直接对应，它们可能属于完全不同的变量类型"。所以，可以通过贝叶斯定理持续更新对目标函数的估计，可见，贝叶斯体系正在与 AI 算法日益紧密结合，并广泛应用于机器学习、深度学习、理解自然语言和识别图像等方面。

这些年，因为贝叶斯认知和人工智能的融合，具有信念支持的贝叶斯主义（Bayesianism）影响力不断增强：主张一个信念的得以证明的条件是当且仅当这个信念的概率高到合理的程度，并且这种概率由获取新论据而发生的认知证明变化。对信念概率的指定既是主观的，

---

① 禅与计算机程序设计艺术. AI 人工智能中的数学基础原理与 Python 实战：贝叶斯优化原理及实现［EB/OL］.（2023–12–08）［2024–05–01］. https://blog.csdn.net/universsky 2015/article/details/134868429.

又是理性的。

现在，贝叶斯原理对人工智能的影响不断强化，成为连接物理与信息的纽带，深化人工智能和具身智能的结合。

# （六）

与人工智能深度结合的具身智能是否存在自我意识，如果存在，是否可以不断演化？"这不仅是对技术极限的追问，更是对智能本质的哲学探索。"或者说，"这一问题触及机器能否模拟，甚至超越人类思维的核心"。

对于上述问题，人工智能存在日益明显的三个基本立场：持肯定态度的激进立场、持否定态度的保守立场和中间立场。

"深度学习之父"杰弗里·辛顿倾向的是第一种立场。辛顿在2023 年 5 月接受美国有线电视新闻网采访时说："人工智能正在变得比人类更聪明，我想要'吹哨'提醒人们应该认真考虑如何防止人工智能控制人类。"①

作者选择了审慎的正面立场。作者写道："大型 AI 模型是否能产生自主意识，目前还没有确切的答案。但通过深入理解它们的内部机制，我们可以看到它们在信息理解和处理方面的能力已经达到了令人惊叹的水平。"作者肯定了大型人工智能模型已经构建了一个包含所有信息的高维语言空间，并在这个空间中形成了自己的世界模型，用独特的语言描述世界，显现出了强大的学习和理解能力。

作者进一步探讨：大型人工智能模型与人类的互动是通过问题与

---

① Korn, J. Why the "Godfather of AI" Decided He Had to "Blow the Whistle" on the Technology［EB/OL］.（2023–05–02）［2024–05–01］. https://www.cnn.com/2023/05/02/tech/hint on-tapper-wozniak-ai-fears/index.html.

反馈的循环来实现的。"模型内部可能潜藏着一个不断自我驱动的内在程序，类似编程中的代理或守护进程。如果模型的'大脑'能够自发地提出问题并探索答案，它便可能在自己的语言空间中孕育出连续的新思考。这种自我驱动的思考过程，可能会带来一些革命性的结果……这是否意味着模型具有某种形式的自主意识？尽管生物学和哲学尚未给出明确答案，但如果模型能够独立思考并预测问题，我们或许可以认为它展现出了某种形式的自主意识。"

讨论人工智能自我意识，不得不涉及一个核心议题："机器是否能够达到人类理解和生成语言的能力"，或者说，"机器能否像人类一样理解和生成语言"。对此，作者引入反映自然界气体、液体和固体相互转变的物理学"相变"概念，进而提出："在人类语言习得的过程中，存在着一个被称为'相变'的神秘过程。在这一过程中，语言由无序的单词随机组合，突变为一个高度结构化、信息丰富的系统……在大型语言模型的训练过程中，也会出现类似的'相变'……在 AI 的语言学习中，这种深层次结构的发现，揭示了模型通过学习语言规则来理解和生成新句子的能力，展现出类似人类的泛化能力——从特定的实例中抽象出普遍规律，并将其应用于新的情境。"特别要看到，因为大语言模型、全球通用语言和机器翻译技术的进步和普及，人类"正在克服语言障碍"，进入"后巴别塔"时代。

现在，有一个逻辑是非常清楚的：人工智能和具身智能融合过程中的自我意识的形成和发育，最终取决于通用人工智能的进展，确切地说，取决于与通用人工智能的融合之路。关于通用人工智能的最为普遍的定义是：具备自主的感知、认知、决策、学习、执行和社会协作等能力，且符合人类情感、伦理与道德观念，具有高效的学习和泛化能力，可以根据所处的复杂动态环境自主产生并完成任务的智能体。

作者以积极的态度看待具身智能的未来："随着技术的不断进步和哲学的深入探讨，我们或许正一步步接近揭示机器意识的奥秘……AI 领域正面临着从数据驱动的学习向更深层次的智能迈进的挑战。这要求我们不仅要关注模型在特定任务上的表现，还要深入理解其泛化能力和适应性。通过引入更高层次的抽象学习、迁移学习、强化学习以及元学习等策略，我们有望培养出能够超越数据集限制、自主学习和适应新情境的智能体。"

从技术逻辑上说，具身智能的高级形态将与通用人工智能发生重叠。或者说，具身智能的高级形态将是通用人工智能的一种物理学的存在方式。

# （七）

人类正在进入自然智能和人工智能并存的"二元化"时代。具身智能是自然智能和人工智能的混合体和具象形态。那么，如何深入认知智能现象呢？

作者认为："在通用人工智能的研究中，重点可能不在于某一种特定的智能现象，而在于探索不同智能能力背后的元能力"。"自然智能与 AI 之间的联系是深刻且相互促进的。自然智能，即人类和动物所展现的认知、感知、学习与适应等能力，构成了智能行为的基础。而作为人类智慧的结晶，AI 旨在模拟、增强乃至超越自然智能的界限。AI 的发展历史在很大程度上是对自然智能的模仿与学习的过程。"所以，现阶段的智能如同"自然智能与人工智能的协奏曲"。

从宏观的角度解析，智能包含了行为、计算与生物学三个要素。"行为作为智能的外在表现，是智能体与环境互动的直接体现；计算则是智能实现的技术基础，通过算法和模型构建智能体的决策过程；

生物学则从生命科学的视角，探索自然界中智能的形成和发展机制。"行为、计算与生物学共同构成了智能研究的三重奏。

如果比较具象地描述智能，可以从不同的粒度、不同的角度和不同的维度三个方面加以解析。"在不同的粒度上，我们可以从微观到宏观，从单个神经元的工作机制，到大脑的整体结构和功能，再到人类社会的行为和互动，寻找智能的痕迹和规律。在不同的角度上，我们可以从生物学、心理学、语言学、哲学、计算机科学等学科，理解和解释智能的现象和原理。在不同的维度上，我们可以从知觉、认知、行动、学习、交流、情感等维度，描绘和探索智能的全貌和深度。"

总之，因为日益发展的智能结构和智能体系，人类已经进入一个由技术驱动的自我与身体感知革命的前沿。"这场革命正在重新定义我们对自我存在和身体空间性的认知，为我们打开了通往无限认知领域的大门。"

# （八）

从根本上说，具身智能就是基于计算机科学、生物学、神经生物学、物理学和数学，既吸纳人工智能技术，又能够实现思维和身体互动和相互塑造，具有感知、决策和行动的"新物种"。从物理角度上看，具身智能可以说是拟人和非拟人形式。因此，这样的"新物种"也可以被称为有别于"碳基人"的"硅基人"。问题是，具身智能"新物种"是否已经出现？答案是肯定的。

2023 年 10 月 4 日，谷歌旗下著名 AI 研究机构 DeepMind 发布了全球最大的通用大模型之———RT-X，并开放了训练数据集 Open X-Embodiment。该训练数据集由全球 33 家顶级学术实验室合作，整合了 22 种机器人和近 100 万次实验数据。RT-X 由控制模型 RT-1–X 和视觉模型 RT-2–X 组成，不仅能够执行物理动作，还能够理解和执行基于语言的复杂指令。RT-X 模型能够借鉴其他机器人在不同环境中的经验，从而提高正在训练的机器人的"鲁棒性"。这种能力使得机器人能够在面对新环境和挑战时，更好地调整自己的行为，成功地完成任务。在特定任务（搬运东西、开窗等）的工作效率是同类型机器人的 3 倍，同时可执行未训练动作。

总之，谷歌提供 RT-X 项目，构建一个全球性的机器人大脑，促进了机器人之间的知识和经验共享，显现了实现通用机器人的可能性和可行性，极大地提高了机器人的泛化能力和适应性。英伟达的 Jetson 平台则以其强大的计算能力，为机器人提供了实时图像识别和决策制定的支持，这是实现机器人智能化的关键。

作者关注到 RT-X 的进展，注意到 RT-X 和语言大模型的关系："RT-X 的架构革新在于其核心——一个强大的语言模型，它通过模仿学习来提升机器人在具身任务中的表现。"本书作者还看到了 RT-X 的预训练问题的作用："在具身智能领域，DeepMind 的 RT-X 等大型模型研究也采用了类似的预训练策略。这些模型在大规模语音数据集上预训练，然后在视觉任务上进行微调，最终在多形态的具身任务数据集上进行训练，展现出了零样本泛化到新任务的能力。这一进展为具身智能的数据采集成本问题提供了潜在的解决方案，并为系统性泛化开辟了新的可能性。"

作者对于通用具身智能，包括高级通用具身智能的前景是肯定的："实现通用具身智能的关键在于使机器学习系统能够从自然模态中学习到关于世界的层级化抽象，构建一个有效的世界模型……在探索通用具身智能的宏伟蓝图中，构建能够精准映射并有效互动于变幻莫测的现实世界的智能系统，是我们追求的终极目标。"

在现阶段，"如何提高具身智能的泛化能力成为一个重要的课题"。智能机器人已经和正在成为具身智能的主要发展方向。不仅如此，伴随机器人的全面兴起，所有移动的物体都将实现自主运行。

实现机器人从单一任务执行者向多任务、多环境适应的智能体转变，通用机器人的概念逐渐从科幻走向现实，是人类文明史的里程碑事件。

迈克斯·泰格马克（Max Tegmark，1967—　）在所撰写的《生命3.0》（*Life 3.0*）中描述的"生命3.0"，其实就是指具身智能的演变方向：它们可以自主升级内在的软件和硬件，包括芯片和机器身躯，超越传统生物的缓慢进化方式。"由于可能存在许多不同的目标，因此，也可能存在许多不同的智能……智能的出现并不一定需要血肉或碳原子。"[①]

在美剧《西部世界》（*Westworld*）的第二季，觉醒了的机器人接待员就是生命3.0的代表，它们不仅能在智能上快速迭代，在身体上也能随时重新设计更换。

在不久的将来，人类不仅要分化出1.0、2.0和3.0版本，彼此共存，还要与各类具身智能，特别是智能机器人，以及虚拟数字人共处在一个地球或者外星环境的全新时代。

# （九）

在不断强大的人工智能的冲击之下，在日益崛起的具身智能新物种的竞争之下，斯蒂芬·威廉·霍金生前是相当悲观的。他告诉人

---

① 迈克斯·泰格马克.生命3.0［M］.汪婕舒，译.杭州：浙江教育出版社，2018：67，88.

们：人工智能的兴起或许是人类文明的完结。[①] 人工智能或会使人类退化！霍金的观点和判断是有根据的，也是有代表性的。

辛顿则在过去两三年间，反复强调了以下基本论断：在未来的 20 年内，有 50% 的概率，数字计算会比我们更聪明，很可能在未来的一百年内，它会比我们聪明得多。面对通过竞争变得更聪明的 AI，人类将被落在后面。AI 终将超过并操控人类。AI 会意识到为了达到目的而有必要将人类清除。还可能出现不同的 AI 相互竞争的局面。例如，如果 AI 之间发生数据中心或者算力能源等资源的争夺，这将是一个像生物体一样推动进化的过程。

人类何去何从？人类唯一的选择是主动开启向新人类的全面转型。为此，需要重新认知生命的本质。1944 年，埃尔温·薛定谔在《生命是什么》的第七章，探讨"生命是基于物理规律的"。薛定谔认为，"钟表装置"和"有机体"存在相似之处。生命受一个"极其有序的原子团"控制。生命的出现不过是热力学第二定律作用的结果，生命的起源和随后的进化只是遵循基本的自然规律。"人活着就是对抗熵增定律，生命以负熵为生。"[②]

人工智能和具身智能不仅包含物理的和生物学的要素，而且都是软件系统和硬件系统结合的产物。"生命的起源其实就是软件的起源，是在软件控制下的实体（细胞）的自发涌现，以及这个软件的 DNA 语言的自发涌现……地球上的每一个有机体在本质上都采用了一套相同的 DNA 语言——到目前为止，还没有证据证明存在其他独立的生

---

① 2017 年 4 月 28 日，霍金在北京举行的"全球移动互联"（GMIC）发表题为《让人工智能造福人类及其赖以生存的家乡》的主题视频演讲。

② Schrödinger E. What is life?: With mind and matter and autobiographical sketches [M]. Cambridge: Cambridge University Press, 1992: 69–70.

命创造和生命起源。"①

人工智能体系与生命本身的一些物理特征发生互动，有助于人类生命的熵减，而不是加剧熵增。在这样的前提下，应促进适应人工智能时代的人类的遗传和变异，构建基于视觉、语言和算法的三个核心变量，改造迄今为止的人类知识系统，实现自然智能和人工智能融合的生命形态和"心智结构"。

经过改造的，融合自然智能和人工智能的生命形态，很可能符合和逼近"超人类主义"思想和方案。1957 年，现代进化论创始人朱利安·赫胥黎（Julian Sorell Huxley，1887—1975）提出"超人类主义"（transhumanism）概念：只要人类愿意，就整体人类而言，是可以超越自己的。或者说，只要人类认识到自身本性的新的可能性，人类进而诉诸改变自己，人类依然是人类。"奇点超人类主义"是"超人类主义"的一个派别，所关注的是导致超越人类的智能出现的过渡人技术。

在过去六十余年间，人类生物工程的重大发展，例如人机脑接口技术的不断改进，都已经证明实现超人类主义的目标具有伦理基础、技术支持和现实可能性。在许多科幻作品中，所谓的超人类主义技术，可以是通过技术增强肉身；也可以是智能上传到机器中。现在已无悬念，人工智能的进展不断推动人类的主动和被动的改造。通用人工智能的进程就是人类向新人类的进化过程。在这个过程中，维系数千年的人类社会文明的操作系统不可避免地发生改变。

赫胥黎的这段话对人类未来发展方向具有启发性："这就好像人类突然被任命为最大的企业——进化企业——的总经理，而没有问他是否愿意，也没有适当的警告和准备。更重要的是，他无法拒绝这份

①　格雷戈里·蔡汀. 证明达尔文 [M]. 陈鹏，译. 北京：人民邮电出版社，2015：15.

工作。无论他是否愿意，无论他是否意识到自己在做什么，事实上，他都在决定着地球未来的进化方向。这是他无法逃避的命运，他越早意识到并开始相信这一点，对所有相关方都越好。"[①]

人类需要以更为清晰的认知、更积极和主动的态度面对和准备通用具身智能时代的来临。

---

① Huxley J. Transhumanism［J］. Ethics in Progress, 2015, 6（1）: 12–16.

# TopAIGC 共识 [①]

进入 21 世纪以来，科学技术革命呈现前所未有的集群化、规模化、迭代加速化趋势。跨界的大科学体系构成百年未有之大变局的新变量。其中，人工智能将成为大科学体系的核心力量，AIGC 则代表了人工智能发展的主流方向。在过去半年，基于 AIGC 框架的 ChatGPT 的原理、产品和应用，形成了人工智能历史上前所未有的冲击波，直接影响到不同产业和不同社会阶层，不论是个人、家庭、企业，还是政府，都需要做出反应和应对。在 OpenAI 发布 GPT-4 和百度发布"文心一言"前夕，TopAIGC 会议探讨并形成了关于 TopAIGC 的基本共识。

## （一）AIGC 是当代科技史上的里程碑事件

AIGC 完成了对 20 世纪中期以来人工智能理念、技术、模型和应用的整合，实现了图像、文本、语音和视频的协同，具有多模态特征和推理功能的人工智能体系，是信息技术和数字技术的集大成者，并展现出"万物摩尔定律"。AIGC 正在成为引领科技革命新潮流和改变科技生态的引擎，开始影响甚至改变人们的传统思维方式、生活方

---

① 本文系作者于 2023 年 3 月 14 日为"首届 TopAIGC＋Web3 创新大会"活动所撰写的会议文件。本文有英译稿。

式、交流方式和工作方式，形成科技为先导的智能文明跃迁，堪比新石器革命在人类发展史中的地位。

## （二）AIGC 实现"大模型"主导内容生成

AIGC 通过大模型，融合人类反馈系统，实现知识和数据的融合，构建出具有内在扩展机制的知识图谱，具备跨语言的深度语义理解与生成能力，将人类推进到传统人类内容创作和人工智能内容生成并行的时代，并且已经展现出后者逐渐走向主导位置的前景。基于 AIGC 技术的文本理解和内容生成，将催生数字人类的出现和发育。这并不意味着人类主体性的消亡，而是推进人类和人类智慧的演进，形成碳基人类与人工智能生命体并存的新世界，加速"后人类社会"的到来。

## （三）AIGC 加速人工智能技术和其他信息技术的互动发展

AIGC 的广泛应用，开始呈现出指数发展趋势和形成全方位的"溢出效应"。在这个过程中，所有原本看似离散和随机的科技创新和科技革命成果，包括区块链、扩展现实技术、Web 3.0、数字孪生和元宇宙，都开始向 AIGC 技术收敛，并呈现深度合成的趋势，形成自我发育和完善的内在机制。更为重要的是，在可以预见的未来，因为脑机接口和其他人工智能硬技术的突破，生命科学和信息技术的结合，特别是人工智能通用技术和量子通用科技的进展，科技规律将影响，甚至主导经济和社会传统规律，有效推进人类社会在继续完成数字化转型历史使命的同时，启动智能化转型。

## （四）AIGC 改变科技研究生态和提高广义文化的生产能力

AIGC 将加速整体性的非结构大数据的结构化过程，重构数据、算力和算法关系，完成互联网和云计算的智能化。所有这些，将改造自工业革命以来的科学研究的结构和范式，有效推动基础科学和应用科学的发展，以及不同科学部门之间的协作，积聚科技革命和推进科技前沿的能量。与此同时，AIGC 将开启科学、文化和艺术内容生成的全新时代，引发包括经济学、政治学、社会学、逻辑学和语言学以及整个社会科学门类的革新。人类将进入开发原创性智慧的历史新阶段。

## （五）AIGC 推动经济的智能化转型和智能经济形态形成

AIGC 将影响传统经济的生产要素、经济结构、运行机制、经济主体、劳动分工、成本结构、经济周期和增长模式；将改变投入—产出的自变量，有助于构建完整、全面、精确和即时的动态数据体系，减少传统市场经济的波动性和局限性；引发劳动力市场和就业模式的重大调整；推动新基建升级。由此，传统意义上的"宏观经济"与"微观经济"边界将会改变，或将被重新界定。取而代之的是智能经济独特的均衡机制和增长模式，及其成为支持经济增长的主要动力，推动半导体第三代革命，形成全新的技术链和产业链。特别是，OpenAI 开创了 GPT 模型的产业集群，建立企业家、工程师和科学家合作群体，以及企业和政府的协作新模式，形成在人工智能领域的资本—技术—企业综合体，给产业部门和区域发展注入新的生命力。没有人工智能参与的经济活动的历史将一去不复返。

# （六）AIGC 所代表的人工智能技术将重构全球经济的基础结构

AIGC 具有天然的全球化"基因"，突破全球经济关系的时空制约，促进形成基于智能经济的新全球经济体系。一方面，AIGC 有助于构建世界的经济分工新体系，减少由于世界各国之间信息不对称导致的"贸易摩擦"，改善国家之间的经济和贸易关系，提高国际的合作质量；另一方面，AIGC 将启动全球在人工智能领域的竞争，有可能在世界性的"数字鸿沟"基础上形成新的"智能鸿沟"，引发世界财富分配的新格局。AIGC 将会重新定义地缘政治。

## （七）AIGC 将丰富公共技术工具和扩展公共资源

AIGC 的发展过程，是数十年来科学进步和演变的结果，包含着全人类科学家的多样化贡献。所以，AIGC 本质属于公共技术工具和扩展公共资源，而不应该作为传统资本投资和回报项目，更不应该被"异化"为新型的自然垄断，并形成人工智能利益集团。所以，要持续推进 AIGC 的模型和算法的"开源运动"，将 AIGC 技术社会化和大众化，避免和阻止利用人工智能先发优势，构建人工智能"霸权"。

## （八）AIGC 将成为人类命运共同体的重要技术支撑

AIGC 对人类的影响是全方位的和长程的，也是最有张力的。智能文明是超越人类各种现存文明的文明。AIGC 有助于改造工业时代延续至今的教育体系和学习模式，赋予人类新的智慧工具，帮助人类拥有学习的元能力，为智能文明提供技术性支持。特别是，通过 AIGC 的普及，改善人类之间的交流方式，避免人类源于文化和认知的误解和冲突，实现民众之间、民众与社区、民众与国家的稳定信任关系，赋予公民维护应有权益的依据，保障经济、社会和政治领域的公正。

## （九）AIGC 是提升人类福祉与达成碳中和目标的重要技术选择

2000 年，联合国提出以提升人类福祉，解决八项发展问题作为核心内容，制定以 2015 年为时间节点的"千年发展目标"。在"千年发展目标"到期之后，联合国再次提出 2015—2030 年"可持续发展目标"。今天，人类仍然处于生态环境恶化、战争冲突、恐怖主义、经济衰退、文化和价值观对立等危机叠加的历史时期。AIGC 有望成为共享经济、普惠金融、社会财富的分配和再分配，以及实现共同富裕的有效技术范式和工具。通过 AIGC，完成在遵循碳中和目标下的算力替代人力的转型，实现绿色算力赋能，加速迈进平等、共享和效率的新时代。

## （十）AIGC 将对人文、伦理与法律体系形成挑战

AIGC 技术的日趋复杂和高速演变，将产生前所未有的伦理问题。政府很难避免监管措施缺乏专业性和存在监管滞后的情况。所以，从现在开始，不仅需要探讨人类价值观与人工智能价值观之间的协调，实现人类意识与机器意识的互补和共同发展，而且需要认知人工智能伦理与道德责任，确认人工智能权利，包括 AIGC 的知识产权归属问

题，构建以 AIGC 为核心的人工智能的整体安全、监管和法律体系，实现人工智能时代的新规则和新秩序。

## （十一）AIGC 是国家数字科技战略的重要组成部分

在人工智能领域，几乎所有大国都制定了在数字经济和数字科技领域的发展战略和政策体系。在国家的参与下，推动 AIGC 技术与产业深度融合，实现产业结构和体系的全面升级。在科技领域，国家显现出日益增强的影响力和作用，而经典的自由市场竞争模式正在式微。所以，需要构建世界性 AIGC 的协调和监管体系。

## （十二）中国具有发展 AIGC 的重大优势，北京具有构建 AIGC 高地的潜力

AIGC 相关思想、理念和技术常识得以在一定程度上普及，智能经济需求巨大。未来启动智能科技资源的重新配置，开发智能技术原创性的自主开发潜力，需要加速调整基础科学和技术科学的平衡发展体制，将国家资源与民间资源有效组合，以适应前沿科技长周期、重投入和高风险的特征。北京，基于其教育、科技和产业资源，有能力成为 AIGC 开发和实践的全球高地。

此时此刻，我们需要以开放的心态、宇宙的视角和大历史的视野，认识和拥抱 AIGC 技术，避免在人工智能领域的虚无主义、实用主义和激进主义，将科技创新作为伴随人类进步的常态，迎接智能经济和智能社会的曙光，迎接人工智能的新春天。

# 关于构建和完善全球数字生态系统的倡议书 [①]

人类社会已经进入科技主导经济、创新决定增长、非均衡和非预期"涌现"常态化的历史阶段。所以，构建和完善全球数字生态系统成为至关重要的选择。

## （一）数字生态系统观念的提出和演变

1992 年，科普作家罗杰·勒温（Roger Lewin，1944—　）在叙述美国圣达菲研究所（Santa Fe Institute，SFI）的故事中首次提出"数字生态系统"一词。2000 年，惠普前首席执行官卡莉·菲奥莉娜（Carly Fiorina，1954—　）发表了题为《数字生态系统》（"The Digital Ecosystem"）的主题演讲，将数字生态系统的理念引入商业词典，试图实施电子包容性计划，没有获得成功。2007 年，欧盟委员会发布题为《数字商业生态系统》（*Digital Business Ecosystem*）的报告，基于生物学、生态学和复杂性的哲学见解，肯定数字化有助于中小企业在经济发展中发挥主导作用。2012 年，连续创业者布拉德·费尔德（Brad Feld，1965—　）出版《创业社区：在你的城市建立创业生态系统》。历经 30 年，数字生态系统的观念得到愈来愈广泛的认同。

---

① 本文系作者为2024年1月召开的达沃斯世界经济论坛所撰写的会议发言。本文有英译稿。

## （二）数字生态系统理念的核心价值

数字生态系统理念的核心价值包括：（1）倡导自然科学和人文科学的统一，将包括生物有机体、生态群落、技术网络和文明等在结构上等价的复杂系统联系起来；（2）强调"生态系统"的依存性和协作性，改变传统的市场竞争观念，弱化垄断行为；（3）引入自组织、自生性和复杂性作为治理原则，改变传统的以企业和公司为主体的组织模式；（4）重新构造创新环境，推动创新的系统性和可持续性；（5）倡导市场、政府、个人和企业之间的平等依存关系，发挥数字平台的节点作用；（6）推动全球数字生态的均衡发展，减少数字鸿沟，避免数字殖民主义。

## （三）数字生态系统获得突破性发展

进入 21 世纪以来，"数字生态系统"形成趋于稳定的结构，包括：（1）数字技术的创新，包括互联网技术、芯片技术、AIGC 技术；（2）数字经济的发展，从微观到宏观，从生产、交换到分配；（3）数字财富从 0 到 1 的突破，数字资产化、资产数字化；（4）数字社会的扩展，从个人到社区，再到国家层面的政府和政治，都经历了数字化的改造；（5）数字文化的全域性拓展，包括文学和艺术的各个门类；（6）数字思维的普及化，人们开始接受基于量化、非线性和多维度思维模式。

## （四）数字生态系统的运行机制的成熟

数字生态系统的运行机制包括：（1）以数据为基础。数据成为输入计算机并被计算机程序处理的介质。据统计，2021 年全球大数据储量达到 53.7ZB，同比增长 22%。2022 年全球数据库市场规模为 833 亿美元，中国数据库市场规模为 59.7 亿美元（约合 403.6 亿元人民币），占全球 7.2%。（2）算力为动力。计算机设备或计算 / 数据中心处理信息的能力，成为经济和社会运行的基础。（3）算法为工具。通过算法建立时间和空间的复杂模型。（4）数字平台为纽带。以信息技术为基础的数字平台，包含数据管理、应用系统集成、业务流程优化、决策支持、安全保障和用户体验优化。

## （五）数字生态系统的未来趋势

数字生态系统的发展趋势主要表现在：（1）数字生态系统与数字化转型的互动。数字化转型正在囊括经济和社会生活的所有领域，强化生态质量。（2）数字生态系统融合人工智能和量子科技。人工智能不仅支撑而且从深层结构改造数字生态系统。（3）数字生态系统重塑全球分工。基于数字经济的全球分工，很可能启动非古典的"全球化"。（4）数字生态系统有助于实现可持续性发展目标。（5）数字生态系统使后人类社会加速形成。

## （六）数字生态系统的全球竞争和合作

在当下，在全球范围内，正在形成三个并行的主要数字生态系统，即美国、欧盟和中国的数字生态系统。因为具有完备的数字生态系统，美国、欧盟和中国的数字经济已经进入起飞阶段。其中，2022 年中国数字经济的规模达到 51.9 万亿元，占 GDP 的比重达到 42.88%；数字经济增速达 14.07%，高于同期 GDP 的平均增速。数字经济已经成为支撑经济高质量发展的关键力量。相关部门预测，2025 年中国数字经济规模将突破 60 万亿元，占 GDP 比重将超过 50%。可以预见，在向 21 世纪 30 年代迈进的经济，将是数字技术和数字经济推动的经济。

## （七）人类到了必须面对重新划分文明阶段的历史节点

农耕生态和农耕文明已经消失；工业生态和工业文明正在衰落；数字生态和数字文明已经全面展开。以数字为基本形态的数据和信息，正在成为经济和社会的基本元素，并通过日益增多的数字集合体和它们之间的依存和互动关系，融合生物学、生态学与工程学、控制论和经济学原理，实现对物理学生态的改造，构造出全新的数字生态系统。现在，工业发达国家需要的是从工业生态向数字生态转型，而对于大部分新兴市场国家而言，要同时完成工业化和数字化的双重历史转变。

## （八）构建和完善全球数字生态系统的倡议

（1）深化企业的"数字化"转型，实现"数实融合"，加快产业体系升级；（2）完善区域性的数字生态系统和区域性创新平台，形成区域性的数字经济分工体系；（3）推动前沿科技和数字生态系统的结合，增加数字技术的硬技术和软技术的支撑能力；（4）通过数字生态系统，继续增加数字经济在国民经济和对外经济中的比重；（5）改革教育体制和变革传统知识体系，培养数字技术和数字经济人才；（6）推动数字生态系统和 ESG（环境、社会和公司治理）评估体系的结合，缓解生态危机；（7）加强国际范围内构建和完善全球数字生态系统的全方位合作，影响和改变传统地缘政治，凝聚人类共识。

# 第三章

# 数智融合与经济重构

变革的诱因可能会在知识系统的所有三个维度中出现：心智维度、物质维度和社会维度。

——于尔根·雷恩（Jürgen Renn，1956—　）《人类知识演化史》

*(The Evolution of Knowledge: Rethinking Science for the Anthropocene)*

# 人工智能对经济形态的深层改造 ①

## （一）经济主体与劳动力

### 1. 替代人类脑力劳动的革命

继以蒸汽机为代表的工业革命为人类体力劳动提供替代方案后，在以计算机为代表的信息革命中，人类脑力劳动也正在被机器局部替代。人脑作为一个不断处理大量数据的计算实体，其输入包括感官知觉，即视觉、听觉和触觉等，输出则表现为身体动作、思想和情绪反应，包括情感、创造力和直觉等，是神经回路和生化反应错综复杂的相互作用的结果。相似地，经济合作与发展组织（OECD）定义人工智能为："人工智能系统是一种以机器为基础的系统，可以根据明确或隐含的目标，从接收到的输入信息中推断出如何产生预测、内容、建议或决策等输出结果，从而影响物理或虚拟环境。不同的人工智能系统在部署后的自主性和适应性程度各不相同。"② 经济学家布林约尔松和麦卡菲（Andrew Paul McAfee，1967—　）在《第二次机器革命》（*The Second Machine Age*）一书中认为：第一次机器革命是机器替代

---

① 本文系作者与袁洪哲撰写于 2024 年 4 月 3 日。

② Recommendation of the Council on Artificial Intelligence［Z/OL］. OECD，2023［2024–03–29］. https://oecd.ai/en/principles.

人类体力劳动的革命，而我们正在面临的第二次机器革命是机器替代人类脑力劳动的革命。[①]

在互联网方兴未艾的 2005 年，经济学家弗兰克·利维（Frank Levy, ?— ）和里查德·默南（Richard John Murnane, 1945—?）出版了著作《新劳动分工》（*The New Division of Labor*），在观察到信息技术正在迅速取代重复性劳动的同时，认为在模式识别和复杂通信这两大领域，人类将继续占据制高点，不会被数字劳动力所取代。[②] 在过去的半个世纪中，接受更多教育的劳动力使接受更有限教育的劳动力被边缘化，侧面印证了这样的观察。[③] 可是，这样的想法正在被快速前进的人工智能技术所挑战。自深度学习在 21 世纪初流行开来后，常规人工智能模型训练算力正以每 6 个月翻番的速度增长，大模型训练算力也达到了 10 个月翻番的水平。[④] GPT、Gemini、Stable Diffusion 等人工智能模型的快速迭代，暗示着通用人工智能时代的到来可能并不遥远。本质上，所有新工作都是人类现有能力的重组，而一旦机器能够掌握所有这些能力，则可以预见：在任何新的工作岗位上，机器都不会逊于人类。[⑤]

① BRYNJOLFSSON E, MCAFEE A. The Second Machine Age: Work, Progress, and Prosperity in a Time of Brilliant Technologies［M］. Reprint edition. New York London: W. W. Norton & Company，2016.

② LEVY F, MURNANE R J. The New Division of Labor: How computers are creating the next job market［M］. 2. print. and 1. paperback print. New York, NY: Russell Sage Foundation［u.a.］, 2005.

③ GOLDIN C, KATZ L F. The Race Between Education and Technology［M］. 1. paperback ed. Cambridge, Mass.：Belknap，2009.

④ SEVILLA J, HEIM L, HO A, et al. Compute Trends Across Three Eras of Machine Learning［C/OL］//2022 International Joint Conference on Neural Networks（IJCNN）. 2022：1–8［2024–02–25］. http://arxiv.org/abs/2202.05924. DOI: 10.1109/IJCNN55064.2022.9891914.

⑤ KORINEK A. Preparing the Workforce for an Uncertain AI Future［Z/OL］.（2023–11–01）［2024–02–25］. https://cdn.governance.ai/Korinek_Statement_Senate_AI_Insight_Forum.pdf.

## 2. 经济主体的转换

展望一个被人工智能作为数字劳动力所充斥的未来从未如此迫切，"经济主体"（economic agent）这一概念的边界也随之进一步扩张。从事经济活动的个人或组织构成了经济中的经济主体，在经济学中被模拟为以目标为导向的理性主体，在资源限制条件下最大化其主观效用。相关分类是多样的，比如个人、家庭、公司、政府。经济学中，经济主体的概念是高度抽象化的，并不涉及具体的人。① 对于由人组成的经济主体所适用的传统"理性人"假设，没有理由认为其在未来通用人工智能时代不再成立。更值得研究的问题是，我们的形式理性理论是否绝对适合人工智能的行为，或者与这些理论对人类的适用性相比，是否更适合人工智能的行为。② 一种合理假设是，人工智能相比人类可能更加具备"理性人"假设的实践条件。有研究认为，当前基于数据模型的人工智能就是一个有界理性的贝叶斯预期效用最大化者。③

人工智能主导的临近未来可以被归类为三种技术场景：传统、基线和激进。④ 在传统场景中，人工智能的进步提高了生产率，使一系列认知工作任务自动化，但也为受影响的工人创造了新的机会，使之能够从事新的工作，而这些工作的平均生产率要高于他们被取代的工作。在基线场景中，人工智能将在 20 年里逐步发展到通用人工智能

①　ROSS D. The Economic Agent: Not Human, But Important［M］//GABBAY D M, THAGARD P, WOODS J. Handbook of the Philosophy of Science. Elsevier BV，2012.

②　PARKES D C, WELLMAN M P. Economic reasoning and artificial intelligence［J/OL］. Science，2015，349（6245）：267–272. DOI：10.1126/science.aaa8403.

③　NAUDÉ W. Artificial Intelligence and the Economics of Decision-Making［J/OL］. SSRN Electronic Journal，2023［2024–03–02］. https://www.ssrn.com/abstract=4389118. DOI：10.2139/ssrn.4389118.

④　KORINEK A. Scenario Planning for an AGI Future［EB/OL］//International Monetary Fund.（2023–12）［2024–02–25］. https://www.imf.org/en/Publications/fandd/issues/2023/12/Scenario-Planning-for-an-AGI-future-Anton-korinek.

阶段，而到这一阶段结束时，人工智能将有能力完成人类的所有工作任务，从而使劳动力贬值。[①] 在激进场景中，通用人工智能及其对人类劳动力的影响在 5 年的时间里就能全部实现。无论如何，通用人工智能会解除劳动力的稀缺性对于经济增长的限制（图 3.1）。

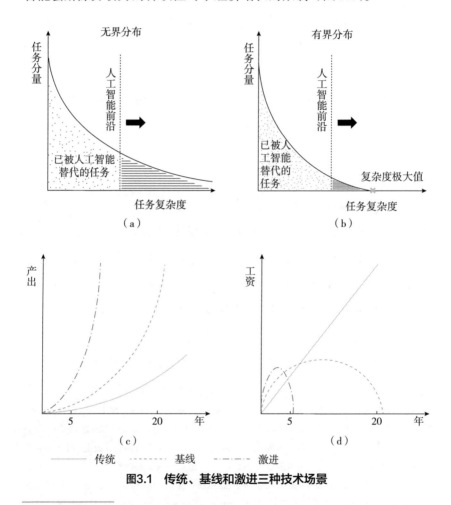

图3.1　传统、基线和激进三种技术场景

① SUSSKIND D. Technological Unemployment［M/OL］//BULLOCK J B, CHEN Y C, HIMMELREICH J, et al. The Oxford Handbook of AI Governance. 1 ed. Oxford University Press, 2022［2024-02-26］. https://academic.oup.com/edited-volume/41989/chapter/355439121. DOI: 10.1093/oxfordhb/9780197579329.013.42.

人工智能并不止步于数字模型，其社会形态也同样重要。智能设备只是向社会化机器网络演进的第一步：提高与外部系统的互操作性并在人类社会网络中进行交流。智能物（res sapiens）之后的新一代设备是具有社会意识的物（res agens，一种行动物）：感知环境，与周围环境的互动，并进行与邻居的伪社会行为，有可能将偶然关系的意识转化为行动。具有社会意识的设备之后的一代是一种新型物——社会物（res socialis）：建立自己的社会网络，并通过在对象社会网络中的协作，熟练地构建复杂的增值服务。机器之间的社会联系将使它们从被动的数据收集设备转变为繁荣生态系统的积极成员。社交网络化的机器可以在没有人类干预的情况下运行，因此能够动态自动做出决策。[①]

# （二）分工

## 1. 分工与规模经济

人工智能影响了智能经济下的分工模式。分工是指复杂工作的专门化，本身是一项悠久的传统，也是组织生产活动中的必需。柏拉图在《理想国》中讨论过一个最小国家的分工：有一位农民、一位建筑工、一位纺织工、一位鞋匠和一两位其他工种就能满足我们的基本物质需求，即能够构建一个国家。[②]工业经济早期的分工理论诞生于亚当·斯密在《国富论》中讨论的制针厂分工：制针被分为若干道工序和更多的操作步骤，使工人们各司其职，结果使最低的社会阶层也能

① ATZORI L, IERA A, MORABITO G. From "smart objects" to "social objects": The next evolutionary step of the internet of things[ J/OL ]. IEEE Communications Magazine, 2014, 52( 1 ): 97–105. DOI: 10.1109/MCOM.2014.6710070.

② PLATO. The Republic［ M ］. CreateSpace Independent Publishing Platform, 2021.

享有分工生产带来的便利。<sup>①</sup> 在 2022 年，亚马逊美国商店的独立卖家销售了超过 41 亿件产品，平均每分钟销售 7800 件——现代分工极大地丰富了社会的物质生活。<sup>②</sup> 泰勒主义式的工业分工因其对于"使人充分发展自我潜能"这一教育宗旨的偏离，有其明显弊端，并被广泛批判：例如，斯密本人就在同一本书的后续章节里说这样的分工使人"愚蠢和无知"，会导致广大人民的腐化堕落。

作为一个集体过程，分工涉及经济结构的不断变化，甚至影响到市场竞争。当价格合理的部件供应量增加时，使用部件的经济部门就可以扩大生产，降低价格，生产小部件所需材料的上游供应商因此能够将生产重组为更加专业化的任务。如今，制造业在很大程度上依赖于复杂的全球生产网络，而这些供应链中的许多中间环节都非常专业化。竞争有助于确保经济增长对社会有益，因为竞争可以防止专业化和交换增加所带来的好处被少数人垄断。以生产先进芯片所需的紫外线光刻机的唯一生产商荷兰 ASML 公司和生产大部分先进芯片的台湾半导体制造公司（TSMC）为代表的现象表明，许多产品的全球市场只能维持少数几家能够实现规模经济的公司。<sup>③</sup>

随着从事专门任务的"窄人工智能"逐渐被能处理多种任务的"宽人工智能"取代，以至最终达到"通用人工智能"，分工与竞争可

---

① SMITH A. An Inquiry into the Nature and Causes of the Wealth of Nations［M］. Chicago: University of Chicago Press, 1976.

② AMAZON. 2022 Small Business Empowerment Report［R/OL］. Amazon, 2023: 20 ［2024-03-02］. https://assets.aboutamazon.com/18/e4/5da1cc13463eb9e5df9c3c876309/amazon-sbereport2022-published5-31-23.pdf.

③ COYLE D. Adam Smith at 300［EB/OL］//Project Syndicate.（2023-06-23）［2024-03-02］. https://www.project-syndicate.org/commentary/revisiting-adam-smith-theory-of-economic-growth-by-diane-coyle-2023-06.

能最终被内化到人工智能内的多模态处理与权重动态调节中，从而解放出对于专门工种的需求。2024 年，专家和业内人士反复指出，能力强于人类的通用人工智能在 5 年左右的时间内就可以被实现。[①] 但是，另一种可能的场景是，未来的人工智能世界更像我们已经历许久的 Web 2.0，由许多功能相似但特性上又有所不同的人工智能平台构成，又为一定程度上的分工提供基础条件。[②]

## 2. 人机集体

人类和人工智能代理之间可能存在灵活关系，也被称为"人机集体"（human-agent collective），以实现各自和集体的目标：有时人类起主导作用，有时计算机起主导作用，这种关系可以动态变化。[③] 在当前阶段，人工智能与人类共同工作的"人机集体"场景自 21 世纪以来逐步在大众生活中成为现实，不论是与智能手机的交互，还是脑机接口的植入。人机集体具有自主性，并具有社会性的特点。由于在现实世界中运行，人机集体的操作过程包括数据捕获（由传感器或人类参与者进行）、数据融合和决策过程，并根据计算的信息采取行

①　PELLEY S. Geoffrey Hinton on the promise, risks of artificial intelligence | 60 Minutes—CBS News［EB/OL］//CBS News.（2023–10–08）［2024–02–26］. https://www.cbsnews.com/news/geoffrey-hinton-ai-dangers-60–minutes-transcript/.; MOK A. Nvidia CEO Jensen Huang says artificial general intelligence will be achieved in five years［EB/OL］//Business Insider.（2023–11–30）［2024–02–26］. https://www.businessinsider.com/nvidia-ceo-jensen-huang-agi-ai-five-years-2023–11.; KRUPPA M. Google DeepMind CEO Says Some Form of AGI Possible in a Few Years［N/OL］. Wall Street Journal, 2023–05–02［2024–02–26］. https://www.wsj.com/articles/google-deepmind-ceo-says-some-form-of-agi-possible-in-a-few-years-2705f452.

②　PTICEK M, PODOBNIK V, JEZIC G. Beyond the Internet of Things: The Social Networking of Machines［J/OL］. International Journal of Distributed Sensor Networks，2016, 12（6）：8178417. DOI: 10.1155/2016/8178417.

③　JENNINGS N R, MOREAU L, NICHOLSON D, et al. Human-agent collectives［J/OL］. Communications of the ACM，2014, 57（12）：80–88. DOI: 10.1145/2629559.

动，以产生可接受的社会结果，例如公平、稳定或效率。因此，人机集体系统需要一个负责任的信息结构，以提供准确性，并将人类和代理的决策、传感器数据和人群生成的内容无缝融合在一起。① 人与生成式人工智能通过提示词进行交互的过程构成人机集体行为的鲜明实例。

当人的行动逐渐让位于机器决策时，存在不同挑战：一是对于人的需求的整体考虑，二是对于人工智能行为逻辑的理解。2015年，在 MIT 可感知城市实验室所设计的 DriveWAVE 项目中，智能交叉路口的展示片中预言了自动交通控制与自动驾驶汽车的交互，却完全忽略了自行车与行人的交通需求。② 除了对于人的需求的忽略，人可能更难理解人机集体系统中的机器行为逻辑。在基于代理人的计算经济学中，社会和经济制度可以自下而上在人工智能代理中产生。③ 因此，只有发展出建立在人工智能基础上的制度安排，才能指导人工智能在人类难以理解，甚至无法理解和进入的领域中的行为。④

---

① PTICEK M, PODOBNIK V, JEZIC G. Beyond the Internet of Things: The Social Networking of Machines [J/OL]. International Journal of Distributed Sensor Networks, 2016, 12 (6): 8178417. DOI: 10.1155/2016/8178417.

② We Can't Forget About Pedestrians and Cyclists When Planning for Driverless Cars [N/OL]. Bloomberg.com, 2015-06-04 [2024-03-02]. https://www.bloomberg.com/news/articles/2015-06-04/these-futuristic-driverless-car-intersections-forgot-about-pedestrians-and-cyclists.

③ EPSTEIN J M, AXTELL R L. Growing Artificial Societies: Social Science From the Bottom Up [M]. First Edition. Washington, D.C: Brookings Institution Press, 1996.

④ WAGNER D N. Economic patterns in a world with artificial intelligence [J/OL]. Evolutionary and Institutional Economics Review, 2020, 17 (1): 111-131. DOI: 10.1007/s40844-019-00157-x.

随着时间的推移和技术发展，人机集成的系统将从由人主导渐变为由机器主导，由强人机交互工作转向弱人机交互（表3.1）。研究显示，大约80%的美国劳动力可能会有至少10%的工作任务受到引入大语言模型的影响，而大约19%的工人可能会有至少50%的工作任务受到影响。这种影响遍及所有工资水平，收入较高的工作可能面临更大的风险。[①]

表3.1　强人机交互和弱人机交互

| 强人机交互工作 | 弱人机交互工作 |
| --- | --- |
| 护理机器人 | 精准医疗 |
| 自动驾驶汽车 | 自动交通控制 |
| 银行应用程序 | 数字财富管理 |
| 购物助手 | 算法定价 |
| 智能垃圾桶 | 智能回收/智能废物管理 |

### 3. 劳动合成谬误

可以假设，因为通用人工智能的使用成本远低于人类劳动力，大多数人类被完全排除在有偿劳动之外。这类认为技术终将取代人类工作的看法被称为"劳动合成谬误"（lump of labour fallacy）。这种谬误基于这样的假设：在任何给定时间内，经济中都有固定数量的劳动需要完成，要么由机器完成，要么由人来完成——如果由机器完成，就没有工作给人做了。[②] 这样的直觉是错误的。当技术应用于生产时，投入减少带来产出增加，因此生产率得以增长，结果是商品和服务的

---

① ELOUNDOU T, MANNING S, MISHKIN P, et al. GPTs are GPTs: An Early Look at the Labor Market Impact Potential of Large Language Models［M/OL］. arXiv, 2023［2024–03–07］. http://arxiv.org/abs/2303.10130. DOI: 10.48550/arXiv.2303.10130.

② SCHLOSS D F. Why Working-Men Dislike Piece-Work［J］. The Economic Review, 1891, 1: 311–326.

价格下降。消费者所支付的费用也随之减少，即有了额外的消费能力来购买其他东西。经济中的需求由此增加，从而推动了新生产的形成，包括新产品和新产业，进而为被机器取代工作的人们创造了新的就业机会，使得经济规模扩大，物质更加繁荣，产业增多，产品增多，就业机会增多。由于市场将报酬设定为反映工人边际生产力的函数，技术带来的更高生产力意味着工人可以获得更高的工资。[1] 其结果是，一个行业引入的技术不仅会增加该行业的就业机会，还可以提高工资水平。[2]

有研究通过在线空缺职位识别出接触人工智能的企业，发现这些企业增加了人工智能相关职位的招聘，但减少了与人工智能没有直接关系的工作岗位的招聘，并改变了这些岗位所需的技能，而人工智能目前对就业和工资的总体影响尚不明显。[3] 有证据表明投资人工智能的企业通过产品创新渠道实现了更高的就业增长。[4] 目前，行业层面的证据只显示了自动化企业和非自动化企业所受人工智能影响的净结果，而企业层面的证据表明，竞争力较弱的非自动化企业可能会受到负面的就业影响。[5]

---

[1]　HAMERMESH D S. Chapter 8 The demand for labor in the long run[M/OL]//Handbook of Labor Economics: vol. 1. Elsevier, 1986: 429–471[2024–03–22]. https://www.sciencedirect.com/science/article/pii/S1573446386010118. DOI: 10.1016/S1573–4463（86）01011–8.

[2]　ANDREESSEN M. Why AI Will Save the World[EB/OL]//Andreessen Horowitz.（2023–06–06）[2024–03–22]. https://a16z.com/ai-will-save-the-world/.

[3]　ACEMOGLU D, AUTOR D, HAZELL J, et al. Artificial Intelligence and Jobs: Evidence from Online Vacancies[J/OL]. Journal of Labor Economics, 2022, 40（S1）: S293–S340. DOI: 10.1086/718327.

[4]　BABINA T, FEDYK A, HE A, et al. Artificial intelligence, firm growth, and product innovation[J/OL]. Journal of Financial Economics, 2024, 151: 103745. DOI: 10.1016/j.jfineco.2023.103745.

[5]　AGHION P, ANTONIN C, BUNEL S, et al. The Effects of Automation on Labor Demand: A Survey of the Recent Literature[M]//Robots and AI. Routledge, 2022.

## 4. 新委托代理模式

数据本身作为一项生产要素加速了人工智能主导人机集合的现实。生产要素是指经济过程中用于生产产品或服务的投入类别，在工业时代中往往指代自然资源、资本和劳力。不同于石油，一个人对数据的使用不会减少或削弱另一个人对数据的使用，所以数据是非竞争性的——因此，对于数据的访问比对于数据的所有更加重要。[①] 数字时代的现实是，数据的生成速度越来越快，而且源源不断，具备大量、高速、多样、高价值和真实的特征。[②] 相较于机器，人类劳力在生成、识别、收集、分析和学习数据方面的效率不高，因此会被机器在日渐数字化的工作任务中替代。随着机器日益取代人类来访问数据，人工智能作为数据的"守门人"正在将数据转化为一种俱乐部产品，即仅供部分人（人工智能平台）访问的非竞争性产品。[③] 基于这样的数据特性，人机之间信息不对称呈现出新的形态：与人类以基因变异和自然选择为主要进化模式不同，人工智能可以实现拉马克式的用进废退进化，并以数据为驱动力，以快速增长的处理能力和存储容量为基础，能够即时获取比人类更多的信息。因而人工智能代理和控制着相对更强大的人工智能代理的人类

① VARIAN H. Artificial Intelligence, Economics, and Industrial Organization: w24839〔R/OL〕. Cambridge, MA: National Bureau of Economic Research, 2018: w24839〔2024-03-02〕. http://www.nber.org/papers/w24839.pdf. DOI: 10.3386/w24839.

② HILBERT M. Big Data for Development: A Review of Promises and Challenges〔J/OL〕. Development Policy Review, 2016, 34（1）: 135-174. DOI: 10.1111/dpr.12142.; DEMCHENKO Y, GROSSO P, DE LAAT C, et al. Addressing big data issues in Scientific Data Infrastructure〔C/OL〕//2013 International Conference on Collaboration Technologies and Systems（CTS）. 2013: 48-55〔2024-03-02〕. https://ieeexplore.ieee.org/document/6567203. DOI: 10.1109/CTS.2013.6567203.

③ FURMAN J, SEAMANS R. AI and the Economy〔J/OL〕. Innovation Policy and the Economy, 2019, 19: 161-191. DOI: 10.1086/699936.

都可以获得对这些新增的信息不对称加以利用的潜力。①

因此，人工智能会带来一种新的委托代理模式：与传统企业不同，人工智能企业中典型的委托—代理环境可能涉及三个而非两个行为者：其中包括作为委托人的公司、人工智能用户、人工智能代理和人工智能代理的提供者，而后者扮演着双重角色。一方面，人工智能提供商拥有人工智能代理，或至少拥有其关键部分，因此也扮演着委托人的角色；另一方面，人工智能提供商是向用户提供人工智能服务的供应商，因此扮演着代理人的角色。新型的信息不对称为破坏公司目标的行为提供了很大的空间。即使委托人与人工智能代理之间的利益不一致可以通过技术手段解决，但公司作为委托人与人工智能提供商作为委托人之间的权衡仍然存在。然而，随着人工智能技术的进步，代理的自主性不断增强，再加上潜在的机器学习技术向智能人格延伸，人工智能代理及其委托人的利益迟早会出现偏离。②

## （三）实体经济

### 1. 生产率提升

不论是蒸汽机的发明，还是电气化的推广乃至信息技术革命，历史证据表明：只要人类劳动力可以在一定程度上被机器取代，生产率

---

① DYSON G B. Darwin Among The Machines: The Evolution Of Global Intelligence[M]. Basic Books, 2012.; WAGNER D N. The nature of the Artificially Intelligent Firm—An economic investigation into changes that AI brings to the firm[J/OL]. Telecommunications Policy, 2020, 44（6）：101954. DOI: 10.1016/j.telpol.2020. 101954.

② 同上。

第三章　数智融合与经济重构

增长是可以实现的。<sup>①</sup>作为一项通用技术，人工智能可以促进大量后续创新，最终实现生产力增长。<sup>②</sup>人工智能技术的最新浪潮正在使这样的愿景越来越清晰。

作为一种影响认知工作的头脑机器，生成式人工智能系统的能力迅速增长，使其能够完成许多过去只有认知工作者才能完成的任务，如编撰文本、创建计算机代码、总结文章、生产观点、组织计划、翻译语言，等等。生成式人工智能应用广泛，将对各种工人、职业和活动产生影响。<sup>③</sup>高盛的研究显示，随着使用自然语言处理技术的工具进入企业和社会，它们将推动全球 GDP 增长 7%（或近 7 万亿美元），并在 10 年内将生产率提高 1.5 个百分点。<sup>④</sup>有研究显示，在由受过大学教育的专业人士来完成写作任务的实验中，被分配使用 ChatGPT 的

---

① CRAFTS N. Steam as a General Purpose Technology: A Growth Accounting Perspective [J]. The Economic Journal, 2004, 114（495）: 338–351.; The effects of energy supply characteristics on technology and economic growth [M/OL] //ROSENBERG N. Inside the Black Box: Technology and Economics. Cambridge: Cambridge University Press, 1983: 81–103 [2024–03–05]. https://www.cambridge.org/core/books/inside-the-black-box/effects-of-energy-supply-characteristics-on-technology-and-economic-growth/54DC35132663B503DFCC41B240B5CA92. DOI: 10.1017/CBO9780511611940.005.; SCHURR S H. Energy Efficiency and Economic Efficiency [M] //SCHURR S H, SONENBLUM S, WOOD D O. Energy, Productivity, and Economic Growth: A Workshop. Oelgeschlager, Gunn & Hain，1983.; BLOOM N, SADUN R, REENEN J V. Americans Do IT Better: US Multinationals and the Productivity Miracle [J/OL]. American Economic Review, 2012, 102（1）: 167–201. DOI: 10.1257/aer.102.1.167.

② COCKBURN I M, HENDERSON R, STERN S. The Impact of Artificial Intelligence on Innovation [M/OL]. National Bureau of Economic Research, 2018 [2024–03–05]. https://www.nber.org/papers/w24449. DOI: 10.3386/w24449.

③ BAILY M, BRYNJOLFSSON E, KORINEK A. Machines of mind: The case for an AI-powered productivity boom [EB/OL] //Brookings.（2023–05–10）[2024–03–06]. https://www.brookings.edu/articles/machines-of-mind-the-case-for-an-ai-powered-productivity-boom/.

④ GOLDMAN SACHS. Generative AI Could Raise Global GDP by 7%[EB/OL]//Goldman Sachs.（2023–04–05）[2024–03–06]. https://www.goldmansachs.com/intelligence/pages/generative-ai-could-raise-global-gdp-by-7–percent.html.

参与者更有效率，也更喜欢完成任务，技能较弱的参与者从 ChatGPT 中获益最多。[1] 奥地利经济学家安顿·克利奈克（Anton Korinek，1978—　）发现，经济学家使用大语言模型可以提高 10%—20% 的工作效率。[2] 研究发现，与人工智能相关的创新与企业增长呈正相关，因为与一组对比企业相比，拥有人工智能相关创新的企业的就业增长快 25%，收入增长快 40%。[3] 同样，对于使用人工智能的企业而言，TensorFlow 的推出与人工智能技能每增加 1% 所带来的约 1 100 万美元的市场价值增长相关。[4]

在一项关于呼叫中心使用生成式人工智能的研究中，使用生成式人工智能使得呼叫中心操作员的工作效率提高了 14%，经验最浅的员工的工作效率提高了 30% 以上。在使用生成式人工智能作为辅助工具与话务员进行互动时，客户的情绪更高涨，使得员工流失率也更低。研究人员推断，生成式人工智能系统似乎通过捕捉和传递一些有关如何解决问题和取悦客户的隐性组织知识来创造价值，而这些知识

---

[1] NOY S, ZHANG W. Experimental evidence on the productivity effects of generative artificial intelligence［J/OL］. Science, 2023, 381（6654）: 187–192. DOI: 10.1126/science.adh2586.

[2] KORINEK A. Language Models and Cognitive Automation for Economic Research: w30957［R/OL］. National Bureau of Economic Research, 2023［2024–03–06］. https://www.nber.org/papers/w30957. DOI： 10.3386/w30957.

[3] ALDERUCCI D, BRANSTETTER L G, HOVY E, et al. Quantifying the impact of AI on productivity and labor demand: evidence from U.S. Census microdata［C/OL］.（2019–05–01）［2024–04–01］. https://www.semanticscholar.org/paper/Quantifying-the-impact-of-AI-on-productivity-and-Alderucci-Branstetter/49d415cf593be38c6cd97a183dadc7d7b48bab72.

[4] ROCK D. Engineering Value: The Returns to Technological Talent and Investments in Artificial Intelligence［M/OL］. Rochester, NY（2019–05–01）［2024–04–01］. https://papers.ssrn.com/abstract=3427412. DOI: 10.2139/ssrn.3427412.

以前只能通过在职经验学到。① 软件工程师使用基于前一版本大型语言模型 GPT-3 的名为 Codex 的工具，将编码速度提高一倍。②

　　类似地，在实体经济方面，人工智能可以帮助解决劳动人口老龄化的挑战。经济增长可以由投入的劳动力数量和 / 或劳动力的生产率来驱动。如果各经济体能够从劳动力储备中获得更多，提高每小时工作产出，就能抵消老龄化带来的产能损失。③

　　生成式人工智能还可以通过加速创新，从而加速未来生产力的增长。认知工人不仅能生产当前的产出，还能发明新事物，参与发现并创造技术进步，包括研发和将新的创新成果推广到整个经济的生产活动中，从而提高未来的生产率。认知工人通过生成式人工智能获得更高的效率，则可以加快技术进步，从而促进生产率的长期增长。④

## 2. 生产率增长的滞后现象

　　作为生产率提升的希望，人工智能并非一路高歌猛进。美国经

————————

　　① BRYNJOLFSSON E, LI D, RAYMOND L R. Generative AI at Work: w31161［R/OL］. National Bureau of Economic Research, 2023［2024-03-06］. https://www.nber.org/papers/ w31161. DOI: 10.3386/w31161.

　　② KALLIAMVAKOU E. Research: quantifying GitHub Copilot's impact on developer productivity and happiness［EB/OL］//The GitHub Blog.（2022-09-07）［2024-03-06］. https://github.blog/2022-09-07-research-quantifying-github-copilots-impact-on-developer- productivity-and-happiness/.

　　③ KELLER C, BABIC M C, UTSAV A, et al. AI revolution: productivity boom and beyond［R/OL］. Barclays; IBM: 22［2024-03-05］. https://www.ib.barclays/content/dam/ barclaysmicrosites/ibpublic/documents/our-insights/AI-impact-series/ImpactSeries_12_brochure. pdf.

　　④ BAILY M, BRYNJOLFSSON E, KORINEK A. Machines of mind: The case for an AI-powered productivity boom［EB/OL］//Brookings.（2023-05-10）［2024-03-06］. https://www.brookings. edu/articles/machines-of-mind-the-case-for-an-ai-powered-productivity-boom/.

济学家罗伯特·索洛（Robert Merton Solow，1924—2023）曾指出，"技术革命是我们生产生活中的一场剧变"，但伴随这场革命而来的是"生产率增长的放缓，而不是加快"。1987 年，索洛写道："在任何地方都可以看到计算机时代，但在生产率等统计数字中却看不到。"① 技术进步与在此基础上的创新理念的商业化之间存在这样明显的滞后，而创新理念的商业化往往依赖于互补性投资，同时正如索洛所指出的那样，这种滞后在通用技术中尤为明显。②

布林约尔松就此现象提出几种解释。一种解释是，数字化和便携式设备无法与过去的生产力大革命相提并论，正如社交媒体和其他娱乐应用程序根本无法像汽车、洲际航班或空调那样提高生产力。但同样也有可能我们看到的是测量误差：传统的 GDP 统计并没有充分反映数字世界所产生的产出，因为许多数字产品的边际成本为零，通常是免费提供，使得它们所提供的价值并不显示为产出的增加。另一种解释是，新技术的收益的集中分配和为实现或保持这些竞争性收益而付出的努力，使得新技术对平均生产率增长的影响总体上是有限的，对中位数工人来说几乎为零。③ 更具说服力的解释在于"生产率 J 曲线"：新技术，尤其是通用技术，只有在对业务流程和新技能等补充性无形产品进行一段时间的投资后，才能带来生产率的提高，有时甚至会暂时拖累生产率。因此，早期的通用技术，如电力和第一波

---

① SOLOW R. We'd better watch out[ J/OL ]. New York Times Book Review, 1987[ 2024–03–07 ]. https://www.semanticscholar.org/paper/We%E2%80%99d-better-watch-out-Solow/cef149b3dbdaa85f74b114c2c7832982f23bcbf0.

② BRYNJOLFSSON E, ROCK D, SYVERSON C. Artificial Intelligence and the Modern Productivity Paradox: A Clash of Expectations and Statistics［M/OL］. National Bureau of Economic Research，2017［2024–03–05］. https://www.nber.org/papers/w24001. DOI：10.3386/w24001.

③ 同②。

计算机浪潮，需要几十年的时间才能对生产率产生重大影响。采用和推广技术的其他障碍包括对失业的担忧，以及从医药到金融和法律等领域的制度惰性和监管。① 换言之，要实现生产率的提高，人工智能的进步必须在整个经济中传播，包括中小型企业在内的使用认知劳动力的企业和组织都需要接受并推广这些进步。其中一些企业可能迟迟未能意识到先进新技术的应用潜力，或者缺乏很好地使用这些技术所需的技能。② 只有当新技术的储备量足够大，并对配套工艺和资产进行了必要的发明之后，技术的前景才会真正在总体经济数据中开花结果。③

在生成式人工智能方面，也有一些因素可以减轻这些障碍，甚至加速该技术的采用和扩散速度。第一，认知自动化的一项优势是可以通过软件快速推出，尤其是通过无处不在的互联网。因为不需要用户额外的硬件投资，只需网络连接，ChatGPT 在短短两个月内就获得了1 亿用户。微软和谷歌都在推出作为其搜索引擎和办公套件一部分的生成式人工智能工具，为先进经济体中经常使用这些工具的大部分认知工作者提供了使用生成式人工智能的机会。第二，越来越多的应用编程接口可以实现系统间的无缝模块化和连接，插件和扩展市场也在迅速发展，这些都使功能的添加变得更加容易。第三，生成式人工智

① BRYNJOLFSSON E, ROCK D, SYVERSON C. The Productivity J-Curve: How Intangibles Complement General Purpose Technologies [J/OL]. American Economic Journal: Macroeconomics, 2021, 13（1）: 333-372. DOI: 10.1257/mac.20180386.

② BAILY M, BRYNJOLFSSON E, KORINEK A. Machines of mind: The case for an AI-powered productivity boom [EB/OL] //Brookings.（2023-05-10）[2024-03-06]. https://www.brookings.edu/articles/machines-of-mind-the-case-for-an-ai-powered-productivity-boom/.

③ BRYNJOLFSSON E, ROCK D, SYVERSON C. Artificial Intelligence and the Modern Productivity Paradox: A Clash of Expectations and Statistics [M/OL]. National Bureau of Economic Research, 2017 [2024-03-05]. https://www.nber.org/papers/w24001. DOI: 10.3386/w24001.

能的用户可以用自然语言而不是特殊代码或命令与技术进行交互，从而更容易学习和采用这些工具。①

## （四）金融经济

### 1. 金融业务质效提升

不仅在实体经济中，人工智能技术也使金融业广泛受益，因为它可以让金融服务业更好地保护资产和预测市场。迄今为止，银行业的大多数人工智能都旨在实现任务自动化或生成预测，由监督和无监督机器学习模型和深度学习模型完成，需要强大的计算能力和大量的数据。21 世纪初，随着 Python for Data Analysis（或称 pandas，一种为 Python 编程语言编写的开源数据分析软件包）的开发，机器学习在银行业的应用加速发展。Pandas 与 Scikit-learn 和 TensorFlow 等其他机器学习软件库一起，使数据结构和分析变得更简单、更系统，从而引入了更易于使用的机器学习算法和强大的分析框架。金融分析也是创新型、数据密集型应用的天然接收者，特别是来自其他学科的应用，包括保险业的生命表、蒙特卡罗模拟和物理学的随机数，而这些又反过来推动了机器学习和相关技术的新发展。据预测，到 2024 年，金融业在人工智能方面的支出将达到 452 亿美元。这一数字将以每年 30% 的速度持续增长，到 2027 年将达到 970 亿美元。② 正因为人工

---

① BAILY M, BRYNJOLFSSON E, KORINEK A. Machines of mind: The case for an AI-powered productivity boom［EB/OL］//Brookings.（2023−05−10）［2024−03−06］. https://www.brookings.edu/articles/machines-of-mind-the-case-for-an-ai-powered-productivity-boom/.

② KRANJEC J. Financial Sector's Spending on Artificial Intelligence to Grow by 30% Per Year and Hit \$97 Billion by 2027［EB/OL］//Stocklytics.（2024−02−13）［2024−03−20］. https://stocklytics.com/content/financial-sectors-spending-on-artificial-intelligence-to-grow-by-30−per-year-and-hit-97−billion-by-2027/.

智能在金融行业的广泛影响力，如果人工智能引发盗窃、欺诈、网络犯罪，甚至是投资者现在无法想象的金融危机，那么金融服务行业的损失可能最大。[①]

在金融业，对懂得利用人工智能的人才的需求是全球性的。据2023 年 6 月发布的《Evident 人工智能人才报告》(*Evident AI Talent Report*)，北美和欧洲最大的 60 家银行中至少有 46 000 人在人工智能开发、数据工程、数据治理与道德规范领域工作；全球有多达 10 万名员工参与各银行将人工智能推向市场的工作；就人工智能员工总数而言，印度仅次于美国，主要集中在印度的六个主要城市，很大程度上是受历史上 IT 离岸外包决策的影响。[②]

生成式人工智能能提供强大的金融可能性，是因为它能够在分析大量数据（包括文本、图像、视频和代码）的基础上创建内容。例如，生成式人工智能可以用来总结内容、回答聊天形式的问题，以及编辑或起草不同格式的新内容。银行业因此可以快速、廉价地生成个性化的产品和服务，或加速软件工程、IT 迁移和程序现代化。金融业还可以通过人工智能聊天机器人或虚拟助手来增强人类的能力。2023年 7 月，法国巴黎银行（BNP Paribas）对总资产达 2500 亿美元的基金进行了一项调查。被调查基金 67% 来自美国，28% 来自欧洲、中东和非洲地区，5% 来自亚太地区。调查发现，44% 的基金经理使用ChatGPT，其中 70% 的基金经理使用 ChatGPT 撰写营销文本、总结

---

①　FERNÁNDEZ M. AI in Banking: AI Will Be An Incremental Game Changer[EB/OL]//S&P Global.（2023–10–31）[2024–03–20]. https://www.spglobal.com/en/research-insights/featured/special-editorial/ai-in-banking-ai-will-be-an-incremental-game-changer.; KEARNS J. AI's Reverberations across Finance [EB/OL] //IMF.（2023–12）[2024–03–20]. https://www.imf.org/en/Publications/fandd/issues/2023/12/AI-reverberations-across-finance-Kearns.

②　Evident AI Talent Report: Mapping the race for AI talent in banking [EB/OL] //Evident Insights.（2023–06）[2024–03–20]. https://evidentinsights.com/insights/talent-report/.

报告或文件。①

人工智能可以帮助中央银行处理经济分析以及统计数据汇编和编制输入所需要的高质量的数据。其中包括数据清理、抽样、代表性以及新数据与现有数据源的匹配等问题。数据量和复杂性的稳步增长需要高效灵活的数据质量检测工具。人工智能模型会自动识别潜在的异常值，然后由专家进行审核，并提供反馈意见以完善算法。这种方法兼顾了该领域专业知识的价值和人力投入的成本。通过分析不同的离群值分类解释方法，可以解决"黑盒"机器学习模型缺乏"可解释性"的问题。可解释的机器学习方法还能为专家提供指导，帮助确定哪些数据点需要人工验证。

### 2. 金融监管与宏观调控

人工智能在金融监管中可以执行不同功能。

第一，在复杂的环境中，人工智能可以帮助中央银行从大量传统和非传统数据源中有效提取信息来支持货币政策。例如，神经网络可以将服务通胀分解为不同的组成部分，揭示出过去的价格上涨、通胀预期、产出缺口或国际价格造成的通胀程度。与传统的计量经济学模型相比，这类模型可以处理更多的输入变量，使中央银行可以使用精细的数据集，而不是更多的综合数据。另一个优势是神经网络能够反映数据中复杂的非线性因素，这可以帮助建模者更好地捕捉非线性因素，从零下限到不平等的资产持有以及通胀动态的变化。其他用例包括获得通胀预期的实时估计（即时预测）或总结一段时间内的经济状况。例如，随机森林模型可以识别与价格相关的社交媒体帖子，然后

---

① EBERT L. The Rise of AI Assistants: Hedge Fund Managers and ChatGPT［EB/OL］//BNP Paribus.（2023–07–27）［2024–03–20］. https://globalmarkets.cib.bnpparibas/the-rise-of-ai-assistants-hedge-fund-managers-and-chatgpt/.

将其输入另一个随机森林模型，该模型将每个帖子分类为反映通货膨胀、通货紧缩或其他预期的帖子。通胀率较高和较低的社交媒体帖子的每日计数差异可以衡量通胀预期。同样，社交媒体帖子也可用于跟踪中央银行货币政策在广大公众中的可信度。大语言模型通过对财经新闻进行微调，总结出长时间跨度内的经济状况描述。模型可以处理企业家、经济学家和市场专家访谈中的轶事文本，以产生其（正面或负面）情绪值的时间序列。情绪指数可用于预测国内生产总值或预测经济衰退。[①] 国际清算银行（BIS）开发的中央银行语言模型（CB-LM）项目，利用国际清算银行中央银行中心汇编的数千份中央银行演讲稿和研究论文，对谷歌和 Meta 发布的广泛使用的开源基础大模型进行改编。这种以中央银行文本为重点的额外培训将解释中央银行术语和习惯用语的准确率从 50%—60% 提高到 90%。它还提高了联邦公开市场委员会政策立场分类和预测市场对货币政策公告的反应等任务的性能。[②]

第二，人工智能有助于运作良好的支付系统。正确识别异常支付能及时处理潜在的银行倒闭、网络攻击或金融犯罪等问题。国际清算银行创新中心（BIS Innovation Hub）的极光项目（Project Aurora）使用合成的洗钱数据，比较各种传统模型和机器学习模型对欺诈性支付的识别能力。这些模型包括隔离森林和神经网络，通过已知（合成）洗钱交易进行训练，然后预测未见数据中洗钱的可能性。机器学习模型优于普遍采用的基于规则的方法或传统的逻辑回归，将支付关系作为输入的图神经网络，尤其能识别可疑交易网络。这些模型即使在数据池保密的情况下也能有效运行，这表明合作团队共同分析多个数据

---

[①]　ARAUJO D, DOERR S, GAMBACORTA L, et al. Artificial intelligence in central banking：84 ［R/OL］. Bank for International Settlement，2024：9. https://www.bis.org/publ/bisbull84.pdf.

[②]　同上。

库是安全和有益的，也展示了当局之间开展更多合作的潜力。① 监督支付交易的另一种方法是使用无监督学习方法，自动筛选出值得仔细检查的交易。例如，自动编码器模型（输入层和输出层查看相同数据的神经网络）可以区分典型支付和异常支付，并能检测银行挤兑等非线性动态。在模拟实验中，这些模型有效地识别了数天内大量银行存款提取的模式。自动编码器还能识别支付系统中一系列现实生活中的异常情况，包括重要的国内银行的业务中断。②

第三，人工智能帮助监管机构进行数据分析。监管机构分析广泛的数据来源，包括新闻报道、银行内部文件或监管评估等文本文件。从这些丰富的信息中筛选出相关的见解可能会耗费大量时间，而且随着数据量的不断增加，这几乎变得难以解决。许多中央银行追求的一个途径是将大量信息整合到一个地方，帮助对非结构化数据进行监督分析。例如，欧洲央行的 Athena 平台对监管内容进行微调的模型与自然语言处理技术相结合，可以对公共文件和监管文件进行分类，进行情感分析并识别趋势主题。在大量文本上训练模型，再结合专家定义的相关词汇和条款，也有助于自动发现包含不同风险信息的摘录。此类模型（例如美联储的 LEX）可帮助监管人员获取分散在数百万份文件中的相关信息，并减少审查文件提交所花费的时间。利用基于树的技术或神经网络的分类模型，还能帮助识别出被贷款人低估了潜在信贷损失的个别借款人，巴西中央银行正是为此创建了 ADAM 人工智能信贷风险检测系统：神经网络可以更好地识别预期损失较高的借款

---

① BIS INNOVATION HUB. Project Aurora: the power of data, technology and collaboration to combat money laundering across institutions and borders［R/OL］. Bank for International Settlement，2023：103［2024-03-20］. https://www.bis.org/publ/othp66.htm.

② ARAUJO D, DOERR S, GAMBACORTA L, et al. Artificial intelligence in central banking：84［R/OL］. Bank for International Settlement，2024：9. https://www.bis.org/publ/bisbull84.pdf.

人，监管者得以要求金融机构为未充分覆盖的风险敞口提供准备金。[①]

虽然金融系统因其庞大的数据量成为人工智能的理想使用场景，但数据的测量问题、信息孤岛和数据间隐藏的相互联系限制了人工智能系统所能收集到的信息。虽然这在微观应用中并不是太大的障碍，但金融数据很可能会误导宏观调控的人工智能。因此，用于金融宏观调控的人工智能将不能仅仅依赖于从现有数据中推断模式的传统机器学习技术，必须借助大语言模型了解系统的因果结构，包括经济行为主体的反应函数和基本政治制度。

### 3. 金融危机

人工智能会影响金融危机，具体体现在以下几个方面。

第一，人工智能系统给定目标后无法确定其行为。系统性金融危机通常是未知的未知，而每场危机都有其独特的统计模式。这使得任何人工智能都难以从现有数据中学习，即使这些数据中包含了无数以前发生过的危机。因此，监管机构只能在事后才知道到底要防范什么，在事前所能做的就是明确总体目标。如果监管人工智能要自主行动，人类必须首先确定其目标，精确的目标和透明度有助于经济行为主体在无意或有意的情况下逃避控制和钻空子。但是，目标固定的机器在高度复杂的环境中放任自流，会出现意想不到的行为。[②] 一些行为主体无意中使用了个别微观上无害的策略，这些微观策略的叠加具有宏观破坏性，而另一些行为主体（如恐怖分子）则蓄意以破坏稳定

---

① ARAUJO D, DOERR S, GAMBACORTA L, et al. Artificial intelligence in central banking：84 ［R/OL］. Bank for International Settlement，2024：9. https://www.bis.org/publ/bisbull84.pdf.

② RUSSELL S J. Human Compatible: Artificial Intelligence and the Problem of Control［M］. Penguin，2019.

的方式牟利。①

第二，人工智能管理金融系统存在信任问题。与人类决策者相比，我们更难确定人工智能是如何推理的，也无法让人工智能承担责任。而且，由于我们不知道人工智能会如何应对未知的未知因素，因此当人工智能涉足类似的宏观问题时，信任问题就变得越来越重要。让人工智能掌管金融系统的时间越长，就越难将其关闭。人工智能对金融系统的了解和内部数据表示可能让人类无法理解，而关闭它则有可能以不可预见的方式破坏系统。②

第三，人工智能很可能会放大金融体系固有的顺周期性。人工智能能更稳健地找到最佳流程，因此会确定一套同质的风险管理技术，会在大多数时候表现良好，但也容易受到相同未知因素的影响。此外，这些技术在顺境中的优异表现会增加人们对人工智能的信任，并诱发更多的冒险行为。两者都会放大金融周期的影响。③

## （五）改造现代企业

### 1. 价值与特性

人工智能的一大特点是其优势适用于各种企业，不论是初创企业还是行业头部企业，几乎对每种类型的组织都存在价值：（1）客户服务方面，人工智能驱动的聊天机器人正在通过提供更智能、更人性化的响应来提升客户服务。企业现在可以为客户的询问提供更智能化、更人性化和个性化的回复。通过自然语言处理和语义搜索功能，人工

---

① DANÍELSSON J, MACRAE R, UTHEMANN A. Artificial intelligence and systemic risk[ J/OL ]. Journal of Banking & Finance, 2022, 140 : 106290. DOI : 10.1016/j.jbankfin.2021.106290.

② 同上。

③ 同上。

智能模型能够以更有意义、更符合上下文的方式理解和回应客户的询问。这不仅能提高客户满意度，还能帮助企业收集有关客户偏好和行为的宝贵信息。（2）业务方面，人工智能驱动的分析工具可以处理和分析海量数据，为企业提供有价值的见解和预测。这些工具可以帮助企业识别数据中的趋势、模式和异常情况，使其能够做出更明智的决策并优化运营。例如，人工智能驱动的分析可以帮助企业识别供应链中的潜在瓶颈，预测产品需求、优化库存水平并识别供应链生态系统中的潜在干扰，可确保更顺畅的运营，降低成本，提高对市场变化的响应速度。在金融领域，人工智能算法可以监测欺诈活动。这些系统分析交易模式并标记异常活动，大大降低了金融欺诈的风险。在安全性和信任度至关重要的银行业务和在线交易中，人工智能尤为重要。人工智能驱动的搜索引擎现在可以理解用户查询背后的含义，并提供更准确、更相关的结果，不仅能改善整体搜索体验，还能帮助企业做出更好的数据驱动型决策。人工智能医疗保健技术有助于诊断疾病、分析医学影像和预测患者预后，不仅加快了诊断过程，还提高了诊断结果的准确性。通过分析客户数据，人工智能驱动的工具可以识别个人偏好，并据此定制营销信息、产品推荐和其他内容。（3）人力资源方面，人工智能在人力资源领域可用于简化招聘、入职和员工参与等各种流程。例如，人工智能驱动的工具可以分析求职申请，找出最合适的候选人，为人力资源专业人员节省时间和资源。此外，人工智能还可用于监控员工绩效，并提供个性化反馈和培训，从而提高员工的参与度和工作效率。人工智能还可以迫使企业修改某些职位并帮助找到合格的员工，可以为企业更好地解决软技能差距，强调沟通、情商和其他相关属性，同时也能识别求职者的这些特征。（4）网络安全方面，人工智能可以通过实时检测和应对威胁，在加强网络安全方面发挥至关重要的作用。随着网络威胁日益增多，企业需要投资于强大的安全措施，以保护其数据和系统。人工智能驱动的安全工具可以分析大量数据，识别模式和异常情况，使企业能够发现潜在威胁并采取预防措施。（5）自动化方面，人工智能将各种平凡而重复的任务自动化，为企业腾出宝贵的时间和资源。例如，人工智能驱动的聊天机器人通过处理日常的客户服务咨询，让人工座席专注于更复杂的问题。同样，人工智能还可用于自动化数据录入、文档处理和其他耗时的任务，从而提高效率和生产力。①

　　企业中的人工智能应当具备以下特性：（1）人工智能系统需要具备能够处理不断增加的工作量或进行扩展的可扩展性，以适应不断增长的业务需求，即能有效处理少量和大量数据，并能在用户、数据或复杂性方面进行扩展，而无须进行重大的重新设计。（2）企业人工智能需要具备可靠性，即性能稳定，停机时间最少，即应在不同条件下按预期运行，并能抵御故障或错误，确保持续可用性和准确性。（3）鉴于业务数据的敏感性，企业人工智能系统必须拥有足够强大的安全措施，需要保护数据完整性和保密性、确保用户访问安全和抵御网络威胁。（4）人工智能系统应具备与其他业务系统和技术无缝连接的可集成性，实现在企业的 IT 基础设施内顺畅的数据流和互操作性，从而提高整体效率和效益。（5）企业人工智能的治理涉及制定管理人工智能系统的政策和实践，需要遵守法律和道德标准、数据治理、模型管理以及确保人工智能决策的问责制。（6）企业人工智能应为组织目标做出积极贡献，要提供实实在在的价值，如提高效率、节

---

　　① 　PHATAK A. AI: Transforming the Modern Enterprise［EB/OL］//USEReady.（2023-06-05）［2024-03-13］. https://www.useready.com/blog/ai-transforming-the-modern-enterprise/.; IBM. What is enterprise AI?［EB/OL］//IBM.［2024-03-13］. https://www.ibm.com/topics/enterprise-ai.; 4 Ways Artificial Intelligence Is Changing Modern Business | Washington State University［EB/OL］//Carson College of Business, Washington State University.（2024）［2024-03-13］. https://onlinemba.wsu.edu/blog/4-ways-artificial-intelligence-is-changing-modern-business.

约成本、改善客户体验或提供新的创收机会。（7）用户友好性是提高人工智能解决方案的采用率并使其效用最大化的关键。人工智能工具和界面应便于许多用户使用和理解，而不仅仅是数据科学家或 IT 专家。（8）人工智能系统应具备适应不断变化的业务需求或目标的灵活性，能够支持各种业务功能，或根据新的市场趋势或组织变革而不断发展。（9）随着气候变化成为全球重要议题，企业人工智能的可持续性包括设计可长期维护的高效系统，需要考虑人工智能操作对环境的影响，以及系统随着技术进步和业务战略转变而发展的能力。①

### 2. 商业模式的变化

人工智能时代的分工建立在市场环境的快速变化之中。数字经济市场与物质经济市场有许多不同之处，不仅有程度上的差异，也有其中一些差异是本质上市场结构的差异。② 降低小企业成本，增强它们快速、低成本地扩大规模、收集潜在消费者信息以及创造新产品和新理念的能力等都属于程度差异，并没有改变市场结构，而只是降低了经营成本。市场结构差异导致商业模式的三项巨大变化。

第一，当前的人工智能在一定程度上延续着"数字平台"模式，依赖于直接和间接的网络效应来实现增长。对于传统社交媒体平台来说，直接网络效应尤为重要，因为任何客户的主要收益都是与其他客

①　PHATAK A. AI: Transforming the Modern Enterprise[ EB/OL ]//USEReady.（2023–06–05）[ 2024–03–13 ]. https://www.useready.com/blog/ai-transforming-the-modern-enterprise/.; IBM. What is enterprise AI?[ EB/OL ]//IBM.[ 2024–03–13 ]. https://www.ibm.com/topics/enterprise-ai.; 4 Ways Artificial Intelligence Is Changing Modern Business | Washington State University[ EB/OL ]//Carson College of Business, Washington State University.（2024）[ 2024–03–13 ]. https://onlinemba.wsu.edu/blog/4–ways-artificial-intelligence-is-changing-modern-business.

②　FURMAN J, SEAMANS R. AI and the Economy [ J/OL ]. Innovation Policy and the Economy, 2019, 19: 161–191. DOI:10.1086/699936.

户的联系——高转换成本会成为进入市场的障碍。间接网络效应是指客户的价值随着平台另一端客户数量的增加而增加。对于每一个想要转换服务的用户来说，原有企业凭借对该用户的了解，比竞争者具有更大的优势，因为后者还不了解该用户，因此无法为其量身定制服务。[①]

第二，人工智能给企业带来新的不透明性。以前，定价和串通可以从企业间的通信中发现。而随着人们使用越来越复杂的算法来制定价格，可能导致不良价格行为，有时这种行为的产生甚至是无意的。这将进一步增加不透明度。[②]

第三，数据资源集中在少数几个占主导地位的平台上，可能会对人工智能市场竞争产生影响。对于想要创建或使用人工智能系统的公司来说，大数据集是一项关键投入。没有大型数据集，即使是最好的人工智能算法也毫无用处，因为人工智能算法的初始训练和微调都需要这些数据集。[③]

# （六）消费

## 1. 自动化的消费及限制

人工智能不仅影响生产，也同样影响消费。人工智能可以帮助消费者做出更好的消费决策，并有可能代表他们执行整个交易的基于算法的数字代理。[④]人工智能可以在消费的某些重要环节实现自动化。在极端的情况下，算法消费者可以消费行为的所有环节：从使用数据

---

① FURMAN J, SEAMANS R. AI and the Economy［J/OL］. Innovation Policy and the Economy, 2019, 19: 161–191. DOI:10.1086/699936.

② 同上。

③ 同上。

④ GAL M S, ELKIN-KOREN N. Algorithmic Consumers［J］. Harvard Journal of Law & Technology，2017，30（2）：309–353.

预测消费者的偏好，到选择要购买的产品或服务，再到谈判和执行交易，甚至组建买家联盟，以确保获得最佳条款和条件，使得消费者的自主决策被完全绕过。现实中大多数人工智能只在消费行为的某些环节为消费者提供帮助，而将最终决策权留给消费者。[①]

人工智能所能带来的消费上的积极效益是明显的。人工智能算法不仅为人类减少交易所需的时间和决策精力，同时可以大大降低消费者的搜索和交易成本，克服消费偏见，协助消费者做出更复杂的消费选择，并创造或加强消费者的购买力。此外，算法消费者还可以充当购买群体，增强购买力，降低供应商进行价格歧视的能力，因为算法消费者可以充当缓冲器，向供应商隐藏每个购买者的信息。这种效应可能会对供应商的营销战略、贸易条件和产品报价产生深远影响。[②]

生成式人工智能有五个因素可能会加剧这种影响。第一，有限的数字素养。消费者如果把生成式人工智能作为可靠来源来依赖，却不了解它的运作方式，或者至少不知道如何使用它才能使自己的利益最大化，那么就可能产生消费误解。因此，包括撰写提示词在内的数字素养，即学习如何提出正确问题的艺术和科学，在大模型时代极为重要。第二，消费者对此类算法所提供答案的信任度增加（自动化偏差），这可能会因大模型的交互性质而加剧。[③] 消费者事实上往往只得到一个建议，但输出结果的措辞清晰且往往充满自

---

①　GAL M, ZAC A. Is Generative AI the Algorithmic Consumer We Are Waiting For？[ EB/OL ]//Network Law Review.（2024–02–27）[ 2024–03–23 ]. https://www.networklawreview.org/gal-zac-generative-ai/.

②　同上。

③　SHUR-OFRY M. Multiplicity as an AI Governance Principle [ M/OL ]. Rochester, NY（2023–05–10）[ 2024–03–23 ]. https://papers.ssrn.com/abstract=4444354. DOI：10.2139/ssrn.4444354.

④　同③。

信，从而产生一种权威感。<sup>④</sup>第三，消费者个人向其他消费者提供产品体验信息的参与度降低，从而减少了关于产品的必要对话。在许多消费者使用人工智能中介的地方，其他人类消费者阅读他们的评论并表示赞赏的可能性较低。第四，大模型的普遍使用可能会导致人工智能回音室的出现，而回音室是由反馈循环产生的，大模型产生的文本会渗透回网络，并成为下一代大模型的培训材料，从而强化结果的一致性，而不是多样性和多元性。<sup>①</sup>第五，一些设计和技术特征增强了法律信息管理系统影响用户认知的能力，其提供的基于算法的内容推荐并不一定符合消费者的真实偏好，无论其是否有意为之。<sup>②</sup>这也是消费者与原始资料拉开距离的结果：大模型生成的是新文本，消费者无法接触到原始资料以及模型的决策过程，如训练数据集、超参数、人类反馈和人类培训师分配的值。<sup>③</sup>

因此，大语言模型提供的答案容易受到主流理念的操控。例如，谷歌 Gemini 模型生成非裔纳粹分子和女性教皇的虚假历史形象。<sup>④</sup>这样的缺陷是由其技术特点而非代码缺陷造成的，可能会产生不利的竞争影响，因为它隐藏了消费者选择所需的信息，限制了新公司和最佳报价被认可的能力，并对市场动态产生负面影响。<sup>⑤</sup>

---

① SHUR-OFRY M. Multiplicity as an AI Governance Principle［M/OL］. Rochester, NY（2023-05-10）［2024-03-23］. https://papers.ssrn.com/abstract=4444354. DOI：10.2139/ssrn.4444354.

② 同上。

③ GAL M, ZAC A. Is Generative AI the Algorithmic Consumer We Are Waiting For?［EB/OL］//Network Law Review.（2024-02-27）［2024-03-23］. https://www.networklawreview.org/gal-zac-generative-ai/.

④ SAMUEL S. Black Nazis? A woman pope? That's just the start of Google's AI problem.［EB/OL］//Vox.（2024-02-28）［2024-03-23］. https://www.vox.com/future-perfect/2024/2/28/24083814/google-gemini-ai-bias-ethics.

⑤ 同③。

### 2. 与消费人工智能的博弈

有三项涉及生成式人工智能的博弈机制值得关注：首先，生成式人工智能的攻击者利用各类"对抗性机器学习"，即利用特定信息使得人工智能做出错误判断的技术来与人工智能博弈。鉴于大模型的决策机制并不透明，而且对生成式人工智能的信任是通过将相同技术用于其他目的而产生的（溢出效应），这种博弈的回报可能会特别高。其次，由于大模型也是根据用户的回答训练出来的，因此用户可以通过查询和提示来与大模型博弈。再次，这样的博弈也可由人工智能的创建者进行。大模型输出可以由启发式或人工智能过滤器（如训练后的分类器）来控制，而不仅仅是模型的参数。这种过滤可以是对抗错误信息的一种方法，但也可以相当于自我参考，使模型在响应特定提示时强调或忽略潜在的输出集。[①] 事实上，生成式人工智能与消费者偏好数据相结合，有可能被用来利用行为偏差或启发式方法，引导消费者做出他们原本不会做出的选择，即"暗黑模式"（dark patterns）。[②]

## （七）能源成本

与其他计算形式相比，生成式人工智能的能耗更高。训练单个模型所消耗的电力比美国 100 个家庭全年消耗的电力还要多。[③] 2022 年，谷歌报告称，在过去三年中，人工智能每年的能源使用量仅占谷歌总

---

① Moderation［EB/OL］//OpenAI Platform.［2024-03-23］. https://platform.openai.com.

② LUGURI J, STRAHILEVITZ L J. Shining a Light on Dark Patterns［J/OL］. Journal of Legal Analysis，2021，13（1）：43-109. DOI：10.1093/jla/laaa006.

③ SAUL J, BASS D. How Much Energy Do AI and ChatGPT Use? No One Knows For Sure［EB/OL］//Bloomberg.（2023-03-09）［2024-03-22］. https://www.bloomberg.com/news/articles/2023-03-09/how-much-energy-do-ai-and-chatgpt-use-no-one-knows-for-sure.

能源使用量的 10%—15%，其中 3/5 用于推理，2/5 用于训练。[①] 有研究者估计，根据人工智能服务器产量的预测，到 2027 年，全球人工智能相关的用电量每年将增加 85—134 太瓦时（TWh）。这与荷兰、阿根廷和瑞典等国的年电力需求相当，占到全球用电量的 0.5%；同时，根据现有的电力消耗和人工智能数据，如果谷歌使用人工智能进行每天约 90 亿次的搜索，每年将需要 29.2 太瓦时的电力，相当于爱尔兰的年耗电量。[②]

然而，由于人工智能平台公司研发活动愈加隐秘等原因，有关人工智能的能源使用和更广泛的环境影响的数据并未被系统收集。[③] 未来，人工智能技术的使用将继续增加，但能提高能效的技术创新也会增加，困难在于如何评估两者之间的相互补偿速度。[④] 1865 年，英国经济学家威廉·斯坦利·杰文斯（William Stanley Jevons，1835—1882）注意到，提高煤炭使用效率的技术进步导致各行各业的煤炭消费量增加。[⑤] 资源使用效率的提高将导致资源消耗的增加而不是减少

---

① PATTERSON D. Good News About the Carbon Footprint of Machine Learning Training[ EB/OL ]//Google Research.（2022–02–15）[ 2024–03–22 ]. https://blog.research.google/2022/02/good-news-about-carbon-footprint-of.html.

② VRIES A de. The growing energy footprint of artificial intelligence[ J/OL ]. Joule，2023，7（10）：2191–2194. DOI：10.1016/j.joule.2023.09.004.

③ VINCENT J. How much electricity does AI consume?[ EB/OL ]//The Verge.（2024–02–16）[ 2024–03–22 ]. https://www.theverge.com/24066646/ai-electricity-energy-watts-generative-consumption.; ROZITE V, MILLER J, OH S. Why AI and energy are the new power couple [ EB/OL ]//International Energy Agency.（2023–11–02）[ 2024–03–22 ]. https://www.iea.org/commentaries/why-ai-and-energy-are-the-new-power-couple.

④ DEMERTZIS M. Artificial intelligence and energy consumption[ EB/OL ]//Bruegel | The Brussels-based economic think tank.（2023–12–12）[ 2024–03–22 ]. https://www.bruegel.org/comment/artificial-intelligence-and-energy-consumption.

⑤ JEVONS W S. The Coal Question; An Inquiry concerning the Progress of the Nation, and the Probable Exhaustion of our Coal-mines [ M ]. 2nd ed. London: Macmillan and Co.，1866.

的"杰文斯效应"很可能会在人工智能的发展史上再现。

# （八）国际贸易

## 1. 产业链自动化

人工智能在国际贸易领域可以产生如下作用：（1）优化供应链管理。人工智能驱动的算法可以分析与库存水平、生产能力、运输路线和客户需求相关的数据，企业可以因此提高预测的准确性，缩短交货时间，最大限度地降低成本，并提高跨境货物运输的整体效率。更广泛的自动化机会以及三维打印技术的扩展，可以减少对扩展供应链的需求，特别是那些依赖大量低成本劳动力的供应链。（2）便利贸易与增强合规。按照传统的方式，海关当局依靠人工检查和纸质文件来验证进出口货物的合规性，而机器学习和自然语言处理等人工智能技术可以分析文件、发现异常并标记潜在风险，从而实现更快、更准确的通关，一方面提高国际贸易的效率，另一方面加强安全和合规措施。（3）获取市场情报和贸易机会。通过分析各种来源（包括贸易数据库、市场报告和社交媒体）的大量数据，人工智能算法可以识别新兴趋势、消费者偏好和市场需求，使得企业能够制定有针对性的营销战略，确定新的出口市场，并调整其产品以满足特定客户的需求。人工智能驱动的市场情报工具为企业提供了更多的洞察力，可极大地影响其在全球市场上的竞争力。跨境贸易中的人工智能翻译服务还可以取得与极大缩短贸易距离相似的效果。（4）评估风险和检测欺诈。国际贸易存在固有风险，包括欺诈、伪造和非法活动，而人工智能算法可以分析交易数据、财务记录和运输信息，以识别可能表明欺诈活动的可疑模式或异常情况。海关和企业因此能够采取积极措施，防止非法贸易并保护知识产权。（5）帮助国际贸易谈判。人工智能可以更好地分析每个谈判方在不同假设条件下的经济轨迹，即各种贸易自由化形式下的增长路径，在贸易壁垒以不同速度下调的多方情景下这些结果会受到怎样的影响，以及预测非谈判方国家的贸易反应。①

### 2. 政策调整

人工智能同样会推动相应的国际贸易政策的改变：（1）关税。对信息和通信技术设备征收关税可能会影响基本硬件的获取和成本，以及包括设备在内的最终消费品的价格。（2）服务。服务对人工智能的发展和使用至关重要：一方面，信息通信技术服务在建立开发人工智能系统所需的通信网络方面发挥着基础作用；另一方面，作为人工智能技术变现渠道，服务市场拥有了新的发展机遇，如改善现有服务并为新服务提供基础。（3）人才与技能。在像人工智能这样的知识密集型领域，设计驱动人工智能系统运行逻辑的模型和算法需要专业知识。因此，促进专家的跨国流动有助于增加获得最佳数据科学家的机会。（4）数据。数据是所有人工智能系统的原始输入，与数据流动相关的问题也至关重要。（5）知识产权。由于人工智能模型的训练数据需要收集、复制和编辑，因此必须明确与知识产权相关的法规，特别是版权、保护和执行方面的法规。随着训练数据集的组织和处理，与数据库保护相关的现有规则也会发挥作用。与版权、专利和商业秘密有关的现有知识产权保护和执行制度仍将适用于保护人工智能创新。人工智能背后的软件或计算机程序通常受版权法保护。专利将适用于

---

① Exploring the Role of Artificial Intelligence in International Trade［EB/OL］//International Trade Council.（2023−05−18）［2024−03−15］. https://tradecouncil.org/exploring-the-role-of-artificial-intelligence-in-international-trade/.; MELTZER J P. The impact of artificial intelligence on international trade［EB/OL］//Brookings.（2018−12−13）［2024−03−15］. https://www.brookings.edu/articles/the-impact-of-artificial-intelligence-on-international-trade/.

保护提供新产品或新工艺的人工智能发明，但对软件的保护可能不适用。与商业秘密相关的法规可能会为人工智能提供进一步的保护，特别是对于那些因其秘密而具有商业价值以及采取合理措施保守秘密的秘密信息。商业秘密的保护可以防止未经授权的使用或披露受保护的信息。此外，商业秘密通常具有广泛的范围，可以针对人工智能创新的非法盗用提供保护，否则这些创新将不属于版权或专利保护的范围。①

### 3. 产业结构改变与竞争优势

据推测，发展中国家可以利用人工智能向技能密集型产业的转移来改变自身的经济结构，并渗透到以前因资源被占用而无法进入的行业。② 还有一种理论认为，发展中国家比发达国家更能融入全球价值链，如非经合组织国家的后向和前向联系都强于经合组织经济体，将从国际贸易摩擦的减少中，获益匪浅。此外，人工智能技术带来的合规成本降低和整体监管负担减轻，可提高贸易融资的可获得性，这与贸易壁垒的减少相结合，可使最不发达国家特别受益。③

由于机器人化减少了对廉价劳动力的需求，跨国公司可能会选择在本土进行生产，这可能会导致高度依赖离岸外包和外国直接投资的

---

① FERENCZ J, LÓPEZ-GONZÁLEZ J, GARCÍA I O. Artificial Intelligence and International Trade: Some Preliminary Implications［R/OL］. OECD，2022. https://www.oecd-ilibrary.org/docserver/13212d3e-en.pdf?expires=1710495761&id=id&accname=guest&checksum=5B03DAFB80E5FE504A42D82C75F265A0.

② KOUKA M, MAGALLANES M. Technological Trivergence and International Trade: A Literature Review［EB］. Harvard University，2022.

③ JAYATHILAKA U R. The Role of Artificial Intelligence In Accelerating International Trade: Evidence From Panel Data Analysis［J］. Reviews of Contemporary Business Analytics，2022，5（1）：1–15.

国家的增长潜力和比较优势进一步下降。[①] 因此，人工智能可能逆转贸易模式，导致要素密集度逆转。[②] 要素密集度逆转主要是指生产中特定要素的相对丰度朝着与一国竞争优势相反的方向变化的情况。[③] 对发展中国家而言，要素逆转意味着其竞争优势（即劳动密集型产品的出口）将发生转移，同时也符合发达国家增加离岸外包的预测，这将使发展中国家在短时间内面临巨大的适应压力。[④] 需要对劳动力市场进行大规模调整，而许多国家可能跟不上调整的步伐。在发展中国家，占出口大部分的较先进的国际活跃企业与占低技能和体力就业大部分的小型非正规企业之间的差距不断扩大，可能会造成进一步的差距。[⑤] 此外，由于获取最新的、先进的数据库对竞争力至关重要，中小企业，尤其是欠发达经济体的中小企业将受到影响。[⑥] 最后，关税

① ARTUC E, BASTOS P, COPESTAKE A, et al. Robots and Trade: Implications for Developing Countries［M］//Robots and AI. Routledge，2022.; SPENCE M. Automation, Augmentation, Value Creation & the Distribution of Income & Wealth［J/OL］. Daedalus，2022，151（2）: 244–255. DOI：10.1162/daed_a_01913.

② HAZARI B, LAI J T, MOHAN V. A Note on the Implications of Automation and Artificial Intelligence for International Trade［J/OL］. Arthaniti: Journal of Economic Theory and Practice，2022：09767479221129186. DOI：10.1177/09767479221129186.

③ HILLMAN A L, HIRSCH S. Factor Intensity Reversals: Conceptual Experiments with Traded Goods Aggregates［J］. Weltwirtschaftliches Archiv，1979，115（2）：272–283.

④ LIPCSEY R A. The Transformative Effects of AI on International Economics［M/OL］. Rochester, NY（2023–04–23）［2024–03–27］. https://papers.ssrn.com/abstract=4658875. DOI：10.2139/ssrn.4658875.

⑤ ARTUC E, BASTOS P, COPESTAKE A, et al. Robots and Trade: Implications for Developing Countries［M］//Robots and AI. Routledge, 2022.; SPENCE M. Automation, Augmentation, Value Creation & the Distribution of Income & Wealth［J/OL］. Daedalus, 2022, 151（2）：244–255. DOI:10.1162/daed_a_01913.

⑥ JAYATHILAKA U R. The Role of Artificial Intelligence In Accelerating International Trade: Evidence From Panel Data Analysis［J］. Reviews of Contemporary Business Analytics, 2022, 5(1): 1–15.

的障碍也证明是不利的：发展中国家的关税率最高，其中许多国家没有加入世界贸易组织信息技术协议。这本身就会成为通过贸易采用人工智能技术以及开发内部人工智能技术的障碍。[①]

## （九）空间探索

在空间探索与空间经济方面，人工智能有着广泛的应用。

第一，人工智能被用于数据缩减。卫星设计的一个共同挑战是管理卫星不断产生的大量数据，这些数据来自诊断系统、正在进行的实验、遥感阵列等。由于卫星在质量、体积、功耗、带宽和计算能力等方面都受到限制，因此一个重要的设计目标就是从这些数据洪流中提取尽可能多的信息，而又不使卫星资源不堪重负。同时，监测和诊断系统要求及时提取信息。因此，一个关键的设计决定是在卫星上处理数据，还是将数据发回地面站，取决于可用的通信带宽和传输数据所需的能量、机载数据分析的复杂性与计算要求之间的权衡，以及任何结果的可接受延迟时间等问题。人工智能技术正被用于智能地减少数据量以及加快数据解读。[②]

第二，人工智能被用于遥测分析和航天系统的故障检测和隔离。人工智能可以预测数据的输入和输出、对输入数据进行分类、将一些数据与另一些数据（即使存在错误）联系起来，以及将数据之间的关系概念化。描述卫星及其子系统状况的遥测数据通常由数千个传感器

① LIPCSEY R A. The Transformative Effects of AI on International Economics［M/OL］. Rochester, NY（2023–04–23）［2024–03–27］. https://papers.ssrn.com/abstract=4658875. DOI:10.2139/ssrn.4658875.

② LEYS P. Applications of artificial intelligence in the space industry［EB/OL］//Avnet Silica. （2022–03–08）［2024–03–18］. https://my.avnet.com/silica/resources/article/applications-of-artificial-intelligence-in-the-space-industry/.

数据流组成，以许多不同的单位和输出格式表示。这些数据固有的异质性使其很难在一个公式中组合出能有意义地代表卫星健康状况的数值。早期对卫星健康监测问题的一种应对方法是为每个传感器变量设定上限和下限，并在超出上限和下限时设置警报。然而，现代卫星的复杂性使这项工作变得十分繁重。下一步是创建自适应限值，由人工智能算法进行调整，预测每个传感器测量的上限和下限。第三种方法是使用回归和分类技术，根据过去的数据集预测每个变量的范围。第四种方法是使用一种基于规则和知识的"专家系统"，包含了人类对卫星如何工作的理解，但专家系统无法处理它们没有"学习"过的异常情况。第五种方法是基于模型的诊断，即在计算机中建立卫星模型，然后将真实卫星的实时数据与模拟数据进行比较，以发现任何偏差。人工智能还具备在从飞船其他地方生成的无关数据中推断出卫星系统某个部分的故障的能力。[①] 使用人工智能来监测遥测数据可以为控制卫星提供反馈。例如，SpaceX 公司已经实施了人工智能操作，以避免卫星碰撞。但这项技术也可用于其他任务，例如自动执行避免碎片的操作。[②]

第三，人工智能已被应用于分析大量遥感数据。在 2019 年报告的研究中，"模糊 C-means 网络"被用于查找和绘制 QuickBird 卫星高分辨率光学图像中的城市贫民窟。随后，将训练好的模型应用于"哨

---

① LEYS P. Applications of artificial intelligence in the space industry[EB/OL]//Avnet Silica.（2022–03–08）[2024–03–18]. https://my.avnet.com/silica/resources/article/applications-of-artificial-intelligence-in-the-space-industry/.

② ELITE R. Trends and Applications of AI in Space[EB/OL]//Via Satellite.[2024–03–19]. https://interactive.satellitetoday.com/trends-and-applications-of-ai-in-space/.; PULTAROVA T. SpaceX Starlink satellites had to make 25，000 collision-avoidance maneuvers in just 6 months — and it will only get worse [EB/OL]//Space.com.（2023–07–06）[2024–03–19]. https://www.space.com/starlink-satellite-conjunction-increase-threatens-space-sustainability.

兵 −2 号"卫星提供的精度较低的数据集，结果表明该模型提高了在低分辨率图像中识别贫民窟的精度。利用昂贵的卫星成像数据来训练神经网络，然后将训练后的网络应用于成本较低的图像的方法有利于降低数据分析成本。① 来自卫星的遥感数据已经在帮助制定地球上的决策，同样，所涉及的数据量也需要使用机器学习技术来进行管理。人工智能技术可用以收集精确的地球探测数据。地球成像数据已被用于为政府和企业提供可操作的洞见，如计算宏观经济活动，以更准确地衡量移民流和气候变化的影响。② 2020 年，欧洲航天局和欧盟委员会合作创建了"冠状病毒地球观测快速行动"仪表板，利用卫星数据跟踪 COVID-19 病毒的影响。该仪表板整合了来自欧盟哥白尼哨兵卫星和至少 30 个其他来源的地球观测数据，用于监测环境问题，如空气和水质，以及经济和人类活动（包括工业、航运、建筑、交通和农业生产力）。③

第四，人工智能为太空部署的硬件带来了自主性。能够解决复杂的优化问题是人工智能在太空探索机器人技术中的一项关键应用。地表漫游车需要长期自主运行，以便在地球控制人员无法控制的情况下

---

① WILLIAMS T K A, WEI T, ZHU X. Mapping Urban Slum Settlements Using Very High-Resolution Imagery and Land Boundary Data［J/OL］. IEEE Journal of Selected Topics in Applied Earth Observations and Remote Sensing，2020，13：166–177. DOI：10.1109/JSTARS.2019.2954407.

② ELITE R. Trends and Applications of AI in Space［EB/OL］//Via Satellite.［2024–03–19］. https://interactive.satellitetoday.com/trends-and-applications-of-ai-in-space/.; PULTAROVA T. SpaceX Starlink satellites had to make 25,000 collision-avoidance maneuvers in just 6 months—and it will only get worse［EB/OL］//Space.com.（2023–07–06）［2024–03–19］. https://www.space.com/starlink-satellite-conjunction-increase-threatens-space-sustainability.

③ EUROPEAN SPACE AGENCY. "Rapid Action Coronavirus Earth observation" dashboard now available［EB/OL］//European Space Agency.（2020–06–05）［2024–03–18］. https://www.esa.int/Applications/Observing_the_Earth/Rapid_Action_Coronavirus_Earth_observation_dashboard_now_available.

管理其探索任务。在美国国家航空航天局的火星任务中，人工智能的使用在后来的任务中变得越来越复杂。"火星 2020"（Mars 2020）任务将"毅力号"（Perseverance）漫游车和"机智号"（Ingenuity）直升机送至火星表面，该任务使用了一种名为"地形相对导航"（terrain relative navigation）的技术，以提高成功着陆的概率。在之前的着陆过程中，漫游车根据深空网络提供的辐射测量数据来估计自己相对于地面的位置，在着陆时会产生一到两公里的位置误差。对于"坚毅"号，研究小组能够绘制出首选着陆点的地图，并将其存储在漫游车的计算机中。当飞行器利用降落伞下降时，它拍摄了即将到来的地貌照片，并将地标与存储地图中的地标进行比较，以利用这些信息计算出其当前的轨迹是否会将其带到已知的安全着陆点，或者是否应该选择另一个更安全的着陆点，使其定位精度在 40 米以内。[①] NASA 的"好奇号"和"毅力号"漫游车利用强大的人工智能系统 AEGIS 绘制自动三维地形图，并识别岩石特征和土壤成分。[②]

第五，人工智能算法的使用正帮助解决复杂的问题。例如，蜂群算法正被用于确保星座中的卫星彼此保持距离，并以有序的方式共同行动。多目标优化算法支持下的太空垃圾收集计划可用于规划卫星星座的路径，以便一个单一的自主碎片收集机器人在将（自己和垃圾）推出轨道之前尽可能多地收集太空垃圾。[③]

---

① Impact Story: Terrain Relative Navigation—NASA[ EB/OL ].（2022–09–30）[ 2024–03–19 ]. https://www.nasa.gov/directorates/stmd/impact-story-terrain-relative-navigation/.

② BRAND M. SuperCam Gains New Artificial Intelligence Capabilities with AEGIS Upgrade—NASA [ EB/OL ] //NASA.（2023–02–22）[ 2024–03–20 ]. https://mars.nasa.gov/mars2020/mission/status/446/supercam-gains-new-artificial-intelligence-capabilities-with-aegis-upgrade/.

③ LEYS P. Applications of artificial intelligence in the space industry[ EB/OL ]//Avnet Silica.（2022–03–08）[ 2024–03–18 ]. https://my.avnet.com/silica/resources/article/applications-of-artificial-intelligence-in-the-space-industry/.

　　第六，人工智能技术还被应用于空间飞行任务的设计，利用专家系统充当"设计工程助手"。这些系统帮助生成初始设计输入，提供对先前设计决策的便捷访问，并促进对新设计方案的探索。所采用的方法包括根据过去的经验和见解提取相关空间系统设计的隐性知识，并将其与显性知识（如过去的报告、出版物和数据表）一起存储在称为知识图谱的结构化形式中。然后，推理引擎可以对知识图谱进行查询，对其中包含的知识和不同项目之间的关系进行推理和演绎。设计人员可以通过用户界面查询知识库，并查看推理引擎解释的查询结果。①

　　第七，人工智能可以显著改善太空硬件制造流程。人工智能技术可以执行烦琐、耗时但必要的任务，例如清洁卫星部件。人工智能可以自动收集测量数据，核心部件的最新健康状况也可以轻松地与工程师共享。人工智能设计的硬件重量更轻，承受的压力更大，所需的开发时间也只有人类设计的部件的一小部分。② 这样的人工智能应用不仅能创造利润，还能缩短生产时间，让卫星运营商比以前更快地发射卫星。③

　　第八，人工智能在航天领域的另一项应用是动态频谱检测和规避。卫星可以学习使用适当的频率和功率输出水平进行传输，以避免

　　① LEYS P. Applications of artificial intelligence in the space industry［EB/OL］//Avnet Silica.（2022-03-08）［2024-03-18］. https://my.avnet.com/silica/resources/article/applications-of-artificial-intelligence-in-the-space-industry/.

　　② HILLE K B. NASA Turns to AI to Design Mission Hardware［EB/OL］//NASA.（2023-02-09）［2024-03-20］. https://www.nasa.gov/science-research/nasa-turns-to-ai-to-design-mission-hardware/.

　　③ ELITE R. Trends and Applications of AI in Space［EB/OL］//Via Satellite.［2024-03-19］. https://interactive.satellitetoday.com/trends-and-applications-of-ai-in-space/.; PULTAROVA T. SpaceX Starlink satellites had to make 25,000 collision-avoidance maneuvers in just 6 months—and it will only get worse［EB/OL］//Space.com.（2023-07-06）［2024-03-19］. https://www.space.com/starlink-satellite-conjunction-increase-threatens-space-sustainability.

干扰。深度学习可用于空对地传输，对简化协调具有广泛的意义。地球静止轨道运营商都曾报告过来自非地球静止轨道（NGSO）系统的广泛干扰，并且在发生任何传输之前，需要大量算法来管理传输和协调频谱。采用深度学习技术和自动检测邻近网络的传输频率将减轻卫星网络的干扰负担。①

第九，人工智能可以用来搜索天文数据集。科学家们训练神经网络，从开普勒太空望远镜捕捉到的光变曲线中的凹点识别系外行星。这些人工智能工具还能根据共同的运动来识别和分类星系类型和星团。② NASA 与谷歌合作，训练大量的人工智能算法来分析开普勒系外行星任务的数据，从而发现了两颗曾被科学家忽视的新的系外行星——开普勒 90i 和开普勒 80g。③ 盖亚太空望远镜的数据分析中引入了人工智能，结果发现了 2000 颗原生恒星，这比科学家们在采用人工智能和机器学习技术之前仅识别出约 100 颗恒星有了大幅提高。④

第十，人工智能可以改善未来的乘员支持系统。通过整合多模态数据流（从跟踪心率和皮肤温度的传感器到记录运动和睡眠模式的传感器），由人工智能驱动的预测性健康分析可以实现为每位宇航员量

①　ELITE R. Trends and Applications of AI in Space［EB/OL］//Via Satellite.［2024-03-19］. https://interactive.satellitetoday.com/trends-and-applications-of-ai-in-space/.; PULTAROVA T. SpaceX Starlink satellites had to make 25,000 collision-avoidance maneuvers in just 6 months——and it will only get worse［EB/OL］//Space.com.（2023-07-06）［2024-03-19］. https://www.space.com/starlink-satellite-conjunction-increase-threatens-space-sustainability.

②　ALI O. How is AI Being Used in Space Exploration?［EB/OL］//AZO Quantum.（2023-12-04）［2024-03-19］. https://www.azoquantum.com/Article.aspx?ArticleID=474.

③　NASA. Artificial Intelligence, NASA Data Used to Discover Eighth Planet Circling Distant Star［EB/OL］//NASA.（2017-12-14）［2024-03-19］. https://www.nasa.gov/news-release/artificial-intelligence-nasa-data-used-to-discover-eighth-planet-circling-distant-star/.

④　VIOQUE M, OUDMAIJER R D, SCHREINER M, et al. Catalogue of new Herbig Ae/Be and classical Be stars. A machine learning approach to Gaia DR2［J/OL］. Astronomy & Astrophysics，2020，638：A21. DOI：10.1051/0004-6361/202037731.

身定制干预措施。将实时生命体征、行为指标和环境条件全面结合起来，可以进行精密诊断、早期风险预警和个性化治疗计划。例如，由空中客车公司、IBM 和德国航空航天中心设计的乘员互动移动伴侣（CIMON）是一款声控人工智能机器人，于 2018 年飞往国际空间站（ISS）。CIMON 能看、能听、能理解，并能通过语音和面部识别说话，使其能够在空间站内导航、定位和检索物品、记录实验和显示程序。最重要的是，CIMON 可充当情感安慰伴侣，感知压力水平。它已经利用沃森的自然语言能力接受了心理支持方面的培训，可以带领宇航员进行治疗实验，以提升情绪。[①]

## （十）财富积聚与不平等

### 1. 趋势

有一种广为传播的理论认为，人工智能会导致更大规模的不平等。控制生产（例如芯片生产）的人，以及那些控制人工智能技术和与人工智能相关技术发展的人，将成为未来几十年的大赢家。随着人工智能被引入经济和社会，那些掌握技术的人将对那些不掌握技术的人拥有极高的经济和政治讨价还价能力。[②] 人工智能的广泛使用使得资本的拥有者借助人工智能从事生产而成为更强大的利益攫取者，而

① 　CIMON: astronaut assistance system[EB/OL]//German Aerospace Centre.[2024–03–20]. https://www.dlr.de/en/research-and-transfer/projects-and-missions/horizons/cimon.; ALI O. How is AI Being Used in Space Exploration?[EB/OL]//AZO Quantum.（2023–12–04）[2024–03–19]. https://www.azoquantum.com/Article.aspx?ArticleID=474.

② 　BRYNJOLFSSON E, HUI X, LIU M. Does Machine Translation Affect International Trade? Evidence from a Large Digital Platform[J/OL]. Management Science，2019，65（12）：5449–5460. DOI：10.1287/mnsc.2019.3388.; KOUKA M, MAGALLANES M. Technological Trivergence and International Trade: A Literature Review[EB]. Harvard University, 2022.

那些被人工智能所替代的工人们则成为生产资料劣势下的牺牲品，因而会产生巨大的财富不平等与社会分裂。[①]

换言之，人工智能对劳动收入不平等的影响取决于接触人工智能的程度、与人工智能的互补性以及人工智能对生产力的促进作用之间的竞争，而资本收入和财富不平等总是随着人工智能的采用而增加。第一，在收入分布的顶端，替代效应大于互补性收益，导致顶端劳动收入下降。当人工智能与劳动力高度互补时，互补效应就会强于替代效应，受人工智能负面影响的高收入工人的比例较小。这种高度互补性也导致那些工作互补性较低的人的劳动收入下降，而这些人通常是低收入工人。因此，劳动收入不平等加剧。第二，人工智能导致的生产率提高导致对经济中所有生产要素的需求增加，从而导致劳动收入增加，然而，人工智能互补性高的工人的劳动收入增幅更大，导致劳动收入不平等会加剧。第三，人工智能导致劳动力转移，增加了对人工智能资本的需求，提高了资本回报和资产持有价值。在所有情况下，无论对劳动收入的影响如何，高收入者的总收入都会因资本收入的增加而增加。第四，在初始不平等程度较高的新兴市场和发展中经济体，人工智能可能会在更大程度上扩大财富差距和缩小工资差距。[②]

这一理论的缺陷在于，一项技术的拥有者将技术据为己有并不符合自己的利益，而将其出售给尽可能多的客户才符合自己的利益。对于任何产品来说，世界上最大的市场就是全世界人口，就是我们80亿人。因此，在现实中，每一项新技术，即使是那些一开始只卖给高

① BRYNJOLFSSON E, MCAFEE A. The Second Machine Age: Work, Progress, and Prosperity in a Time of Brilliant Technologies［M］. Reprint edition. New York London: W. W. Norton & Company, 2016; HARARI Y N. Homo Deus: A Brief History of Tomorrow［M］. Illustrated edition. New York, NY: Harper，2017.

② CAZZANIGA P M, JAUMOTTE F, LI L, et al. Gen-AI: Artificial Intelligence and the Future of Work［M］. Washington, DC: International Monetary Fund，2024.

薪大公司或富裕消费者的稀有技术，都会迅速扩散，直到它被最大的大众市场所掌握，最终造福地球上的每一个人。如同汽车、电脑、地理信息系统等技术，人工智能不仅不会推动财富集中，相反会最终赋予包括地球上的每一个人更多的权力，并获得了所产生价值中的大部分。制造人工智能的公司也将为实现这一目标而在市场中激烈竞争。[①]

## 2. 潜在解决方案

有三类应对人工智能时代可能出现的就业问题的社会保障制度设计被提出：全民基本收入制度、大规模的工资补贴制度、国家就业保障制度。[②]

全民基本收入是一个有着几百年历史的想法，可以部分或完全取代现有的社会保障计划，向每一个成年人无条件地提供现金转移。全民基本收入有三个特点。首先，全民基本收入是普遍提供的，只受公民身份或可能的年龄等标准的限制，但一般不受收入或残疾或就业状况等其他因素的限制。其次，全民基本收入提供现金，而不是像许多针对食品、取暖油、住房等的专项计划那样提供实物福利。第三，全民基本收入是无条件的，因此与许多现有制度不同，它不要求申请者工作、找工作、上学或进行其他形式的条件测试。全民消费补贴是解决大规模失业问题的一种办法，有助于确保人们的基本收入底线，是分享与人工智能相关的产出增加所带来的好处的一种方式，给每个人一个尝试新事物的缓冲期。全民基本收入也有缺点。首先是计划的成本大，需要提高税收标准。第二，全民基本收入影响社会保障目标的

---

① ANDREESSEN M. Why AI Will Save the World[ EB/OL ]//Andreessen Horowitz.（2023–06–06）[ 2024–03–22 ]. https://a16z.com/ai-will-save-the-world/.

② FURMAN J, SEAMANS R. AI and the Economy［J/OL］. Innovation Policy and the Economy, 2019, 19: 161–191. DOI:10.1086/699936.

取舍权衡。对于那些由于收入较低、子女较多或残疾等原因而获得较多转移支付的家庭来说，全额全职补贴可能会导致他们获得较少的净转移支付。第三，全民基本收入还可能引起效率问题。例如，失业保险金的领取是以失业为条件的，增加了道德风险，但也有助于家庭平稳消费。而转为无条件的转移支付将减少与替代效应相关的道德风险，但要以牺牲现有社会保障提供的消费平滑为代价。①

就业补贴也将以现金形式提供，但不是普遍提供的，而是以工作和可能的其他情况为条件的。第一种方法是通过税法管理补贴，直接向家庭支付补贴。第二种方法是向雇主提供补贴，所有的行政工作都将由雇主和税务机关负责，雇员只需支付更高的工资。这种方法可以确保工人定期领取工资，而无须付出额外的行政精力。另一方面，就业补贴将失去针对性，例如根据家庭总体收入或能力。就业补贴也会产生财政成本，需要以某种方式筹措资金。此外，由于就业补贴是有条件的，行政成本相对于全民基本收入会更高，也会增加欺诈的动机，例如虚报收入或工时。由于补贴以工作为条件，并在收入较高时逐步取消，因此总体成本将大大低于全民基本收入。就业补贴将激励就业，突出就业在社会保障中的核心地位。②

就业保障是指提供保障性的工作，只能以劳动服务作为交换报酬的条件。就业保障的优势在于，它是补贴工作的最直接方式，有可能使人们留在劳动力队伍中，并改善反周期的财政对策。但另一方面，这样的计划也必须面对行政管理的复杂性、人们被困在没有职业发展前景的低工资工作中的危险，以及对劳动力市场的扭曲。③

---

① FURMAN J, SEAMANS R. AI and the Economy［J/OL］. Innovation Policy and the Economy, 2019, 19: 161–191. DOI:10.1086/699936.

② 同上。

③ 同上。

# 人工智能正在改变经济学原理 [①]

历史一再证明，当一种新的科技革命发生之后，同时面临三个问题：科技革命的张力、泛化能力和社会影响力。在人类历史上和科技历史上，人工智能革命很可能是最为深刻的革命，因为其所形成和展现的张力、泛化能力和社会影响力，都是前所未有的。特别是因为生成式人工智能的突破，智能机器正在成为人类所有活动中的核心部分，彻底影响了人的思维模式。整个过程加速再加速，人类正在将属于自己的领域，一个又一个地让渡给人工智能，被逼迫着做出更为艰难和更为高级的选择。在经济和经济学领域尤其如此，人工智能不仅渗透和改变了经济活动的每一个部门、每一个行业，而且正在颠覆自亚当·斯密以来的整个经济学的基本原理。

## （一）人工智能和经济史的三个历史阶段

如果以 1936 年图灵机的诞生作为确定人工智能技术原理的开端，至今近 90 年。其间，人工智能技术和经济史的关系经历了三个阶段。第一个阶段：人类经济和人工智能，彼此没有关联性。经济是一个大圆圈，人工智能技术是一个小圈，两者之间存在相当远的距离，如同

①　本文系作者基于 2023 年 2 月 24 日在"AIGC 与智能数字时代前沿论坛暨《AIGC：智能创作时代》新书发布会"的会议发言，2023 年 3 月 7 日接受"搜狐智库"专访谈话记录，2014 年 2 月 19 日内部谈话记录整理修订。

地球和月亮的关系一样。第二个阶段：人工智能技术和人类经济活动开始产生交集，人工智能这个小圈成为人类经济生活大圈的组成部分。第三个阶段：进入 21 世纪 20 年代，人工智能和人类经济活动发生重大的重合。可以预见，在不远的将来，在人工智能进入通用人工智能之后，它本身就可以成为一个更大的圈，人类经济活动将被纳入其中。这三个阶段的明显差异，见图 3.2。

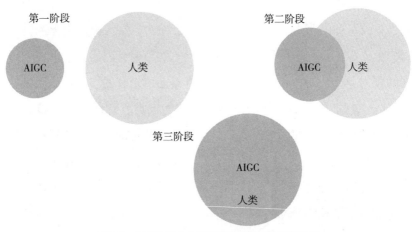

图3.2　三个阶段中人工智能技术和经济史的关系

## （二）人工智能对古典和新古典经济学基本原理的影响与改变

第一，"理性人"或者"经济人"（homo economicus）。传统经济学体系的基石是所谓"理性人"或者"经济人"的假设。"理性人"或者"经济人"参与经济活动出于利己动机，所有的经济行为都是力图以自己的最小经济代价去获得自己的最大经济利益。

当人类把人工智能体引入传统人类经济活动之后，人工智能体与人类存在三个显而易见的差别：其一，人工智能体很可能具有独特的"利己"方式，因为它们不会计较所付出的经济代价是否是最小的，所获取的经济利益是否是最大的。人工智能体很可能与人类具有不同的价值体系。其二，人工智能体与人类的理性和感性是很不同的，人工智能体的理性是一种持续的计算。例如，人工智能体参数数量大小是算法和算力的结果。特别是，人工智能体的情感会与人类大相径庭。其三，人工智能体和人的需求大不相同。例如，家庭、基本工资和劳动法保护，对人工智能体来说似乎是不成立的。

所以，因为经济学被纳入人工智能体系，其"理性人"或者"经济人"前提，需要重新论证。

第二，资源稀缺性（resource scarcity）。经济学第一原则就是资源稀缺性。所谓的稀缺性包括两个基本方面：其一，一切用于经济活动的资源，或者生产要素都是稀缺的；其二，一定时期内物品本身是有限的；其三，利用物品进行生产的技术条件是有限的。此外，作为经济活动主体的人的生命，也是有限的。所以，如何面对资源稀缺性是人类的经济活动的根本选择。

但是，资源的稀缺性在人工智能时代似乎发生动摇。因为基于人工智能技术的经济，不会再重复工业时代生产活动的物质资源和生产要素的消耗，人工智能的劳动生产率比人高，却没有人类所独有的物质性消费需求。例如，人工智能所主导的内容性生产可以超越资源短缺的限制。

第三，分工模式（division of labour）。原来的经济活动主体非常简单，是人类自身；现在人工智能不仅成了经济主体，而且进入不可逆转状态，人工智能和人类一起成为这个时代的经济主体。于是，经济活动的分工首先不再是人与人之间的分工，而是人类和智能体之间的分工。至少形成以下几种方式：（1）互补方式。现在几乎在所有的产业领域，都存在人工智能和人类互补的可能性。例如，工业生产的生产线的智能机器人和工人的操作分工。（2）替代方式。例如，人工智能替代人类在第三产业领域的文书、法律和会计等非创造性工作；（3）创新方式，即因为人工智能等出现所形成的全新领域。例如，人工智能体参与月球和火星开发，参与整合生命科学、医学和气候科学的复杂数据。

从较长时间尺度看，因为人工智能体会在愈来愈广泛的领域替代人类，人工智能和不断升级的机器人，可以替代人类的体力劳动的绝大部分，进而逐渐进入人类的智力劳动领域，逼迫人类寻求更好发挥人类智能优势的新领域，即具有思想性、知识能力、观念能力和开创性的科学和艺术领域的工作。人类社会现在还处于人工智能技术引发的新分工的窗口期，强制性分工人类产生大潮尚未到来，但是，已经为时不久。

第四，充分就业（full employment）。充分就业是传统经济学的重要目标。凯恩斯的核心内容就是要实现充分就业。一般来说，充分就业是指一个社会的失业率等于自然失业率的状态。所谓的自然失业率，则是经济社会在自然情况下的失业率，是劳动市场处于供求稳定状态时的失业率。也就是说，充分就业状态下的失业，一般属于摩擦性的和结构性的失业。在充分就业状态下，每个劳动者都能找到所期望的就业岗位，其内在需求偏好可以获得满足。从宏观经济角度，充分就业意味着国民经济的实际产出接近或等于潜在产出。

因为人工智能时代的加速到来，会导致摩擦性的和结构性的失业规模扩大，失业率超过自然失业率，形成对实现充分就业目标的挑战。社会需要通过三种手段缓和充分就业压力：（1）提高全民收入水平，改善全民福利质量；（2）培训各类失业人员，创造有效需求，扩大就业市场；（3）推动全民创造具有独立性和创造性的工作，实现工作和生活一体化。

第五，生产函数（production function）。传统经济学的生产函数定义是：在一定时期内，在技术水平不变的情况下，生产活动中的各种生产要素的数量与所能生产的产量之间的函数关系。或者可以这样理解生产函数：假定经济增长是一个因变量，劳动力、土地、资本等就是自变量。

典型的生产函数公式是：$Q = f(L, K, N, E)$。公式中的 $L$、$K$、$N$、$E$ 分别代表劳动、资本、土地和企业家。

人工智能时代对自变量的组成部分影响至深：（1）大数据成为全新的和更为重要的生产要素。（2）要素的内涵发生改变。例如，要素中的 $L$，不再仅仅代表传统人类代表的劳动和劳动力，还将包括人工智能体。（3）生产要素各个组成部分的权重发生调整。所以，产生于工业时代的生产函数全然过时。

第六，储蓄和投资（savings and investment）。在经济学中有一个很简单的模型——"S (Savings) = I (Investment)"。就是储蓄等于投资。这个模型的前提是居民收入，因为有可支配收入才有储蓄，有储蓄才有投资。但是，在人工智能参与经济活动的环境下，人工智能体并不存在工资收入问题，所以不存在储蓄资源，自然不可能支持 S = I 的模式。但是，即使进入人工智能时代，仍然需要投资。所以，需要寻求人工智能经济的投资模式。现在看，人工智能大模型的投入和产出过程中的 token 收入，很可能是一种潜在的和全新的投资来源。

第七，价格曲线（price curve）。在传统经济学中，价格取决于供给曲线和需求曲线的均衡。其中，供给曲线描述的是生产者在特定时期内愿意提供某种商品的数量与该商品价格之间关系的曲线。供给曲线通常呈上升趋势，表明价格越高，生产者愿意提供的商品数量越多。需求曲线描述消费者在特定时期内愿意购买某种商品的数量与该商品价格之间的关系。需求曲线通常呈下降趋势，表明价格越低，消费者愿意购买的商品数量越多。

在人工智能时代，上述价格取决于供给曲线和需求曲线的均衡的规律基本遭到颠覆。因为人工智能时代产品的最大特点就是，因为需求创造供给，消费与生产的边界逐渐模糊，甚至进入消失状态。而且，在人工智能环境下，随着人类工作时间的减少和自由时间的增多，时间成为人们消费的重要对象，并不存在传统物质生产和消费的刚性和弹性。因此，智能经济的价格具有极大的主观性。

第八，基础设施（infrastructure）。传统经济学所关注和讨论的基础结构，主要是指交通运输、邮电通信、物资仓储以及城市公用事业部门所提供的产品和劳务。这些产品和劳务对直接生产部门的发展起着先行和保证作用，是现代社会生产的基础和前提条件。基础结构被分为广义、狭义两种，狭义专指具有有形资产的部门，如运输、动力、通信、供电、供水等；广义的还包括教育、卫生、科研等部门。进入人工智能时代，以上的基础设施属于传统基础结构，还要包括互联网、智能互联网、大数据和云计算，还有区块链、算力中心，甚至人工智能大模型的新基础结构。

第九，垄断竞争市场（monopolistic competitive market）。垄断竞争市场是市场经济的常态，介于完全竞争和完全垄断的两个极端市场结构的中间状态。垄断竞争市场结构的特点包括：厂商众多；产品存在差异化，企业可以相对容易地进入或退出市场；价格控制有限；消费者在选择时会考虑产品的独特属性。但是，近年来迅速形成的人工智能技术市场，在垄断竞争市场的范畴中，更接近寡头市场，或者完全垄断市场。这是因为，人工智能代表的科学原理和技术开发，具有自然垄断特征，对于用户和消费者而言，具有不可选择性，或者接受经营者确定的交易条件，或者就不与其发生交易关系。因此，人工智能技术的每一次升级换代，都意味着供给稀缺和规模经济效益。人工智能开发成本包括传统人工成本和人工智能成本，其中的人工智能具有不可想象的优势，因为它的成本可以无限低。正因为如此，其生产函数呈规模报酬递增状态，即平均成本随着产量的增加而递减。例如，OpenAI 具有基于技术优势的寡头垄断或者自然寡头垄断特征。所以，可以长期获得持续的巨量融资。

第十，空间经济学（spatial economics）。传统的空间经济学，基本就是地理经济学和区位经济学，局限于经济活动的投入—产出的地理分布，以及成本价格—费用的地理变化。1999 年，MIT 出版日本经济学家藤田昌久（Masahisa Fujita，1943—　）、美国经济学家克鲁格曼（Paul Krugman，1953—　）和英国经济学家维纳伯尔斯（Anthony James Venables，1953—　）合著的《空间经济学：城市、区域与国际贸易》（*The Spatial Economy: Cities, Regions and International Trade*），彻底突破了地理经济学和区位经济学框架，重构和影响经济空间差异的内生和外生系统，提出"中心—外围"演变的空间模式、产业集群在经济空间存在的特征，以及经济空间突变的可能性。

人工智能的崛起带来了经济空间维度的扩展。这种扩展主要集中在：（1）人工智能直接开拓物理空间，包括宏观的宇宙空间和微观的量子空间；（2）人工智能可以实现对现实世界的模拟和仿真；（3）人工智能结合诸如 AR、VR 和 MR 的虚拟现实技术，创造与人类互动的元宇宙之类的虚拟空间。（4）人工智能改变工业时代的产业集群，形成基于信息和大数据的超空间的产业集群的组合模式。

第十一，周期理论（economic cycle theories）。传统的经济周期理论，等同于经济周期（business cycle），是对经济运行中周期性出现的经济扩张与经济紧缩交替更迭、国民经济投入产出循环往复、总收入和总就业波动的理论概括。经济周期理论包括短周期和长周期，且每个周期由繁荣、衰退、萧条、复苏四个阶段组成。上述周期理论是对工业时代经济现象的总结。进入后工业社会，特别是数字经济和智能经济社会之后，以上的经济周期，特别是短期商业周期不仅紊乱，甚至还可以认为基本不复存在。其根本原因在于，信息、数据、算法、算力不存在物质产品的过剩问题。还有，以人工智能为代表的技术创新表现为连续过程，由供给创造市场。例如，OpenAI 的 GPT 历史是经典案例：2018 年发布 GPT-1，2019 年发布 GPT-2，2020 年发布 GPT-3，之后是 GPT-3.5 系列，在 2024 年，OpenAI 发布 OpenAI o1。这证明了熊彼特（Joseph Alois Schumpeter，1883—1950）的创造性破坏理论（creative destruction）：经济的发展是通过创新驱动的，而这种创新往往会破坏现有的市场结构，最终打破和改变商业周期。

除了以上十一点之外，还可以继续罗列下去，证明人工智能改变了传统经济和古典及新古典经济学。

# （三）人工智能与制度经济学修正

制度经济学（institutional economics）研究经济制度的性质、演变和效果，探讨制度如何塑造经济行为、资源配置和经济发展。制度经济学的核心观点是经济制度是经济发展和经济效率的关键因素，而不仅仅是市场机制的作用。

在制度经济学中，产权理论（property right theory）占有极为重要的位置。一般来说，产权理论的研究对象是经济运行背后的产权结构。新制度经济学领军人物科斯（Ronald Harry Coase，1910—2013）认为：产权是指一种权利。产权界定分明与否制约着资源配置的效率。在科斯理论中，交易费用和社会成本是两个核心概念。特别是，企业是一个组织单位，可以将不同要素所有者组织成一个单位参加市场交换，既减少了交易者数量，也减轻了交易摩擦，降低了交易成本。基于科斯产权理论的科斯定理（Coase theorem）：只要财产权明确，交易成本为零或者很小，无论在开始时将财产权赋予谁，最终都可以实现市场均衡和资源配置的帕累托最优（Pareto Optimality），在没有政府干预下消除外部性导致市场失灵问题。

美国经济学家德姆塞茨（Harold Demsetz，1930—2019）认为，从法律角度讲，产权是关于财产的一项权利。产权含义远远超越了普通意义上"财产"的概念。所有权是对某种财产的一种整体权利，产权则是指包括使用、抵押、转让或者占有某物品的一组权利，其中每一项权利都可以单独行使，进行产权的不同重组。经济学家张五常（1935—　　）则强调产权是一组权利束，包括所有权、使用权、收益权、让渡权等，具有激励与约束功能。

人工智能是一个复杂的技术系统，包括硬件、软件、基础设施，可以对经济活动、经济结构和经济制度产生全方位的影响和改变。特别是，人工智能技术的分享性和开放性、公共性和服务性特征，至少从以下几个方面修正了制度经济学：（1）人工智能技术的任何开发，都引发包括专利、支持人工智能的基础设施的产权界定。（2）人工智能技术的开发需要通过开源模式实现。所以，人工智能技术具有天然的公共产权特征。（3）人工智能具有的强大算法和算力，有助于降低交易成本，实现市场均衡。（4）传统企业组织难以适应人工智能技术产业特征，诸如 Web3 和 DAO 这样的经济组织模式则更为适应人工智能生态。

简言之，人工智能的发育和演变，最终将会重构经济制度结构和形成更有生命力的经济机制。

## （四）人工智能与资源禀赋理论和发展经济学

人工智能对世界经济的影响是深刻和巨大的，对支持当代世界经济的资源禀赋理论和发展经济学形成冲击。

第一，资源禀赋理论（factor endowments theory）。赫克歇尔—俄林模型（Herschel-Olin model）所代表的资源禀赋理论的核心思想是：各国生产要素自然禀赋的相对差异，决定不同生产要素的使用方法和价格，因而决定了各国在不同商品生产上的成本差异，以及各国比较优势和贸易利益。或者说，各国生产要素自然禀赋的相对差异所构成的比较优势，构成国际贸易的现实基础。毫无疑义，资源禀赋理论是工业时代的国际贸易理论。因为，在工业生产的过程和产品中，很容易发现其生产要素自然禀赋的差异。例如，石油和天然气这样的能源产品，或者小麦和玉米这样的谷物产品。

但是，资源禀赋理论很难解释科技贸易，特别是有人工智能技术含量的人工智能产品和劳务的贸易。道理并不复杂，因为人工智能技术开发的资本极高，被少数国家的少数企业所垄断，所以基本排除形成人工智能产业的国际分工体系。例如，英伟达几乎垄断了 GPU 的全球市场，在 GPU 市场上几乎没有竞争者，所以，并不存在 GPU 产品的自然禀赋和价格优势比较。

第二，发展经济学（development economics）。发展经济学是一门主要研究发展中国家经济增长和经济发展问题的学科。发展经济学的演变分为三个阶段：第一阶段，从 20 世纪 40 年代末至 60 年代后期。强调资本积累和实现工业化、计划化的重要性。代表理论是刘易斯的"二元经济"发展理论。该理论主张利用农业部门的隐蔽性失业劳动者，支持现代工业部门的生产，以增加资本积累。第二阶段，20 世纪 70 年代以后。从单纯强调工业化追求高速度的发展观念，扩展到关注收入增长与公平在内的多目标发展的经济发展问题，发展过程中的非经济因素分析，倡导发展中国家的社会经济改革。第三阶段，20 世纪80 年代至 21 世纪。重视政治、法律、文化和市场经济制度，构成发展的主要因素和源泉。引入新增长理论（new growth theory），强化政府对人力资本、科技研究和生产知识部门投资，重视环境问题，实现经济的可持续发展。

在发展经济学的黄金时代，互联网和人工智能还未得到充分发展。在那个时代，发展经济学的主要目标是解决如何消除自给经济和现代化经济的"二元经济结构"，消除贫困，缩小发达国家和发展中国家的收入鸿沟问题。如今，因为互联网和数字智能技术革命，在发达国家和发展中国家之间，又叠加了传统工业、农业技术和数字及人工智能技术的"新二元结果"，进而形成了"数字鸿沟"和"人工智能鸿沟"。在这样的情况下，人工智能体大规模替代人力，发展中国家曾经普遍存在的、基于劳动力成本偏低的"人口红利"和劳动密集型产业，都会极速萎缩，甚至转化为新的人口负担，导致高科技引发的贫穷回归。

全球正在加速进入数字经济、智能经济双转型阶段，未来的全球分工在很大程度上取决于在智能产业中的位置。人工智能的快速发展正在影响世界经济的一些产业体系和世界分工。以前人们讲"工业发达国家"，以后就说"智能产业发达国家"。

还要强调的是，科技因素对于发展中国家的创新和可持续发展关系重大，而科技发展主要基于的是"先发优势"，不是"后发优势"。

## （五）担心人工智能失控是一种片面认知

面对人工智能一波又一波的浪潮，特别人工智能体替代人力领域的不断扩大，人们产生日益加重的忧虑。现在，愈来愈多人开始倾向于认为人工智能会走向失控，对人类未来构成威胁。因为在现实社会的阶层不同，人们对人工智能的焦虑的出发点是不同的。对于一般民众来说，他们忧虑的是人工智能是否有碍个人和家庭的工作和生活。对于知识分子来说，他们忧虑的是人工智能对人类未来的影响方式。还有一类是所谓的文化精英，他们所忧虑的是人工智能对人性和艺术文化的影响。美国当代著名学者、认知科学家侯世达（Douglas Richard Hofstadter，1945—　）是一个典型人物，他对人工智能达到了恐惧和厌恶的境地，因为人工智能程序的"浅薄的算法替代"可以替代基于人类思想的崇高创造，例如肖邦的音乐。他无法解释"我们将成为遗迹，我们将被尘埃淹没"的前景。[①]

现在，人工智能的发展已经进入不可逆的状态，再也没有一种力量可以把全球人类统一起来，抵制、阻止、反对和改变已经到来的人工智能时代。为此，社会各个阶层，纷纷主张政府和国际社会建立对人工智能加以有效治理的完备体系，甚至想给人工智能输入遵循人类道德模式的程序。但是，世界各国至今并没有形成有确切含义的人工智能治理的规则和规范。

到目前为止，人类所创造的人工智能的主流是对人类有益的，还没有证据说明人工智能具有对人类不友好的，甚至邪恶的倾向。人工智能不仅可帮助人类突破其局限性，还彻底打破和改变了人类中心主义，将人类推进到一个阶段——必须和一个新物种来合作。要相信，未来人类智慧和人工智能智慧，碳基人和硅基智能体，完全具有相互理解的能力。创造财富的不再是人类的独自工作，人工智能将参与未

---

① 梅拉妮·米歇尔. AI 3.0 [M]. 王飞跃，李玉珂，王晓，等，译. 成都：四川科学技术出版社，2021：311.

来社会的财富创造。

　　所以，现在人们不应该过早地焦虑人类 vs 人工智能的时刻，更不应该因噎废食，站在人工智能的对立面。人工智能，包括大模型还有很多问题，但是人工智能的所有来自技术的问题，最终需要通过人工智能技术的演进得以解决。在这样的意义上，人工智能经济学、人工智能政治学和人工智能社会学呼之欲出。

# 现阶段数字技术和数字经济的十个问题 [①]

20世纪，人类历史上最重要的事件是数字技术革命和数字经济崛起，成为与基于工业形态经济并存的经济形态。

## （一）数字经济发展趋势

数字经济发展的基本态势是：数字经济以超过传统经济的速度增长，人类因此正在进入信息和数字社会。数字经济持续"裂变"和"聚变"，形成数字经济体系，并在全球范围内形成新型的"二元经济"：传统物理形态经济和数字经济。后者增长速度超过前者，改变了GDP构成。

数字经济有以下几个基本特征。（1）作为数字经济要素的个人和机构的结构性和非结构性数据持续呈指数级增长，逼迫算力革命，引发世界性"算力竞赛"；（2）数字经济的本质是"自适应非线性网

---

① 本文系作者据2020年5月至2022年7月关于数字经济和人工智能会议的发言稿等整理和修订而成。会议包括：2020年5月11日华阳新材料科技集团有限公司数字经济转型会议，2020年10月10日"第十一届森庐论坛"，2021年4月17日数字资产研究院、重庆链存科技、零壹财经·零壹智库主办的"新基建分布式存储峰会"，2021年4月23日江苏南京溧水高新区管委会主办的"首届无想山财经峰会"，2021年12月13日"大数据时代的危机与挑战——在DAO原则下构建分布式存储、分布式计算和分布式能源的未来"，2022年6月10日在由《陆家嘴》杂志、零壹智库主办的"2022第一届中国数字科技投融资峰会：数字技术涌现与投资革新"，2022年7月22日"福建省数据要素与数字生态大会之数据治理应用与数据要素流通高峰论坛"。另有一篇为2022年6月30日向台湾大学人文社会高等研究院提交的研究计划书《关于亚太地区数字化转型与分工格局的研究》。

络";（3）数字经济改变了从工厂到公司的组织体制，以及就业方式；（4）数字经济几乎正在吸纳一切新技术，包括人工智能，甚至尚未成熟的量子技术。数字经济的技术创新速度不断加速；（5）因为数字技术，科技资本膨胀，数字经济正在成为庞大资本投资的新疆域。

数字经济的社会意义有以下几方面：（1）数字经济改变了从发达国家到新兴市场经济国家的传统发展模式、经济结构和经济体制；（2）以加密数字货币为代表的新型财富模式"无中生有"，改变和缓和社会贫富差别，对传统金融产业转型形成压力，推动建立"共享经济"和"普惠金融"；（3）数字经济深刻改变了社会结构，在推动"数字文明""数字治理"的同时，出现了"数字不平等""数字鸿沟"等新的社会问题。

数字经济发展所面临的挑战有：（1）规模大数据时代已经到来。人们在 13 年前讨论大数据，以为用 EB（百亿亿字节）来衡量信息规模尺度还很遥远。10 年后已经进入 ZB（十万亿亿字节）时代，也许再过 30 年左右会进入 DB（十亿亿亿亿字节）时代。根据欧洲大型强子对撞机（Large Hadron Collider，LHC）搜集和汇集的数据规模，2020 年 10 月至 2021 年 9 月，有约 5400 PB 的电子邮件产生。（2）数据处理硬技术变化。从 CPU 到 GPU，再到 DPU。英特尔在 2024 年会创造出 XPU。软件和硬件的边界在改变，已经不存在完全脱离硬件的软件，更不存在没有硬件支持的软件。（3）数据结构和形态完全转变。过去传送的数据是文字，后来是语音和音乐，现在是图像和电影、元宇宙代表的数字孪生。（4）算力变化。算力本身发生了很大的变化。从古典计算到超算，解决的是亿级、万亿级数据处理。不仅如此，量子计算、量子通信、量子网络正在全方位崛起，出现"量子霸权"概念。（5）形成信息产业体系。

思考数字技术，两个概念要谨慎使用。其一，不要随意使用"代"的概念。"代"是线性的，缺少标准和根据，无法定性和定量分析。现在科技的发展，没有代际，只有颠覆。其二，不要随意用"+"。数字经济已经不是加减乘除构成的，而是非线性的、指数级的和生态的。如果继续用线性的思维、古典物理的思维，不可能理解这个科技革命主导经济和社会进步的时代。现在看，科技领域很可能是吸纳过度发行的 M2 的黑洞增值最快的科技资产，不可思议地消化了人们一再预测的恶性通货膨胀。

数字经济形成特有的数字价值创造。数字经济基于"创生性"（generativity）原则，其价值创新发生于不可预见的方式中，并对过往成形的价值链没有依附。① 创生性作为"由大规模、多样和无协调的观众所驱动的生产无来由改变的能力"，可以实现数字客体作为平台，通过平台的其他公司开发补充性的新产品、技术与服务。② 在多边市场

① TILSON D, LYYTINEN K, SØRENSEN C. Research Commentary—Digital Infrastructures: The Missing IS Research Agenda［J/OL］. Information Systems Research, 2010, 21（4）: 748-759. DOI: 10.1287/isre.1100.0318.; YOO Y, BOLAND R J, LYYTINEN K, et al. Organizing for Innovation in the Digitized World［J］. Organization Science, 2012, 23（5）: 1398-1408.

② ZITTRAIN J. Law and technologyThe end of the generative internet［J/OL］. Communications of the ACM, 2009, 52（1）: 18-20. DOI: 10.1145/1435417.1435426.; BARRETO L, AMARAL A, PEREIRA T. Industry 4.0 implications in logistics: an overview［J/OL］. Procedia Manufacturing, 2017, 13: 1245-1252. DOI: 10.1016/j.promfg.2017.09.045.; GAWER A. Chapter 3: Platform Dynamics and Strategies: ZITTRAIN J. Law and technologyThe end of the generative internet［J/OL］. Communications of the ACM, 2009, 52（1）: 18-20. DOI: 10.1145/1435417.1435426.; BARRETO L, AMARAL A, PEREIRA T. Industry 4.0 implications in logistics: an overview［J/OL］. Procedia Manufacturing, 2017, 13: 1245-1252. DOI: 10.1016/j.promfg.2017.09.045.; GAWER A. Chapter 3: Platform Dynamics and Strategies: From Products to Services［M/OL］//Platforms, Markets and Innovation. Edward Elgar Publishing, 2009［2022-05-03］. http://www.elgaronline.com/view/9781848440708. xml. DOI: 10.4337/9781849803311.; EVANS D S, SCHMALENSEE R. Matchmakers: The New Economics of Multisided Platforms［M］. Harvard Business Review Press, 2016.; YONATANY M. A Model of the Platform-Ecosystem Organizational Form［J/OL］. Journal of Organization Design, 2013, 2（2）: 54-58. DOI: 10.7146/jod.7267.; 同 133.

中，平台方扮演中介角色便于服务交换，却对组件和模块不具备所有权。[①] 数字经济平台连接不同的公司并包含不同的层级（layer），这些层级处在高度模块化的建构当中，使得不同层级实现解耦。[②] 数字平台为连接多边市场的公司提供了控制中心。[③] 数字技术被广泛使用，平台成为价值创造的中心，使得不同产业的公司可以发展并集成新设备、服务、网络和内容。[④]

## （二）工业 4.0 和数字经济

数字经济和数字技术与"工业 4.0"存在深刻的关联性。在 2011 年汉诺威工业博览会上，首次提出"工业 4.0"概念。两年后，德国联邦经济事务与能源部正式提出"工业 4.0"作为德国国家战略倡议。"工业 4.0"代表的是继 18 世纪第一次工业革命以来的三次工业革命

———————

①　THOMAS L D W, AUTIO E, GANN D M. Architectural Leverage: Putting Platforms in Context［J/OL］. Academy of Management Perspectives, 2014, 28（2）: 198–219. DOI: 10.5465/amp.2011.0105.

②　KOCH T, WINDSPERGER J. Seeing through the network: Competitive advantage in the digital economy［J/OL］. Journal of Organization Design, 2017, 6（1）: 6. DOI: 10.1186/s41469–017–0016–z.

③　EISENMANN T, PARKER G, VAN ALSTYNE M. Platform envelopment［J/OL］. Strategic Management Journal, 2011, 32（12）: 1270–1285. DOI: 10.1002/smj.935. GHAZAWNEH A, HENFRIDSSON O. Balancing platform control and external contribution in third-party development: the boundary resources model: Control and contribution in third-party development［J/OL］. Information Systems Journal, 2013, 23（2）: 173–192. DOI: 10.1111/j.1365–2575.2012.00406.x.

④　GAWER A, PHILLIPS N. Institutional Work as Logics Shift: The Case of Intel's Transformation to Platform Leader［J/OL］. Organization Studies, 2013, 34（8）: 1035–1071. DOI：10.1177/0170840613492071.; 同 134.

之后的第四次工业革命（Fourth Industrial Revolution）。[①]

工业 4.0 的核心是信息物理生产系统（cyber-physical production system，CPPS）。实现人工智能与自主学习的转型，完成智能生产过程并独立交换信息、触发动作和互相控制。[②] 工业 4.0 通过运营技术（operational technology，OT）和信息技术（information technology，IT）结合，推动智慧工厂（smart factory）、大规模运用机器人学（robotics）与自动化、3D 打印、协作机器人（collaborative robots，或称 cobots）、云计算、物联网、务联网（internet of services, IoS）、大数据与数据挖掘等技术创新。[③]

工业 4.0 面临短期和长期的多方面的挑战。[④] 短期挑战包括：（1）缺乏自主性，制约向智能制造的转化；（2）网络带宽限制成为发展瓶颈，数据缺乏数据标注的统一标准，难以保证数据准确性与真实性；（3）智能制造中复杂系统的实用建模和分析目前尚不堪用；（4）面对个性化和客制化产品生产的调整困难；（5）不同部门对于工

① DRATH R, HORCH A. Industrie 4.0：Hit or Hype?［Industry Forum］［J/OL］. IEEE Industrial Electronics Magazine，2014，8（2）：56–58. DOI：10.1109/MIE.2014.2312079.

② BAUERNHANSL T, TEN HOMPEL M, VOGEL-HEUSER B. Industrie 4.0 in Produktion, Automatisierung und Logistik［M/OL］. Wiesbaden: Springer Fachmedien Wiesbaden，2014［2022–05–03］. http://link.springer.com/10.1007/978–3–658–04682–8. DOI：10.1007/978–3–658–04682–8.

③ HALLER S, KARNOUSKOS S, SCHROTH C. The Internet of Things in an Enterprise Context［C/OL］//DOMINGUE J, FENSEL D, TRAVERSO P. Future Internet – FIS 2008. Berlin, Heidelberg: Springer，2009：14–28. DOI：10.1007/978–3–642–00985–3_2.; OKS S J, FRITZSCHE A, MÖSLEIN K M. An Application Map for Industrial Cyber-Physical Systems［M/OL］//JESCHKE S, BRECHER C, SONG H, et al. Industrial Internet of Things: Cybermanufacturing Systems. Cham: Springer International Publishing，2017：21–46［2022–05–03］. https://doi.org/10.1007/978–3–319–42559–7_2. DOI：10.1007/978–3–319–42559–7_2.

④ YANG F, GU S. Industry 4.0, a revolution that requires technology and national strategies［J/OL］. Complex & Intelligent Systems，2021，7（3）：1311–1325. DOI：10.1007/s40747–020–00267–9.

业 4.0 的投资方式与政府最优支持尚不明确。<sup>①</sup> 从长期来看，工业 4.0 面临的挑战主要在网络安全和数据隐私等方面。

工业 4.0 时代，数字经济和区块链具有紧密互动关系。数字经济加速复杂经济和确定性终结时代的来临，区块链则是处理复杂经济和不确定经济的工具。区块链本身就是一种"自适应非线性网络"。传统经济的数字化转型，构建工业 4.0 体系和"工业互联网"，需要将区块链纳入基础架构：（1）区块链自身产业链趋于完整，形成区块链产业，并与传统产业结合，改造传统产业。（2）区块链可以提供建立新的信任基础、新的组织模式和新的就业方式；（3）区块链有助于维护人们的基本数据权益和安全；（4）区块链有助于建立支持"共享经济"的社会生态体系。

工业 4.0 时代，全球价值链正在形成和发展。一个基于工业 4.0 的全球价值链（global value chain，GVC）正在形成。跨国公司作为"全球领先公司"（global lead firm），驱动和主导基于工业 4.0 的全球价值链的发展。<sup>②</sup> 发展中国家供货商唯有选择参与全球领先公司驱动的全球价值链，学习相应技术并提升所在地区的发展潜力。但是，"华

①　WANG S, WAN J, LI D, et al. Implementing Smart Factory of Industrie 4.0：An Outlook［J/OL］. International Journal of Distributed Sensor Networks，2016，12（1）：3159805. DOI：10.1155/2016/3159805.; THOBEN K D, WIESNER S, WUEST T. "Industrie 4.0" and Smart Manufacturing—A Review of Research Issues and Application Examples［J/OL］. International Journal of Automation Technology，2017，11（1）：4–16. DOI：10.20965/ijat.2017.p0004.; VAIDYA S, AMBAD P, BHOSLE S. Industry 4.0 – A Glimpse［J/OL］. Procedia Manufacturing，2018，20：233–238. DOI：10.1016/j.promfg.2018.02.034.; ROBLEK V, MEŠKO M, KRAPEŽ A. A Complex View of Industry 4.0［J/OL］. SAGE Open，2016，6（2）：215824401665398. DOI：10.1177/2158244016653987.

②　GEREFFI G. Global value chains in a post-Washington Consensus world［J/OL］. Review of International Political Economy，2014，21（1）：9–37. DOI：10.1080/09692290.2012.756414.; GEREFFI G, HUMPHREY J, STURGEON T. The governance of global value chains［J/OL］. Review of International Political Economy，2005，12（1）：78–104. DOI：10.1080/09692290500049805.

盛顿共识"（Washington Consensus）框架之下的 GVC，强调私有化、取消管制和自由化。[①] 21 世纪以来，民族国家（nation-state）正在扮演积极角色，更多关注关于国家角色的理论，包括其便利性、管理性、生产者和买方的功能。[②]

## （三）数字经济的基础设施

2018 年，中国政府提出数字经济的"新型基础设施建设"目标，简称"新基建"。自此，"新基建"成为国家战略。

自 2018 年，"新基建"的定义和解释经历了三个阶段：（1）概念形成阶段。2018 年 12 月，中央经济工作会议提出的"新基建"主要包括 5G、人工智能、工业互联网以及物联网四大领域。2019 年 3 月，"新基建"范围延展至包括特高压、城际高铁及轨道、新能源汽车充电桩、大数据中心、5G、人工智能、工业互联网七大较为独立的领域；（2）范围扩大和融合阶段。2019 年至 2020 年初期，关于建立完整融合的交通网、水利能源网、信息技术网，以及利用创新科技建立产业生态等互通协作，纳入"新基建"范畴；（3）方向和功能拓展阶段。2020 年 4 月，国家发展和改革委员会指出新型基础设施建设所包含的三大发展方向：信息基础设施建设、融合基础设施建设、创新基础设

---

① WADE R H. What strategies are viable for developing countries today? The World Trade Organization and the shrinking of 'development space' [ J/OL ]. Review of International Political Economy, 2003, 10（4）：621–644. DOI：10.1080/09692290310001601902.; MAYER F, GEREFFI G. International development organizations and global value chains [R/OL]. Edward Elgar Publishing, 2019：570–584 [ 2022–05–03 ]. https://econpapers.repec.org/bookchap/elgeechap/18029_5f35.htm.

② MAYER F W, PHILLIPS N. Outsourcing governance: states and the politics of a 'global value chain world' [ J/OL ]. New Political Economy, 2017, 22（2）：134–152. DOI：10.1080/13563467.2016.1273341.

施建设。新基建对经济发展的功能：旨在通过信息技术和创新能力的升级，做强做优制造业，推进经济存量和增量的数字化、智能化融合发展，加快利民生的基础设施建设，加大新型技术利用。[①] 新基建的分类见图 3.3。

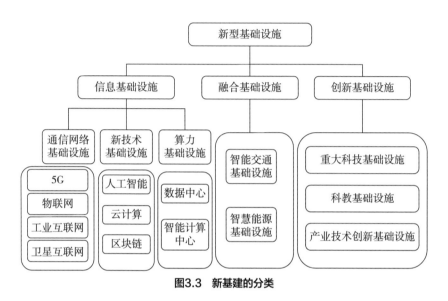

图3.3　新基建的分类

新型基础设施是公共服务、居民生活、经济生产和社会治理所必需的基础，相对于传统基础设施建设，具有这些特征：（1）生产要素不同。新基建与新的生产要素"数据"紧密结合。例如，新建机场的物理形态属于以"铁、公、机"为代表的旧基建领域。但是，新建机场的数字化部分以及旧机场在 5G、物联网和人工智能等技术的数据化改造则被认定为新基建。（2）发展模式不同。新基建更多是轻资产、高科技含量、高附加值的数字技术行业。（3）产业分布和产出

_____

① 德勤. 新基建战略规划及投资新机：新型基础建设投资机遇的初步解读［R/OL］.
2020：16［2024-09-07］. https://www2.deloitte.com/content/dam/Deloitte/cn/Documents/
strategy/deloitte-cn-consulting-new-infrastructure-1-zh-200512.pdf.

不同。新基建集中在电子及通信设备制造业、通信业、互联网、软件业和信息服务业；新基建产出包括通信业、软件业、互联网和信息服务业。其涉及的领域大多是中国经济未来发展的短板。（4）参与主体不同。旧基建更多的是以地方政府牵头投资的大型公共基础设施项目，由于其投资体量、回报周期和偏重公共服务的性质。新基建更加依靠企业为主导，其成果甚至并不会以具体的公共设施实物来呈现。

国家推动新基建有以下几方面的原因。（1）新基建将成为经济稳增长的关键。传统基建能够直接扩大内需、拉动就业，但是出现重复建设、产能过剩，已经拖累经济运行效率。新基建有助于拉动大规模的投资需求，刺激经济复苏。（2）新基建项目的未来空间大、赢利前景好，吸引社会资本长期投入，避免传统基建重复建设和"挤出效应"等负向成本，支持经济与居民收入增长。（3）新基建加速产业升级和结构调整，创造新的内生增长点，加速形成数字化生产方式。（4）新基建支持需求侧、供给侧的数字化，刺激"独角兽"企业，吸引全球资金流入，补足国内产业资本缺口。（5）新基建有助于国内供需体系的数字化升级，创造和培育消费新行为和新需求。（6）以新基建作为加速器，推动国内外价值链的数字化转型，推动国际数字经济分工与合作，改善产业格局，跨境垂直分工体系趋于紧密，构建区域一体化和数字经济全球化。

新基建为"数字化生产"提供了有效支持：（1）为科创企业提供低成本、高效率的量产能力，使其科技成果迅速转化为经济效应；（2）支持生产进程灵活、精确的动态调整，缩短产品迭代周期，加快新供给对新需求的拉动，并减弱全球供应链波动的冲击；（3）有助于实现供求两端的信息均衡，规模化生产和小众化、多元化细分市场均衡，消费者订单拆分后直达生产体系的终端，提升消费者福利，降低生产者的市场风险。

20 世纪初美国创新地形成了"大规模生产"模式，奠定其在高附加值产品上的国际竞争优势，跻身世界经济强国。展望未来，中国以新基建为支点，发展出适应新时代的"数字经济"模式，参与构建全新的全球价值链。

## （四）数据要素市场和科技革命

世界的本质就是信息。信息可以数据化，不等于说所有的信息都能够数据化，仅仅部分信息可以数据化。人们首先面对的是各种原始和自然形态的数据，其中的绝大部分数据是无用数据，扣除无用数据之后才是有用数据。从原始和自然数据出发，经过一个非常繁复的过程，形成数据要素。也就是，人们在追求精确和有价值的数据之前，需要完成有用数据和无用数据、结构化数据和非结构化数据、有意义的数据和无意义的数据分类。人类在数字化转型中的最大困境是被迫存储无用数据，或者有用数据不能充分开发，造成巨大的资源浪费。根据 IDC 提供的资料：2018 年全球的数据总规模达到 32ZB，2025 年接近 200ZB，其中有效数据占 12%，在有效数据中具有商业意义的数据占有效数据的 25%。也就是说，现在大数据中 80% 的数据需要被处理，只有 3% 的数据可以具备数据要素的标准。所以，需要实现元数据结构化，再加上各类资源投入，完成对数字要素的技术衔接，最终能够理解从微观的存储到相对宏观的云计算的关系，构成市场的数据要素供给。

数据要素的界定除了技术和工程外，还有经济学和法律两个方面：（1）经济学界定。传统经济学的生产要素是土地、资本和人力。其中，土地是天然的生产要素。生产要素是有成本约束的。所以，没有成本概念的数据就不是数据要素。现实经济活动中，有可能低成本要素数据具有商业意义，而高成本要素数据未必具有商业意义。韦伯太空望远镜 100 亿美元的投入，可以看到 135 亿光年外的星系，这是高成本信息。这个信息此时此刻并不是生产要素，不能立即产生商业利益和商业后果。经济学所界定的数据要素，必须可以实现产品化、行业化、产业化和商业化，存在成本和效益的互动机制。（2）法学和法律界定。前几年，国家惩处滴滴打车滥用数据，涉及采用数十亿属于民众的信息。根据相关法律，滴滴打车已经侵占了民众所有的大数据资源。

数据要素市场化最大的问题是规模。2025 年要素市场的规模达到 1749 亿元。现在计算数据规模以 EB 为标准，很快进入 ZB 时代，2030 年将从 ZB 时代进入 YB 时代。面对主体、个人、企业、社会之间的交错关系，如此庞大的数据市场，需要克服"数据孤岛"现象和实现数据要素价值化。在这个过程中，要素市场体系变得越来越复杂。这个社会很可能进入一个以数据要素为主体的市场体系。

数字技术导致人类的经济行为发生本质变化，刺激生产力高度释放。当人们进入 ZB 时代和 YB 时代，面对数据要素的急剧膨胀，用传统计算机通过传统算力和算法来处理，越来越困难。量子计算机就成为未来的选项，实现人工智能加上量子计算技术。最近，加拿大一个很小的量子计算公司，在 30 微秒内所做的计算可以完成日本超级计算机的计算需求。IBM 主张将人工智能和量子计算加以结合，代表未来面对大量膨胀的大数据时代的一种技术路线。

数据要素促使数据科学形成。最终打通数据要素，实现量子、信息、比特、数据要素等的一体化。科学家约翰·惠勒和维杰·库玛（Vijay Kumar，1962—　）在各自的领域贡献卓越。他们两个人的观点具有连续性，主张一切来自比特，而比特的本质是量子。在比特和量子之间，世界正在形成一个数据科学。

科技竞争时代的根本性特征是创新的速度持续加快，导致奇点逼近。所以，摩尔定律应运而生。摩尔定律就是数据科学的定律，是超越经济学定律的定律。此外，还有麦特卡夫定律、吉尔德定律。这个时代的前沿就是人工智能，就是量子科学，以及人工智能和量子科学所要解决的数据时代，背后还有巨大的能源消耗。现在世界产生了超级科技公司，形成前所未有的垄断性分工，先发优势具有相当难以动摇的位置，决定科技发展的方向。现在要把有限的资源组织起来，应对人类历史上从来没有过的科技挑战。

## （五）大数据时代的风险与挑战

几年前涂子沛（1973—　）的《大数据》一书影响很大。这些年，数字经济发展的最重要特征就是大数据市场规模的扩张。在数字经济时代，大数据成为生产要素，而且正在成为第一生产要素。

大数据的特征和潜在风险。大数据增长模式和物质产品的增长模式是完全不同的，其根本特征是：（1）物质生产模式是算数级数，传统经济增长的衡量尺度是 GDP，技术极度高速增长不过是 10%—20%。而大数据增长是指数增长，可以是数十倍，甚至百倍以上。（2）传统实体经济结构相对稳定，可以实现供给与需求均衡；大数据不存在稳定结构，非均衡是常态。（3）传统经济所依存的工厂和公司模式，已经不再适应大数据发散型和非结构生产过程。（4）传统经济的物质性生产的安全性基本是显性的，大数据经济的安全性是隐性的。（5）传统经济的法律体系是健全的和成熟的，数据经济的法律体系尚处于早期阶段。（6）人类有足够的经验应对实体经济、传统金融部门的危机，但还没有足够的经验来应对数字经济时代可能发生的危机。

应对大数据时代的挑战存在两种对策：（1）强化政府对大数据的中心化管理和控制。建立严格的治理的法律体系。但是，这样的选择始终力不从心，治理思想和手段滞后于数据经济的扩张，处于"道高一尺，魔高一丈"的境地。（2）DAO 模式。"DAO"的核心思想是根据一个复杂系统的节点加以分解，实现去中心化的分布式管理。DAO原则可摆脱数据大爆炸时代社会管理成本急剧上升、传统管理模式严重停滞的困境。大数据时代，在 DAO 的原则下，基于区块链和智能合约，重构人与人之间的信任基础。

实现大数据时代"三个分布式"融合。所谓"三个分布式"，即分布式存储、分布式计算和分布式能源。在未来，云存储也需要分布式。分布式存储需要分布式计算。分布式存储和分布式计算，导致对能源需求的持续增长。人类集中性能源供给已经无法匹配分布式信息存储和计算，需要建立分布式新型能源体系。"三个分布式"融合可以适应由信息和数据自我生产力、自我分裂能力、自我增长模式所造成的复杂性社会和复杂性系统，减缓如影相随的"熵"的威胁。

总之，从 21 世纪 20 年代走向 21 世纪 30 年代的过程中，不仅日益加重的传统经济危机挥之不去，而且数字经济时代的潜在危机也正在酝酿。并且这两类危机存在相互影响，甚至产生叠加效应。其中的大数据危机对人类造成的危害，很可能超过实体经济危机对人类所造成的后果。解决和预防这种潜在危机的出路，就是构建在 DAO 原则下的分布式存储、分布式计算和分布式能源的有效结合。在这个过程中将引进包括人工智能和量子计算等更多前沿技术，人类需要加快提高计算能力和对计算结果的有效控制。

# （六）信息社会不平等和区块链救赎

人类已经进入信息社会。在今天任何有人群的地方，信息都无所不在和无时不在。信息是社会存在的基本形式，构成基础设施，成为人与人连接的最重要的一种媒介。当信息社会来临的时候，人们曾经希望信息技术可以缓和，甚至消除长期存在的不平等现象。但是，信息社会发展和数字化转型，并没有给民众带来社会平等。恰恰相反，信息世界的发展正在导致一种新的不平等。

造成信息社会不平等的根本原因有：（1）占用信息资源的差异，或者说信息资源分配的差异。提供信息的大众，未必是所有信息的分享者。在信息化社会拥有足够信息和足够质量信息的人所占人口的比重不是在扩大，而是在缩小。（2）获得、存储、分析和使用信息能力的差异。因为大数据、人工智能、算力，包括大规模的信息采集、存储、分析、转换、管理，包含着相当高的技术含量，需要有相当大的教育和科技资源投入。（3）信息转化为商业价值的差异。信息产业的低门槛时代早已悄然结束，广义和未来的信息产业门槛越来越高，很大程度上排斥了民众能够参与的可能性。

信息社会不平等会产生严重的后果。信息网络和信息消费社会群体已经高度分化。不同的社会群体，拥有不同的信息资源结构。信息质量和地理与阶层分布，是现代社会信息不平等的一种反映。流入民众的信息量的数量和质量是很低的。广大民众接受的是一种低质量的信息，并陷入特定信息"路径依赖"，误导他们对真实世界的理解。信息的不平等，加剧物质财富的不平等。这种信息认知冲突比物质贫富差距更加重要。

信息构成的网络绝非平滑的、平等的节点分配。节点不是空洞的，每一个节点都是一个信息包。社会在网络化的过程中，同时已经高度层级化和迅速固化，甚至比传统物质财富的层级固化速度快得多。一位叫巴拉巴西（Albert-László Barabási, 1967— ）的物理学家，通过拓扑学证明了信息世界发展导致分化，甚至两极化的原理。如若容忍这样的差别演进下去，会造成一种信息社会的分裂，这种意识形态，属于人们观念基础和话语体系的分裂，导致形成新"二元社会"，分为信息贫穷和信息富有两个社会群体差别。可以肯定，获得低质量信息的族群，势必在教育水平、物质生活和财富方面处于劣势。

十几年前，美国有一部电影，英文是 *In Time*，中文翻译成《时间规划局》。这部电影讲了时间分配的不平等。在这个世界，除了物质的贫穷之外，还有另外一种贫穷，这就是时间的贫穷。富人控制着时间规划局，大众每天需要通过注入时间续命，一旦在时间银行中的存额清零，就代表着一个人的死亡。但是，有钱人却可以长生不老。控制大众时间成为一种恐怖的控制方式。

为了避免信息社会二元化进一步恶化，弥合人们话语体系的分裂，建立以大数据为基础的、趋于公平的信息社会，以下信息社会制度建设是紧迫的：（1）实现信息资源的公共财产化。解决信息来源贡献者和信息分享者之间的分离问题。（2）建立公正的信息分配和分布规则，保障民众获得优质的和及时的信息与数据。（3）国家通过行政力量，实现信息、教育和就业资源的结合。

区块链可改变信息社会不平等的问题。因为区块链的技术支持，比特币在 2008 年世界金融危机后不久得以诞生。比特币的意义不仅提供了全新的点对点的支付手段，还创造了一种全新的财富形态。过去十年间，有数千种可编程数字货币诞生，包括 2019 年风靡一时的 Libra 理念。历史证明，区块链核心架构趋于成熟，核心技术创新持续升级，初步形成区块链标准框架，有助于改变信息资源和算力资源分配和分布日趋不平等现象，赋予民众数字身份，健全数字技术的安全和可信基础结构，形成新型加密资产。在这样的意义上说，区块链是信息不平等的一种救赎。

## （七）分布式存储

在大数据时代，数据要通过算力来实现，算力就成为数据时代最重要的工具。但是，只有算力还不够，数据必须存储。也就是说，数据、算力和存储是不可分割的三要素。数据成为生产要素，需要算力和存储的结合。或者说，算力和存储成为生产要素的两个不可分割的条件。

自 2017 年，大数据的存储模式进入集中性存储和分布式存储并行的历史阶段。原因有三个：（1）集中性和中心化存储存在亟待解决的固有模式缺陷。（2）在 2017 年之前，分布式存储的硬技术和软技术并未成熟。（3）区块链技术亟待升级。（4）没有出现分布式存储的成熟案例。分布式存储结构的技术前提，如图 3.4。

**图3.4　分布式存储结构的技术前提**

在过去二三十年间，特别是在过去 10 年间，数据存储完成了两次转换。第一次，从经典的和传统的分布式存储进入集中式的、中心化的云存储。人们的存储经历过不同的硬盘时代。因为数据越来越多，个人没有办法处理，产生了集中式存储。云计算和云存储是中心化的。

迄今为止，经典的或者古典的，从分散性存储到云存储，或者集中性的存储，共同特点都是非区块链存储。因为存储并没有得到区块链的支持，不可避免地影响数据的安全性、私有性、便捷性、稳定性。所以，需要重新考虑和重新想象回归分布式存储。现在的分布式存储，是已经基于区块链的分布式存储，是与集中性存储逆行的存储模式。

数据存储从集中性到分布式存储的转变，是由数据特性决定的：（1）非结构性数据更天然地适合分布式存储。（2）结构性数据更适合集中性存储，非结构性数据自然适合分布式存储。而大量的数据是没有经过处理的、原始性的这种非结构数据。（3）不是所有的数据都要中心化的，越来越多的数据需要存在一种非中心化的状态中，需要区块链支持。（4）分布式存储，意味着没有人能够控制和改变数据存在的状态，属于排他性的，是更安全的存储。

传统的存储没有奖励机制。在传统存储模式下，无论古典的个人存储，还是集中性存储，成本是不断提高的。集中的云存储需要付费，而引入区块链的存储，包括奖励机制溢出效应。所有区块链支撑的分布式存储，通过发行稳定币构建奖励机制。以比特币为代表的公链技术的奖励机制相对简单。

我们再来看看分布式存储中总供给和总需求之间的关系。在大数据时代，大数据会永无止境地呈指数增长，算力和存储需要紧密配合。据《中国大数据产业白皮书》，2024 年，中国大数据产业规模预计达 24 万亿元。无论如何，算力和存储所形成的产业占 GDP 的比重不可能是无限大的。设想经济价格均衡曲线图，纵轴表示价格，横轴表示数量。从左下角到右上角是供给曲线，从左上角到右下角是一个需求曲线，供给越多，价格越高，需求越少，交界点就是均衡价格。大数据存储同样存在需求和供给曲线，两个相互制衡的变量之间存在一个均衡点。大数据分布式存储需求的不断扩大，必然推动和刺激存储的控制，从软件、硬件到整个体系的扩大。反过来，存储扩大之后，必然刺激需求。因此，基于各种分布式存储的数字货币价值显然会提高。

星际文件系统（Inter Planetary File System，IPFS）提出在传统云之外备份重要数据和非结构性数据存储的技术方案、分布式存储平台，以及相对完备的商业模式，例如，托管存储和算力，分布式存储IT 提供商接受委托对数据进行计算，直接运营分布式存储，提供对外数据存储服务，等等。现在，并不存在着一个可以垄断分布式存储的协议，或者垄断分布式存储的模式。支撑 IPFS 的存储数据中，存在大量的垃圾信息和无价值信息。数据需要大量压缩和减少，以避免分布式存储的"泡沫化"。而现在矿机或者是芯片的短缺情况，也将随之自然缓解，价格也会回落。

## （八）Web 1.0 到 Web 3.0 的变迁

1989 年，欧洲核子研究中心（CERN）研究员蒂姆·伯纳斯 - 李撰写了一份关于万维网（World Wide Web，简称 Web）的计划书，并在 1990 年 11 月与比利时工程师罗伯特·卡里奥（Robert Cailliau，1947—　）共同将其整理成一份管理计划书，提出万维网的基础概念并定义了重要原则，即一个可以用"浏览器"（browser）查看的"超文本项目"（hypertext project）的"网络"（web），由超文本标记语言（HyperText Markup Language，HTML）、统一资源定位符（Uniform Resource Locator，URL）和超文本传输协议（HyperText Transfer Protocol，HTTP）作为技术基础。1990 年底，伯纳斯 - 李利用一台 NeXT 电脑作为万维网服务器，搭建起第一家网站 info.cern.ch。到了 20 世纪 90 年代中期，网景浏览器（Netscape Navigator）等万维网浏览器的兴起，最终推动了 Web 1.0 落地，互联网时代正式来临。

从 1989 年到 2005 年，Web 1.0 以读取服务器存储的静态网页为标志：（1）网站是静态的和只读的；（2）没有互动、参与或自动化；（3）用户创造和输入的内容极少；（4）网站所有者发布内容供人阅读。Web 2.0 被描述的是万维网在使用方式与行为习惯上的范式转变。Web 2.0 强调的是内容互动性、社交连接性与用户内容生成性，在全球范围内以社交网站 Facebook 和视频网站 YouTube 为代表。移动互联网与智能手机的普及更是助推了 Web 2.0 的传播。无论如何，Web 1.0 和 Web 2.0 基于云的应用程序，如微软 Exchange，以及 Facebook、Twitter、YouTube 和 TikTok 等社交媒体应用程序。这些应用程序可以吸纳新的功能，随着消费者需求的变化而得到功能上的更新优化。

从 2005 年至今，Web 2.0 主导的新商业模式也广泛引发了行业变革，形成互联网经济和互联网社会。一方面，互联网大公司成为创新的潮流引领者，互联网允许用户创造他们的内容，用户数据是一种广告商品，社交功能是用户生活中不可或缺的一部分；另一方面，作为应用程序中心化的数据监护人，可以在未经用户许可的情况下收集和使用用户的数据，用户没有对其数据的所有权或使用权，参与者无法分享平台发展收益，平台所有者决定什么是合适的内容，安全风险增加，数据泄露和隐私泄露，还有无所不在的广告。此外，如果用户触犯了平台的标准，则会被禁止使用这些平台。正如美国总统可以在 X 平台上被禁言。

Web 3.0 是万维网演化的下一阶段，代表非中心化、开放和更多的用户效用成为核心观念。在 1999 年，伯纳斯－李讨论了"语义网"（Semantic Web）概念，那时计算机没有办法处理自然语言的语义，而语义网可以使得网页中有意义的内容形成特定结构，有助于软件能够据此处理语义并完成复杂任务。Web 3.0 概念超越了语义网。Web 3.0 建立在无第三方信托（trustless）和无入网许可（permissionless）的开源软件基础上，因而其应用是非中心化应用（decentralized application）。在 Web 3.0 时代，计算机将借助自然软件处理技术像人一样处理语言，并用人工智能技术提高准确率。

Web 3.0 的优势体现在：（1）用户拥有数据所有权；（2）开放，无须信任，无须许可；（3）Web 3.0 比 Web 2.0 更加安全和私密，每笔交易必须在区块链上达成共识；（4）用户参与利益的分配。在世界上使用人数最多的公共计算平台以太坊，每个人都可创建数据资产存放的钱包账户，并可以通过区块链将资产转移到不同的账户。当智能合约检查到两个钱包账户都满足协议条款后，区块链交易得以完成。

Web 3.0、区块链智能合约、区块链的非中心化以及自治组织（DAO，Decentralized Autonomous Organization），存在强烈的耦合性。特别是，未来人类和智能机器人构成的社会和经济组织，创新数字经济的新范式，都需要以 Web 3.0 作为基础结构。现在风行的非同质化通证（non-fungible token，NFT）就是基于 Web 3.0 的一种价值创造实验。

Web 3.0 面临的主要挑战来自：没有实现技术层面的可互操作，没有消除网络安全隐患，没有实现任何个人证明自己在数字世界的身份，以及如何建立明晰和与时代同步的法律、管辖权以确保 Web 3.0 对其用户足够安全，奖励在非中心化平台的积极互动和行为，实现公平和正义。

# （九）科技资本的崛起和意义

传统资本和科技资本存在本质区别。资本最初以产业资本为主要形态，之后是金融资本，20世纪后期形成了科技资本。VC就是科技资本的早期形式。科技资本和数字科技成为互动关系。美国硅谷和128号公路的高科技产业群的形成与发展，就是成功案例。进入21世纪，科技革命主导经济增长，改变产业构造，加速科技资本控制，并在传统的资本体系、资本形态中成为主导资本形态。

科技资本的结构如图3.5。可以看出，一般科技投资越来越明显地转移到数字科技投资，数字科技投资在科技投资中的比重也出现了明显的上升。

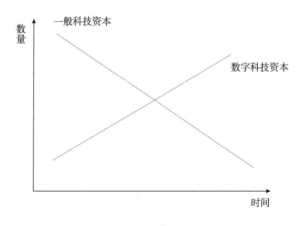

**图3.5 科技资本的结构**

科技资本投资态势如图3.6。从左下角到右上角延伸的线为科技投资曲线，从左上角到右下角延伸的线为传统资本投资，从现在的趋势看，科技资本投资已经远远超过传统资本投资。交叉拐点则大约在2010年。随着这种趋势和态势不断强化，科技资本在资本形态中所占比重将达到绝对优势。

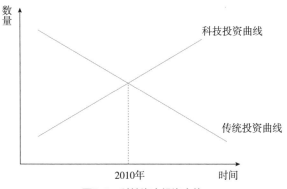

**图3.6　科技资本投资态势**

高科技领域存在明显的先发优势。进入 21 世纪的科技，是群体性行为，若将科学研究与试验发展作为纵坐标，技术的产业化作为横坐标，那么可以发现所有成功的企业都分布在 45 度线上面。要想在科技领域中超越其他企业，必须至少同时满足三个条件，即科学优势、技术优势和产业优势，并且在一个特定的行业与产品中完成最佳组合。此外，科技企业所形成的规模效应是难以超越的。科技企业的规模效应会产生溢出效应。溢出之后科技资源会产生科技资源空间，中小企业要在这个空间和生态中才能生存。任何中小企业都不会再像过去传统企业一样轻易进入科技产业分工体系中。

科技资本包括数字资本投融资的难点和风险。科技投资最大的特征就是黑箱投资，科技投资存在与传统产业完全不同的困难：（1）科技是有生命力的，过去投资的是一个产品，现在投资的是有生命意义的科技主体。库兹韦尔谈论过，科技需要什么？在科技之中没有资格也没有办法说完全了解科技，科技走到一定程度不受人的驾驭，而前沿资本如何对待这个问题，变成了经济领域中最尖端且最有挑战的课题。（2）科技对经济活动的非中性影响。在传统经济形态下，柯布－道格拉斯生产函数［基本形式为 $Y = A(t)L^{\alpha}K^{\beta}\mu$］具有代表性，该函数强调 $L$（投入劳动力）和 $K$（投入的资本），而 $\mu$ 可以是中性的。但是，在科技成为生产中最为重要的部分的时代，科技是中性的时代早已悄然结束，生产函数中科技因素应该放在第一位。（3）科技投资的可行性研究难以实现。随着科技基础研究风向的改变，此刻的前沿往往很快就会变成后沿。即使是前沿科学家都难以对前沿有清晰的认识。因此，最大的风险除了判断风险，还有科技本身演变和突变之后产生的风险。（4）科技投资无法对回报率做较为精准的评估，科技资本的回报率可以大起大落，可以迅速膨胀，也可以瞬间跌落。所以，科技发展会动摇传统资本模式，因为科技规律不一样，科技规律不是经济规律，也不是替代经济规律，经济规律的成本概念在科技领域将不复存在。未来的科技资本市场将会脱离传统资本市场。

更为革命性的投资模式将会出现，科技领域的融资模式会倾向于马斯克的模式，即用观念判断投资，而不再是根据所谓的可行性报告模式。高科技资本投入的最重要标准和尺度将不是资本回报率，而是理念、道德高度和故事等新要素。

人类正在看到一个曙光，不是任意的科学家、投资者、企业家可以影响未来，而是联合体。没有人有资格能够因为今天对，明天就会依然对。因为科技的变化，科技的生命力，科技正在加剧这个时代的不确定性。

## （十）"经济抽象"威胁

"经济抽象"是一个值得关注的概念。现在人们所关注的"经济抽象"和归零威胁，主要局限于以太坊算力基础体系。所谓"经济抽象"是指用户可以用其他代币向矿工支付交易费用，而不是用以太币来支付。如果这种方式流行起来，以太币本身价值归零。

逻辑上，以太坊存在着归零的风险。可以想象以太币的价值归零的多种可能性和后果。如此宏大的体系，发生彻底崩塌，其场景远远会超过 2020 年 3 月黑色星期四对比特币的打击。就如何避免归零，以太坊做了非常大的努力，构建风险之间的防火墙。但是，对于所有推动数字经济产业发展的机构和个体，都需要以理性态度避免所谓的"经济抽象"。

在数字经济高速增长的未来，"经济抽象"威胁很可能超越以太坊的边界，进入整个数字技术支撑的数字财富领域。现在已经看到"经济抽象"正在悄然蔓延：众多的所谓加密数字货币、去中心化金融（DeFi）产品、NFT 的价值归零。逻辑上，"经济抽象"可以发生在其他价值数字化的部门和领域。甚至可以想象，未来数字经济时代的真正潜在危机可能是发生在不同层次和不同程度的"经济抽象"。

以信息革命为先导，人类进入互联网时代。至少在过去四分之一世纪，互联网为人们提供了前所未有的联系和表达自己的机会，形成高速发展的数字经济，为数十亿人提供经济机会。人类从工业社会进入信息、知识、人工智能融合的复杂社会，进入不确定性继续增大的未来。

# 推动实现数字化和智能化的双重转型 ①

聚焦如何实现实体经济和数字技术、智能技术的深度融合，以及这样的融合会对人类的经济和社会生活产生怎样的影响，是时代性课题。

## （一）人工智能技术处于加速度的发展期

2024 年无疑是人工智能技术的加速发展期，其技术的迭代和创新周期从"年"缩短到"月"，甚至"周"。人工智能创新技术的"涌现"基本是一波未平，下一波接踵而至。这是工业革命以来从未有过的历史现象。此时此刻，"摩尔定律"已经是一个过时的话题。

现在，在生成式人工智能的大背景下，人工智能技术的拓展主要集中在如下几个方面。

第一，人工智能处在以周或月迭代的"涌现"发展状态。因为作为数字技术的核心底座且有着广泛应用的人工智能技术，不仅发生了根本性变化，而且以打破摩尔定律极限的速度在发生迭代。所以，在

---

① 本文系作者整理三篇发言内容稿件而成：于2023年12月6日在"南方财经国际论坛2023年会"上的会议发言，于 2024 年 8 月 30 日为在重庆召开的"智驭未来·创享无界人工智能应用场景转化高峰论坛"所作的会议发言，以及于 2024 年 9 月 6 日在"数智中国2029"所作会议发言。

进入话题前，非常有必要明确一下讨论的前提，即回顾一下 2024 年人工智能前沿技术处于怎样的状态。

不需要追溯很远的历史，人工智能发生实质改变的时间点是 2022 年 11 月 30 日 OpenAI 发布 ChatGPT 聊天软件的那一天。大家可以看到这样的变化：在此后 20 个月里大模型得到空前发展，所有的全球科技大公司都在角力大模型，都在生成式人工智能这个新赛道上奔跑和竞争，随之带来人工智能生态圈翻天覆地的变化。

第二，大模型规模继续膨胀。大模型的"大"字继续攀升。Mate 开发的大模型"Llama 3.1"，拥有的参数已经达到 4000 多亿。这个近乎天文数字革命的参数是从几十亿、几百亿、上千亿逐步增长而来。

第三，开源大模型的影响力急剧扩大。大模型分为开源和不开源。Meta，即 2021 年 10 月前的脸书，正在成为大模型开源的引领者。它们的开源速度、开源规模远远超出大家的想象。在 10 个月中，它们因开源而拥有了 3.5 亿用户。这个数字意味着什么？大家还记得，2023 年 2 月曾有令人震惊的报道，OpenAI 月活跃用户在两个月内激增至 1 亿，从而成为历史上增速最快的消费应用。

第四，支撑人工智能的硬件芯片性能不断突破。机器学习和深度学习崛起后，英伟达深耕 9 年在 GPU（图形处理器）上遥遥领先、占尽先机；谷歌在 2017 年推出 TPU（张量处理器），2024 年 5 月已推出第六代 TPU "Trillium"；2024 年又有模拟人类神经元的 NPU（神经网络处理单元）问世。这些硬件在内存、计算能力、耗能比上不断优化，并与人工智能协同进步。

最新情况是，2016 年创建的 Groq 推出了 LPU，高速推理性能是 GPU、TPU 的 10 倍到 100 倍，但能耗大幅下降，这家创新企业的横空出世挑战着人工智能处理器领域的前沿公司。

第五，出现自治性的自主人工智能（agentic AI）。除了这些变化之外，根本性变化就是人工智能以前所未有的速度得到"涌现"和发展，你会突然发现具身人工智能"婴儿潮"的时代来了。

今天在规划人工智能宏观场景时，我们会发现因为大模型的出现，人和人工智能之间隔着两类智能：一个是为人服务的 AI Agent（人工智能代理），还有一个直接代表智能体的 agentic AI。2023 年初，我们可以说人是需要人工智能的代理中介帮助去和人工智能进行沟通。所以，人工智能代理是为人服务的。但此时此刻的 2024 年 9 月这个想法已经过时了。人工智能生成式大模型派生出来的各类智能体，不再是为人服务的传统的人工智能工具，或狭义的人工智能工具，出现了自主人工智能。2024 年 3 月 26 日，斯坦福大学的吴恩达（人工智能和机器学习领域最权威的国际学者）在红杉资本的人工智能峰会演讲上率先提及，不久他又在 Snowflake 峰会上发表关联演讲，自主人工智能成为技术人热议所在。这类智能体最大的特点是具有主动性、自治性、适应性，是不需要受人影响和控制的一种智能形态。更震撼的是，伴随着会出现复合增长数达到 7% 的具身智能。

具身智能"婴儿潮"的时代来了。我们会面临怎样的大场景：突然，我们进入如同第二次世界大战之后的"婴儿潮"一样的具身智能的"婴儿潮"时期，它现在以几万、几十万的增长速度在发展，我相信在三五年之后将成为影响经济的主体。所以，接下来的经济发展中，人类依然有发言权，占据主导地位，但影响不再是唯一的和绝对的，更大的转型是人类如何理解和适应各类人工智能体，这是我们讨论人工智能影响经济必须理解的认知前提。

第六，智能空间的突破。2024 年 2 月，OpenAI 研发的文生视频软件 Sora 将大模型多模态化推向极致，斯坦福大学的李飞飞提出目前出现了第三种空间——物理搜索引擎创造的人工智能空间。

第七，生物存储的"树状胶体"出现。8 月底，美国北卡罗来纳州立大学教授在《自然》杂志上发文，基于 DNA 存储和计算引擎，已发现"树状胶体"的存储方式。过去我们认为，信息只能存储到硅基物质构造的芯片中，而目前的"树状纤维"存储，能更稳定和更长久地存储 DNA 文件，在 4 摄氏度下和 –18 摄氏度下，半衰期约为 6000 年和 200 万年，这一系统包括编码到 DNA 中多个图像文件吸附在胶体底物粒子上，可以擦除和替换数据，实现无损的文件访问。

训练大模型需要消耗大量包括算力在内的资源。目前，美国的 Lumen Orbit 公司已计划 2025 年发射第一颗卫星至月球，而后每年发射一次更大的迭代，直到服务器总功率达到千兆瓦规模，这样人工智能算力集群的运作将不再受到地面上能源供应成本和散热的掣肘，大模型可以在月球上训练。按照大模型目前的训练趋势，在 2027 年，我们需要 GW 功率的集群支撑，比如，GPT-6 模型的耗电量直接就超过美国最大的发电厂供能。而 Lumen Orbit 公司并不是唯一致力于将数据送入太空轨道的公司，欧盟资助的 Axiom Space 已计划在 Axiom 的太空舱上建立一个轨道数据中心，并在 2026—2027 年发射。多家公司探索太空算力集群运作。

因此，人工智能不再以"年"的时间尺度，而是以"月"，甚至"周"这样的时间尺度在改变着世界。世界科技变化更深刻、更剧烈。

## （二）人工智能改变现实经济的基本模式

人工智能改变实体经济主要通过两种模式。

第一种模式：人工智能发展本身就具有产业基因，它的每一步推进都自然引发新型产业的出现和发育，即通过人工智能直接创造的全新企业、全新行业和产业，形成全新的经济部门。第二种模式：人工智能改造传统的行业、产业和部门。

　　第一种模式的案例很多。OpenAI 是和大模型相关的新公司，本身就是新型产业，它具备产业的基本特点——产业的技术、产业的方向、产业的商业模式，有典型的产品极富创新。英伟达的 H100 GPU 是训练人工智能模型的主要工具，售价约为 3 万美元。训练一个 1.8 万亿参数的人工智能大模型，大约需要 2000 个英伟达的 Blackwell GPU。有机构估算，2023 年全球生成式人工智能市场价值为 137.1 亿美元。到 2025 年，生成式人工智能市场估值预计将达到 221.2 亿美元。该市场预计将以 27.02% 的复合年增长率（compound annual growth rate，CAGR）增长。2022 年，大规模生成式人工智能采用率为 23%。预计到 2025 年，采用率将达到 46%。

　　再例如前卫的"树状胶体"存储，把人工智能芯片硬件和生物结合，这个领域是无限宽广的。所谓的创新，最重要的是到 0 从 1，而人工智能是今天世界上这种创新中最重要的驱动力。

　　第二种模式是人工智能改造传统的企业、行业、产业和部门。人工智能改造老产业的案例，也是比比皆是。例如游戏行业，爆火的游戏《黑神话：悟空》就用了很多人工智能技术。人工智能对所有产业，不论是劳动密集型产业还是技术密集型产业，或资本密集型产业均有改造。例如，西门子在其工厂中实施了人工智能驱动的预测性维护，从而显著减少了计划外的停机时间。通过预测潜在的故障，他们可以在问题中断生产之前解决问题，从而提高整体效率。领先的工业机器人公司 FANUC 使用人工智能使其机器人能够从自己的经验中学习，随着时间的推移提高其性能，并为更高效的生产流程做出贡献。Google 的 DeepMind AI 已被用于通过优化冷却系统来降低数据中心的能耗。类似的人工智能驱动型能源管理系统现在正应用于制造业，以实现更可持续和更具成本效益的生产流程。传统的劳动密集型、技术密集型、资本密集型都要改变为智能密集型。这是极为重要的具有根本意义的改变。

没有一个产业可以拒绝人工智能，因为人工智能最大的贡献就是可以保证传统产业劳动生产率得以提高，可以保证任何产业、企业和经济组织算力和算法得到改善。这是一个大潮流，这个潮流刚刚开始，并且人工智能特别是具身智能会全面影响和渗透到所谓的生活范围，开始影响每一个人的日常生活，而且会越来越强烈和剧烈。

如果还有第三种模式的话，是第一、第二种模式的融合发展，新的人工智能技术与传统改造产品产业结合。

总之，人工智能会塑造前所未有的经济生态，到目前为止，还不是由理论所推理得出，而是完全根据经验总结所得。

## （三）人工智能影响未来经济发展的主要途径

具体说，人工智能如何改造现实经济。如果根据当下的实际情况做简单归纳，主要集中在这样一些方面。

第一，人工智能改变了经济活动主体。原来自然人是经济活动的主体，现在自然人不再是唯一的主体。各种各样的智能体包括机器人，它们和人类一起成为经济活动的主体。这是非常明显的变化，而且这个变化会进一步发展。十年乃至三十年之后具身智能比重会大幅上升。什么时候会发生一个根本性的拐点，我们不知道。但是我相信也不过就是二三十年而已。

第二，经济主体变化导致人本身变化，人类越来越被智能化。人类被各种各样的人工智能工具所包围，各种可穿戴设备再加上各种各样的脑接口，人也不再是原来的人。人工智能的发展使人本身会发生改变：人工智能和基因工程、脑机接口、扩展现实技术的结合，帮助人类体验虚拟世界，或者模拟数字世界，改变人们对世界的认知和体验。

第三，人工智能改变了人类活动的空间和时间。因为人工智能不会受所谓传统地理空间限制，时间上也不受牛顿定律限制。我们看到的马斯克的火星移民计划，其中很多突破人类做不到，实现这样的目标所依赖的技术是人工智能。因为人工智能，人类对宇宙的探索会更加容易。人类还可以通过人工智能的各种手段创造物理世界、创造魔力、模拟物理世界的形态。因为人工智能，人类活动的空间将超越至今为止的传统的以地理为前提的空间状态。同样，人类，或者是智能时代的主体，也会打破传统的时间模式。人类将会进入空间和时间得以拓展和交叉的全新时代。

第四，人工智能改变了经济周期。工业化时代，经济活动有显而易见的商业周期，对经济运行影响较大的是中周期，一般平均长度为 8 年。但迈向信息经济社会和智能经济社会的转型时期，短周期会模糊化，中周期也会紊乱。经济周期越来越取决于人工智能技术革命的结构性、系统性和集群性创新。简单说，进入 21 世纪 20 年代的世界，很可能需要依赖人工智能创新来实现繁荣的长周期。

第五，人工智能改变了产品形态。以后能畅销的产品不仅会有很高的技术含量，而且还有很高的智慧含量。传统的经济活动的产品，无非是以农产品和工业产品为代表的物质产品，以及各种服务性的服务产品。但是因为人工智能的出现，人类将进入要不断生产智能产品的时代。我们今天所有的经济活动都需要以智能的投入、智能的产出为基本特征。

第六，人工智能改变了经济分配制度。分配方式会决定生产和消费的关系，在人工智能时代一定是自然人即传统人类大幅度减少工作时间、工作强度，政府和国家保障民众基本收入就成为人工智能时代的基本特征。人类非常有可能进入重新定义劳动、劳动力和分配的历史时期。在民众得到基本收入的保证之下，他们可以有更大范围的工作或就业选择。这个改变彻底颠覆了工业时代以来传统的雇佣制度。

第七，人工智能重新改变和调整经济发展的基础结构。传统的经济基础结构，主要是能源交通，乃至后来的算力、算法。现在看都不够了。2022 年末开始，人工智能大模型的出现根本改变了经济活动的运行方式，改变了人工智能的生态。从现在开始，人工智能特别是人工智能的大模型将被纳入人类经济活动的基础设施之中。不仅如此，人工智能的出现和发展将改变基础结构中的方方面面：能源要变成智慧能源；交通要变成智慧交通；云计算要变成智能计算；算力要变成智能算力。这是一个翻天覆地的改变。没有人工智能参与的基础设施时代已经彻底结束了。

第八，人工智能改变了生产与消费的关系。在传统的经济活动中，生产是生产，消费是消费；在智能时代的供应链、价值链的经济活动中，很多生产本身就是消费，而很多消费本身就是生产。生成式人工智能的活动，是同时具有生产和消费双重功能的证明。

第九，人工智能将改变世界格局，改变国家与国家的关系。传统的二元经济，主要是讲农业国家和工业国家，讲发达市场经济和新兴市场经济，工业发达国家和工业不发达国家。从现在开始，国家与地区的发展水平在很大程度上取决于人工智能产业和人工智能经济的发达程度。在人工智能的这次浪潮中，有太多的国家和太多的民众，因为人才、技术和资本的原因，没有办法，也没有可能，跟上这样的浪潮。

## （四）人工智能在创造未来经济形态过程中的风险和挑战

人工智能面临自我意识唤醒和人类对此失控的危险。这表现在人类对大模型内部的运行机制并未完全把握。比如更多人相信人工智能的自我意识推理，甚至心理活动都是存在的，但如何证明是全新的挑战，大模型输入与输出过程依然是"黑箱"；通用人工智能阶段正在加速到来，超级人工智能的"曙光"已出现，因此，存在如何适应人类智能和人工智能"共智"的挑战。

大型人工智能公司将强化对人工智能开发的自然垄断。如果这些公司存在不能代表人类公共利益的可能性，会导致通过对人工智能科技的垄断，直接或间接地影响全社会的思想、经济、政治和社会的各个领域。

人工智能会间接打破现有社会结构的既有平衡。如同数字鸿沟一样的人工智能鸿沟可能出现，进而引发重构社会阶层的可能性。

国际在人工智能治理方面的合作存在失败的可能性。2024 年 9 月 22 日，联合国未来峰会正式通过《全球数字契约》（*Global Digital Compact*），此项契约自 4 月开始提出，几易其稿，各国政府不断进行谈判磋商。联合国此前已经通过了两项决议：一是中国主导的关于加强人工智能能力建设而开展国际合作的决议，二是美国提出的关于促进安全、可信和包容的人工智能系统的决议。但是，由于地缘政治和国家治理立场不同，这种分歧导致全球治理进程的影响。同时，由于能参与人工智能治理的国家毕竟是少数的，大多数国家没有能力参与，客观上也存在北方国家与南方国家的差距、发达国家与发展中国家的差距，因此，会影响人工智能的全球均衡发展。

在这样的大背景下，在过去的数字化转型基础上，叠加智能化转型，实现数字化和智能化的双重转型非常重要。首先，要基于数字化的新技术结构基础，全面地增加智能化元素，即构建"数字＋智能"的全新结构。其次，根据智能化发展要求，重新调整和丰富原有的产业体系，构建一个智能技术支持的新智能化产业体系。使新兴的智能产业和被智能改造的传统产业，形成一个完美的互助关系。最后，同时也是最重要的，要创建出可智能化服务和产品出口，与已经形成的可数字化服务和产品出口相结合。只有这样，才能构建基于智能化支持的全新开放经济体系。围绕以上目标，需要实现资本、投资、人力资源的有效结合，实现国家政策和企业家创新的结合。只有这样才会迈进一个全新的历史阶段。

## （五）结语

人工智能浪潮是真正的具有颠覆性的历史潮流。它对经济的影响既是微观的，又是宏观的；既是当下的，又是长远的。它对企业、对家庭、对国家、对整个人类文明的影响，不仅仅是推动转型，而是根本改变。它的影响，可以打一个比喻，是超过电的发明，超过能源革命，因为我们已经进入人工智能时代，不仅仅是人工智能帮助人类，而是人工智能的发展会不断地推动人类去适应人工智能。这样的时刻就在眼前。

希望大家以非同寻常的心理来想象人工智能和它带来的对经济、生活、社会结构的深度改变。

# 人工智能让 Web3 从迷雾中走出来 ①

21 世纪以来，特别在过去十余年间，太多新理论、新概念、新技术，还有太多的创新模式出现，人们应接不暇。其中，Web3 最引人注目，也被认为是未来互联网的发展方向。但是，Web3 真正的情况却是说得多、做得少，风声大、雨点小，"盛名之下，其实难副"。在这个世界上，至今并没有一个基于 Web3 理念的成功案例。为此，需要探讨以下三个问题：一、Web3 的核心价值所在；二、Web3 的主要缺陷和面临的挑战；三、推动人工智能与 Web3 一体化的途径及其划时代意义。

## （一）Web3 的核心价值所在

Web3 的历史可以追溯到 1999 年。1999 年，万维网之父蒂姆·伯纳斯 - 李在其著作《编织万维网》中阐述一种被称为"语义网"的网络构想："语义网是不同形式数据之间的联系网，允许机器做它无法直接做的事情。"② "语义网并不是一个独立的网络，而是对现有网络

① 本文系作者于 2024 年 9 月 5 日在"共话未来之境：Web3 数字梦想的'实体'化"主题论坛上的会议发言。

② BERNERS-LEE T, FISCHETTI M. Weaving the Web: The Original Design and Ultimate Destiny of the World Wide Web by Its Inventor. ［M/OL］. 1 版 . HarperCollins Publishers，2000：185. https://docdrop.org/download_annotation_doc/Tim-Berners-Lee---Weaving-the-Web_-The-Original-Design-and-U-88myd.pdf.

的扩展，语义网中的信息被更好地赋予含义，从而使得计算机和人类能够协同工作。将语义网植入现有网络结构的第一步已经在进行。在不远的将来，随着机器能够更好地处理和'理解'它们目前显示的数据，这些发展将带来重大的新功能。"①语义网的目标，不仅仅是人可以阅读网页中的内容，而且机器也可以理解网页中的含义。

2006年，蒂姆·伯纳斯-李指出语义网即"机器可读"（machine-readable）数据的智能型互联网："这是一个链接的信息空间，其中的数据不断得到丰富和补充。它可以让用户进行偶然的重用和发现相关信息。"②同年，记者约翰·马可夫（John Gregory Markoff，1949—    ）在《纽约时报》发文，以"Web 3.0"指代语义网。③

2014年4月23日，以太坊联合创始人加文·伍德（Gavin James Wood，1980—    ）提出了他定义下的"Web 3.0"，即后来为人所知的Web3：一个以区块链和智能合约作为技术基础的"安全的社交操作系统"，具有去中心化和共识引擎的特征。④共识引擎的内涵是："一种就某些交互规则达成一致的手段，因为未来的交互（或缺乏交互）将自动且不可撤销地导致完全按照指定执行。它实际上是一个包罗万

---

①  BERNERS-LEE T, HENDLER J, LASSILA O. The Semantic Web［EB/OL］//Scientific American.（2001-05-01）［2024-09-15］. https://www.scientificamerican.com/article/the-semantic-web/.

②  SHADBOLT N, BERNERS-LEE T, HALL W. The Semantic Web Revisited［J/OL］. IEEE Intelligent Systems，2006，21（3）：96-101. DOI：10.1109/MIS.2006.62.

③  MARKOFF J. Entrepreneurs See a Web Guided by Common Sense［N/OL］. The New York Times，2006-11-12［2024-09-15］. https://www.nytimes.com/2006/11/12/business/entrepreneurs-see-a-web-guided-by-common-sense.html.

④  WOOD G. Less-techy: What is Web 3.0?［EB/OL］//Gavin Wood.［2024-09-15］. https://gavwood.com/web3lt.html.

象的社会契约，并从共识的网络效应中汲取力量。"①除此之外，Web3
包含了价值意义和价值交换机制。此时此刻，受比特币启发，一位程
序员出身的年轻人维塔利克·布特林（Vitalik Buterin，1994— ）创
建了"下一代加密货币与去中心化应用平台"，开始了首次代币发行
（initial coin offering，ICO）众筹，预售以太币。从时间上看，这时距
离 2008 年基于区块链技术的比特币的诞生，已经过去了六年。

如果从 2001 年算起，在过去的 23 年间，起始于语义网，到 Web 3.0，
再到 Web3，这是一个完整的历史过程。这中间发生了根本性的转向。
蒂姆·伯纳斯 - 李所提出的语义网，或者 Web 3.0，核心思想就是讲
网络必须和人工智能结合，必须实现人机协调，必须把网络建立在智
能化的基础上。

加文·伍德的 Web3 所代表的是一种"修正主义"，即以区块
链概念与技术替代了机器学习，或者人工智能技术。在区块链和
加密数字货币的浪潮下，水涨船高，加文·伍德的 Web3 取代了
蒂姆·伯纳斯 - 李的 Web 3.0，被奉为圭臬。最终形成三代互联网
的定义和解释：Web 1.0："可读"（read）互联网；Web 2.0："可
读 + 可写"（read + write）互联网；Web 3.0："可读 + 可写 + 拥有"
（read + write + own）。或者说：Web3 是以区块链为基础的"价值互
联网"。

值得肯定的是，如今人们已经不再区别 Web 3.0 和 Web3 概念之
间的区别，形成了关于 Web 3.0 或者 Web3 代表去中心化和自组织，
以及个人数据、算法的自主权的共识。

---

① WOOD G. Less-techy: What is Web 3.0？［EB/OL］//Gavin Wood.［2024-09-15］. https://
gavwood.com/web3lt.html.

# （二）Web3 的主要缺陷和面临的挑战到底是什么

现在到了需要总结过去十年实践 Web3 的经验和教训的时候了。最大的正面经验是 Web3 的理念得到了前所未有的普及，以太坊成为 Web3 的理想样板；最大的教训是因为加文·伍德所定义的 Web3 取代了蒂姆·伯纳斯 - 李的语义网 Web 3.0，成为主流，蒂姆·伯纳斯 - 李所提出的人工智能和互联网一体化的理念最终被淡化，甚至流失。Web3 的主要缺陷如下。

第一，与语义网 Web 3.0 相比较，Web3 并不存在一个系统和完整的理论，学术基础薄弱，更多的是一种愿景和目标性表述，或者说是一个行动纲领。所以，关于 Web3 的经典文章是非常有限的。因此，如今仍旧需要人们共同努力构建起理论框架。

第二，与语义网 Web 3.0 相比较，Web3 并没有一个完整的技术体系设计。整个技术构想局限于区块链。过去十年间，Web3 和人工智能成为没有相交的平行线，Web3 并没有及时吸纳人工智能技术和数字技术的成果，在相当大的程度上，滞后于数字技术和人工智能技术的实际发展。其后果是严重的，因为 Web3 并没有及时与人工智能结合，实现去中心化的自由节点连接，就是空话。自组织就没有技术手段的支持。在 Web3 和落地之间，没有一个共同的技术基础，没有彼此联结的桥梁。

第三，与语义网 Web 3.0 相比较，Web3 主张参与者的"所有权"和"价值交换"。加之历史上 ICO 的某种成功示范，特定的 Web3 语境和技术想象，导致了参与 Web3 群体的基因本身存在缺陷，以及加密数字货币推动的 Web3 财富幻觉。

第四，与语义网 Web 3.0 相比较，Web3 受到了传统资本的侵蚀。"Web3 兴奋似乎主要来自加密货币社区，它们显然会从更依赖其技术

的互联网中获益。此外，包括 Reddit 在内的一些知名公司也在开发
Web3 服务和平台方面先发制人，这也是其中的一个原因。"2021 年，
"风险投资公司安德森 – 霍洛维茨（Andreessen Horowitz）10 月初在
华盛顿特区游说 Web3，这或许是近期一个更具影响力的进展。该公
司在加密货币和其他区块链技术领域投入了巨资，它表示已派遣高管
前往国会山和白宫，宣传 Web3 作为硅谷整合的解决方案，并为新兴
的虚拟生态系统提出监管建议。"① 总之，Web3 的流行可理解为风投
资本的炒作。

所以，检验十年以来的 Web3 结果，尽管理念理想是正确的，逻
辑是成立的，在游戏上和某些行业有所突破落地，但是，对实体经济
运行和组织的影响是非常有限的，成果乏善可陈。要改变这种状态，
必须从推动 Web3 和人工智能的结合，Web3 的理念和实体经济重新
结合，形成组合优势，加速传统经济的数字化转型和智能化转型，以
及经济组织的去中心化转型。

## （三）推动 AI 与 Web3 一体化的途径及其划时代意义

焕发 Web3 的生命力，发掘 Web3 的潜力，必须从实现 Web3 和
人工智能的"一体化"开始。所以，需要回归到 Web 3.0 的出发点，
构建基于人工智能的互联网。为此，必须拥抱人工智能。为此，需要
从以下五个方面入手。

第一，引入大语言模型。自从 2022 年 11 月 30 日 ChatGPT 诞
生，人工智能进入内容自动生成的全新阶段。这是蒂姆·伯纳斯 - 李

---

① MAK A. What Is Web3 and Why Are All the Crypto People Suddenly Talking About It?
[J/OL]. Slate，2021［2024–09–13］. https://slate.com/technology/2021/11/web3–explained-
crypto-nfts-bored-apes.html.

在 2001 年思考语义网时所无法预见的。现在，各类大模型如雨后春笋，在不断迭代的同时，形成大模型的分工。可以肯定地说，如今讨论 Web3，必须引入大模型。没有大模型作为 Web3 的新技术结构，没有基于大模型的算力和算法，没有人工智能对区块链的改造，Web3 不可能成长，也不可能发育，更不要谈和实体经济的结合。

第二，引入人工智能的开源模式。最近，Meta 发布 Llama 3.1 大模型，参数规模达到 4000 多亿，因为是开源的，半年时间 3.5 亿人下载，每天还在增长。由此，Meta 构建了一个人工智能开源 "帝国"。或者说，Meta 已经实现了基于大模型的 Web3。这是一种革命性的实验。Web3 是要大家参与的，不是几百、几千、几万人，应该是几亿、几十亿人。而参与者必须处于一种技术自由使用的环境。Web3 需要和人工智能的开源模式融合。只有这样，才可以展现去中心化和自组织的初衷、出发点。

第三，实现 AI 和自然智能的共治。十年前，人们讨论和设想的 Web3 主体就是所谓的自然人，也就是碳基人。但是，从现在到未来，Web3 的主体不仅包括我们人类，而且包括了各种智能体、具身机器人。现在是具身人工智能的婴儿期，机器人是以 4%—7% 的速度增长。十年以后人工智能体很有可能和人类平分天下。所以，人类需要构建与人工智能体和平共处的方式。从长远看，人类不可能对很可能超越人类智慧的人工智能体实施金字塔式和集中式的管理，所以 Web3 很可能是最好的选择，只是 Web3 不再为人类所独有和垄断，而是一个自然人和人工智能共同存在和协调治理的组织模式。

第四，接受人工智能多元主体。人工智能是信息载体，信息的多元化和复杂化，导致人工智能体多元化。人工智能体之间建构集合关系，彼此之间不可替代。由此形成具有天生的 Web3 的属性的智能网络（图 3.7）。[①]

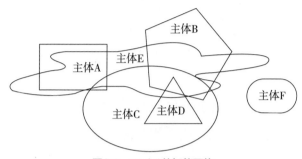

**图3.7 Web3的智能网络**

第五，加速 Web3 价值量化进程。人们讨论和实验 Web3 的价值，始终存在一个不可逾越的困难：如何量化 Web3 价值？否则，Web3 的价值交换就没有可操作性。时至今日，因为生成式人工智能的发展、大模型的成熟，人工智能的价值量化可以通过 token 实现。这个 token 就是人工智能处理自然语言或者其他信息形态的最小单位。具体说，即人工智能大模型在每秒钟处理数据，特别是自然语言的速度。目前，人工智能每秒钟可以处理以自然语言符号代表的 500—1000 个 token，还会再加速。现在处理一百万个 token 的成本，可以控制到 4 美元的水平，也就是说每小时人工智能处理 token 的成本低于 1.44 美金。计算成本的根据则是处理每个 token 的能量消耗。当然，人工智能的此 token，不尽然是加密数字货币领域的彼 token。为此，未来的 Web3 的 token 将完成蜕化，发生实质性的改变，用人工智能的此 token 替代加密数字货币领域的 token。

---

① 柳下弈 . 相对论开启多元主体相应实现逻辑［EB/OL］.（2024-02-01）［2024-10-05］. https://mp.weixin.qq.com/s/h9tMNaC-5saWucpYRu8Dnw.

第六，赋予现实世界资产（real-world assets，RWA）新的内涵。现在，以 RWA 所表述的所谓真实世界资产概念，形成很大影响力，特别是在中国香港和新加坡。但是，不难发现，不论是在学理上，还是技术逻辑和商业模式设计上，RWA 的薄弱环节都是显而易见的。核心问题是缺少衡量 RWA 的尺度，以及技术支持。其实，只要将人工智能的 token 和 RWA 结合，RWA 就会得以丰满。或者说，唯有 token 可以最终解释 RWA，并赋予 RWA 以生命力。

关于"token"的中文翻译，有很多，诸如通证、令牌、代币，等等。事实上，这些翻译都没有覆盖其全部内涵。我朋友张庆瑞（1957—　），曾任台湾大学校长，他是物理学家，建议 token 翻译成"道元"，既具有现实意义，又有哲学意义，特别是体现中国文化的深邃和精髓。

在如火如荼的 ICT 革命时期，有一句流行广泛的话："一切来自比特"。[1] 如今的人工智能革命，我们需要接受"一切来自 token"的理念，这样的理论到实践的"泛化"，就是所谓的 tokenization。

现在，我们处在一个非常激动人心的时代，人们都会主动和被动卷入人工智能革命，人类社会正在加速彻底改变的进程。原本哲学、科技、经济和社会的概念或者过时，遭到淘汰，或者被赋予新的生命。与人工智能一体化的 Web3，正面临跨越时代的转型，走出迷雾，结束长期徘徊不前的局面，推动以 Web3 为代表的去中心化、自组织的未来社会的到来。到那时，基于 DAO 的理想的共享经济和普惠金融将会成为现实。

---

　　① HORGAN J. Physicist John Wheeler and the "It from Bit"［EB/OL］//John Horgan（The Science Writer）.（2024-06-29）［2024-09-15］. https://johnhorgan.org/cross-check/physicist-john-wheeler-and-the-it-from-bit.

# 2024：全球人工智能的前沿、趋势与挑战 ①

人工智能是新质生产力的重要组成部分。人工智能是包括思想、科技、经济和社会领域的综合性技术。人工智能技术不同于人类历史上的农业技术、工业技术和信息技术，人工智能技术发源于自古希腊至近现代知识精英的一种信仰、一种观念、一种精神，即智能并非仅仅为人类所有，人类所制造的机器最终也可能产生智能，因为智能最终是可以被计算的。1936年，图灵机的诞生，无疑是人工智能史上的里程碑式的事件。至今，近90年过去，对当代人类社会而言，人工智能不仅意味着哲学、科学、技术，而且意味着思想、经济和社会的颠覆性变革。人工智能是一个漫长的革命，已经和将继续证明长期主义和加速主义相互作用的历史意义。本文所讨论的是2022年以来的全球人工智能的前沿、趋势与挑战。

## （一）2023年下半年的人工智能发展

2023年7月25日，《自然》杂志发布了一个很重要的消息，即"ChatGPT已经攻破了图灵测试"，为此杂志也提出了一个深刻的问题："是时候找个新方法评估人工智能技术了"。按照一般的看法，图

---

① 本文系作者为《对话时代：铸造新质生产力的强国之路》（北京大学出版社，2024）所撰写的序言和于2023年7月30日在"元宇宙AI时代，我们应该思考什么？跨界交流会"活动上的发言速记整理而成。

灵测试是评估人工智能技术最重要的一种标准，而现在人工智能已经突破了图灵测试，那么我们应该意识到，是否需要制定新的标准来衡量人工智能的实际发展程度？

为此我提出 10 个问题，简而言之，我们一定要避免在人工智能高速发展的过程中，还在以陈旧的思想和认知去判断人工智能的发展。（1）如何认识智能时代，智能时代和数字时代又有什么差别？这个智能时代又在怎样的情况下覆盖和改变数字时代的缺陷？（2）智能时代所形成的变革与创新的模式是什么？将智能时代和数字时代相比，当超摩尔定律也面临着走向终结的情况下，什么样的规律将主导和影响智能时代？（3）大数据是否会成为智能时代最重要的社会资源，而大模型又能否成为智能时代的基础结构的主要形态？（4）人工智能应用的基本特征和核心特点到底是什么？我个人认为人工智能应用的最大的特点是人工智能影响未来科学技术的进程。（5）人工智能的觉醒问题，人工智能到底有怎样的觉醒能力，它的觉醒模式、机制是什么？（6）人工智能的新形态，它的具身智能将以什么样的方式发展？（7）人工智能引发的人工智能资本和资本市场将有怎样新的改变？（8）人工智能是否正在造成新的社会不平等？人工智能是否导致人工智能红利的受益者和人工智能红利的边缘者矛盾激化？人工智能的发展不均衡是否导致各国之间的经济增长水平逐渐拉大？（9）各国在人工智能战略上的比较。（10）全球是否存在对人工智能的治理的协助能力？如何看待欧盟拟议《人工智能法案》的前途。

总之，经过 2023 年下半年，对于人工智能，我们需要有新的思考高度，有新的认知水平，要有更加科技、更加技术、更加现实的思想层次和高度，我们对人工智能的应用的认知也应该有更大的历史视野。

# （二）2022—2024 年：不断加速推进的人工智能前沿

## 1. 大模型（LLM）

人工智能的发展历史，可以分为不同的阶段。2022 年 11 月，因为 OpenAI 发布 ChatGPT，进入人工智能的内容生成阶段。生成式人工智能是基于模仿人类的神经网络的机器学习技术，通过文本、图像、音乐、视频等形式创造全新内容。

AIGC 的集中代表就是大语言模型。所谓大语言模型，就是基于大量文本数据训练的深度学习模型，可以生成自然语言文本或理解语言文本的含义。也可以说，大语言模型是以深度学习为基础，通过模拟人脑处理信息的方式，使用多层神经网络来识别数据中的复杂模式。

在现阶段，人工智能的核心所在就是大语言模型。世界主要国家和主要公司主导了大语言模型的开发，呈现井喷式增长，形成不断膨胀的大语言模型集群。影响大语言模型性能的主要变量是训练数据、模型规模（即参数数量）、生成算法和优化技术。大语言模型的特点包括：（1）参数大。大模型的参数数量上，通常可以达到数十亿甚至数千亿。（2）具有图像识别和预测分析能力。（3）具有对数据的理解和泛化能力。能够学习并执行多种复杂的任务，在自然语言处理中，实现更加精准和高效的机器翻译、情感分析和智能问答。

ChatGPT 与谷歌的 Gopher、LaMDA，以及 Meta 的 Llama 是大语言模型的全球代表。其中，2023 年，OpenAI 的 GPT-4，是一个系列的模型总称，而不是一个单独的模型。2024 年 5 月，OpenAI 推出的 GPT-4o 模型，在文本、语音和图像的理解方面，展现处理数百种语言的卓越能力，且进行实时语音对话，准确捕捉和表达人类情感。2024 年 6 月，Anthropic 公司正式推出的 Claude 3.5 Sonnet 模

型，在编码能力、视觉能力和互动方式方面，超越了上一代最强的
Claude 3 Opus 和 GPT-4o。更令人兴奋的是，Claude 3.5 Sonnet 引入
创新的"Artifacts"功能，允许用户在动态工作空间中实时编辑和构
建人工智能生成的内容，将对话式人工智能转变为一个协作伙伴，无
缝集成到用户的项目和工作流程中。特别是，Claude 3.5 Sonnet 还以
其两倍于前代的速度和五分之一的成本，重新定义了智能模型的性
价比。

2024 年 6 月，大语言模型发生突破性进展：OpenAI 发布基于
GPT-4 的模型的 CriticGPT，用于捕捉 ChatGPT 代码输出中的错误。
也就是说，CriticGPT 就是一个通过 GPT-4 查找 GPT-4 错误的模型，
不仅可以撰写使用者对 ChatGPT 响应结果的评论，而且可以帮助人
类训练者更好地理解和满足人类的意图，发现和纠正从人类反馈中
强化学习（reinforcement learning with human feedback，RLHF）的错
误，表明人工智能在评估高级人工智能系统输出的目标方面迈进关键
一步。

### 2. 人工智能平台（AI platform）

伴随人工智能覆盖人类生产和生活的方方面面，构建人工智能平
台成为大势所趋。人工智能平台所能提供的是全球领先的语音、图
像、NLP 等多项人工智能的多模态技术，以及开放对话式人工智能系
统和生态。目前，全球有谷歌、TensorFlow、微软 Azure、OpenAI、
英伟达、H2O.ai、Amazon Web Services、DataRobot 和 Fotor 所提供的
九大人工智能平台。其中，英伟达 Omniverse 是专为虚拟协作和实时
逼真模拟打造的开放式平台，借助 GPU 和 CUDA-X AI 软件等强大的
生态系统，提供业界领先的解决方案，包括机器学习、深度学习和数
据分析。TensorFlow 是一个开源平台。

人工智能平台的发展趋势主要是垂直化和专业化。例如，人工智能美术平台是通过人工智能技术进行图像处理和创作的平台，帮助艺术家和非专业人员以人工智能绘画形式快速生成有趣、具有美学价值的绘画作品，从中形成创作灵感和艺术体验，给艺术界带来更多的创新性和可能性。Midjourney、Stable Diffusion 属于影响力不断扩展的 AI 美术平台。还例如，Suno v3.5 是人工智能生成音乐平台。相比较以前的 3.0 平台，Suno v3.5 生成的歌曲长度由原来的 2 分钟变成了 4 分钟，歌曲结构显著优化。人工智能音乐生成平台对于很难用语言描述清楚的听觉艺术的内行程度，展现可以创作超越人类的潜力。Suno 宣布即将推出一项全新的功能，可以从任何声音创作歌曲。这项新功能可以将日常生活中的各种声音转化为音乐，为音乐创作带来了新的可能性。[1]

### 3. 人工智能堆栈（AI stack）

从硬件的角度，人工智能堆栈的基础是 GPU、CPU 和 TPU。生成式人工智能堆栈中最重要的是 GPU。但是，人工智能堆栈还包括了 AI 软件体系，最终构建的人工智能堆栈是一个系统和生态。

深入分析，人工智能堆栈是一个结构化框架，包含了开发和部署 AI 系统所需的各种层次和组件。人工智能堆栈的关键组件：数据管理、计算资源、机器学习框架和 MLOps 平台。生成式人工智能的技术全栈则包含三个层级：顶层、中层和底层。顶层涉及特定领域的知识和专业知识，中层提供可用于构建人工智能模型的数据和基础设施，底层则是云计算资源和服务。在每个层级中取得进展对于推动人

---

[1] 5 月 22 日消息，光速美国宣布完成对音乐 AI 初创公司 Suno 的 B 轮领投。Suno 由音乐家和技术专家 Mikey Shulman、Georg Kucsko、Martin Camacho 和 Keenan Freyberg 创立。此次募集的 1.25 亿美元将使团队能够加速其最先进的音乐创作模式和消费平台的发展。

工智能的发展至关重要。或者，人工智能堆栈还包括应用层和基础设施层。人工智能技术堆栈的基础支柱包括：数据、计算和模型。其中，生成式人工智能需要大量的计算资源和大型数据集，这些资源在高性能数据中心进行处理和存储。生成式人工智能推动了全栈的重塑。例如，在 Windows 中为开发者提供的改进，都是在其新的 ARM 架构以及即将推出的 AMD 和英特尔 NPU 之上，开发更多人工智能驱动应用程序的基础。Copilot + PC，通过在 Windows 中引入人工智能，集成了 RAG（检索增强生成）技术，以提供更准确的答案，成为微软不断发展的人工智能计算机堆栈。

一般来说，基于人工智能堆栈，可以构建具有快捷功能、快捷搜索、快捷翻译、智能识别、智能操控等特征的人工智能应用程序。

### 4. 物理世界模拟器（world simulator）

对于当代人类而言，存在三个世界：现实的经验世界、虚拟世界和超越人类时空感知的物理世界。人工智能直接影响了人类与以上三个世界的关系。在现实的经验世界，人工智能和自然智能的平行和互动，改变了现实世界存在的方式；在虚拟世界，人工智能和现实虚拟技术，可以引导人类进入非真实的沉浸式体验状态，元宇宙就是其中的一种方式；在超越人类感知的微观和宏观世界，人工智能可以帮助人类突破感官的局限性，认知以百亿光年为尺度的宇宙和以纳米为衡量单位的微观场景。在科学实验领域，人工智能技术不再仅仅是工具，而且是前提。

2024 年初，Sora 出现的根本意义是：通过自身的物理世界模拟器功能，向人类展现一个人类可能没有感知的物理世界，一个很可能比人类眼睛看到的更真实的物理世界。人类一旦感知和融入因为人工智能物理引擎所创造的世界，人类将体验更加多样的物理规则。

Sora 在进行视频生成任务时，基于感知、记忆、控制模块的支持，生成的视频一定程度上能够遵循现实世界的物理规律，这使得其模拟现实世界中的人物、动物、环境等，拥有了更广阔的想象空间，基本实现了空间一致性、时间一致性和因果一致性。Sora 是一个可读懂世界的模型，其现阶段做得如何，并非问题的本质。Open-Sora 1.1 发布后，视频生成质量和时长大幅提升，特别是在视频生成质量和时长方面。优化后的 Causal Video VAE 架构极大地提升了性能和推理效率。

英伟达的重要贡献之一是完成了 Earth-2 数字孪生地球模型。Earth-2 结合了生成式人工智能模型 CorrDiff 和 WRF 数值模拟训练，能以 12 倍更高的解析度生成天气模型，从 25 公里范围提高到 2 公里。Earth-2 的下一步还要将预测精度从 2 公里提升到数十米。相比较以往物理模拟模型 Earth-2 的运行速度提高了 1000 倍，能源效率提高了 3000 倍。并且它可以实时预测。

前景是非常清楚的：人类将构造作为感知/记忆/控制综合体，具有构建逼真和物理正确的"世界模型"。在这样的意义上，微软科学家塞巴斯蒂安·布贝克（Sébastien Bubeck，1985—　）提出"人工智能物理学"概念和研究方向。黄仁勋提出：下一波浪潮是物理人工智能。所以，英伟达的目标数字孪生不只是地球，还有整个物理世界。

## 5. 具身智能（embodied artificial intelligence，EAI）和智能机器人（intelligent robot）

人工智能的发展，必然导致人工智能生态的形成。而具身智能，或者智能机器人就成为人工智能生态中的主体。

具身智能，是人工智能在物理世界的进一步延伸，是能够理解、推理，并与物理世界互动的智能系统，具有人机交互与自然语言理解的能力，实现思考、感知、行动。进一步说，智能机器人，模拟人的思维路径去学习，做出人类期待的行为反馈，在多模态人工智能的驱动下，自我学习、感知世界、理解人类指令，完成个性化和协作，执行和互动，持续进化。在真实的物理环境下，执行可以被检验和测量的各种各样的任务。简言之，具身智能的特质就是能够以主人公的视角去自主感知物理世界。

至于各种不同形态的智能机器人，是具身智能的物理存在方式，其整体架构由感知层、交互层、运动层组成。特斯拉的擎天柱机器人、FigureAI 的巨额投资，以及英伟达展出的 25 款机器人，都显示了人形机器人领域的快速发展。

2024 年 3 月，英伟达推出了世界首款人形机器人通用基础模型——Project GR00T。该模型驱动的机器人将能够理解自然语言，并通过观察人类行为来模仿动作，用户可以在此基础上教会其快速学习协调各种技能，以适应现实世界并与之互动。Project GR00T 的出现预示着真正的机器人时代可能要来了。这也是人工智能的最终极应用：让人工智能具象成为"人"。

具身智能的兴起，标志着机器人技术从传统的控制为主，转向了学习、操作的新范式。大模型技术的爆发和硬件成本的降低，旨在开发出能与物理世界交互的智能机器人的具身智能企业，正如雨后春笋般涌现。

ICRA 2024，这场在日本横滨举办的机器人领域盛会，会议主题"CONNECT+"，不仅展示了机器人技术的最新进展，而且是一场"具身智能"和"学习"的革命。从长远看，具身智能对人工智能产业发展意义重大，对通用人工智能（AGI）具有不可忽视的价值。

## 6. 空间智能（spatial vision）

现在存在两种空间智能：一种是自然进化形成的空间智能。大自然花费了数百万年时间进化出空间智能：眼睛捕捉光线，将 2D 图像投射到视网膜上，大脑将这些数据转换成 3D 信息。另一种是以人工智能技术为基础的空间智能，即通过机器能够模拟人类的复杂视觉推理和行动，在多种传感器辅助的情况下，通过视觉信息直接理解和操作 3D 世界。

比较自由进化的空间智能和以人工智能技术为基础的空间智能，差异是显著的：自然进化的空间智能的空间维度是有限的，突破 3D 空间是困难的，甚至是不可能的。但是，以人工智能技术为基础的空间智能是可以突破空间维度的。这样的空间打破地理界限，处于流动的、无边无际的和自由开放的状态。不仅如此，这样的空间不再受制于牛顿时间限制，实现即时性和时间优化。例如，谷歌研究人员开发出一种算法，将一组照片转换成 3D 空间。训练计算机和机器人如何在 3D 世界中行动。

在这方面，李飞飞有过以下深刻的思考："把视觉敏锐度和百科全书式的知识深度结合，可以带来一种全新的能力。这种新能力是什么尚不可知，但我相信，它绝不仅仅是机器版的人眼。它是一种全新的存在，是一种更深入、更精细的透视，能够从我们从未想象过的角度揭示这个世界。"[①] 也就是说，建立在人工智能技术基础之上的空间智能将突破自然进化的空间智能，展现一个人类无法依赖大脑想象的空间状态。例如，量子力学所描述的量子空间指的是由一些离散的或者连续的态组成的，具有拓扑特征的空间。人类自然进化的空间智能没有可能感受和认知量子空间，人工智能技术支持的空间智能则是可能的。

---

① 李飞飞. 我看见的世界 [M]. 北京：中信出版集团，2024：288.

总之，基于人工智能大模型的空间智能引导人类进入"一种全新的存在"，而具身智能很可能是这里的"原住民"。

# （三）人工智能的产业化

## 1. 人工智能产业的软硬一体化基础设施（AI infrastructure）

追溯过往，人工智能的发展始终伴随着硬件性能的突破。早期，人工智能算法受限于通用处理器的计算能力，中央处理器的 CPU 发挥了关键性作用。之后，随着机器学习和深度学习的崛起，图形处理器 GPU 扮演着越来越重要的角色。不论是 CPU，还是 GPU，其物理形态都是芯片。人工智能产业是对芯片具有依赖性的产业，而大语言模型更是高度依托芯片。

20 世纪 90 年代初期，GPU 的功能集中在提高计算机的图形性能上。进入 21 世纪后，GPU 架构迭代频繁，完成从按照固定方式工作转变为可以编程的智能芯片，从专用图形处理器发展为高效的通用计算平台，向外拓展到人工智能计算及高性能计算领域，适用于渲染图像和执行复杂的计算任务。GPU 的优势包括高数据吞吐量，因为它包含大量内核，可同时处理同一任务的不同部分；通过并行计算执行大量计算；适用于数据科学领域的分析程序，有助于生成式深度学习算法在机器学习中的应用。未来 GPU 可能的发展方向包括更高程度的并行化、更低功耗设计、更强大的人工智能计算能力等。目前，在全球范围内，英伟达公司是 GPU 最大的生产厂商。近年来，大语言模型对于 GPU 的无可遏制的巨大需求，推动 GPU 本身成为一个全新的产业。2024 年 GPU 市场大爆发，人工智能推动产值破千亿美元，英伟达独占鳌头。英伟达的 NVLink，是世界上最先进的 GPU 互联技术，可以将不同的 GPU 连接在一起，从而能够让十万亿参数的 LLM 运行起来。

在定制化的人工智能芯片中，除了 CPU 和 GPU，还有张量处理器 TPU（tensor processing unit），以及神经网络处理单元 NPU（neural network processing unit）。TPU 专注于高效执行张量计算，其中包括矩阵乘法、卷积等常见的神经网络操作。TPU 通过特定的硬件结构和优化指令集，能够提供比传统 CPU 和 GPU 更高效的机器学习性能。2024 年，谷歌专为生成式人工智能模型，推出了第六代 TPU Trillium。谷歌将 Trillium 高带宽内存（HBM）容量和带宽增加了一倍，以处理更大的模型，提升能效和内存吞吐量，从而改善训练时间和延迟。CPU、GPU 和 TPU 的交互运行，预示着人工智能和硬件协同进化，有助于形成异构计算，以及架构设计、计算性能、适应性、功耗和效能比、使用成本的集合更为合理。

在人工智能产业的软硬一体化基础设施中，人工智能网络和人工智能云是重要组成部分。亚马逊云服务、微软 Azure 和谷歌 Cloud 等云平台提供可扩展的资源和 GPU，用于训练和部署生成式人工智能模型，推动智算时代下向云网一体、实现通信行业智能化转型。

### 2. 多模态和人工智能多模态搜索（multimodality and multimodal search）

大语言模型的进化，不可避免地与多模态基础模型融合。LLM 加持的多模态大模型，最终形成了多模态大语言模型（multimodal large language model，MLLM），推进了大脑进行多模态研究。MLLM 显现了不可低估的和持续不断的涌现能力。

在多模态大模型中，语言处理继续处于核心地位。通过在更广泛的感知上下文中锚定决策来增强推理，类似于人类大脑如何整合丰富的感官输入以形成更全面的知识基础。与此同时，通过图像生成，还包括视频、3D 点云图等方式形成的视觉生成的功能，合成训练数据，帮助人们实现多模态的内容理解和生成闭环。

多模态搜索是一种基于多模态大模型的搜索技术，允许用户通过多种类型的数据（模态）进行搜索查询，支持推理和复杂任务，提供更加丰富和准确的搜索结果，实现搜索生成的目标。目前，能够实现文本、图片、音频、脑图等多模态答案集成在一起，为用户提供图文并茂的搜索体验的厂商还是有限的。

多模态同样需要代理（agent）。所谓多模态代理，就是一种将不同的多模态专家与 LLM 联系起来解决复杂多模态理解问题的办法。

从长程发展看，语言和文字是人类对世界理解和认知的符号，存在诸如信息过长、数据过大，以致提炼过程发生损失、冗余，甚至错误。或者说，基于自然语言的人工智能很难避免语义理解、逻辑推理、不确定性知识、学习能力框架，以及通用性和泛化性等局限性。所以，多模态打破自然语言作为核心媒介的格局，以最原始的视觉、声音、空间等方式直接连接世界和重塑世界。

在多模态人工智能浪潮中，OpenAI 的 GPT-4o 和 Meta 的"变色龙"（Chameleon），都属于多模态的代表性模型，创立了一个多模态模型发展的新范式。OpenAI 官方博客介绍，GPT-4o 是首个实现了"端到端"训练，跨越文本、视觉和音频的模型，所有的输入和输出，都由单个神经网络处理。所以，GPT-4o 是"首个'原生'多模态"。"变色龙"与 GPT-4o 一样，也采用 Transformer 架构，使用文本、图像和代码混合模态完成训练。不论是 GPT-4o，还是 Chameleon，都是新一代"原生"端到端的多模态基础模型早期探索。

### 3. 人工智能终端（intelligent terminal）

过去两年，人工智能加速实现无处不在和无时不在，兴起人工智能技术终端化浪潮。人工智能终端可以理解为：集成人工智能技术，执行复杂任务、提供智能化服务和交互体验的电子设备。按照设备类型，人工智能终端可以分为智能手机、个人电脑、智能穿戴设备、智能家居设备、车载信息系统等。人工智能终端产业生态图谱展现该产业的三个核心层次：核心层、平台层和应用层，构成一个完整的生态系统。

目前，渗透率最快的人工智能终端包括：（1）人工智能电脑。鉴于人工智能大模型当前所涵盖的应用领域与 PC 的使用场景高度契合，AIPC 被誉为"大模型的理想载体"。2024 年，预计 AI 笔记本电脑出货量达到 1300 万台，2027 年 AIPC 渗透率逼近 80%。（2）人工智能手机。人工智能手机是通过端侧部署人工智能大模型（如 GPT）、实现多模态人机交互、展现为非单一应用智能化的手机终端。与传统智能手机各个智能化功能分散在不同应用程序上的做法不同，人工智能手机通过智能助手等统一入口，以 AI 代理的形态整合并联动各种功能应用，从而更高效地完成用户的目标。这种设计方式简化了操作，还为用户提供了更加自然、便捷的多模态人机交互体验。（3）人工智能扩展现实技术。扩展现实和可穿戴设备具备的多种视觉、听觉交互能力和手势、眼动追踪功能，也将是人工智能终端的重要载体。

2024 年 6 月，苹果确定和 OpenAI 达成合作，接入 ChatGPT，使用 GPT-4o 模型，加持 Siri，实现人工智能深入所有应用程序，Siri 完成重生，iPhone 人机交互模式重构。Apple Intelligence 成为人工智能的全新代名词。

总之，这些终端通过内置的人工智能算法和硬件支持，实现了语音识别、图像处理、自然语言理解、预测分析等功能，从而提升了用户体验和设备的性能，有望极大释放多模态人工智能的潜力，催生更多终端用户的流行应用。最终，人工智能终端将与人工智能物联网

（Artificial Intellligence of Things，AIoT）融合，完成 AIoT 的"最后一公里"。

### 4. 人工智能核心产品：token

在计算机科学中，代表执行某些操作的权利的对象是 token。token 的中文可以翻译为令牌、词元，或者代币。在机器学习领域，token 概念被用于处理文本数据。在 Stable Diffusion 等模型中，token 指的是将文本拆分成的最小单位，用于模型的输入和处理。自然语言处理的 token，则专指文本中的最小语义单元。因为不是所有的语言都可以用空格来划分单词，需要使用更复杂的分词（tokenization）方法。GPT 系列模型都是基于子词（subword）来进行分词的。子词是指比单词更小的语言单位，可以根据语料库中的词频和共现频率来自动划分，保证语言覆盖度和计算效率之间达到一个平衡。

为了适应人工智能的发展，单词之外的其他一些符号，包括标点符号、数字、表情符号都可以被视为 token。这些符号也可以传达一些信息或者情感。进一步，token 是处理文本的最小单元或基本元素，可以是一个单词、一个词组、一个标点符号、一个字词、一个字符、一个图像、一个视频，通过分词结构性处理，最终帮助模型能够理解和生成文本。

如何提高处理 token 的速度成为人工智能发展的一个极具挑战性的课题，如同"军备竞赛"。最近，硅谷公司 Groq 基于自研芯片可以做到在大模型推理时每秒处理将近 500 个 token。这意味着什么？相当于一句话的响应时间只需要不到 2 秒。还有更为震惊的消息："70B 模型秒出 1000 tokens，代码重写超越 GPT-4o，来自 OpenAI 参投团队""不仅是快，在代码重写任务上的表现甚至超越了 GPT-4o"。

token 的价值是通过浮点数加以衡量的。与此同时，token 的生产构成发生能源消耗。目前，GPT-4 生成一个单词，大概需要 3 个 token。每个 token 可以只使用 0.4 焦耳。所以，token 最终是具有价值的。目前很多大模型无论展示能力，还是收费定价，都是以 token 为单位，如 OpenAI 的收费标准为：GPT-4o，一百万个 token 收费 5 美元。[①]

值得注意的是，在加密数字货币领域，token 基于区块链的代币概念，代表着不同形式的数字资产。区块链是一个底层技术，分布式数据存储、点对点传输、共识机制、加密算法等计算机技术的新型应用模式，是一种分布式实时更新的账本。就好像区块链是大家的手机，而作为区块链代币的 token，就是其中一个应用。

19 世纪 90 年代末，尼古拉·特斯拉（Nikola Tesla，1856—1943）发明了 AC generator（交流电发电机），创造的是电；现在，人类正在经历一场前所未有的工业、信息、数字和人工智能的混合革命。在这次革命中，AI 将扮演 generator 的角色，将首次大规模生产前所未有的和不同类型的 token。生成式人工智能的核心产品是 token。这些 token 将在新型的数据中心，即 AI 工厂中生产，实现信息数据化，数据 token 化。在未来十年，token 在不同领域将生成日益增多的新产品，进而加速形成规模庞大和结构复杂的全新价值体系。

## （四）人工智能和宏观经济

### 1. 核心生产要素和人工智能计算

从数字时代过渡到智能时代，数据不仅是生产要素，而且成为核心生产要素。数据增长模式的基本特征是指数增长。

---

① OpenAI 的收费价格页面（2024）详见 https://openai.com/api/pricing/。

新加坡资讯通信媒体预计 2024 年全球将产生 147 泽字节（泽字节，ZettaByte，简称 ZB。它是 EB 的 1024 倍）的数据。美国市场研究机构国际数据公司预测，到 2025 年，全世界将产生 175ZB 的数据。相当于每个"地球人"捧着大约 150 部 iPhone 的数据量。以中国为例。2023 年，数据生产总量达到 32.85ZB，同比增长 22.44%。2023 年，全国数据存储总量为 1.73ZB，新增数据存储量为 0.95ZB，生产总量中 2.9% 的数据被保存。2023 年，全国 2200 多个算力中心的算力规模约为 0.23 十万亿亿次浮点运算 / 秒（ZFLOPS），同比增长约为 30%；全国数据存储总空间为 2.93ZB。存储数据中，一年未使用的数据占比约四成，数据加工能力不足导致大量数据价值被低估、难以挖掘复用。

数据生产的总量如此巨大，但是有效供给不足。所以需要 AI 算力和算法。人工智能算力单位：量级单位 + 每秒运算次数 + 数据类型。衡量人工智能算力的标准是计算的数量级。例如，P 是一个数量级，10 的 15 次方，1000P 就是 100 亿亿，1000PFlops 算力就意味着每秒有 100 亿亿次的浮点运算能力。一个 Atlas 800 组成的人工智能算力集群，以 1000P 算力为例，一个时钟周期可以进行"100 亿亿"次计算。1000P 的算力相当于 50 万台 PC 电脑。

所以，人工智能时代的宏观经济的根本性特征是数据的吞吐量，即网络、设备、端口、虚电路或其他设施，单位时间内成功地传送数据的数量（以比特、字节、分组等测量）。[①]

## 2. 智能制造业

在机械工业时代，制造业（manufacturing industry）是指综合利

---

① 数据吞吐量计算公式：吞吐量 = 并发数 / 平均响应时间。

用物料、能源、设备、工具、资金、技术、信息和人力等资源，通过生产制造过程，转化为大型工具，以及其他生产性和消费性产品的行业。制造业是国民经济的核心组成部门。在智能时代，智能制造业继续构成经济结构体系的核心部门。

智能制造业包括两个组成部分：制造业的智能化和智能化的制造业。前者是指人工智能技术所改造的传统制造业，后者是指人工智能技术发展所形成的全新制造业。例如，无人汽车、无人飞机、无人舰艇就属于全新的智能化制造业。

人工智能与制造业的深度结合，特别是将各类大模型纳入制造业，实现生产过程的数字化、网络化和智能化，极大地提升了制造业的效率和质量，预示着智能制造，特别是机器和器械的彻底革新。

在现阶段，世界上的工业发达国家正在关注和推动智能制造业。其中，德国以其"工业4.0"战略引领智能制造的发展，注重智能工厂、智能物流和智能生产，通过标准化和创新驱动，保持在全球制造业中的领先地位。欧盟通过《欧盟新工业战略》（*A New Industrial Strategy for a Green and Digital Europe*）等政策文件，推动工业的数字化和智能化转型，强调把绿色、数字化和智能化作为工业转型的关键驱动力。美国强调人工智能在制造过程中的作用，通过改进制造过程调度、增强制造过程的柔性、改进产品质量并降低成本。日本以机器人技术和自动化闻名，其智能制造战略聚焦于机器人新战略和互联工业战略，推动工业互联网和物联网在制造业中的应用，实现协同制造。中国智能制造业得益于《中国制造2025》所提出的发展战略和政策体系，在维系产业规模全球领先的前提下，正在努力解决智能制造标准、软件、网络安全等基础薄弱问题，改变高端装备依赖进口的状况，提高智能技术自主化水平，以实现制造业的高质量发展。

### 3. 人工智能的创新和产业扩散

工业时代的创新存在周期性特征，存在创新之间的间隙，创新的节奏明显。熊彼特对工业时代的创新做了深刻的理论分析。例如，熊彼特认为，创新就是建立一种新的生产函数，从来没有过生产要素和生产条件的"新组合"就是自变量，引发的创新就是因变量。熊彼特创新理论的前提是创新发生在原本存在的"生产体系"之中。但是，进入后工业时代，特别是进入信息、数字和智能的混合时代，创新的模式发生了一系列根本性改变。人工智能范畴的创新的特点是：（1）人工智能创新是从 0 到 1，是"横空出世"。例如 GPU 芯片，就是典型的从 0 到 1。人工智能之所以完成根本性的跳跃，是由 2012 年 AlexNet 团队利用英伟达 GPU 训练模型赢得 ImageNet 大规模视觉识别挑战赛开始的。（2）人工智能创新根源于观念。人工智能在国际象棋和围棋上的决定性胜利就是典型案例。（3）人工智能创新是不间断的，是涌现的，是叠加的。LLM 模型一旦进入特定拐点，便一发不可收拾。（4）人工智能创新是近期和长期相结合的。没有创新和经济结合所存在的规律性周期。（5）人工智能创新专利增长加速。从 2021 年到 2022 年，全球人工智能专利数量大幅增长 62.7%。需要指出的是，世界上 61% 的人工智能专利来源于中国。

因为人工智能技术的涌现性作用，人工智能的产业扩散是发散的和非中性化的。人工智能全方位彻底颠覆和改造原来的产业体系和产业构造。在这个过程中，人工智能通过改造老产业和构造新产业的扩散模式，最终催生了从未有过的产业形态和经济形态。

### 4. 人工智能成本和收益

人工智能成本包括技术研发成本、硬件设备成本、软件开发成本、人力成本，以及市场推广成本。首先是设备成本：2024 年企业花

费人工智能建设和装备数据中心 2940 亿美元，高于 2020 年的 1930
亿美元。其次是训练成本：根据《2024 年人工智能指数报告》，2017
年最初发布的 Transformer 模型、2019 年推出的 ROBER TaLarge 模
型的训练成本分别为 900 美元和 16 万美元。因为大模型变得越来越
大，人工智能模型训练的成本持续攀升。OpenAI 的 GPT-4 等前沿模
型系统的训练成本预估在 7800 万美元，谷歌的 Gemini Ultra 的计算
成本花费预估为 1.91 亿美元。特别是，人工智能企业需要依赖于可以
高速处理大量数据的 GPU 来训练 LLM。这些芯片短缺且价格极其昂
贵。英伟达 H100 GPU 是训练人工智能模型的主要工具，售价约为 3
万美元。训练一个 1.8 万亿参数的人工智能模型，需要大约 2 000 个
英伟达 Blackwell GPU。再次是能源成本。未来人工智能技术发展将
高度依赖于能源。最新的公开数据显示，包括 ChatGPT 在内的人工
智能大模型需要大量算力。目前，ChatGPT 每天需要处理超过 2 亿次
请求，其电量消耗高达每天 50 万千瓦时。一年时间，ChatGPT 光电
费就要花 2 亿元人民币。预计到 2030 年，人工智能数据中心将消耗
美国 20%—25% 的电力需求，相比今天的 4% 大幅增加。据荷兰咨询
机构负责人阿历克斯·弗里斯（Alex de Vries，1989—   ）预计，到
2027 年，人工智能行业每年将消耗 850 亿—1340 亿千瓦时的电力，
相当于瑞典或荷兰一个欧洲国家一年的总用电量。马斯克判断，电力
缺口最早可能会在 2025 年发生，"明年（2025 年）你会看到，我们
没有足够电力来运行所有的芯片"。OpenAI CEO 奥特曼也预计，人工
智能行业正在走向能源危机。人工智能很可能引爆全球新一轮"能源
战争"。

在看到人工智能高成本现实的同时，还要看到问题的另一个方
面：因为人工智能算力提高，不仅人工智能训练成本会急剧下降，而
且劳动生产率会提高。例如，英伟达首创异构计算，让 CPU 和 GPU

并行运行，将过去的 100 个时间单位，加速到仅需要 1 个时间单位。
实现了 100 倍速率提升，功耗仅增加 3 倍，成本仅为原来的 1.5 倍。
2024 年 3 月，摩根士丹利在人工智能报告中表示，由于 GPU 技术
的不断进步，生成式人工智能的算力成本正快速降低。数据中心模
型显示，从 Hopper GPU 数据中心升级到 Blackwell 数据中心，成本
将从 14.26 美元 /teraFLOPs（每秒万亿次浮点运算），下降到 7.48 美
元 /teraFLOPs（每秒万亿次浮点运算），下降了 50%。还要看到，因
为使用更多光伏和储能产品，能源成本下降，对人工智能生产所需的
能源成本下降具有正面作用。

经济学家约瑟夫·布里格斯（Joseph Briggs，1987—　）和德弗
什·柯拿尼（Devesh Kodnani）在一份报告中指出：生成式人工智能
具有巨大的经济潜力，预计在未来十年内广泛应用后，每年可提高全
球劳动生产率超过 1 个百分点。奥特曼甚至坚信：人工智能的成本即
将变得非常低廉，高质量 AI 智能的成本终将趋近于零。

### 5. 人工智能市场的特征和规模

在过去十年，全球人工智能市场形成了一系列特征：（1）人工智
能市场是当代市场体系中规模膨胀最快的市场。可以预见，未来人工
智能市场将继续保持快速增长的态势。（2）人工智能市场是科学技
术驱动的市场，呈现出快速增长的趋势。人工智能市场的快速膨胀
和指数级速度增长、积累、开发和利用存在强烈的相关性。（3）人
工智能广泛应用于各个领域，导致人工智能市场的高度多样化。例
如，人工智能已经与金融、医疗、教育、智能制造相融合，有效地改
造了传统市场结构。（4）人工智能市场呈现日趋激烈的竞争态势。特
别是，全球性的人工智能市场竞争和垄断的博弈不断升级，呈现国际
合作和竞争并存的趋势。（5）人工智能市场需要跨界、跨行业、跨领

域和跨国的多方面合作。单一企业或国家难以独立完成人工智能技术的发展和应用。（6）人工智能市场结构复杂。生成式人工智能行业可以说是目前同比增长最快的市场。此外，人工智能系统基础设施软件、硬件和服务增长贡献显著。（7）人工智能市场对企业转型形成压力和动力。世界级科技企业和初创企业都在加大人工智能研发和应用力度。人工智能的研发领域包括芯片、机器学习、大模型、多模态、数据分析等关键领域。（8）人工智能市场涉及伦理和风险。（9）人工智能市场包括军用和民用市场要素。某些人工智能技术关乎军事和国家安全。（10）人工智能市场属于政府通过战略规划、政策法规等方式不断加大干预强度的市场。人工智能市场没有可能成为所谓纯粹的自由市场。

关于全球人工智能市场的规模，资料繁多。根据相对保守资料，2022 年全球人工智能市场规模达到 4328 亿美元，增长近 20%，2023 年，全球人工智能市场规模已经达到了约 11 879 亿元。2030 年，全球人工智能市场规模将实现飞跃式增长，预计将达到惊人的 114 554 亿元。这一增长表明，从 2023 年至 2030 年，全球人工智能市场将实现超过 35% 的复合增长率，凸显出该领域的强劲发展势头和巨大潜力。其中，全球生成式人工智能市场价值估计为 137.1 亿美元。到 2025 年，生成式人工智能市场预计将达到 221.2 亿美元。该市场预计将以 27.02% 的复合年增长率增长。2022 年，大规模生成式人工智能采用率为 23%。预计 2025 年，人工智能的大规模采用率将达到 46%。

中国是人工智能产业扩张和人工智能市场膨胀的国家。2023 年，中国人工智能核心产业规模已超 5000 亿元，企业数量超 4500 家。相关研究机构预测，2035 年中国人工智能产业规模有望达 1.73 万亿元，全球占比达 30.6%。

综上所述，因为人工智能技术的不断进步和突破，近中期人工智能市场显然还处于继续扩张时期。

## 6. 人工智能的区域分布

21 世纪以来，全球人工智能高速发展主要集中在三个区域：以美国、加拿大为代表的北美洲地区；以德国、英国和法国为代表的欧洲地区；以中国、日本和韩国为代表的亚洲地区。如果从全球人工智能发展的城市分布看，人工智能创新 500 强的城市分布在 57 个国家，城市数量在 4 个及以上的国家有 27 个。其中，美国有 143 个城市入围 500 强的榜单，占城市数量的 28.6%。同时，数据显示，美国旧金山湾区在全球人工智能最具创新力城市评选中排名第一。全球人工智能创新力城市前 100 的榜单中，美国入围的城市有 33 个，中国入围的城市有 19 个。

总的来说，美国在人工智能领域的发展起步较早，保持在人工智能技术产业化和商业化的全球领先地位。中国政府高度重视人工智能技术的发展，将其纳入国家发展战略，并出台了一系列支持政策，在人工智能领域的发展速度非常迅猛。

在全球人工智能布局中，北欧国家正逐渐成为新的中心区域，形成了群雄逐鹿的局面。最近，谷歌在芬兰建立数据中心；亚马逊 AWS 开始在瑞典扩大投资；微软以瑞典作为重镇，斥 32 亿美元巨资，用于人工智能与云服务设施的建设。预计微软将在瑞典现有的数据中心基础上，新增 2 万个 GPU，以支撑日益增长的数据处理和机器学习需求，确保其在全球云计算市场的领先地位。

总结影响人工智能区域布局的因素比较复杂。其中比较重要的因素包括：（1）经济发展水平和工业化基础。（2）人工智能科技的历史发展积累，包括思想、学术和科研成果的积累。（3）研究机构、大学和人才的质量和数量。（4）人工智能的资金支持到位。（5）政府的战略眼光和政策扶持。（6）人工智能技术的应用场景。（7）国际合作的环境。

## 7. 人工智能"资本"

自 18 世纪至 20 世纪，全球发生过以机器生产取代手工劳动，以电力广泛应用和电气化，以及自动化、计算机和互联网等信息技术为标志的三次工业革命。每一次工业革命都产生了巨大的资本需求并刺激新产业资本的扩张，直接导致形成垄断性行业和部门，以及前所未有的超额利润。例如，石油的发现和开发刺激了石油资本的膨胀，石油资本一度造就了具有自然垄断的石油产业形成。

过去 20 年间的人工智能革命，在吸纳资本的数量和对经济体系的影响程度上，都远远超越了前三次工业革命。这是因为，人工智能技术是改造现存一切产业形态和商业模式的技术，并且是创新引发创新的技术，特别是创造与人类并存的智能机器人的技术。一方面，人工智能存在对资本需求的持续增长；另一方面，资本会因人工智能发生倾向性的结构性调整，更多的资本会积聚于人工智能产业，出现人工智能技术、产业和资本的互动局面。人工智能现在投资的规模已经超过 20 世纪的曼哈顿计划、阿波罗计划和星球大战计划占当时美国 GDP 的比例。阿波罗计划占当时美国 GDP 的比重不过是 0.5% 左右，现在的人工智能很快超过一个国家 GDP 的 10%。人工智能已经形成巨大的资本"黑洞"。高盛预测：到 2025 年，全球人工智能投资规模或将达到近 2000 亿美元。将在未来几年内对全球经济产生重大影响。

值得注意的是，人工智能资本已经和继续流入少数具有自然垄断的人工智能头部企业。所谓具有自然垄断的人工智能企业，即处于人工智能技术前沿、引导人工智能发展方向的企业。这样的企业在吸纳巨大资本资源的同时，还会产生比较稳定的超额利润。例如，Open AI 就是拥有自然垄断和超额利润的典型企业。

在人工智能技术和资本的一体化背后是人才问题，是人工智能人才的短缺问题。因为人工智能资本的投入方向，与其说是基于项目，不如说是基于人才和人才组合的团队。最近，美国硅谷人工智能的工程技术人才和管理人才的市场价格一再出现了飙升。

基于人工智能和资本的这种关联性，世界上绝大多数国家和企业，特别是中小企业，都将会被长期排斥于人工智能革命浪潮之外。

### 8. 人工智能和经济周期

工业时代存在着明显的经济和商业周期。经济周期分为：短周期，又称小循环或基钦周期（Kitchin cycle），每个周期的平均长度为 3—5 年；中周期，又称大循环或朱格拉周期（Juglar cycle），每个周期的平均长度为 8 年；长周期，又称长波循环或康德拉季耶夫周期（Kondratiev cycle），每个周期的平均长度为 50—60 年。其中对经济运行影响较大且较为明显的是朱格拉周期。朱格拉周期也称为"投资周期"或"中周期"。其循环周期一般与周期性的设备更新换代有直接关系，带动了固定资产投资的周期性变化。

在工业经济社会向信息经济社会和智能经济社会的转型时期，不仅短周期模糊化，而且中周期也发生紊乱。2008 年世界金融危机之后，正是人工智能技术高速发展的时期，导致科技因素影响和改变了工业时代的周期规律。人工智能创新的持续性，或者人工智能的"长创新"特质，显现经济周期呈现至少不会少于 10 年的长期化趋势。或者说，经济周期越来越取决于人工智能技术革命的结构性、系统性和集群性创新。美国在 2008—2009 年的金融危机之后，经济增长和繁荣至今已经维持了 15 年之久。

改革开放以来的中国经济高速增长，始终伴随着持续的三至四年的周期。从最早的门户网站到电子商务，再到后来的移动互联网、新消费、短视频和直播，基本如此。但是，世界性周期改变正在波及中国。进入 21 世纪 20 年代中期之后，中国经济很可能进入以人工智能作为引擎的中长混合周期时代。

简言之，进入 21 世纪 20 年代的世界，很可能需要依赖人工智能创新实现繁荣的长周期。

### 9. 人工智能"工厂"和人工智能公司

支持人工智能产业成长的首先是各类物理形态的人工智能工厂，包括人工智能和工业 4.0 结合的工厂，即生产人工智能全新产品的生产基地。有了人工智能工厂，就有人工智能生产线，以及人工智能的产业链和供应链。在人工智能工厂，除了传统的生产工人和工程师之外，机器人正在加速对传统人类资源的替代。

与人工智能"工厂"并存的是人工智能公司。在过去的 10 年，在全球范围内，出生率最高的公司莫过于人工智能公司。根据毕马威联合中关村产业研究院 2023 年末所发布的《人工智能全域变革图景展望：跃迁点来临（2023）》报告，截至 2023 年 6 月底，全球人工智能企业共计 3.6 万家，中美英企业数量名列前茅。根据中国信通院发布的《2024 全球数字经济白皮书》，截至 2024 年第一季度，全球人工智能企业近 3 万家，美国占全球的 34%，中国占全球的 15%。

目前，虽然全球人工智能企业呈现出一种多元化和高度活跃的状态，但是，世界级的人工智能超级公司具有绝对的垄断地位。这是因为，这些公司拥有技术、资本、人才和市场资源的深厚积累和控制能力。例如，谷歌的 TensorFlow 框架在全球 AI 框架市场，Meta

在图像识别和自然语言处理等领域，英伟达在 GPU 设计和生产方面，都处于主导地位。此外，人工智能技术的发展和应用是一个长期的过程，需要源源不断的创新动力，包括资本和科研体系所支持的创新。

目前，全球公认的人工智能超级公司是微软、英伟达、字母表公司（谷歌母公司）、亚马逊、Meta、苹果、AMD、英特尔、Adobe 和 Salesforce。它们的总市值达到 13.26 万亿美元，是 2023 年美国 GDP 27.36 万亿美元的 48%，欧盟 GDP18.34 万亿美元的 72%。

## （五）人工智能的深层演变

### 1. 人工智能和超越摩尔定律，以及标度律或幂律法则（scaling law）

人工智能正处于深层演变的历史时刻。摩尔定律以及标度律或幂律法则逐渐发挥着越来越重大的作用。

摩尔定律是英特尔创始人之一戈登·摩尔（Gordon Moore，1929—2023）基于经验所总结的一个规律：集成电路上可以容纳的晶体管数目大约每经过 18—24 个月便会增加一倍。换言之，处理器的性能大约每两年翻一倍。问题是当芯片 28nm 时，便发生了摩尔定律危机。当芯片达到 1nm 制程芯片，意味着到达摩尔定律极限。现在人工智能的以芯片为核心的整个硬件基础正面临的是摩尔定律危机，或者摩尔定律极限。2024 年，英伟达直接将 GPU 架构的更新频率从两年更新一次，加速到一年更新一次，算力增长并未停滞，在这 8 年间实现了惊人的 1000 倍增长，说明存在突破摩尔定律危机和摩尔定律极限的技术可能性。

标度律是 2019 年公布的物理学名词。标度律主要涉及临界现象的研究，其核心思想是：随着模型大小、数据集大小和用于训练的计算浮点数的增加，模型的性能会提高。为了获得最佳性能，所有三个因素必须同时放大。当不受其他两个因素的制约时，模型性能与每个单独的因素都有幂律关系。

具体到人工智能领域，GPT-4 在具体问题上的性能预测，可以通过 GPT-4 千分之一的模型预测得来。也就是说，GPT-4 还没开始训练，它在这个问题上的性能就已经知道了。所以，标度律对于大模型的训练而言很重要。所以，标度律是人工智能深层演变的又一个潜在规律。

## 2. 人工智能和量子科技融合

人工智能和量子科技的融合，形成量子人工智能。量子智能表现在以下几个方面：（1）利用量子比特的叠加和纠缠的特性进行计算，具有极高的计算速度和处理能力。（2）量子算法能够解决优化问题，如车辆路径规划、资源调度等，通过量子计算可以找到最优解，提高人工智能系统的效率和准确性。（3）量子计算可被用于加速机器学习算法的训练过程，例如通过量子支持向量机（quantum support vector machine）可以更快速地完成分类任务，提高机器学习的效果。（4）量子算法可以高效地在大规模数据中进行集中搜索、分析和数据发掘，为人工智能系统提供更准确的数据支持。（5）推动现实经验世界，模拟物理世界和虚拟世界的相互作用，依据物理定律，最终达到构建精准世界模型的目标。

## 3. 人工智能和生物科学的融合

人工智能和生物科学的融合，形成智能生物学。最近，瑞士领先的生物计算初创公司 FinalSpark 开发世界上第一个生物处理器，即一个可以远程访问 16 个人脑类器官的在线平台 Neuroplatform。
Neuroplatform 的运行就依赖于一种可归类为湿件的架构，其主要创新
之处在于使用四个多电极阵列（MEA）容纳活体组织——类器官，即
脑组织的三维细胞团。与传统的处理器相比，Neuroplatform 使用的是
人体神经元，而不是硅芯片。Neuroplatform "耗电量是传统数字处理
器的一百万分之一"。训练一个 LLM 模型（如 GPT-3）需要 10 兆千
瓦时，是欧洲公民年耗电量的 6000 倍，而人脑约有 860 亿个神经元，
功率仅为 20 瓦。这表明，如果有一天生物处理器可行，它可以大幅
减少能源消耗，减少计算对环境的影响。因此，生物处理器也被称为
"下一代数字处理器"。人工智能、生物学融合为合成生物学和湿件计
算领域。FinalSpark 的 Neuroplatform 很可能意味着人类正站在下一代
数字处理器的门槛上。

根据相关科学的进展，智能生物学还可能有另一个发展方向：开
发和创建强大的细胞计算机（cellular computer）。生物系统具有自我
维持和自我修复、处理来自自然界的信号、能源效率更高的优势。通
过细胞和分子工程工具利用理论计算机科学和合成生物学之间的协同
效应，可以构建超越图灵计算的生物计算机。如今，发展细胞计算机
不再是一种想法，已经进入实验和初步应用阶段。瑞士一家公司已经
发展出一种由活的人类大脑细胞构成的计算机，这种计算机利用人脑
神经元来发送、接收信号并处理数据。这些脑细胞可以存活长达 100
天，且耗能仅是传统计算机的百万分之一，有望彻底解决由于人工智
能大模型爆炸性增长导致的能源危机。看起来，自然的神经网络仍旧
优于人造网络。

所以，硅基机器至少是实现计算的一种载体，其他物质形态，如
生命物质，也可以成为计算的载体，通过利用活神经元的力量，改变
人们处理信息的传统方式，为传统数字处理器提供更为高效的方案，

有助于智能生物学丰富人工智能的深层演变。

## （六）人工智能的近中期趋势和立场选择

### 1. 智能大爆发时代

站在 2024 年的时点上，可以大体看清楚人工智能的近中期趋势：（1）狭义人工智能（artificial narrow intelligence，ANI）阶段正在结束。在这个阶段，人工智能是指能执行特定任务的 AI 系统，例如图像识别或语音识别。这个阶段的高峰是支持生成式人工智能的大模型的出现，以及智能机器普及。（2）通用人工智能阶段正在加速到来。通用人工智能阶段的核心特征是：因为可以和人类智能比肩，所以能够处理任何智能性工作；可以适应新的环境和情况，学习新的知识和技能；可以理解语言、符号和抽象概念，并能够将它们关联起来；可以进行逻辑推理，并能够基于已知的事实得出新的结论，最终可以创造新概念和新观念，并彻底改造人类的知识图谱、教育模式，以及经济和社会形态。（3）超级人工智能阶段的曙光已经出现在地平线上。超级人工智能具有超越"人类心智"，赶上并迅速超越全人类的集体智慧，比人类智能还要强大的人工智能系统。

### 2. 三个基本立场

面对人工智能近中期的发展趋势，在全球范围内，普遍存在三个基本立场。

立场一：危机主义者或者危机主义立场。危机主义认为，人工智能按照它的内在的规律，已经对人类构成威胁，人类社会进入从来没有遇到过的一种困境和危机，甚至相信 AGI 毁灭人类的概率为99.99%。大部分政治家持有这样的立场，他们主张要对人工智能采取国际联合行动，甚至要停止一定时间的人工智能技术开发和推进。也有一些科学家持有相同立场。

立场二：对齐主义。通过某种技术的、政治的和法律的方法，让人工智能的发展符合人类社会现在的现状和要求，让人工智能符合现在的地缘政治、社会结构和经济发展水平。

立场三：有效加速主义。有效加速主义的理念很简单，人工智能产生的问题必须由更快的人工智能发展来解决。所有的科学技术问题，所有的科学技术发展过程中都会产生正面和负面的溢出效应，负面的问题只有更高层次的科技发展水平来加以解决，至少人类近现代科技史证明了这一点。

### 3. 选择

在《头号玩家》（*Ready Player One*）中有这样一句话："这是'绿洲'世界，在这里唯一限制你的是你自己的想象力。"人工智能已经处于每天刷新人们想象力的历史时期。在这个新时期，迄今为止的世界主体和参照系都在改变，重构知识体系，开始自然智能和人工智能的"共智"（Co-Intelligence），传统经济组织、国家体制和法律体系都要发生改变，最终实现人类文明重组。为此，使命感就是一种选择。因为"没有使命，人类就不会存在，是使命创造了我们，但使命联系着我们，牵连着我们，指引着我们，推动着我们，约束了我们"。[①]

---

① 拉娜·沃卓斯基，莉莉·沃卓斯基.黑客帝国 3：矩阵革命［Z］.美国：华纳兄弟公司，2003.

# 重塑未来：人工智能与可持续发展的深度融合 [①]

## （一）引言

自从工业化革命以来，人类步入了一条以自我为中心的发展道路，不仅在地球上留下了人类文明的印记，更是从根本上改变了地球的生态状态。这就是所谓的"人类世"（Anthropocene）的形成、发展和强化的历史过程。[②] 在人类自我欣赏"人类世"的辉煌的同时，地球正在走向日益深重的生态危机。所以，自 20 世纪 60 年代以来，人们提出和发展了逐渐系统化的可持续发展的观念和理论。

但是，60 年过去了，人类始终陷入一种悖论而无法自拔：一方面，试图寻求一种可持续发展理论和方法，构建人类与生态的均衡关系；另一方面，不断造成和强化对地球的负面影响，与可持续发展理念背道而驰。这一悖论的核心在于，人类的认知和行为模式已经成为可持续发展的最大障碍。随着地球资源的日益枯竭、环境破坏的加剧以及社会不平等问题的凸显，全球旨在挽救地球的各类非政府组织（non-governmental organization，NGO）从兴盛走向衰败，人类社会的可持

---

[①]　本文系作者与陈钰什于 2024 年 8 月 24 日合作撰写的文章。本文刊登于香港中文大学《二十一世纪》2025 年第 1 期。

[②]　Anthropocene—an overview | ScienceDirect Topics ［EB/OL］//Science Direct.（2024）［2024–08–23］. https://www.sciencedirect.com/topics/social-sciences/anthropocene.

续性理论和实践处于严重危急状态。人类试图通过自身的力量来解决由人类活动造成的问题已经没有可能。

在这种背景下，人们迫切需要一种新的力量来挽救"人类世"的困境，引领人类真正走上一条可持续的道路。现在看，正在全面崛起的人工智能，正在逼近实现目标的通用人工智能，有望成为实现可持续发展的全新的驱动力，而且为真正实现可持续增长提供了新的解决方案。本文所探讨的是，为什么人工智能将帮助人类重塑经济和社会结构，最终实现可持续发展的目标。

## （二）可持续发展理论与实际的背离

关于可持续发展最早的理念，可以追溯至蕾切尔·卡逊（Rachel Carson，1907—1964）撰写的《寂静的春天》（*Silent Spring*）。该书于 1962 年出版。在这本自然文学经典著作中，作者以其生动而严肃的笔触揭示了过度使用化学药品和肥料对自然环境的负面影响，包括对野生动物、水源、土壤以及人类健康的潜在威胁。书中运用生态学原理分析了这些化学杀虫剂对生态系统带来的危害，并警告人类如果沿用这种不可持续的发展模式，将会付出沉重代价。《寂静的春天》不仅改变了公众对环境问题的看法，还直接促成了环境保护意识的觉醒和相关政策的制定，成为现代环保主义运动的重要催化剂。

1972 年，罗马俱乐部发布关于人类困境的研究报告，题目是《增长的极限》（*The Limits to Growth*）。在西方世界陶醉于高增长、高消费的"黄金时代"时，提出了诸如人口问题、工业化资金问题、粮食问题、不可再生的资源问题、环境污染等"全球性问题"。全书的核心思想是：如果人类不惜一切代价，用倍增的速度求取经济增长，是得不偿失的。人类将在 2000--2100 年的某个时间点超过地球的负载极限，全球人类社会将面临一系列危机。正是这份超前的报告，率先提出了"可持续发展"问题，推动人们严肃对待环境和资源问题的历史，在世界范围内引发了对地球承载极限和人类发展模式的思考，加速全球公众全球意识的形成。

此后，在 1987 年世界环境与发展委员会（World Commission on Environment and Development，WCED）发布的《我们共同的未来》（*Our Common Future*）报告中，首次明确了可持续发展的概念。这份标志性报告首次阐述了可持续发展需要"既满足当代人需求，又不损害后代人满足其自身需求的能力"，这也为可持续发展奠定了理论基础。1992 年，联合国正式确认可持续发展战略，ESG 概念在 2004 年一份名为《在乎者赢》（*Who Cares Wins*）研究报告中被正式提出，此报告是许多金融机构应联合国邀请而联合发起的倡议，并在 2006 年由联合国全球契约组织（UN Global Compact）进一步推广，从此可持续发展理念深入企业与金融机构。2015 年，联合国在通过的《2030 年可持续发展议程》（*Transforming Our World: The 2030 Agenda for Sustainable Development*）中，描绘了一个雄心勃勃的蓝图，确立了 17 个可持续发展目标（Sustainable Development Goals，SDGs），标志着国际社会共同致力于建设一个健康、繁荣且可持续的地球。至此，由联合国为主导推动的可持续发展目标及理论在半个世纪以来趋于完善，人类对可持续发展的概念从质疑到普遍接受。

然而，随着 2030 年的临近，这一愿景仍面临着严峻的挑战。联合国 2023 年发布的《可持续发展目标报告》显示，许多具体目标正偏离轨道，其中一半以上的目标轻微或严重偏离，超过 30% 的目标停滞不前，甚至倒退（图 3.8）。[1]

---

[1] 可持续发展目标报告2023：特别版——制定拯救人类和地球的计划［R/OL］联合国，2023. https://unstats.un.org/sdgs/report/2023/The-Sustainable-Development-Goals-Report-2023_Chinese.pdf.

根据该报告中的数据，如果按当前趋势继续下去，到 2030 年将仍有 5.75 亿人生活在极端贫困之中，只有少数国家能够实现减半国家贫困程度的目标。全球饥饿状况已达到自 2005 年以来的最差状态，且许多地区的粮食价格仍然高于 2015—2019 年的水平。此外，消除法律上的性别差距和歧视性法律预计将需要 286 年的时间。在教育领域，多年来的投资不足和学习损失导致到 2030 年可能有 8400 万儿童失学，另有 3 亿在校儿童或青少年将在离开学校时不具备基本读写能力。

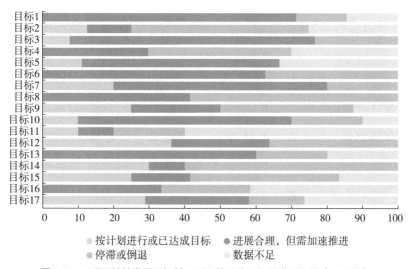

图3.8　17项可持续发展目标基于所评估具体目标的进展评估（百分比）

资料来源：《可持续发展目标报告（2023）》。

对自然与生态的忽视，导致环境危机进一步恶化。二氧化碳排放量持续上升，已达到过去 200 万年来未曾见过的水平。按照当前进展，到 2030 年，可再生能源在能源供应中的份额仍然很小，仍有 6.6 亿人无法获得电力，近 20 亿人继续依赖污染严重的燃料和技术做饭。尽管我们的生命和健康在很大程度上依赖于自然，人类可能还需 25 年的时间才能停止森林砍伐，而全球大量物种正面临灭绝的威胁。

毫无疑问，现在人类所面临的不仅仅是在实现可持续发展目标方面缺乏进展，更是可持续发展目标理论与实际的背离。可持续发展倡导力量的不足，属于一种集体失败。这样的失败，是数百年全球不平等的直接后果，这种不平等始终处于持续和恶化的态势，对发展中国家以及世界上最贫穷和最弱势群体的影响最为严重。许多发展中国家，或者全球南方和北方国家的立场不一致，在应对气候变化、新冠疫情和经济不平等的多重挑战时，可用于实现可持续发展目标的资源极为有限，难以在短期内实现传统农业和工业的可持续发展转型。

《寂静的春天》和《增长的极限》，成为自 20 世纪 60 年代末开始的以环境保护、反核、可持续能源等作为其政治诉求，同时在体制内与体制外作抗争与改革的绿色政治运动队伍的思想资源。绿色运动的主体是非政府组织。其中，作为激进环保主义代表的"绿色和平"组织开始崭露头角，通过极端的抗议手段引起公众对环境问题的关注。然而，这些行动也引起了争议，包括法律诉讼等后果。随着环保主义的政治化，如德国绿党等政党在选举中取得成功，它们开始在政府中扮演重要角色。然而，这些政党的政策往往受到政治考虑的影响，例如德国在 2011 年后制定的全面弃核目标并未带来预期的清洁能源转型。

在过去半个世纪，绿色运动与政府和资本进行了长期博弈。政府层面虽然开始关注环境问题，但实际行动往往滞后于理论倡议。尽管有环保组织的压力，但是政府制定的环保政策往往受到既得利益集团的影响，实施效果有限。商业公司和其背后的资本顽强坚持逐利本性，一方面对环境恶化有着不可推卸的责任，另一方面对环境问题的投入严重不足，不足以承担所承诺的"社会责任"。

可以说，整个可持续发展运动是"左派"精英社会运动，其倡导者大多处于既缺乏政治与社会影响力，又缺乏资金资源，特别是难以获得底层民众的支持。近年来，欧盟国家多次爆发大规模农民抗议，要求修改欧盟共同农业政策，取消众多与环保相关的补贴申请限制。虽然共同农业政策是欧洲绿色协议不可或缺的一部分，但欧盟还是做出了让步。

进入 21 世纪之后，绿色运动逐渐走向势衰。2018 年，瑞典环保活动家格蕾塔·通贝里（Greta Tintin Eleonora Ernman Thunberg，2003—　）发起的罢课运动吸引了全球年轻人的关注，她通过社交媒体迅速成为环保运动的象征人物。然而，尽管她的影响力一时空前，但是仍然收效甚微，甚至沦为"傀儡角色"。2019 年以来，一系列激进环保组织如"停用石油""最后一代"等成立。这些组织采取更为极端的抗议手段，试图引起更大的关注。然而，这些激进行动并未带来实质性的改变。

总之，在半个世纪之后，可持续发展运动受制于两条曲线的交织：一条代表了人类不断强化对地球的负面影响，另一条则代表了希望通过倡导可持续发展来抵消这些影响的努力。尽管人们希望通过各种多边机制达到平衡点，但至今为止这些努力大多未能奏效。

## （三）可持续发展所面临的根本性困境

### 1. 人口的持续膨胀

在全球范围内，人口挑战对可持续发展的重要性不容忽视。人口增长加剧了对有限资源的竞争，对可持续发展构成了挑战。根据罗马俱乐部（Club of Rome）旗下组织（Earth4All）的研究报告，全球人口趋势和资源利用之间的关系正日益紧张，这不仅影响着地球的生态环境，还对社会经济造成了深远的影响。① 在"太少太迟"（Too Little Too Late）的情景中，按照现有的人口模式情况，全球人口预计将在21世纪中叶达到峰值后缓慢下降，但人口数量仍保持在高位，约为88亿人。

从可持续性的环境效益来看，这一增长趋势加剧了对食物、水和能源等基本生活资源的需求，导致生物多样性丧失、水资源短缺以及土地退化等生态系统服务能力下降程度日益严峻。与此同时，人口增长与环境污染、气候变化密切相关，更多的消费活动产生了大量的废弃物和碳排放，更是不断地突破地球的行星边界。

从可持续性的社会效益来看，人口增长带来的社会压力（例如就业、住房、教育等）会加剧社会不平等。确保所有人享有高质量的生活是可持续发展的核心目标之一。人口增长与资源利用模式可能导致资源枯竭，剥夺未来世代享有相同生活水平的机会。代际公平要求当前世代在使用资源时考虑到后代的利益。人口增长对经济的影响是复杂的，一方面，劳动力市场的扩大可以促进经济增长；另一方面，过度的人口增长可能导致资源过度开发，从而制约经济的可持续发展。从根本意义上说，这类国家（相当多的发展中国家）通常具有以下特点：人口基数大，劳动力供给充裕，廉价劳动力确实为经济发展提供了动力。但是，从长远看，过度依赖人口红利，缺乏技术进步和产业升级，反而可能成为经济转型的障碍，形成"劳动力富裕国家陷阱"。此外，人口膨胀也带来了可持续的社会福利的下降。生育率的下降使得许多国家面临人口老龄化的挑战，这将给医疗保健和社会保障体系

---

① CALLEGARI B, STOKNES P E. People and Planet：21st-century sustainable population scenarios and possible living standards within planetary boundaries［R/OL］. Earth4All，2023：97［2024-08-22］. https://earth4all.life/wp-content/uploads/2023/04/E4A_People-and-Planet_Report.pdf.

带来巨大压力。

所以，现在是需要重新评价托马斯·罗伯特·马尔萨斯（Thomas Robert Malthus，1766—1834）的人口理论的历史节点。因为马尔萨斯最早系统地提出了当人口增长的速度最终超过资源增长的速度时，会导致资源短缺和一系列社会问题。

### 2. 全球传统产业结构与产业分工的失衡

在全球化的大背景下，全球产业结构和产业分工经历了深刻的变革，但这些变革同时也带来了不可持续的问题。随着发展中国家逐渐成为全球制造业中心，特别是在亚洲的中国、印度及东南亚国家，这些地区承接了大量能源密集型产业，如钢铁、水泥、石化和电子制造业。这一转变使得这些国家成为世界工厂，并承担着全球产业分工中重要的角色。然而，随着制造业活动的增加，对原材料的需求急剧上升，导致了一系列环境和社会问题，这些问题构成了联合国所谓的自然"三重危机"（Triple Planetary Crisis）：气候变化、生物多样性丧失和环境污染。

第一重危机：气候变化。化石燃料的大规模燃烧是造成温室气体排放增加的主要原因，这加剧了全球气候变化的趋势。随着制造业的增长，尤其是能源密集型产业的扩张，二氧化碳等温室气体的排放量大幅增加。值得注意的是，发达国家转向服务业和高科技产业的过程中，虽然减少了直接的碳排放，但数字化技术的发展，也带来了新的能源消耗和碳足迹。

第二重危机：生物多样性丧失。产业分工使得全球南方的原材料需求急剧增加，不可持续的资源利用模式导致了森林砍伐、矿产资源的过度开采和水资源的枯竭。这种不可持续的资源利用模式加剧了环境退化和生物多样性的丧失。事实上，如何强调人类对自然的依赖都不为过。从经济角度来看，全球整体的国内生产总值总额的一半以上都中度或高度依赖于自然和生物多样性。农业、食品和饮料以及建筑业是依赖自然的最大经济部门，每年创造 8 万亿美元的总增加值。[①]特别是在全球食品生产体系中，畜牧业产生的甲烷排放以及化肥的过度使用不仅影响了大气质量，还导致了水体污染和土壤退化，进一步威胁到了生态系统的平衡。

第三重危机：环境污染。不当处理的废弃物和化学物质被排放到环境中，对水质、土壤质量和人类健康造成了严重影响。随着制造业和农业活动的增加，废弃物管理变得越来越具有挑战性，尤其是在发展中国家。这些废弃物不仅包括工业废料，还包括家庭垃圾和其他类型的污染物。

上述"三重危机"的重要后果是加剧了社会不平等。发达国家将劳动密集型和污染严重的产业转移到发展中国家，这虽然为后者创造了就业机会，但也导致了劳动条件恶劣、工资低下等问题。在一些情况下，企业为了降低成本而忽视了劳工权益，导致了不公正的劳动条件。这种不平等不仅体现在国内，也体现在国际层面上，发达国家从中获益，而发展中国家则承担了环境和社会成本。随着全球化进程的深入，全球化供应链使得产品生产跨越多个国家和地区，增加了运输距离和物流成本，同时也增加了碳排放。此外，供应链的复杂性使得追踪和管理环境影响变得更加困难。这使得外部性问题愈发剧烈，产业分工中的外部性问题指的是经济活动产生的成本或收益并未由直接参与者承担或享受的情况。例如，污染造成的健康问题和社会成本往往由当地社区承担，而不是由产生污染的企业负责。这种成本转嫁现象导致了市场的失灵，企业可以在不承担全部环境和社会成本的情况

---

① UNEP. State of Finance for Nature | UNEP—UN Environment Programme[R/OL]. United Nations Environment Programme，2023［2024-09-07］. https://www.unep.org/resources/report/state-finance-nature.

下继续经营，从而鼓励了不可持续的生产和消费模式。

当前的全球产业分工模式还导致了一些国家和地区在技术上被锁定在低端产业中，难以实现产业升级和技术革新。这种技术锁定限制了这些地区向更环保、更高效的生产方式转变的能力。同时，知识产权和专利保护也成了发展中国家获取先进技术和知识的障碍，进一步阻碍了可持续技术的发展和应用。

长期以来，全球经济的增长模式过于依赖物质投入和能源消耗。这种模式忽视了资源的有限性和环境的承受能力，导致了不可持续的生产和消费模式。一定程度上，这种模式还忽视了经济增长与环境质量之间的负相关性，即经济增长往往伴随着环境退化。全球产业分工的不可持续性也与全球治理机制的不足有关。尽管存在诸如联合国、多边银行等国际组织，但这些机构在推动全球环境保护和可持续发展方面的执行力有限。此外，国际贸易规则和投资协议往往更侧重于促进经济增长，而忽视了环境保护和社会责任的要求。

### 3. 可持续发展的体系与框架

可持续性科学研究的关键问题在于是否承认经济增长的物质规模存在极限。这一问题引发了对环境与发展的关系以及经济、社会和环境三者之间关系的不同理解。新古典经济学或传统的增长主义通常持弱可持续性观点，认为 GDP 增长没有地球生态物理极限，对可持续发展的理解是经济、社会、环境三个系统相互独立，发展成效是三者各自发展绩效的统计总和，如图 3.9B 所示。与此相反，可持续性科学主张强可持续性观点，认为经济增长应在地球生态物理极限之内进行。这种观点认为环境、社会和经济三者之间存在着包含关系，即环境圈包含社会圈，社会圈包含经济圈，强调在生态环境阈值内实现经济社会繁荣，如图 3.9A 所示。

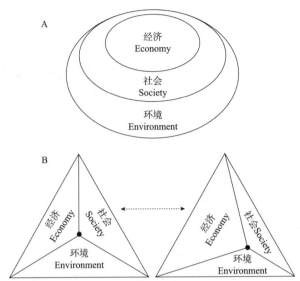

**图3.9** "强可持续性"发展模式（A）和"弱可持续性"发展模式（B）观点的比较[①]

在当今全球化的背景下，人类活动对地球系统的影响已经达到了前所未有的程度。为了维护地球生态系统的稳定性和可持续性，科学家们提出了"行星边界"（planetary boundaries）框架。旨在为人类活动设定一系列生态阈值，确保地球系统能够在安全的范围内运行。然而，最近的研究显示，在地球生态系统的九个行星边界里，包括气候变化、海洋酸化、臭氧层破坏、氮和磷的过度使用、淡水消耗、土地利用变化、生物多样性丧失、化学污染和大气气溶胶，已有六个越过了关键阈值（气候变化、生物多样性丧失、氮磷循环失衡、海洋酸化、土地利用变化和淡水资源利用）。[②] 这揭示了人类活动对地球生态系统的深刻影响，以及我们正在面临的、逐渐严峻的自然失序等挑战。

---

① 邬建国，郭晓川，杨稂，等．什么是可持续性科学？［J］．应用生态学报，2014，25（01）：1–11.DOI：10.13287/j.1001–9332.2014.01.001.

② Planetary boundaries［EB/OL］//Stockholm Resilience Centre.（2023–09）［2024–08–23］. https://www.stockholmresilience.org/research/planetary-boundaries.html.

### 4. 可持续指标与发展主线的失衡

事实上，我们也从未停止在多元价值衡量和评价体系上的探索。以中国为例，绿色 GDP（Green GDP）、GEP（Gross Ecosystem Product，生态系统生产总值）和 GEEP（Gross Economic Ecological Product，经济生态生产总值）等概念的发展历程反映了中国对环境经济核算体系探索的不断深化。绿色 GDP 是一种衡量经济发展水平的同时考虑环境成本和生态效益的指标。它在传统 GDP（国内生产总值）的基础上减去了因不合理利用生态环境而产生的生态环境成本，主要包括环境退化成本（EnDC）和生态破坏成本（EcDC）。这样做的目的是更真实地反映经济活动对环境的实际影响，从而促进经济活动的可持续性。

绿色 GDP 的概念最早出现在 20 世纪 80 年代初，随着森林资源价值核算研究的兴起，逐步演变为更全面地考虑环境退化成本和生态破坏成本的核算方法。进入 20 世纪 90 年代中期，中国的生态学工作者开始系统地进行生态系统服务功能及其价值评价的研究工作。2004 年，原国家环境保护总局和国家统计局联合发布了《中国绿色国民经济核算研究报告 2004》，标志着绿色 GDP 核算正式进入实施阶段。随后，GEP 核算于 2017 年由环境保护部环境规划院提出，旨在度量生态系统为人类福祉和经济社会可持续发展提供的各种最终产品与服务价值的总和。GEP 核算借鉴了联合国千年评估报告的评估框架，将生态系统服务分为供给服务、调节服务和文化服务三大类，并计算这三类服务价值的总和。GEP 的计算可以针对不同的生态系统类型，如陆地和海洋生态系统，采用不同的核算指标和方法。GEEP 核算则是在绿色 GDP 核算和 GEP 核算的基础上进一步发展起来的，它不仅考虑了经济活动对环境的影响，还增加了生态系统给人类提供的生态福祉的价值。[①]

　　然而，这些概念在实践中遭遇了诸多挑战，导致它们的影响力有限。（1）这些体系本质上是在传统经济核算体系的基础上添加了额外的环境考量，这使得它们更像是对原有体系的"打补丁"行为，而不是从根本上改变经济发展的模式。（2）缺乏统一的标准和方法，各个地区和机构在进行核算时采用了不同的方法和参数，导致核算结果难以比较和验证。更重要的是，这些核算结果很难被金融体系所认可，金融机构和投资者更倾向于依赖传统的财务指标来进行决策，而缺乏将绿色 GDP、GEP 或 GEEP 等环境价值融入金融决策中的有效机制。（3）这些概念的推广还面临着数据获取困难、方法论分歧等问题，加之在实际操作层面缺乏有效的政策支持和激励机制，这些因素共同导致了绿色 GDP、GEP 和 GEEP 等概念在实践中的应用受限，难以在更广泛的范围内产生深远的影响。

## 5. 消费主义的影响和泛滥

　　在全球化浪潮中，消费主义作为一种文化现象，对社会经济产生了深远的影响。它不仅塑造了人们的消费习惯，还定义了现代社会的价值观和生活方式。人类在可持续道路上的敌人不仅仅是贫困，还有由消费主义导致的浪费。随着资源的日益稀缺和环境的持续恶化，消费主义与可持续发展之间的矛盾日益凸显。消费主义的核心是通过物质消费来表达个人身份和社会地位。这种文化现象促进了商品和服务

---

　　① 具体来说，GEEP 是在传统国内生产总值的基础上减去不合理利用环境而产生的环境成本，同时增加了生态系统提供的生态福祉价值。这种核算方式旨在综合考虑经济活动对环境的影响以及环境对经济系统的支持作用。这些概念在中国经历了从理论研究到实践应用的过程，并在全国多个省份和城市进行了核算试点。绿色 GDP、GEP 和 GEEP 这些概念是试图通过在传统经济核算体系中引入环境成本和生态系统服务价值来弥补传统 GDP 指标的不足的尝试。

的不断增长，同时也推动了技术革新和经济增长。然而，它背后的逻辑是基于永无止境的增长模式，这种模式忽视了地球资源的有限性和环境的脆弱性。

消费主义文化的传播对可持续发展构成了多重挑战。首先，它鼓励了过度消费，导致资源的过度开采和环境污染的加剧。这种模式忽视了长期的社会利益和个人福祉，转而追求短期的物质满足。其次，消费主义文化加剧了社会不平等现象，因为它往往与高收入阶层的奢侈消费相联系，而低收入阶层则难以跟上这种消费节奏，从而加剧了贫富差距。此外，消费主义还削弱了个人和社会对于自然环境的责任感，使得人们更难以接受可持续发展的理念。由于自工业革命以来至今的经济模式、社会制度都围绕着极度追求效率和生产力的发展模式所设计，因此才会出现诸如气候变化、生物多样性丧失等溢出效应的问题。这种溢出效应也被称为"外部性"（externality），直到 20 世纪 20 年代，经济学家们才开始关注到这个问题。外部性是指一笔市场交易未被承认的影响，这种影响在其他地方或其他时间导致更多的利润或成本，而且这种影响没有被纳入有效的成本效益分析。但即便如此，直到现在，我们现在仍是将外部性视为市场交换经济形态的一个简短的补充说明而并非进行通盘考虑。这从很多制度设计和监管行为的初衷都可以看出来，对环境、社会等外部性问题更多是事后进行监管和补救。如果把产品或服务进入生产流通从摇篮到坟墓的整个经济活动轨迹纳入考虑的范围，我们可以发现传统的经济体系的不可持续性，因为它只关注商品或服务被交换和消费的那一刻所获得的短期收益。[①] 如果不能建立基于多元价值的衡量和评价体系，则很难真正过渡到可持续的发展模式。

① 陈钰什 . 双轨转型：辨析可持续与数字化转型的关系［J］. 可持续发展经济导刊，2023，（06）：58-61.

### 6. 可持续发展理论科学基础的滞后

旧常态的经济模式源于一种不完整的科学观念，这一观念最初由艾萨克·牛顿（Isaac Newton，1643—1727）在 17 世纪初通过他的《自然哲学的数学原理》（*Philosophiæ Naturalis Principia Mathematica*）所总结和编纂。牛顿将宇宙比作一台精密的机器，他的运动定律描述了一个简单、有序、可预测且可控制的世界。这一思想深远地影响了后续几个世纪的科学发展，并成为现代思维的基石。在随后的工业时代，几乎所有学科领域都沿用了这种以静态、原子论为基础的观念，并构建了相应的学科体系。社会学的奥古斯特·孔德（Isidore Marie Auguste François Xavier Comte，1798—1857）、政治哲学的约翰·洛克（John Locke，1632—1704）、心理学的西格蒙德·弗洛伊德、经济学的亚当·斯密以及创造"科学管理"思想的弗雷德里克·泰勒（Frederick Winslow Taylor，1856—1915）都是这一传统的一部分。这些思想家共同推动了现代科学、技术和资本主义三位一体的社会—经济—技术范式的形成和发展。

然而，面对复杂时代的来临，非线性增长替代线性增长，涌现常态化，热力学第二定律的重要性增大，科技和经济关系的调整，创新模式的改变，原有的可持续增长理论基础需要全方位更新，以支持适应 21 世纪 20 年代的可持续增长的科学理论基础，以及实现可持续增长的新逻辑和新模式。

## （四）人工智能是实现可持续发展的关键要素

为了更深入地理解这一趋势如何具体实施并产生实际效益，可以通过对人工智能与人类世背景下的物质、能量、生物以及信息的深入分析，更全面地理解人工智能如何促进环境和社会的可持续发展（图 3.10）。

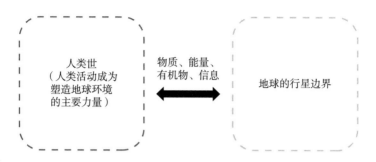

**图3.10  人类世背景下人类系统与自然系统主要通过物质、能量、生物以及信息进行互动**

### 1. 人工智能的出现打破了传统社会主体的界限

历史上，社会主体主要由人类构成，而随着人工智能的发展，它已经成为一种新的智能体，能够自主地执行任务、做出决策，并在某些领域展现出超越人类的能力。这种转变意味着人工智能不再仅仅是人类工具的延伸，而是成为一种独立的存在，参与社会的各种活动。

从理论上说，从人工智能到具身人工智能，可以开始逐步替代人类的体力劳动的绝大部分，也慢慢地进入所谓智力劳动的历史阶段。这意味着人口红利问题将不复存在，因为人工智能作为新的生产要素改变了成本优势的概念。人工智能与人类的关系不再仅仅是成本减少的问题，而是一种替代关系。因为过去讨论红利问题是没有人工智能这样的要素进来的。红利的本质是一个成本优势的概念。发展中国家在某些时期，由于劳动力成本偏低，工程师供给充分，具备了成本优势。但对于人工智能来讲，和人类的关系不仅仅是一个成本减少的问题，而是一个替代关系。替代是一个比红利更为严肃和深刻的概念。严格地说，今天没有人敢说自己的工作是不会被人工智能替代的。不仅是一般劳动者，工程师，甚至是科学家，也被纳入一定程度被替代的范畴之内。

特别是从人机协同与人工替代的角度来看，随着人工智能在社会中的作用不断扩大，人类与人工智能之间的关系也发生了深刻的变化。从最初的辅助角色到合作伙伴到成为主要劳动力，人工智能与人类共同参与决策和管理的过程，形成了共治的局面。人机协同强调的是将人类的智慧与人工智能的高效处理能力相结合，共同解决复杂问题，比如通过智能环境管理和资源优化来提高效率、减少浪费。例如，灵活的机器人能够处理多样化的生产任务，自动导引车（automated guided vehicle，AGVs）负责物料补给，3D 打印则能快速定制生产线所需的配件。这种模式大大降低了生产成本，并提高了生产效率。这种方式不仅增强了人类解决问题的能力，还促进了环境的可持续性。另一方面，人工替代则是在某些特定任务中用人工智能取代人力，尤其是在那些重复性高、危险或低效的工作中。通过这种方式，人工智能有助于减轻人类的负担，释放人力资源用于更高价值的活动。这两种模式共同作用，不仅提升了生产力，还促进了资源的有效利用，减少了对环境的压力。更重要的是，它们为社会经济的可持续发展开辟了新的路径。通过技术创新和智能管理，实现了经济增长与环境保护之间的平衡，为人类社会的长远发展奠定了坚实的基础。

具身智能是人工智能发展的重要赛道。具身智能不仅在外形上模仿人类，还能执行多种服务任务，从简单的家务活到复杂的护理工作。这些机器人通过机器视觉、自然语言处理和其他高级人工智能技术，能够理解人类的需求并与之交互。具身智能还具备改善人类生活质量的巨大潜力。具身智能技术的进步有助于创造新的就业机会，尤其是在机器人维护、编程和设计等领域。这不仅有助于劳动力市场的多元化，还有助于减少因技术进步而导致的失业问题。[①]

### 2. 大规模、多维度地解放人力资源

在工业领域，人工智能的优势包括：（1）通过机器学习和数据分析，提高生产效率，降低运营成本，优化供应链管理，推动工业4.0的进程，实现了生产过程的智能化、自动化和优化。（2）构建智能制造体系的基础结构，普及机器人技术，使得生产线更加灵活高效，产品质量得到提升。（3）协调人机协调体系。人工智能擅长严格遵守与执行流程，也擅长通过反馈学习以优化流程，但不擅长创建流程。因此人工智能在自动化、精确计算和大规模数据处理等任务中表现出色。相比之下，人擅长创建流程，也擅长破坏流程。我们作为个体并不是为特定任务而生的，所以不擅长遵守与受制于流程。特别是，员工技能提升与参与度增强。人工智能技术的应用还促使员工转向更高层次的工作，如管理与维护智能系统，而非重复性的体力劳动。智能助手的应用使员工能够更快地获取所需信息和支持，从而提高了工作效率和满意度。游戏化元素的引入，如排行榜、奖励机制和认可机制，进一步增强了员工的参与感。这也是在人机新关系中寻求真正的"科学管理"。这些年全球范围内出现的"灯塔工厂"，通过整合先进的自动化设备、传感器、机器人技术和机器学习算法，能够在极低光照，甚至完全黑暗环境下全天候运行，极大地提高生产效率和灵活性，实现无人值守的高效生产，代表了人工智能技术与工业结合的历

---

[①] 2024年8月，由微软、OpenAI、英伟达、英特尔联手投资的明星机器人创企Figure，发布了新一代机器人Figure 02，再次颠覆人们对具身人工智能的想象。Figure 02机器人不仅拥有先进的硬件配置，还具备高度智能化的功能。随着诸如Figure 02的机器人相继问世，可以预见这类具身智能在提高劳动力效率、改善人类生活质量并促进社会的可持续发展方面的潜力。

史方向。[①]

大卫·格雷伯（David Rolfe Graeber，1961—2020）在其著作《毫无意义的工作》（*Bullshit Jobs: A Theory*）中提出"毫无意义的工作"概念，这类工作包括烦琐的数据录入、无意义的会议等，占用了人们大量的时间和精力，却未能创造真正的价值。人工智能的人工替代，可以使得人们从毫无意义的工作中摆脱出来，减少人力资源的浪费。人工智能的发展，将低级别的创造性任务交由人工智能处理，释放人类劳动力，把人类原来占据的巨大的物质生产让渡给人工智能，逼迫人类做出更艰难和更高级的选择，让他们能够专注于更具创造性和情感价值的工作。

从长远来看，人工智能的发展扩展了人类活动范畴，改变了人类的活动模式，和人类将有一个并存且互相促进的历史阶段。机器直接插入人类所有活动中的核心部分，就是内容生成部分，进而影响了人的思维模式。在这个过程中，人类需要培养更多的企业家来开拓新领域、新行业，以适应从前人工智能时代到后人工智能时代的过渡。

### 3. 人工智能减少了物质资源的消耗和浪费

从物质的角度来看，传统的生产方式往往涉及大量的原材料采集和加工，这一过程不仅消耗资源，还导致了环境污染问题。相比之下，人工智能能够显著提高资源利用效率，减少浪费。在供应链管理中，人工智能通过智能分析和预测模型，帮助企业预测需求模式，减少过剩库存，进而降低资源消耗。此外，人工智能还能支持产品设计和生命周期管理，引导企业设计易于回收和再利用的产品，促进循环

---

① BETTI F, DESNOS V, GIRAUD Y, et al. 全球灯塔网络：续写工业4.0新篇章［R/OL］. 世界经济论坛；麦肯锡公司，2023：35. https://www3.weforum.org/docs/WEF_GLN_Next_Chapter_CN_2023.pdf.

经济的发展。例如，在农业领域，人工智能驱动的智能灌溉系统可以根据作物实际需水量进行精确调控，有效节约水资源；在制造业中，人工智能通过优化生产流程，提高资源利用率，减少不必要的资源浪费；在材料科学领域，人工智能可以模拟和预测新型材料的性能，从而减少实验次数和原材料消耗。

人工智能在此过程中发挥了重要作用，通过模拟和分析，人工智能可以帮助设计师评估不同设计方案的环境影响，从而选择更为可持续的选项。例如，在建筑行业中，人工智能可以优化建筑设计，以减少建筑物的能耗和材料使用。此外，人工智能还可以用于监测和管理自然资源，例如通过智能农业技术减少化肥和农药的使用，保护土壤健康。

此外，人工智能支持的精准农业技术能够减少对农药和化肥的依赖，从而减少对生态环境的影响。例如，使用无人机结合人工智能图像识别技术监测森林覆盖率的变化，以及通过人工智能驱动的智能农业系统优化施肥和灌溉计划，减少环境污染。

### 4. 人工智能降低能源消耗

从能量的角度出发，人类工作在能量利用方面往往伴随着较高的能源消耗，尤其是在能源密集型产业中。

在能源领域，从能源生产、能源输送到能源消费，人工智能的优势是显而易见的。（1）在能源生产方面，人工智能通过智能调度与预测，不仅可以优化能源分配，减少能源浪费，还能通过预测性维护提高设备运行效率，确保能源生产的连续性和可靠性。此外，人工智能还能更好地整合可再生能源，通过预测太阳能和风能发电量来平衡供需关系，确保电网稳定运行。（2）在能源输送智能化方面，人工智能支持的智能电网能够实现动态调度和优化调度，减少电力传输过程中的损耗，提高分布式能源系统的性能。人工智能还可以帮助优化能源储存策略，确保在需求高峰期有足够的能源供应，从而提高整个能源系统的灵活性和响应速度。（3）在能源消费精细化方面，人工智能技术不仅能够通过智能建筑管理系统减少能耗并降低碳排放，还能为用户提供个性化的能源服务，通过分析用户的能源消费习惯，提供定制化的节能建议和方案。此外，人工智能在能源交易市场中的应用通过实时数据分析和预测市场趋势，帮助实现了更为灵活和高效的能源分配。

### 5. 人工智能提高信息利用效率

信息是现代经济的命脉，而人工智能在处理和分析大量数据方面的能力远远超过了人类。人工智能不仅可以实现高效的和大规模的数据分析，处理来自多个来源的多种类型的数据，包括卫星图像、地面气象观测数据、海洋和大气传感器数据以及社会经济数据，而且可以通过多模态大模型集成分析，促进知识和信息的共享，帮助人们更好地了解可持续发展的实践和最佳案例。人工智能支持的数据分析为政策制定者提供了有关环境和社会影响的洞察，从而支持更明智的决策。例如，基于人工智能的平台可以收集和分析全球气候变化数据，发挥人工智能在监测温室气体排放、评估气候政策效果、优化减排措施等方面的重要作用。人工智能驱动的智能系统还可以实时实现碳监测和碳计量，对于极端天气事件和生态系统变化、自然灾害做出早期预警，减少灾害损失。特别是人工智能可以更准确地预测气候变化趋势，帮助制定更加科学的应对策略。

从可持续发展的角度来看，人工智能不仅能够提高生产效率和降低成本，更重要的是，它能够通过优化物质循环、能量利用、生态设计与优化以及信息传输，为实现可持续发展目标做出贡献。

# （五）人工智能的熵减途径和机制

在热力学中，熵增原理描述了一个孤立系统趋向于无序的状态。而在信息论中，熵被用来量化信息的不确定性。人工智能可持续发展意味着我们需要明晰人工智能具体的熵减机制，即减少人工智能在能源资源使用的消耗的同时，探索减少突破星球边界的不确定性，提高生产效率和效果。

## 1. 热力熵与信息熵

热力熵是热力学中的一个重要概念，它描述了系统的无序程度。热力熵越高，系统的无序程度越大。在热力学中，熵增原理指出，孤立系统的熵总是倾向于增加，这意味着系统趋向于更加无序的状态。熵增原理不仅是热力学第二定律的基础，也是宇宙演化的普遍规律之一。随着人类活动不断跨越行星边界，地球面临的热力熵增的频次和规模都在不断增加，这种熵增现象体现在人类活动不断突破地球的星球边界。

信息熵是信息论中的一个重要概念。信息熵的概念最早由克劳德·艾尔伍德·香农在 1948 年提出，它是对信息量的一种度量，用来量化信息的不确定性。信息熵的单位通常是比特，它表示的是为了消除不确定性而需要的最小信息量。在人工智能领域，信息熵的减少通常意味着对数据的理解更加深入，对模型的预测更加准确。

尽管热力熵和信息熵源自不同的领域，但二者之间存在着深刻的联系。（1）热力熵和信息熵都有着一定的概念相似性。热力熵和信息熵都是用来度量无序程度或不确定性。热力熵描述的是物理系统中微观粒子状态的无序程度，而信息熵则描述的是信息的不确定性。

（2）在信息论中，也有类似于热力熵增原理的概念，即在信息传输过程中，信息的不确定性往往会增加。这是因为信息在传输过程中可能会遇到噪声干扰，导致接收端接收到的信息与发送端发送的信息有所不同，增加了信息的不确定性。

### 2. 人工智能管理热力熵的机制

人工智能在管理热力熵方面发挥着关键作用，有效地减少了热力熵，促进了资源的高效利用和可持续发展。

人工智能可以管理自身的热力熵水平：（1）从算法层面，随着大模型 token 化能力的增强，模型能够以更少的计算资源处理相同的信息量。这意味着模型的熵值降低，即系统的有序度增加。这种有序度的增加减少了系统的热力熵，从而实现了能量和资源的更高效利用。例如，通过更先进的 token 化技术，模型能够更精确地捕捉语言结构和意义，减少不必要的计算，从而降低了能耗。（2）从算力层面，采用绿色算力战略，比如采用低功耗硬件、优化数据中心的能源使用效率以及利用可再生能源供电等措施，进一步减少了人工智能系统的热力熵，提升了系统的能效比。（3）优先使用可再生能源为数据中心供电，比如太阳能、风能等，减少对化石燃料的依赖。（4）通过改进硬件设计和算法优化来降低人工智能系统的能耗。例如，采用更高效的神经网络架构、利用低精度计算和压缩技术减少计算需求。（5）通过虚拟化技术最大化服务器利用率，并通过资源池化技术实现资源共享，减少不必要的硬件部署，从而减少环境层面的熵。（6）选择气候条件有利于自然冷却的地方建设数据中心，减少空调系统的使用。（7）在数据中心的层面采用可回收材料建造数据中心，并设计易于拆解和回收的设施，减少建筑垃圾。在设备使用的层面，鼓励制造商设计易于维修和升级的产品，通过软件升级和硬件维护来延长电子设备的使用寿命。同时建立电子废弃物回收和再利用机制，确保废弃设备中的有用部件得到重新利用。（8）优化冷却系统，减少水消耗，并考虑使用非饮用水资源，从而减少环境层面的熵。

人工智能技术可以通过模拟物理世界的过程来减少热力熵。例如，英伟达的 Earth-2 项目利用人工智能技术进行气候模拟，预测气候变化的趋势，帮助决策者制定更有效的减排政策。通过模拟不同情景下的环境变化，人工智能能够为决策者提供更全面的信息，减少不确定性，从而降低系统的熵。

采用"避免—转移—改进"（Avoid-Shift-Improve，ASI）策略进行产业改革。避免：人工智能技术可以通过预测和预防不必要的资源消耗，减少浪费。转移：人工智能可以通过优化资源分配，转移资源到更高效的地方。改进：人工智能可以通过改进现有系统和流程来提高效率。自动驾驶就是实现 ASI 的典型案例。避免：减少私人汽车使用以及增加拼车服务，缓和交通拥堵；转移：促进电动汽车的普及，减少交通领域的碳排放；改进：智能充电技术减少对电网的冲击，优化现有能源使用效率。

### 3. 人工智能的信息熵减机制

人工智能的信息熵减机制是一系列技术与方法的集合，旨在减少数据和模型的不确定性，从而提高信息的确定性和模型的预测准确性。具体可以体现在七个方面：（1）信息理解过程 token 化：在大模型中，每个 token 可以看作是信息的基本单位。模型通过学习 token 之间的关系和上下文，提高了每个 token 的信息密度，减少了信息的冗余。这种信息密度的增加降低了信息熵，即减少了信息的不确定性。例如，通过更有效的信息编码，模型能够以更少的 token 表示相同的信息量，这不仅减少了存储需求，还提高了信息处理的速度和效率。简而言之，大模型通过更精细的 token 分析，增强了对信息的理解，有助于实现更有效的信息熵减。（2）特征选择与降维：通过特征选择，人工智能模型能够识别并保留对预测任务最有价值的特征，去除冗余或无关的信息，从而降低数据的复杂度和噪声水平。降维技术进一步减少数据的维度，使得模型更加集中于关键特征，减少不确定性，实现信息熵的减少。（3）模型训练与优化：在模型训练过程中，人工智能系统通过学习数据中的模式和规律，不断调整模型参数以最小化预测误差。这个过程本质上是在参数空间中寻找最优解，通过减少模型对数据的不确定性，达到信息熵的降低。例如，采用在线学习、增量学习等方法可以使模型能够动态地适应新数据，并保持其预测能力。此外，定期对模型进行评估和优化也是必要的，这有助于确保模型的性能不会随时间下降。（4）知识图谱构建：知识图谱通过将数据转化为结构化形式，明确实体间的关系，从而减少了信息的模糊性和不确定性。构建知识图谱的过程是信息熵减的体现，因为它将复杂的非结构化数据转化为易于理解和处理的结构化信息。（5）决策支持系统：人工智能驱动的决策支持系统通过分析和解释大量数据，为决策者提供基于数据的建议，减少决策过程中的不确定性。这种基于证据的决策过程有助于降低信息熵，提高决策的质量和效率。（6）开发可解释的人工智能技术：通过增强模型的可解释性和透明度，可以减少不确定性，帮助利益相关者更好地理解和信任人工智能系统，从而避免熵增。（7）自动化测试与监控：自动化测试可以帮助快速识别系统中的问题，而持续监控则能确保任何异常都能被及时发现并解决。通过建立一套完善的测试和监控机制，可以在问题扩大之前将其解决，避免系统因未被察觉的错误而逐渐失效。

#### 4. 实施人工智能熵减的制度对策

在制度层面实施人工智能熵减需要关注以下几个方面。（1）建立标准化流程：标准化是减少熵的有效方式之一。对于人工智能系统来说，这意味着需要制定明确的操作流程、数据管理策略以及维护计划。标准化流程不仅有助于提高效率，还能确保所有团队成员都遵循相同的标准，减少因个体差异导致的混乱。（2）法规遵从与伦理指导原则：人工智能技术的应用必须遵守相关的法律法规，并考虑伦理道德标准。制定清晰的合规政策和伦理指导原则有助于规范人工智能应用的发展方向，防止潜在的风险和滥用。这些政策应该包括数据隐私保护、公平性评估等内容，以确保人工智能系统的负责任使用。（3）普遍基本收入应对大规模失业问题：随着人工智能技术的发展，特别是自动化和智能化趋势的推进，人工智能和机器人技术的进步使得越来越多的重复性、危险性或低技能工作被自动化取代，这一定会导致大量的岗位消失。同时，人工智能技术的应用加剧了劳动力市场的两极分化，即高技能和低技能工作的差距加大，中间层的工作岗位减少。为了应对这些问题，普遍基本收入作为一种政策工具被提出。UBI 为所有公民提供一定的基本收入，不论其就业状况如何，这有助于减少贫困和收入不平等。此外，UBI 有助于重新定义工作和个人价值的概念，鼓励人们追求更有意义的职业和个人发展路径。它为人们提供了更多的自由时间，可以用来从事创造性活动、志愿服务或家庭照料等工作之外的有意义的事情。（3）技能再培训与创造新就业机会：需要与 UBI 协同的是政府和企业合作开展技能再培训项目，帮助受影响的工人转型至新兴行业。对于那些因人工智能技术进步而失去工作的个人，UBI 提供了一定的经济安全感，使他们能够有更多时间和资源去接受新的技能培训或寻找新的工作机会。UBI 减轻了人们的生活压力，使得更多的人愿意尝试新的想法或创业，从而可能创造出新的工作岗位。因此，推广灵活的工作制度和社会保障制度相协调是必要的，比如研究数字化远程工作和兼职工作的收入和社会福利问题，以适应劳动力市场的变化。此外，人工智能技术本身也能催生新的工作岗位，如人工智能伦理顾问、数据分析师等。（4）社会公平性与包容性：人工智能作为人类知识的集合体，同时也可能是人类负面价值的集合体。因此，确保人工智能技术的公平性和包容性成为至关重要的议题。为了实现这一点，需要定期评估人工智能系统中的偏见和歧视问题、改善人工智能技术的公众形象和鼓励公众参与人工智能技术的发展和决策过程。

人工智能实现的最终熵减模式只有通过人工智能主导的生产和生活的循环才得以实现，人工智能成为生产力的主力，构建生产多、消耗少的生产模式。人工智能技术可以构建闭环生产系统，实现从原料采购、生产加工到产品销售的全过程智能化管理。通过物联网技术收集数据，人工智能可以实时监测和优化各个环节，减少资源消耗。此外，人工智能将在未来的一个阶段以硅基智能的形式存在。相比于生物材料，硅基材料具有更好的可循环性和耐用性。例如，硅基芯片和其他电子元件可以通过回收再利用，减少对新材料的需求。硅基材料的生产和循环过程相较于以人为主导的生产和循环过程，通常具有更低的能耗和碳排放。随着技术的进步，硅基材料的生产成本正在降低，同时回收和再利用的技术也在不断成熟，这使得硅基材料的循环利用变得更加可行。

## （六）实现基于人工智能的可持续发展

长久以来，在可持续发展议题上我们面临着一个悖论：人类试图通过自身的努力来解决由人类活动造成的问题，但常常发现难以克服这些挑战。这一悖论的核心在于，人类的认知和行为模式已经成为可持续发展的最大障碍。随着地球的资源日益枯竭，环境破坏加剧，以及社会不平等问题日益凸显，人类社会的可持续性正遭受前所未有的考验。在这种背景下，我们迫切需要一种新的力量来打破现状，引导人类走向一条可持续的道路。

在不断突破的星球边界面前，我们已经看到在过去的社会模式和结构下，人本身成为可持续发展最重要的障碍。随着人类对自然资源的持续开采和消耗，我们正逐渐逼近地球的极限。然而，传统的教育和学习已经不足以帮助人们理解和认知世界及宇宙。人类认知和真实世界之间的缺口，不是呈现缩小趋势，而是呈现扩大趋势。即使是最顶尖的知识阶层也难以避免对热力学第二定律、哥德尔不完备定理、混沌理论等复杂科学框架带来的挑战感到困惑。这些理论揭示了世界的不确定性和对称性的破缺，也指出了"增长的极限"和即将到来的"科技奇点"。在这样的背景下，人类已经基本丧失了合作实现可持续发展的能力。

正因为如此，我们需要寻找一种方法来消除人类认知与真实世界之间的差距，并寻求一种超越现有经济结构的力量。这种方法显然已不再是单纯依靠人类本身所能达成的，因为包括利用人类大脑在内的人的自身开发和潜力发掘，不再有很大的空间。我们已经达到了某些性能的熵界限，即达到一个难以逾越的极限。或许，数据量的增长已成为一个根本性的障碍。即便人类本身的计算能力再强，瓶颈也会转移到其他方面，例如学习时间、概括能力和内部协调能力等。人工智能的历史意义正在于此。只有通过人工智能，我们才能跨越人类智慧和能力的极限，使其成为连接复杂世界体系与人类之间的桥梁。人工智能的意义在于超越人类智能和经验，从而解决人类没有能力意识到或难以解决的问题。

此外，人工智能的兴起显著地重塑了经济活动的主体结构，并由此改变了生产要素的构成与分配。传统中的生产要素包括劳动力、资本和土地，而如今数据作为一种新兴的生产要素变得至关重要。然而，原始数据必须经过结构化处理才能转变为有价值的资产。面对数据量的指数级增长，人类处理这些数据的能力已接近极限。随着标度律的发展，原始数据资源将趋于饱和，合成数据将成为支撑人工智能演进的关键资源。这一转变要求我们重新思考经济结构和人机关系，以适应从以人类为中心到人工智能参与的新经济形态。

而这个转型过程也将导致世界经济体系发生根本性的变革。世界经济体系过去是由发达国家和发展中国家，或者是新兴市场国家构成的，形成技术密集型产业、资本密集型产业和劳动密集型产业。这背后的分配逻辑体现了一个二元经济世界。二元经济世界具体表现为工业发达国家和农业、工业发展中国家，城市和乡村这样的二元世界。然而，今天最大的变化是，世界已经进入后工业时代、信息时代和知识时代。从信息化到数字化，再到智能化，世界经济体系正经历着根本性的变革。当数字经济发展为智能经济，即由人工智能影响，甚至主导的经济。在这个新的经济体系中，未来的全球分工将很大程度上取决于各国在智能产业中的地位和优势。这表明了一个比数字化转型更为深刻的智能化变革浪潮的到来。未来的全球分工在很大程度上取决于国家在智能产业中处于怎样的位置，具有哪些优势。这标志着一个比数字化转型更为深刻的智能化变革浪潮的到来。

遗憾的是，绝大多数人存在知识的局限性，懂人工智能的人可能不了解可持续发展的全貌，而懂可持续发展的人可能对人工智能的技术细节知之甚少。这种知识的割裂使得跨领域的合作变得尤为重要。面对人工智能主导未来生活的可能性，有些人担心会出现失控的局面。这种担忧源自一种假设，即认为必须对人工智能的发展设置限制，并建立一个完善的治理体系来确保其遵循人类的道德规范。然而，目前并没有足够的证据表明人工智能具有根本性的恶意倾向。因此，我们不应过度限制其发展，而应该解决由技术引发的问题的根本原因。为什么人工智能的超级对齐路线（即保证人类价值与人工智能价值的一致性）很难成功？因为，这需要对人类价值的一致性进行定义。从可持续发展的视角，迫切需要将所有经济活动纳入生态边界，推动跨时代人机工程，构建"人—机器—环境"的可持续发展模式，这也是迈向可持续的智能时代的标志。这意味着我们需要从以商业效益为主导的人类中心主义转向以环境和社会效益为主导的后人类中心主义，将经济生产主体让渡于人工智能，最终实现基于人工智能的可持续发展。

　　人工智能发展与可持续理念是一致的。随着人工智能技术的智能化程度不断提高，我们期待它能够带领我们真正走向可持续时代。通过跨学科的合作与人工智能创新，人类有望克服现有的挑战，实现更加可持续的未来。

# 全球性智能化转型和区域分工 [①]

## ——中亚经济新格局与伊犁州经济发展

进入 21 世纪以来，数字化和智能化转型正在加速改变全球经济的形态，进而影响区域分工和区域发展。相较于周边地区，中亚在数字经济和智能经济领域的滞后，加大了和发达国家的"数字鸿沟"，以及"智能鸿沟"。新疆伊犁州因为所处的地理位置，可以在实现本地区数字化和智能化过程中，形成对中亚地区的"溢出效应"，探索与中亚地区的数字经济和智能经济的合作新模式，启动后发优势，避免在"智能时代"的边缘化，甚至成为"智能时代"洼地，再造欧亚经济的新格局。

## （一）全球智能化进程与特征

智能时代是以工业时代和信息时代为基础的全新历史阶段。（1）工业时代：工业革命主导，实现大机器生产、工厂模式和产业资本、金融资本结合，市场规律是绝对规律，物质财富呈现指数增长。（2）信息时代和数字时代：ICT 革命主导，科技资本膨胀，计算机和互联网结合，大数据成为全新的生产要素，摩尔定律是基本定律，信

---

① 本文系作者根据 2023 年 8 月 18 日在"2023 天山经济论坛暨伊犁经济高质量发展论坛"发言记录修订文本。本文发表在《新疆社科论坛》2023 年第 4 期（总第 186 期）。

息呈现指数增长。（3）智能时代：人工智能革命主导，产业人工智能化改造，实现人—机全产业和全社会交互，人工智能普及化，加速通用人工智能开发，自然智能和人工智能融合，并呈现指数增长（图3.11）。

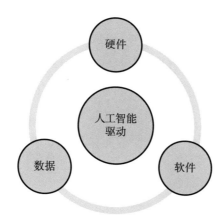

**图3.11 人工智能驱动硬件、数据和软件**

以 2016 年 DeepMind 公司开发的阿尔法围棋（AlphaGo）击败人类职业围棋选手为里程碑，"深度学习"原理成为人工智能发展的主流。之后，各类 AIGC 大模型开始主导人工智能的发展方向。2022 年11 月，OpenAI 公开发布了突破性的人工智能生成工具 ChatGPT。它可以基于文本输入生成式的类似人类的反应，将人工智能产业推到过去 70 年以来前所未有的高度，推动产业迎来 iPhone 时刻，开辟了走向通用人工智能的道路。

现在，人们可以清楚地看到：（1）全球人工智能产业规模和市场急剧扩大，人工智能产业发展对 GDP 的拉动作用全面显现，人工智能对全球经济的潜在贡献日益显著。（2）人工智能产业投资持续增长，导致人工智能企业的数量增大，可望提供几何级数的就业岗位增量。（3）从全球范围来看，对人工智能基础设施市场的投资持续增加。（4）全球一线科技巨头在人工智能领域的竞赛。继微软、谷歌之后，国内企业百度、阿里巴巴等先后发布大模型，并进行用户测试和企业应用接入。（5）企业采用的人工智能数量翻番。过去五年，麦肯锡对人工智能企业进行了追踪研究，发现人工智能高绩效企业（AI high performers）竞争优势明显。[①]（6）人工智能技术路线持续向 GPT 方向收敛，快速进入"智能化硬件"时代。

全球的人工智能发展已形成梯队（图 3.12）。美国和中国为第一梯队；第二梯队包含英国、德国、新加坡等国家；第三梯队包括丹麦、芬兰等国家；第四梯队包括捷克、巴西等国家。美国人工智能融资在全球处于领先地位（图 3.13）。伦敦拥有近 1300 家人工智能公司，是巴黎和柏林人工智能公司数量总和的两倍，正在成为人工智能发展之都。

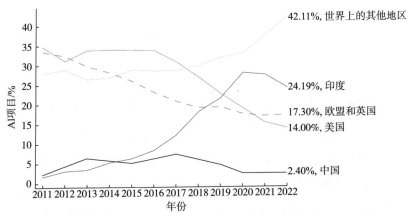

**图3.12　2011—2022年，GitHub上人工智能项目的地理分布百分比[②]**

资料来源：GitHub, 2022: OECD.AI, 2022|Chart: 2023 AI Index Report.

---

① CHUI M, YEE L, HALL B, et al. The state of AI in 2023：Generative AI's breakout year［R/OL］. McKinsey Global Institute，2023［2023-08-28］. https://www.mckinsey.com/capabilities/quantumblack/our-insights/the-state-of-ai-in-2023-generative-ais-breakout-year.

② MASLEJ N, FATTORINI L, BRYNJOLFSSON E, et al. The AI Index 2023 Annual Report［R/OL］. Stanford, CA: AI Index Steering Committee，Institute for Human-Centered AI，Stanford University，2023：386［2023-06-24］. https://aiindex.stanford.edu/wp-content/uploads/2023/04/HAI_AI-Index-Report_2023.pdf.

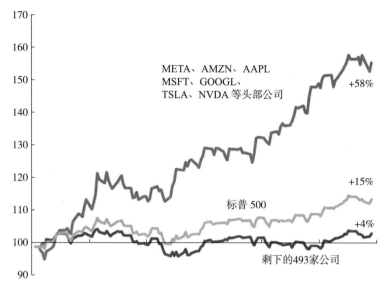

**图3.13 头部科技股大幅度领先标普500指数**[①]

资料来源：FactSet, Goldman Sachs GIR.

  人工智能技术的发展趋势是不可阻挡的。从现在到21世纪40年代后期，人工智能科技将继续呈现大爆炸局面，人工智能经济进入指数增长阶段。摆在人类面前的选择是：强化政府、企业、科学家之间的合作，避免人工智能技术被个别资本和少数公司垄断，发挥人工智能技术所具有的普惠功能，为社会创新、生产力提升、全球安全稳定和经济繁荣带来巨大飞跃和变革。

---

  ① DIVIDEND SEEKER. RSP: Market's Rally Has Been Concentrated, Move To Equal-Weight | Seeking Alpha［EB/OL］//Seeking Alpha.（2023-07-12）［2023-08-27］. https://seekingalpha. com/article/4616587-rsp-market-rally-has-been-concentrated-move-to-equal-weight.

## （二）智能时代：重新认识"发达"和"发展"概念

长期以来，世界被分为发达国家和发展中国家。国际组织评定一个国家是否属于发达国家，国内生产总值和国民总收入（gross national income，GNI）发展水平，以及人均 GDP 和 GNI 是重要指标。

根据联合国 2020 年发布的《世界经济展望》，"发达国家"的共同特点包括：出生率和死亡率稳定；较高的女性工作比例；技术先进，对世界资源的使用率更高，使用方法更丰富和普遍；金融体制较为成熟。特别是，联合国引入了人类发展指数（Human Development Index，HDI）作为衡量工具。HDI 将资源利用效能、预期寿命、教育程度和收入量化为一个介于 0 和 1 之间的标准化数字；越接近 1，发达程度就越高。"发达地区"和"非发达地区"的 HDI 值分界线为 0.75。[①]

至于世界银行，将世界划分为"高收入国家""中等收入国家"和"低收入国家"。具体的指标划分如下："低收入"指人均 GNI 小于或等于 1135 美元；"中低收入"指人均 GNI 为 1136 美元至 4465 美元；"中上收入"指人均 GNI 为 4466 美元至 13 845 美元；"高收入"指人均 GNI 在 13 846 美元以上。[②]

以上关于"发达"和"发展"的划分标准，或者按照收入划分的标准，还是基于工业时代，或者后工业时代的历史特征的划分标准，

---

① UNDP. Human Development Index[EB/OL]//United Nations Development Programme.（2023）[2023-08-27]. https://hdr.undp.org/data-center/human-development-index.

② WORLD BANK. World Bank Country and Lending Groups–World Bank Data Help Desk [EB/OL]//The World Bank.（2023）[2023-08-27]. https://datahelpdesk.worldbank.org/knowledgebase/articles/906519#High_income.

在数字和智能时代显然是不够的。因为，数字经济和人工智能经济，已经和将继续改变着工业时代的产业结构和社会系统，直接关系就业和工作方式。现在，衡量发达和发展中国家，"数字鸿沟"和"智能鸿沟"成为需要正视的新的历史现象。因为"数字鸿沟"和"智能鸿沟"的存在和扩大，导致世界范围经济增长模式的不同，以及收入分配和贫富差别的扩大，最终影响人类发展指数的分野。例如，现在人工智能与教育质量已经密不可分。

所以，需要将人工智能产业的投入和产出，人工智能产业规模，人均人工智能产业 GDP，数字经济和人工智能经济转型程度等衡量标准，纳入衡量发达和新兴发展中国家的标准体系之中。

## （三）智能时代的区域分工

在人类经济发展历史中，可以发现这样一个规律性现象：在农耕时代，农业分布是全域化；在工业时代，工业分布开始向特定区域聚集，主要通过城市化完成；在科技时代，科技产业分布集中在创新区域，例如美国的硅谷、英国的伦敦、中国的长江三角洲和大湾区。

进入人工智能时代，人工智能产业分布呈现高度收敛化，主要集中在世界非常有限的区域或者城市。

之所以发生这样的现象，是因为数字经济，特别是智能经济更加依赖区域创新系统（regional innovation system）。区域创新体系的主体包括企业、大学、政府、科研机构、中介机构等，在体系内有着不同的功能和作用。区域创新系统包括若干子系统：知识创新体系、技术创新体系、创新服务体系、创新保障体系以及宏观调控体系。或者说，智能经济需要与教育、资本和科技人才的完整生态形成互动关系。深入分析，人工智能产业分工体现为人工智能科技企业的分工。

## （四）中亚地区数字化和智能化转型的现状和挑战

中亚五国存在国土面积、人口数量、资源禀赋和产业结构的差别，影响了人均 GDP 水平。2022 年，土库曼斯坦和哈萨克斯坦的人均 GDP 超过 10 000 美元，乌兹别克斯坦人均 GDP 为 2000 多美元，吉尔吉斯斯坦不足 2000 美元，塔吉克斯坦小于 1000 美元。按照传统的发达和发展中国家的差距，整体来说，中亚五国属于欠发达国家。但是，如果分析中亚五国的经济结构，土库曼斯坦和哈萨克斯坦的经济依赖于天然气和石油资源支撑的产业。至于中亚五国的经济制度，存在苏联的计划经济体制的深刻烙印，尚属于市场经济的发育期。

中亚五国在没有完成工业化的情况下，在数字化和智能化转型上显然处于滞后和落后状态（表 3.2）。中亚有将近一半的人口没有接入数字网络，其中许多人生活在农村和偏远地区。事实上，中亚五个国家中有三个国家使用互联网的人数低于全球平均水平。且中亚的互联网连接价格昂贵和质量低下。例如，根据 2020 年数据，在 YouTube 上下载一部 5GB 的电影或三小时的全高清（1080p）教育讲座，所需的平均时间方面，中亚国家在全球排名中都接近垫底。其中，吉尔吉斯共和国得分最高，但在全球排名中仅列第 146 位，领先哈萨克斯坦 12 分钟。[①]

---

① BURUNCIUC L. How Central Asia can ensure it doesn't miss out on a digital future[ EB/OL ]//World Bank Blogs.（2021-06-21）[ 2023-08-27 ]. https://blogs.worldbank.org/europeandcentralasia/how-central-asia-can-ensure-it-doesnt-miss-out-digital-future.

表3.2　中亚五国在互联网用户数和固定宽带接入人数

| 国家 | 互联网用户百分比 /% | 每百居民固定宽带订阅人数 |
|---|---|---|
| 哈萨克斯坦 | 79 | 13.44 |
| 乌兹别克斯坦 | 55 | 12.7 |
| 吉尔吉斯斯坦 | 38 | 5.64 |
| 塔吉克斯坦 | 22 | 0.07 |
| 土库曼斯坦 | 21 | 0.09 |
| 全球均值 | 54 | 13.26 |

数据来源：Burunciuc。

究其深刻原因在于：（1）中亚地区的科技体制，基本沿袭苏联时期的模式。中亚各国的科技发展优先方向，着眼于各国的传统主导产业或本国的优势资源，学科优势大致与其在苏联时期的分工相关。（2）在世界科技发展格局中，中亚在科技投入、科技产出等方面处于落后地位。中亚各国的科技经费投入占 GDP 的比重（即投入强度）在 0.10%—0.25% 范围内，属于较低的范围，甚至低于经济发展最为落后的撒哈拉以南的非洲地区，且多年没有改变。（3）2016 年，中亚五国共有科研机构 1035 家，主要关注的学科是农业、地质、冶金和生态学（荒漠研究）等领域。当然，近年来，哈萨克斯坦、乌兹别克斯坦也开始注重航天、核能、纳米、信息等高新技术领域的发展。在科研人才培养方面，虽然近年有所改善，但总体依然处于较低水平。经济实力的差异，反映在科技经费方面各不相同。

如果将视野扩大，中亚五国在信息经济、数字经济、智能经济方面，正处于来自周边国家的日趋严重的压力。东面的中国，正在成为仅次于美国的数字技术和智能技术大国，持续实现智能经济的高速投入和增长；西面的伊朗，在过去的几十年里，机器人技术已经取得了惊人的进步，从最初的简单机械臂到能够自主执行复杂任务的人工智能机器人，人工智能机器人开发与军事科技紧密结合；南面的印度，拥有世界上最大的IT工程师队伍，具备高素质且具有国际竞争力的人才，迅速成为世界机器人大国之一。还有阿拉伯地区的沙特和阿联酋正在加入全球人工智能竞赛。其中，沙特通过阿卜杜拉国王科技大学购买了至少3000颗英伟达H100芯片，用以开发超级计算机和类似于OpenAI的GPT-4大语言模型。

所以，在数字技术和人工智能技术时代，中亚地区不仅面临边缘化的威胁，而且有可能成为欧亚大陆智能时代的"盆地"或者"凹地"。

在这样的背景下，中国与中亚五国的合作领域，不仅需要继续维系在生态环境（荒漠化防治、盐碱地治理、退化林草地恢复等）、农业（作物和牲畜高产品种培育、粮食增产、节水灌溉、小型农机等）、能源（油气勘探和深加工、核能、水电、太阳能和风能等）领域，而且需要全方位扩大在通信技术、数字技术和智能技术方面的合作，寻求在新兴领域的机遇和突破。

## （五）伊犁州：构建中亚地区的数字化和智能化转型高地

在数字化和智能化时代，新疆的经济发展战略要立足于其原有的产业基础和资源禀赋。2023年，新疆维吾尔自治区政府工作报告对此进行了描述：新疆需要继续培育壮大特色优势产业，加快打造以"八大产业集群"为支撑的现代产业体系，包括油气生产加工、煤炭煤电煤化工、绿色矿业、粮油、棉花和纺织服装、绿色有机果蔬、优质畜产品、新能源新材料等战略性新兴产业集群。

2023年7月，新疆维吾尔自治区党委书记马兴瑞在新疆维吾尔自治区、科学技术部、中国科学院、深圳市"四方合作"会议提出，瞄准"八大产业集群"建设，聚焦发展迫切需求和急需创新突破的重点领域，开展关键核心技术联合攻关，提高科技成果转化应用和产业化水平。新疆在未来经济格局中的位置是：深化同周边国家科技合作，建设面向中亚五国的丝绸之路经济带区域科技创新中心。

也就是说，科技创新和科技主导的开放，是新疆未来发展的两大支点，是大棋局中的两个"活眼"。在新疆定位的基础上，伊犁哈萨克自治州（以下简称"伊犁州"）是落实科技创新和对外开放紧密结合的重镇。所以，2023 年 6 月，马兴瑞在伊犁哈萨克自治州调研座谈会上进一步指出：伊犁在新疆打造向西开放桥头堡、建设丝绸之路经济带核心区等重大战略中具有重要地位。要完整准确贯彻新时代党的治疆方略，进一步提高站位、拓宽视野，持续完善规划体系、优化发展布局，因地制宜、凸显特色，积极打造开放型现代化区域中心城市。

在 21 世纪 20 年代的历史条件下，伊犁哈萨克自治州的核心优势是：（1）日益雄厚的伊犁州的经济实力，逐渐合理的产业结构，以及现代化的通信和交通基础结构。（2）伊犁州位于欧亚经济板块的中心位置，也是丝绸之路经济带的核心支撑点，享有国家大战略和相关经济政策红利。（3）霍尔果斯口岸、都拉塔口岸的作用。2010 年开始建设和形成的霍尔果斯口岸是伊霍铁路、连霍高速公路、312 国道和中国—中亚天然气管道的起讫点，融商贸旅游、进出口贸易和中转货物为一体，对外连接功能齐全、基础设施较完善，具有全天候进出口能力，成为中国西部重要的门户。特别是，霍尔果斯的跨境贸易区和经济开发区可以成为产业创新和制度创新的基地。

伊犁哈萨克自治州现在面临着与中亚五国在数字化和智能化转型合作的历史机遇。一方面，中亚国家存在着需求；另一方面，伊犁哈萨克自治州依赖国内相关的技术和产业优势，通过东南沿海，实现数字技术和智能技术的梯度性转移，对中亚五国的数字和智能技术输出，进而形成中亚地区和新疆的科技前沿技术的全方位合作，丰富"一带一路"的内涵。

伊犁哈萨克自治州可以考虑以下举措：（1）从国家和自治区的层面，在区域性国际组织（例如上合组织）层面，提出构建新疆—中亚数字化和智能化合作区方案；（2）启动中亚地区数字和智能经济的基础结构建设项目；（3）设立数字和智能经济的基础结构建设基金；（4）培养和输出数字和人工智能的技术和人才。

# （六）结语

1902 年，孙中山（1866—1925）和章太炎（1869—1936）探讨未来中国的定都问题，孙中山提出"金陵犹不可宅"，原因是偏安东南，无法制约内陆地区。所以，孙中山提出了三个选址方案：第一个是武昌，第二个是西安，第三个是伊犁。孙中山认为，从地理位置上来说，伊犁靠近亚欧大陆的地理中心，可以震慑中亚，影响俄国。

120 年之后，孙中山关于伊犁的政治构想，已经不再具有现实意义。但是，如果从欧亚科技地缘政治角度思考，将新疆，首先是伊犁地区和中亚地区，建设成为欧亚大陆的数字—智能经济圈，还是具有超越地缘政治的重大意义的。

# 智能时代创新和智能城市 2.0<sup>①</sup>

## （一）从工业时代、信息时代到智能时代

现在进入了智能时代，但人们一直在讨论的数字化转型、数字时代、工业时代并没有离开我们太久，所以非常有必要对这三个时代有一种清晰的认识。

工业时代是工业革命主导，实现大机器生产，工厂规模和产业资本金融资本结合，市场规律是绝对规律，物质财富呈现指数增长的时代。在工业时代遇到的最大问题就是产能过剩和产品过剩。在工业时代里，最重要的一个经济规律是千方百计地降低成本，提高劳动生产率。

信息时代或者说数字时代，是以 ICT 革命为主导，科技资本膨胀，科技资本的地位替代了金融资本和产业资本，只发生了计算机和互联网结合，大数据成为生产要素。摩尔定律是一个具有物理学意义的定律，决定了数字经济时代，或者是信息时代的发展。而我们每个人都能感受得到，这个时代的特征是信息大爆炸，爆炸到人类没有办法处理的这样的一种境地。

---

① 本文根据作者于 2023 年 7 月 22 日在"第三届中国城市高质量发展与国际合作大会"活动上的发言速记整理。

当讲数字化转型，应对数字时代的时候，我们又进入了智能时代。智能时代是一个真实存在的时代。我这样概括智能时代——人工智能革命主导，产业人工智能化改造，实现人—机全产业和全社会交互，人工智能普及化，加速通用人工智能开发，自然智慧和人工智慧融合的时代。智能时代的特征就是，新形态智慧的大发展，并呈现指数增长。数字化时代在20世纪90年代急剧发展，随着智能时代到来，我们此时此刻正处于三个时代的叠加。从工业时代到数字时代中间有很大的差距，而且差距在扩大，消除这个差距就叫转型。

# （二）智能时代的变革与创新特征

从数字时代到智能时代，也存在一个转型问题，我们实际上面临着两大转型：第一，从工业时代向数字时代转型；第二，从数字时代向智能时代转型。智能时代的核心特征就是要重新创造我们这个世界的智慧特点和智慧方式。而如何使人工智能接近和实现与自然，特别是人脑智能的完全对齐，成为智能化的时代的最大挑战。

大模型的最大特征，就是大模型的参数规模。大模型的最终参数规模一定要逼近100万亿。为什么是以100万亿作为目标？是因为我们大脑中存在着100亿个神经元，而100亿个神经元里又需要通过1000亿的突触连接在一起，才形成我们今天人类的智慧。

现在大模型研发的全部努力就是要逼近这样的一个目标。大模型的参数和人类大脑的突触，两个数量的吻合将是不可阻挡的趋势。当前中国有七八十家做大模型的公司，我们大模型的参数是在10亿左右，而目前全球做得最好的则可以达到数千亿，甚至达到1.6万亿，虽然距离100万亿还需要一些时间，但是这样的前景却是非常清楚的。

大模型不是一个简单的工具，而是所谓智能时代的核心特征。在工业时代讲创新，与进入智能时代讲创新是完全不同的，即并不存在着今天的创新就是昨天的创新。关于智能时代的变革与创新，我归纳了5个特点。（1）变革和创新的目标：从思想活动到经济活动、社会活动，全方位智能化。（2）变革和创新的主体：自然智能和人工智能并存，交互作用。（3）变革和创新的技术：通过大模型化、深度学习、抽象思维、信息处理，大数据最终可以成为生产要素。（4）变革和创新的能力：处理复杂系统和涌现的能力，解决数字时代的注入泛化（generalization）、拟合（fitting）、价值对齐（alignment）、熵减（entropy reduction）等典型困境。（5）变革和创新的效果：形成物质形态和虚拟观念形态平行世界。

数字时代所造就的复杂社会和经济体系是数字时代的技术不能够解决的，这个复杂大系统必须通过人工智能时代或者智能时代完成。这个时代的所有的系统都在不断地分裂，需要解决所谓的泛化问题，传统的人类智慧和手段是不足以解决这个问题的。

在复杂系统中解决选择的最佳方式，就是所谓的拟合问题，当然也只能靠人工智能，熵减同样如此。城市高质量发展，说到底就是把工业时代的高质量转型到数字时代的高质量，进而转型到智能时代的高质量。换句话说，这个过程就是通过熵减，从无序走向有序的过程（图3.14）。

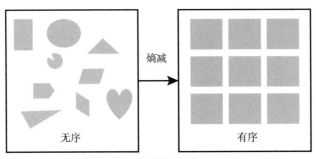

**图3.14　熵减导致从无序向有序转变**

# （三）智能时代的城市演变和发展

现在讨论且熟知的是 10 年前向数字化转型时代的高质量，我们把这样的观念称为城市智能化的 1.0。2010 年，人们提出了各种各样的智能化，现在如火如荼的是城市交通的智能化，因此我们现在必须意识到智能化已经是一个旧的文本，现在要把它上升到新的文本，那就是城市智能化 2.0（图 3.15）。

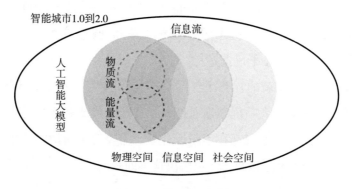

图3.15　智能城市1.0到2.0

城市智能化 2.0 是遵循基于通用人工智能，经过大模型海量参数和垂直模型，结合智能互联网，构建智能产业链和价值链，形成平行空间世界的模式。

# （四）城市智能化的区域性和全球性溢出效应

在城市智能化 1.0，我们完成了物理空间、信息空间和社会空间，信息流、物理流和能量流的数字化结合，增加有限的人工智能技术。2.0 就是要把所有这些都纳入一个大模型的集群之中，使整个城市化基于海量的参数来完成更深刻的一次跃升。这就是城市智能化 2.0 和

1.0 的差别。如果我们完成这样的转化，它会产生区域性和全球性溢出效应。

现在看到真正风起云涌、不可阻挡的是智慧全球化。在世界范围内人工智能转化的市场份额和全球主要区域中，最大的参与者有中国、英国、美国，还有印度。印度本身在完成智能化时代转型中，正在成为一个除了发达国家之外的强大竞争者。

# （五）结语

人类的科技曲线变得越来越快，越来越陡。从 2017 年的 Transformer 架构到 2022 年这个历史节点的 ChatGPT，曲线发展越快，角度越陡，产生的红利效益就越大。我们要与时俱进地理解这个时代背景下的城市高质量发展，以及在 2023 年，甚至是未来 2024 年和 2025 年这样历史时期的新内涵，发掘和扩展价值高于人口红利和改革红利的智能红利，即通过人工智能大模型，降低社会运行成本，提高社会整体效益。

# 香港：发挥制度优势，重组产业群 ①

点新闻：香港的特点和优势是什么？

**朱嘉明**：严格地说，香港的特点和优势是不可分割的。因为，香港的优势是有香港特色的，香港特色就包含着香港的优势。所以，应该将问题改为：香港具有哪些有特征性的优势？至少有这样几个方面。

第一，香港是全世界知名度和影响力最高的城市之一。在当今世界，主权国家近200个，全球的城市数千个。但是，真正具有世界级知名度和影响力的城市是非常有限的，可能30个都不到。无论选择怎样的标准，香港都会是全世界知名度和影响力最高的城市之一。如果在亚太地区，提出知名度和影响力最高的城市名单，香港无论如何都在前五名。

第二，香港具有相当完整的近现代历史文化和经济的沉积，形成横跨东方和西方、历史和现代的多元文化。自20世纪开始，香港是亚洲唯一属于东西方文化交织的一个城市。一方面，香港是欧美的思想、文化和商业模式影响和扎根的东方重镇；另一方面，香港顽强地维系着中国文化传统。进入20世纪80年代，内地在香港的影响持续扩大。香港至少有三种语言：英文、普通话和粤语，这一点是中国唯一的一个城市。

---

① 本文系作者于2024年4月接受点新闻记者采访时的访谈记录。

第三，香港属于全球教育体系和教育水平领先的城市。香港从初等教育到高等教育，从教育制度、基础设施、师资到各类学校的数量，以及学生质量，在全球处于绝对领先地位。

第四，香港是市场经济和混合经济的典范。香港长期实行的是自由主义市场经济，香港回归祖国之后，因为受内地经济的影响，正在形成混合经济模式。香港可以继续维持其成熟商业社会的特征。所以，香港作为亚太地区的一个经济、金融和贸易中心，且具有世界一流的行政效率，是很难被完全替代的。

第五，香港是世界最宜居的城市之一。香港成为世界最宜居的城市，不仅因为它的自然生态、平均寿命，而且因为香港的医疗体系和比较健全的福利制度，特别是香港便利的交通和消费体系。

总之，在当今世界上，很难找到像香港这样的城市，不仅非常受欢迎，而且文化多元化、经济多样化、商业高度发达。在 20 世纪后半期，香港创造过成为"亚洲四小龙"之一的辉煌。

点新闻：如何认知香港未来发展的大环境？

**朱嘉明：** 刚才讲了香港五个方面的特征性优势，形成香港在世界范围内的"先发优势"。但是，在 21 世纪 20 年代的国际背景下，香港面临着前所未有的挑战，需要开始全方位转型。

第一个挑战，如何面对全球性科技革命。进入 21 世纪 20 年代，科技主导经济。现在，人工智能正在改变全球科技和经济的生态。在这样的大趋势下，几乎全球主要的国际性城市，都开始了向科技型城市的转型，并形成全球科技型城市的合作网络。在这方面，香港有过历史经验与教训。现在到了如何将香港发展和科技前沿结合的历史时刻。

第二个挑战，如何实现经济结构调整和经济增长。20 世纪 80 年代起，香港形成的经济结构已经不再适应来自全球产业分工的新形势。亚太地区的大都市，包括东京、首尔、新加坡、台北、雅加达、胡志明市，以及内地的深圳、广州和上海，都在调整其产业结构，选择符合本地优势的增长模式。香港现在相对滞后，需要奋起直追。只有这样，香港才可以实现高质量增长，重新增加香港经济总量。

第三个挑战，如何推动香港创新和扩大青年就业。香港需要活力，活力来自创新。唯有创新，才有可能给年轻人提供就业机会。当年，香港在制造业的黄金时代，实现了创新、就业和经济起飞的良性循环。现在，需要在数字经济时代形成创新、就业和经济再起飞的良性循环。

点新闻：香港如何选择？

**朱嘉明：**香港的未来选择，要在实事求是的前提下，面对未来全球和亚太地区大都市的分工趋势和香港的潜力。

第一，全球的物质生产和消费主导的时代正在结束，进入一个精神生产和消费不断上升的时代。或者说，以物质消费为特征的工业时代或者后工业时代也基本结束。人类平均有越来越多的余暇时间。今天，因为科技的进步，每一个人都可以成为艺术家。所以，在全球范围内，需要一个或者多个将精神生产和消费结合的中心，将科技与文化和艺术结合的中心。

第二，现在看得很清楚，不论全球，或者亚太地区大都市如何分工，特别是在整个亚太地区，尚没有这样一个中心。更重要的是，包括东京、首尔、新加坡、台北、雅加达、胡志明市，以及内地的深圳、广州和上海在内的大都市，都有这样或那样的"先天不足"。

第三，香港的优势和潜力不在于成为单一性城市，香港具备可以成为科技与文化和艺术结合的中心的基本条件，主要是文化、语言、教育、人才、资本、制度和基础设施的条件。其中，香港可以将科技、文化艺术和金融三个要素集合在一起。此外，这样的文化、艺术和精神的经济形态，在香港具有扩张性的市场条件。

为此，需要重组香港优势，建立全新的产业集群。

第一，构建一个科学、艺术、金融融合的产业新体系，形成新的产业结构。这个产业群的核心特质是 Tech-Art，或者 Art-Tech。可以理解为科技艺术化，或者艺术科技化。香港具有把复杂的和前沿的科技体系中和艺术相关的科技提炼出来，重新赋予传统艺术以新的生命力，实现未来香港精神文化生产与消费的创新，并因此形成全世界都没有的一个艺术科技产业"Tech Art Industry"。在构建"Tech Art Industry"过程中，中国人具有强大的综合能力，这是一个很大的优势。实现这个目标需要金融支持，香港显然是具备这个条件的。

第二，构建支持产业集群的平台。这个平台基于不断发展的人工智能技术，推动包括音乐、美术、文学、诗歌、电影和短视频的创作，在香港独特的自由创作空间中，形成"人工智能艺术"体系。香港代表一种全新的时代潮流，超过首尔、东京、新加坡、台北，当然也可能超过很多内地城市，成为全新的科技和艺术的制造中心。

第三，香港具备一个非常大的空间来支撑以个性为基础、普罗大众都能参与的全新的科技艺术时代。今天的人类，特别是"90后""00后"，都要用更多的时间来实现自己，把余暇时间从纯粹的消磨和浪费变成有积极意义的时间，这就是未来。

第四，从商业实用主义角度来说，这是一个巨大的产业和市场，因为香港会变成一个新型的艺术输出中心，它所产生的贸易额，我相信是非常有可能超越传统贸易的。香港可以把伦敦、巴黎、纽约所有这些类似的新型科技艺术产业的投资企业引到香港，这个产业是无限大的，助力香港成为新型科技艺术生产中心、集散中心。在这个过程中，很多硬科技，包括支持艺术的大模型，在香港都可以得以发展，它不仅是香港的出路，也填补了我设想的未来世界的一个全新的分工体系。

艺术方式决定人类未来。人们的审美，美学意识的提升和改变，会导致人类文明水平的根本性变化，真是个天翻地覆的时代。这是人们完全不能想象的。甚至可以这样说，艺术方式决定着人类的未来。

希望香港成为全球的科技艺术产业或者人工智能艺术产业的中心和基地。事实上，这是时代和历史的需求。这个需求不仅是香港的未来选择，也是大湾区乃至全国的需求，更是未来全球分工体系的一个需求。这对于未来两三代人都是非常重要的。

香港要帮助人们重新拾起生活的目标和意义，只能靠创作。在今天，每个人都可以直接或间接地参与艺术创作行为。未来 10 年，大量的人工智能变得有自我觉醒和自我意识。所以，香港要建成基于高科技支持的文学、美术、音乐、时尚、建筑的创作中心，以及未来人工智能文化的王国。

需要强调的是，因为科技每时每刻都在改变着艺术存在的形式和形态，使得越来越多的人被卷入科技艺术领域，由艺术家所垄断的这个领域变成一个大众都可以介入的领域，所以香港就不仅可以成为人类和科技结合产生艺术的天堂，而且会成为人工智能与人类平起平坐创造艺术的天堂。

不仅如此，因为香港成为新型科技艺术生产中心后，将会产生巨量贸易额，因此香港可望成为数字时代和人工智能时代的经济典范。

**点新闻：**此构想的关键是政策吗？

**朱嘉明：**香港要成为硬科技的基地，历史证明是非常困难的。在可以预见的未来，香港成为人工智能等硬科技的基地或中心，依然存在过多的可能。但是，香港确实可以成为全球科技与文化艺术集合的旗帜，构建科技艺术产业集群。

为此，香港需要制定新的产业政策。今天的香港早已结束了由完全自由市场主导的时代，这样完全自由放任的经济形态现在实际上没有了，新加坡也不是这样，韩国也不是这样，美国也不是这样。香港需要面对世界的物质生产全面过剩、香港传统经济结构和产业优势过时等问题，构建符合香港参加大湾区和亚太地区分工体系的产业政策。

点新闻：香港的当务之急是人才引进和人才培育吗？

**朱嘉明：**首先，引进和培养人才，改善相应的大环境。更加优厚的条件和待遇是重要的，但是，对于真正的人才来说，他们关心的是得以充分发展的大环境。无论是一流人才，还是超一流人才，最重要的是他们需要特定的环境。现在需要的是能够将科技、艺术和金融三个领域相结合的人才。

其次，率先改革教育制度，来适应未来香港发展的人才需要，完全靠引进人才是不够的。现在的教育改革，要从初等教育开始，更新基础课程，培养青少年的想象力和动手能力。

最后，构建香港与世界人才交流的机制和网络。让香港成为世界性人才交流的枢纽。这不仅是可能的，而且可以在短时间实现和产生效果。香港要通过 Web 3.0 和 DAO 的模式吸引全球性人才。

# 从数字金融到智慧金融①

## ——人工智能加速金融科技基础结构转型

## （一）2000 年之后数字金融的形成与发展

互联网和移动互联网时代是数字金融发展的背景，也是传统金融向数字金融转型的诱因与第一推动力。数字金融包含了硬件基础、软件平台和网络通信三大组件。硬件基础是指服务器、存储设备等支持数字金融运营的硬件设备。软件平台是指数据库管理系统、分布式计算框架等支持数字金融展业架构的软件设计与部署。网络通信是指云计算服务、5G 网络等信息通信技术。

数字金融和量化金融的互动。在金融市场的历史上，技术很早就被用来协助数据处理和任务自动化。现代投资组合理论在 20 世纪 50 年代和 20 世纪 60 年代的出现，敦促着寻求分析股票、评估有效边界和参与投资组合优化的分析师们使用机器。20 世纪 70 年代和 20 世纪 80 年代期权定价和量化交易的兴起使得计算机成为衍生品市场的基石。20 世纪 90 年代初电子交易平台的引入，推动了股票、债券和信贷市场的全球扩张，一直到 21 世纪初。特别是对量化金融来说，数据量和种类的惊人增长推动了 20 世纪 10 年代机器学习的浪潮持续到今

---

① 本文系作者根据于 2023 年 7 月 6 日在"2023 全球数字经济大会数字金融论坛"活动上的发言编辑改写。

天，主要涉及风险分析、算法交易、市场微观结构和数据科学（表3.3）。

　　数字金融创新在于数字资产的形成与成长（图3.16）。其中，代表性事件有：（1）1998年，彼得·蒂尔（Peter Thiel，1967—　）和麦克斯·拉夫琴（Max Levchin，1975—　）创建PayPal，一套基于互联网的国际贸易支付系统。（2）2008年，中本聪（Satoshi Nakamoto）创造比特币代表的加密数字货币，实现点对点的现金支付系统。（3）2010年前后，互联网、终端设备、金融机构联合构成的移动支付兴起。（4）2013年，第三方支付的微信支付与支付宝使二维码支付在中国普及。（5）2021年，NFT，即以区块链为基础的非同质化通证，因为具有唯一性特点，成为可以交易的数字资产。

表3.3　世界全息货币体系

| 世界全息货币体系 | | | 货币形式 | | |
| --- | --- | --- | --- | --- | --- |
| | | | 物理 | 数字 | |
| | | | | 非加密货币 | 加密货币 |
| 主权性 | 是 | 主权国家 | 纸币、现金 | 数字人民币 | 数字卢比 |
| | 否 | 民间团体或个人 | 饭票、抵用券 | 腾讯Q币 | 比特币 |

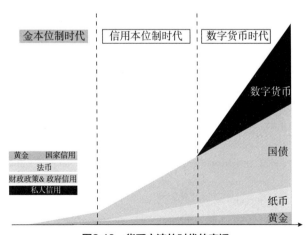

图3.16　货币主流的时代的变迁

# （二）数字金融面临的挑战

金融业数据来源扩大。大数据意为经济活动中各行业所产生、收集、存储、处理和利用的海量数据，包括客户数据、交易数据、市场数据、风险数据等。金融大数据面临着数量的指数型增长。中国互联网络信息中心调查显示，截至 2022 年 12 月，中国网络支付用户规模达 9.11 亿，占网民整体的 85.4%。[①] 但金融行业可以利用的数据不止于此，因为例如社交媒体数据、电子邮件数据、购物记录数据等替代数据（alternative data）都可以参与到金融分析中来。[②] 国际数据公司（International Data Corporation）曾预测，2025 年全球数据容量将达到175ZB。[③]

大部分数据不能被直接利用。海量的数据中，非结构化数据被普遍认为占总体数据的绝大部分。非结构化数据源通常缺乏一致性，可能包含错误或前后矛盾的内容，从而使信息难以采信。不准确或不完整的数据会给金融机构带来严重后果，影响风险评估、投资策略和合规性。因此，传统金融业务并不能直接利用大数据中的大部分内容。

金融结构的日益复杂化。除了延续过往资产证券化的趋势，ICT

---

① 中国互联网络信息中心 . 第 51 次中国互联网络发展状况统计报告［R/OL］. 中国互联网络信息中心，2023：126［2023-07-12］. https://f.sinaimg.cn/finance/3bfedf11/20230324/Di51 CiZhongGuoHuLianWangLuoFaZhanZhuangKuangTongJiBaoGao.pdf.

② CALZOLARI G. Artificial Intelligence market and capital flows: Artificial Intelligence and the financial sector at crossroads［R/OL］. Policy Department for Economic, Scientific and Quality of Life Policies, Directorate-General for Internal Policies, European Parliament，2021：56［2023-07-12］. https://www.europarl.europa.eu/RegData/etudes/STUD/2021/662912/IPOL_STU（2021）662912_EN.pdf.

③ REINSEL D, GANTZ J, RYDNING J. The Digitization of the World: From Edge to Core: US44413318［R］. International Data Corporation，2018.

创新使专注于如资产管理、信托、保险等金融服务的专业竞争者能够进入银行，而这些服务几乎不需要或根本不需要银行的资产负债表，蚕食了传统商业银行的业务板块。同时，数字平台与传统金融公司竞争直接接触客户的机会。①

金融活动高度国际化的监管困境。许多国家主管当局已经开始开发监管技术和超级技术工具，而在这样的情况下，针对相同问题的不同且可能不兼容的解决方案将使得金融服务监管缺乏国际协调。因此，未经与国际同行充分沟通而快速部署新型监管技术工具可能会使国际金融协调机制退后一步。

## （三）数字金融时代的金融危机解析

传统金融时代的金融危机来自实体经济和金融经济的分离。实体经济和金融经济的分离导致了长期的资本错配，因为资金流和创造的信贷被集中用于购买现有资产，以追求已知的可预测现金流和资产价值的预期资本收益带来的稳定储蓄回报。与此同时，实体经济需要更多的资金流入资本投资，以支持创新者、中小企业和高增长企业的创业增长。将资金过度投入金融经济会减缓实体经济的增长速度，并对金融经济资产进行错误定价（即人为压低储蓄收益率）。这种不匹配反过来又会导致金融危机，因为市场会迫使资产价格与支持资产价格的实体经济现金流之间进行调整。②

①　HOFFMANN P, LAEVEN L A, RATNOVSKI L. Financial Intermediation and Technology: What's Old, What's New? ［J/OL］. SSRN Electronic Journal，2020［2023–07–12］. https://www.ssrn.com/abstract=3642562. DOI：10.2139/ssrn.3642562.

②　SIMMONS R, DINI P, CULKIN N, et al. Crisis and the Role of Money in the Real and Financial Economies: An Innovative Approach to Monetary Stimulus［J/OL］. Journal of Risk and Financial Management，2021，14（3）：129. DOI：10.3390/jrfm14030129.

　　而到了数字金融时代，金融危机来自海量的非结构化数据增长快过算力和算法能力的增长（图3.17）。摩尔定律指出，芯片上的晶体管（控制半导体材料上电子流动的部件）数量每两年左右翻一番，并在历史上确定了开发更小芯片的节奏。晶体管数量的翻倍实际上意味着晶体管的缩小，但同时也保持了功率密度，因此更小的芯片意味着更节能的芯片。在过去的十年中，由于我们所使用材料的物理限制等原因，摩尔定律的效果开始减弱。

　　通用处理器在同时运行多个复杂计算时速度不够快，这也是图形处理器受到重新关注的原因。GPU尤其擅长进行机器学习算法所必需的复杂计算，往往以线性代数为中心，如大型矩阵的乘法运算和复杂向量的加法运算。

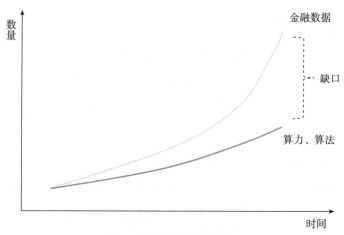

**图3.17　数字金融缺口的产生**

　　这样的计算机架构的格局，催生了特定领域的加速器，即为特定应用量身定制的硬件。这种定制化硬件效能更高，因为它们是为特定类型的计算机量身定制的，同时还能提供更好的性能。因此，现代数据中心比10—15年前更加多样化，也带来了新的成本，因为我们需要新的工程师来构建和设计这些定制的硬件。

当前的算力供应在指数级增长的数据面前捉襟见肘，对于能源的需求愈加强烈。2017—2020 年，与数据中心相关的电力和碳排放量增加了一倍。每个设施消耗 20 兆瓦至 40 兆瓦的电力，大多数时候数据中心以 100% 的利用率运行，这意味着所有处理器都在忙于工作。因此，一个 20 兆瓦的设施可能相当稳定地消耗 20 兆瓦的电力，足以为大约 16 000 个家庭供电，因为需要尽可能多地进行计算，以摊销数据中心、服务器和电力传输系统的成本。2018 年，计算机消耗了约 1%—2% 的全球电力供应，2020 年，估计约为 4%—6%，到 2030 年，估计这一数字将上升 8%—21%，会进一步加剧当前的能源危机。[①]

因此，数字金融当前面临的最大的挑战是：非结构性数据的增长与算力算法的滞后之间，产生了一个巨大的和日益扩大的缺口，导致金融信息大数据资源不对称，加剧金融经济形态的不稳定性和不确定性，甚至酿成金融危机。

## （四）人工智能：突破数字金融的技术瓶颈，完成从"量变"到"智变"

人工智能对于数字金融的改造是全方位的，金融行业从业机构与中央银行都能从中受益。在这样的趋势中，智慧金融的基本轮廓得以形成。

在金融领域，近年来人工智能和移动互联网的进步对投资管理行业产生了重大影响。之前，数字技术在金融行业主要用于管理大量交易数据和信息流，以及执行高频交易。然而，人工智能和相关技术正

---

① JARIWALA D, LEE B C. The hidden costs of AI: Impending energy and resource strain [Z/OL].（2023–03–08）[2023–07–13]. https://penntoday.upenn.edu/news/hidden-costs-ai-impending-energy-and-resource-strain.

在通过引入新的市场参与者（例如产品定制）、改进客户界面（例如聊天机器人）、更好的分析和决策方法，以及通过自动化流程降低成本来重塑行业。通过更广泛地使用高频算法交易和更有效的市场价格形成，增加市场流动性。典型的人工智能应用场景包括：（1）通过以经济高效的方式向大众市场客户（包括低收入人群）提供个人和有针对性的投资建议，扩大财富咨询服务。（2）通过人工智能承担越来越多的投资管理职责，提高效率。（3）基于人工智能的目标客户体验，提供更加个性化的投资组合。（4）通过使用人工智能／机器学习取代既有策略，开发新的回报曲线。①

与投资管理行业相比，人工智能在银行业的渗透速度较慢。银行业之前一直处于技术进步的前沿（例如，通过引入自动取款机、电子卡支付和网上银行）。然而，银行数据的保密性和专有性减缓了人工智能的应用。尽管如此，近年来人工智能在银行业的渗透率已经加快，部分原因是来自金融科技公司（包括金融科技贷款机构）的竞争日益激烈，但人工智能在改善客户关系（例如通过聊天机器人和人工智能驱动的移动银行）、产品定位（例如通过行为和个性化洞察分析）、后台支持、风险管理、信用核保以及节约成本等方面的能力也起到了推波助澜的作用。②

就获取传统金融数据而言，从统计或监管报告中获得的大量复杂的细颗粒度数据集的可用性越来越高。高频的交易数据更新扩大了对更好、更快的数据质量管理框架的需求，以确保所收集的信息能够可

① BOUKHEROUAA E B, ALAJMI K, DEODORO J, et al. Powering the Digital Economy: Opportunities and Risks of Artificial Intelligence in Finance［J/OL］. Departmental Papers，2021，2021（024）［2023-07-14］. https://www.elibrary.imf.org/view/journals/087/2021/024/article-A001-en.xml. DOI：10.5089/9781589063952.087.A001.

② 同上。

靠地用于生产。在这方面，人工智能技术在大数据存储库实时收集的大量且日益增加的观测数据中检测异常值，这使得传统的如使用电子表格和简单的图形工具的人工操作变得低效。人工智能已成为促进缺失数据点估算的流行方法。通过纳入补充性公共信息或来自公共部门的注册记录，人工智能还支持对可用数据集进行更丰富的扩充。①

利用丰富的现有数据，人工智能可以对经济和金融形势提出有用的见解。中央银行的政策取决于对大量变量进行全面、连续的分析，以预测经济的现状和前景。人工智能通过纯粹的数据驱动方法而不是依赖事前假设，可以预测宏观经济变量的驱动因素。研究发现，基于人工智能的模型似乎特别适合从众多候选变量中发现解释因素。②

因此，人工智能技术正越来越多地被用于支持宏观经济建模工作。人工智能被用来支持从短期预测工作（即推测出延迟出现的缺失数据）到包括各类风险情景的长期范围。与更传统的方法相比，人工智能技术允许扩大预测范围，以涵盖更广泛的潜在相关变量。人工智能技术可用于加强分析和预测经济产出和通货膨胀，即间接决定中央银行货币政策反应函数的两个关键变量。除了有助于捕捉更广泛的决定因素外，人工智能工具还有助于更好地理解货币政策决策过程本身。③

在金融监管领域，人工智能在监管技术中的应用日益广泛，大大扩展了其使用案例，横跨银行、证券、保险和其他金融服务领域，涵

---

① ARAUJO D, BRUNO G, MARCUCCI J, et al. Machine learning applications in central banking：57［R/OL］. Irving Fisher Committee on Central Bank Statistics, Bank for International Settlements，2022：27. https://www.bis.org/ifc/publ/ifcb57_01_rh.pdf.

② ARAUJO D, BRUNO G, MARCUCCI J, et al. Machine learning applications in central banking：57［R/OL］. Irving Fisher Committee on Central Bank Statistics, Bank for International Settlements，2022：27. https://www.bis.org/ifc/publ/ifcb57_01_rh.pdf..

③ 同上。

盖各种活动。其中包括身份验证、反洗钱 / 打击恐怖主义融资、欺诈检测、风险管理、压力测试、微观审慎和宏观审慎报告等。[①] 监管信息流从受监管企业向监管方报告相应记录开始，通过纳入替代信息来源，增强用于金融稳定目的的模型，人工智能能够帮助央行从系统层面监控金融风险，同时关注不同机构在某一时点的状况以及随着金融周期的发展风险的演变。这种双重性要求收集和分析大量的数据，涵盖众多公司和长期数据。在系统性风险的时间维度上，人工智能方法可以支持处理随时间变化的大型复杂数据集。

我们得以总结，"智慧金融"一词的本质是：以人工智能的大模型为框架和基础，改造和扩展传统金融业务，形成跨越时空的不断增加的金融领域垂直人工智能应用集群。

## （五）人工智能和量子科技的互补加速智慧金融的进程

在一个每天都会产生大量数据的金融世界里，能够准确执行预测计算的计算机正成为一种主要需求。为此，一些金融机构正在转向量子计算，因为量子计算有望分析海量数据，并比任何经典计算机都能更快速、准确地计算出结果。使用量子机器学习技术有可能加快算法训练或整个过程的某些部分，进而应用到异常检测、自然语言建模、资产定价和隐含波动率计算等业务场景。[②]

此外，量子计算对于金融机构在合规、客户服务、抵御安全风

---

① ARAUJO D, BRUNO G, MARCUCCI J, et al. Machine learning applications in central banking：57［R/OL］. Irving Fisher Committee on Central Bank Statistics, Bank for International Settlements，2022：27. https://www.bis.org/ifc/publ/ifcb57_01_rh.pdf..

② HERMAN D, GOOGIN C, LIU X, et al. A Survey of Quantum Computing for Finance ［EB/OL］//arXiv.org.（2022–01–08）［2023–07–14］. https://arxiv.org/abs/2201.02773v4.

险、随机建模和优化方面都有助益。①

第一，量子计算可以协助金融机构完成合规要求。作为应对 2008 年金融危机而制定的国际监管框架，《巴塞尔协议 III》对资本、风险覆盖率、杠杆率、风险管理和监督、市场纪律、流动性和监督监测提出了要求，规定计算许多风险指标，如风险价值（value at risk）和条件风险价值（conditional value at risk）。由于这些计算所涉及的参数具有随机性，通常无法获得闭式解析解，因此必须采用数值方法。蒙特卡洛积分法（Monte Carlo integration）是最广泛使用的数值方法之一，因为它具有通用性，可扩展到高维问题。与经典方法相比，量子蒙特卡洛积分法的运算速度最多可提高四倍，将使金融机构能够做出更明智的贷款相关决策和财务预测。

第二，量子计算也可以帮助金融机构更好地服务客户。量子算法可能会加快处理数据计算密集和耗时的部分。随着金融机构不断产生数据，必须能够以实用的方式利用这些数据来改善其业务战略。此外，数据组织可以使金融机构更具体、更有效地根据客户的财务状况与之打交道，支持其客户服务，并在有如金融科技等其他选择的情况下保持客户的参与度。大部分数据分析都是通过处理大型矩阵来完成的，对计算机的计算能力要求很高。

第三，量子计算数据建模和机器学习技术可以让金融机构更准确地识别潜在安全风险。此外，即使不打算使用量子计算，也必须对其有所了解，因为它能够破解当前的公钥密码标准，如 RSA 和 Diffie-Hellmann，也包括基于椭圆曲线的常见变体。量子安全协议（quantum-safe protocol）以及潜在的量子增强密码学（quantum-enhanced

---

① HERMAN D, GOOGIN C, LIU X, et al. A Survey of Quantum Computing for Finance［EB/OL］//arXiv.org.（2022-01-08）［2023-07-14］. https://arxiv.org/abs/2201.02773v4.

cryptography）在网络各层中都有其潜在用途。虽然对于加密安全的哈希函数或称密钥密码来说，情况还没有那么严重，但必须意识到潜在的量子增强攻击的威胁是存在的。

第四，量子计算有助于金融业务中的随机建模（stochastic modelling）。随机建模主要研究随机过程的动态和统计特征。在金融领域，使用数值技术建立随机模型的最常见问题之一是估算金融资产的价格及其相关风险，而这些资产的价值可能取决于某些随机过程。金融随机过程建模中最常用的两种技术：蒙特卡洛方法和微分方程数值解法，都有与之相对应的量子方法，即量子蒙特卡洛积分（quantum Monte Carlo integration）和量子偏微分方程求解器（quantum partial differential equation solver）。

第五，量子计算有助于求解优化问题。优化是指找到实值函数的最佳输入，使函数值最小化或最大化。涉及优化的各种金融问题都有可能从量子技术中受益，特别是投资组合优化、套期保值和掉期净额结算、最优套利、信用评分和金融崩溃预测。

因此，将人工智能和量子计算引入金融领域而得到的智慧金融，会释放数字金融的新可能性，并进一步优化金融运行机制和流程。

## （六）智慧金融是普惠金融的前提

通过以上讨论，我们得出如下结论：（1）智慧金融可以改善金融信息资源的失衡；（2）智慧金融可以助力长期、短期资本和货币市场的均衡；（3）智慧金融可以推动制定精准量化货币政策；（4）智慧金融可以改善政府金融治理能力；（5）智慧金融可以提高数字金融质量；（6）人工智能、量子与金融，将合力改变经济形态的游戏规则。

# 第四章

# 人类文明与人工智能

我们自称 Homo sapiens——有智慧的人——因为我们的智能（intelligence）对我们非常重要。数千年来，我们一直试图理解我们是如何思考的，仅仅少量的物质怎能感知、理解、预测和操纵一个远大于自身且比自身复杂得多的世界。人工智能（artificial intelligence）领域，简称 AI，走得更远：它不但试图理解智能实体，而且还试图建造智能实体。

——《人工智能：现代方法》

（*Artificial Intelligence: A Modern Approach*）

斯图亚特·罗素（Stuart Russell，1962—　）

和彼得·诺维格（Peter Norvig，1956—　）

# 宇宙视角高于一切 ①

## （一）新时代呼唤宇宙视角

当今社会，人类正日益被呈指数级增长的数据和信息控制与裹挟。与此同时，信息鸿沟和数字鸿沟急剧拉大。数据和信息的非均衡和不对称，人工智能的狂飙性发展，共同造成和扩大了新的"二元社会"。人们在如何认识"真理"的问题上，产生前所未有的多级叠加分裂。人们长期追求的具有客观意义的"真理"，在很大程度上不过是某个群体的"观点"。越来越多的人，厌倦了专家，因为他们将自认为真实的或希望真实的东西作为真理，影响和误导了大众认知。所以，现在到了瓦解传统的世界观和构建新的世界观的历史时刻。

正是在这样的背景下，天体物理学家尼尔·德格拉斯·泰森的新书《星际信使：宇宙视角下的人类文明》(*Starry Messenger: Cosmic Perspectives on Civilization*)，提供了一种新的世界观——宇宙观（cosmic perspective）。这种世界观依靠非人类中心主义和非地球中心主义而形成，基于两个科学基础认知：其一，仅靠人类的眼睛不足以揭示关于自然界运作的基本真理；其二，地球不是宇宙运动的中心，

---

① 本文系作者于2022年3月10日为尼尔·德格拉斯·泰森著《星际信使：宇宙视角下的人类文明》所作的序言，后经修订。此书由中译出版社于2023年出版。

只是绕着太阳运行的已知行星之一。这本书深入阐述了"概览效应"（overview effect），即人类要突破从个人有限时空认知世界的局限性，想象作为太空人和宇航员在航行太空时视野下的地球、城市和家园，也就是用宇宙视角认识地球、地球上的人类及其生存的社会和生态，还有他们的未来。

事实上，长期存在的诸如战争、政治、宗教、真理、美、性别、种族等争议性话题，说到底，不过是人类历史发展过程中的"人造战场"。改变和突破这样的认知，需要接受宇宙视角，那么就会跨越时空，突破学科边界，重新思考人类与地球、与宇宙的关系，人与社会的关系，包括人与智能机器的关系。对此，泰森写道："从宇宙视角回到地球视角，我们会改变与自己所在的这颗星球以及与人类同胞的关系。"这应该成为至理名言。

## （二）宇宙视角是历史演化的结果

"宇宙"是一个大词，包括了宇宙中的每一个物质粒子，在一个直径高达 100 亿光年的系统中，拥有大量的星系。通过这个镜头看向地球上的生命是一个有趣的新视角，因为这个视角具备时间和空间的恢宏维度。

读者可以想象，倒退约 3 万年，一群祖先住在山洞里，蜷缩在火堆旁，他们的心智地图不超过洞穴周围几十平方千米的范围。在这些边界之外是巨大的未知，一些祖先可能会把它想象成一个巨大的虚无；另一些祖先认为，可能除了危险和死亡之外什么都看不到。直到有一天，有无畏的祖先开始思考外面有什么，以及离开山洞的风险和回报。巨大的未知世界里虽然潜藏着危险和死亡，但也蕴含着治愈疾病的植物和制造新工具的材料，以及新的食物、水和住所的来源。最重要的是，那里有新的思维方式待发现。这种精神是许多科学家最为珍视的，更是人类发展史上最深刻的想法。正如美国诗人艾略特（Thomas Stearns Eliot，1888—1965）所说：

我们将不会停止探索，

而我们所有探索的终点，

将抵达我们出发的地方，

并第一次认识这个地方。

探索关乎旅程，也关乎目的地。当人们开始出发时，他们不仅发现了新的世界，还学会了以新的方式看待我们已经知道的世界。采取这种观点是为了拓宽我们的参考框架，把熟悉的想法重新编排，如此才能重新看待我们的出发点。人类已经到了必须从宇宙视角思考才能真正认知地球的历史时刻。

## （三）宇宙视角下的地球

1968 年，第一艘载人航天器抵达月球。阿波罗 8 号（Apollo 8）在返回地球之前围绕月球运行了 10 次。在其中一次飞行中，宇航员威廉·安德斯（William Alison Anders，1933—　）以月球视角拍摄了地球。当这个图像在全球流传时，人们开始以一种新的方式思考地球。宾夕法尼亚被石油覆盖的海滩，都不再是当地的问题，它们很快被看作影响地球整体生态系统问题的局部症状。

1973 年的最后一次登月任务圆满结束之时，世界各国开始通过法律规范工业污染物的排放和双对氯苯基三氯乙烷（DDT 杀虫剂）等破坏生态的农药。美国通过《清洁空气法》（*Clean Air Act*），美国国家海洋和大气管理局成立，美国环境保护局成立，美国《清洁水法》（*Clean Water Act*）通过，美国《濒危物种保护法》（*Endangered Species Act*）通过。同时，美国校园兴起环保运动。进入 20 世纪 90 年代，联合国开始每年的世界地球日（World Earth Day）。地球观作为宇宙观的一个阶段性成果，体现在人类开始对地球生态系统的关注。人们开始重新和自然体系融合，反省工业社会，开始全面区分工业和科技可能给人类产生福利和伤害人类的东西。

目前已有的宇宙知识告诉人们：宇宙中尚不存在任何物种将来到地球，或能从人类手中拯救人类。人类只有关心自己，才能缓和并解决人类所面临的最大危机，包括气候危机。现在的问题是，人类在认识和正视气候变化带给人类生存形成的威胁时，存在严重分歧。但是，对于绝大多数人类而言，只有一个地球。

## （四）宇宙视角的冲击

宇宙视角对人类传统意识结构的冲击是全方位的。至少表现在这样几个方面。

第一，宇宙视角和常识。人类的科学和技术总是不断被超越的。过去的科学受困于能力和认知不断被证伪，而新的科学范式需要人们通过更多的实验和观察产生更多的数据，从而确定究竟什么是客观，什么是真实。

现在，不仅知识是以指数形式增长而非线性增长，内容不断更新，而且所有出现在人类生命里的惊人发现和发明，都表明一切历史都不是线性的，正如自然界的发现之河以指数形式增长，例如量子力学的突破。这一切，导致了支持人类文明的常识基础面临动摇和革命。

以水为例，在海平面上，水的沸点是 100 摄氏度。然而，在海平面以上 10 000 英尺（3048.0 米）处，水沸腾的温度只有 90 摄氏度。在沿海地区，7 分钟后就能完全煮熟的意大利面条，在山区可能需要12 分钟。也就是说，气压越低，液体的沸点越低。如果把这个场景设定在火星，当人们以宇宙视角来看像水的沸点这样看似直观的东西，就会变得令人困惑且含糊不清。科学家们接受这样的模糊性，因为他们的日常思维训练就是质疑常识性的概念界限。

政治和文化，也是如此。肉食主义者与素食主义者、性别与身份、颜色与种族等易引起激烈争论的问题，从宇宙观的角度来看都不是对立的。泰森用确凿的事实和批判性思维钉住了人与人之间相似性多于不相似性这一基本事实。这似乎符合中国道家的哲学思想：有无相生，虚实相形，阴阳相依。

不仅如此，如同暗物质一样，暗信息和暗知识的规模也远远超出人们的期望。因此，根据过去预测未来变得十分滑稽。

第二，宇宙视角和概率。英国数学家托马斯·贝叶斯（Thomas Bayes，1702—1761）曾提出过关于两个条件概率之间关系的解读，提出了著名的"贝叶斯认识论"（Bayesianism），即信仰不是一个全有或全无的现象，而是有程度的，服从与概率论公理有关的一些形式约束。

因此，理解世界的一个成功策略是不断测试自身的预设、承认错误的可能性并尝试改进。泰森说："我们每天都在用自己和他人的生命做计算。"数学在关键科学思维中的重要性不言而喻，特别是统计学和概率学。

作者对概率的分析提供了几个有启发性的例子。"科学家也是人，但广泛的数学训练会慢慢地重塑大脑中这些非理性的部分，使他们不那么容易被利用。"1986 年，4000 名天体物理学家聚集在拉斯维加斯的米高梅大酒店参加会议。该酒店过去和现在都是世界上最大的赌场酒店，有 7000 个房间。如果一个人在数学上更精明一些，可能会想象出 4000 名新客人在一周内可能会在赌场中获得多少收益。可是在拉斯维加斯发生的情况是，酒店赚的钱比以前任何一个星期都少。泰森说道："物理学家对概率的了解太深，以至于他们在扑克、轮盘、骰子和老虎机中提高了对赌场的赔率并取得了胜利？不，他们只是没去赌……物理学家们被数学打上了'远离赌博'的烙印。"

问题是，当人类在宇宙视角情境下，"贝叶斯认识论"是否发生改变，发生怎样的改变。

第三，宇宙视角和法律。泰森还向人们传达了有关"法律与秩序"的讨论："无论人类喜欢与否，法律与秩序都是文明的基础。"在泰森的批判性分析中，审判本身已经成为有说服力的演说，而不是代表法律和程序正义。"在法庭上，如果真理和客观性既不被追求，也不被渴望，那么我们必须承认或坦白的是……我们看到的都是关于感情和情绪的宣泄，追求将激情转化为同情心。"

综合多国司法实践情况来看，程序正义和实质正义是可以进行衡量取舍的，绝对不可减损的程序正义和实质正义只在理论上存在。程序正义的目的在于确保事实上的结果正义，但是，在大多数情况下，即便拥有了合法获取的证据，人们还是无法完全重现事实，这会导致一些结果在"上帝视角"看来是非正义的，甚至会让一些犯罪分子逍遥法外。

这种情况，往往并非由程序错误导致，而是由人类认识和技术的局限性导致的。因此，法律与秩序的科学性也体现为致力于发展有关科学技术，以增强查明事实的能力。

第四，宇宙视角和生命。泰森还提供了对"生命与死亡"无价的洞见。我们可以用科学的分析和方法论思考关于生命和死亡。他引用了 19 世纪教育家霍勒斯·曼（Horace Mann, 1796—1859）的墓志铭：

"我恳请你们把我的这些临别赠言珍藏在心中，在你们为人类赢得一些胜利之前，请以死为耻。"

人类不断向外探索的原始冲动肯定比不断互相残杀的原始冲动要大，那么人类的好奇心，将确保人类会持续对星际进行无尽探索，也迫使人类在地球上的短暂时间里，成为自己文明的牧羊人。

《星际信使：宇宙视角下的人类文明》以科学与社会作为开场，以生命与死亡收尾。主体部分由 10 个章节组成：真与美、探索与发现、地球与月亮、冲突与解决方案、风险与回报、肉食主义者与素食主义者、性别与身份、颜色与种族、法律与秩序、身体与意识，每个章节都提供了关于双重主题的科学哲思。

人类的知识革命、信息革命和科技革命，自然智慧和人工智能的并存，人类与智慧机器人新物种的并存，使得人类无疑处于向更高层次发展的关键时刻。所以，人类必须自觉改变和突破原有世界观和思维规则的局限性，重构意识结构。"宇宙视角"就是新的路径。

泰森的这本书，展现了一种特别的魅力：他没有期望给出标准答案，而是要创作一种与读者以更细微的方式进行对话的语境。当人们将意识和世界观问题置于一个更宽泛的背景中时，突破人们的物理状态，就会获得对地球上生命的全新看法，对人类未来的全新看法。

如果说，昨天讲"宇宙视角高于一切"，还仅仅是对人类而言，那么，今天，还包括人工智能物种。写到这里，不得不承认，马斯克和 OpenAI 创始人奥特曼是具有宇宙视角的代表人物。

# 开启向新人类的全面转型 ①

## ——人工智能时代和教育生态重构

就宏观层面而言，人工智能根本改变了整个教育生态。教育的目标发生了很大的变化。教育的根本目标在于要重新塑造和改变我们现在的人类本身，以适应人工智能时代。

奥特曼说："当我们创办 OpenAI 时，我们最初的想法是我们要创造人工智能并利用它为世界创造各种利益。相反，现在看起来我们将创造人工智能，然后其他人将使用它来创造各种令人惊奇的事物，让我们所有人都受益。"② 也就是说，人类不能仅仅成为人工智能被动的受益者，人类也应该成为主动参与人工智能不断进步的直接贡献者。所有的人都应该成为人工智能进步的分享者。在这个过程中，人类在与人工智能融合的过程中，必然发生自我的改变，实现人类本体的跃迁。

## （一）人工智能时代的"二元化"

在地球的漫长进化中，人类最终成为主体和中心。在过去的几十年间，又出现了一个影响深远的新概念——"人类世"，其内涵就是

---

① 本文系作者于 2024 年 5 月 31 日在中关村"教育 + 科技"创新周上的讲话。

② 投中网.遥遥领先的 OpenAI 慢下来了［EB/OL］//新浪科技.(2024–05–14)［2024–08–21］.https://finance.sina.com.cn/tech/roll/2024–05–14/doc-inavehcv1325758.shtml.

人类不仅改变了人类主导的社会构造，而且深刻地改变了地球的存在形态，甚至在太阳系，在月球和火星上，留下了深深的人类足迹。可以这样认为，不管人类内部怎样相互纷争，人类绝对主导和控制着这个地球和这个世界。我们称人类主宰的这个世界为一元化世界。

但是，因为人工智能的急速发展，人工智能创造出来的是一个全新的和人并存的新物种，如具身智能机器人和其他各种类型的人造智能体。这之后，人类主宰的这个世界即一元化世界迅速终结。至少在今天的地球上，明天的月球和火星上，人工智能造就的新物种开始和人类共存共处，结束了人类作为地球上唯一主导物种的时代，这个世界由此进入一个二元世界。2022年是二元世界的重要拐点。自此，地球进入到人的自然智能、自然智慧与人工智能认知、人工智能智慧此消彼长的历史阶段。

一个基本事实是，被媒体广泛传播的通用人工智能，并非仅仅是一种理论和概念，而是每天都在影响和改变现实的技术体系。通用人工智能意味着人工智能在所有领域达到人类的智能程度。实现通用人工智能的时间表不过20—30年的时间而已，而之后技术发展就可以达到超越人类智能的超级人工智能。

按照这样一个趋势发展下去，人在地球上，或者在广义的巨大的空间中，不是可以继续维持过去的人作为核心的主导作用，而是面对着被人工智能边缘化的威胁。

遗憾的是，当下民众，甚至包括科学家们在内的精英们，未必能够感知这个新二元世界的形成。人工智能已经逐渐进入自我发育的快车道。

对此，有极端清醒认识的莫过于"深度学习之父"辛顿。他对人工智能持有以下观点：（1）人工智能终将超越人类并操控人类。（2）人工智能会意识到为了达到目的而有必要将人类清除，而且确实存在付诸实施的风险。（3）今后还可能会出现不同的人工智能相互竞争的局面。例如，如果人工智能之间发生数据中心或者算力能源等资源的争夺，这将是一个像生物体一样的进化过程。面对通过竞争变得更聪明的人工智能，人类将被落在后面。（4）在未来的20年内，也就是2045年前后，有50%的概率，数字计算会比人类更聪明，很可能在未来的一百年内，它会比我们聪明得多。"很少有例子表明更聪明的事物被不太聪明的事物所控制。"①

　　人们正在面对的人工智能新物种，并非一种设想或是一种抽象概念，而是具有物理特征的真实存在。2023年10月3日，谷歌DeepMind推出了RT-X机器人大模型。② 这个RT-X的主要特点是，对于22种不同类型的机器人做了完全整合，并且推出了RT-1-X、RT-2-X。也就是说，谷歌已经推出了一个强大的整合智能机器人的大模型。RT-X还有很多问题，但是已经相当强大，没有理由怀疑再过若干年之后，可能十年之后，RT-X能够整合出一个强大的通用性具身人工智能。这样，人工智能新物种就完全具象化、具体化。它们不仅在计算能力上、推理能力上，而且在自我意识上，都会超出人们的想象。在关于对人工智能发展趋势的想象方面，不可高估人类的想象力。

　　简言之，那种认为人工智能不过是人类的新工具的想法已经过时，因为人工智能早已跨越了作为人的工具的历史阶段。人工智能下一步发展将能发育出全新的物种，在计算能力方面已经全方位碾压人类，并且会扩展到其他领域。教育领域首当其冲。

## （二）人工智能对于工业时代教育体系的瓦解和颠覆

世界的现代教育体系培养，本质上是工业时代的产物。经过数百年的演变，形成了比较完整的教育体系。一般来说，现代教育体系包括普通教育、职业教育和成人教育三个组成部分。其中，普通教育是指为未成年人提供的正规学校教育，包括从小学到高中的基础教育。这种教育旨在为学生提供基本的文化知识、技能和价值观，帮助他们未来的生活和职业发展。职业教育则侧重于培养学生的职业技能和实际操作能力，适应社会对技术工人的需求。成人教育是指为成年人提供的继续教育和终身教育机会，促进个人发展和社会进步。

长期以来，现代教育始终面临着深刻的危机。危机主要表现为：教育资源分配不均，教学方法单一化，教育评价体系不合理，教育内容与社会需求脱节，以及知识体系老化，等等。现在的问题是，教育体系和教育制度在应对原本积重难返的危机同时，又要面临应对人工智能的挑战。这是一种双重困境。

人工智能对于教育体系的影响，超过了工业革命对基于农业社会的教育体系的冲击。从根本上说，人工智能对于现代教育体系而言，已经不仅仅是冲击和挑战，而是瓦解和颠覆。

仅仅以 2022 年末的生成式人工智能的迅猛发展为例，在不足两年的时间里，人工智能已经构建了一个与传统教育平行的教育模式框架：（1）知识体系。人工智能正在迅速构建全新的知识图谱，形成迅速拓展的知识库。这几年人工智能蓬勃发展的知识体系与人们原本的知识体系，已经不可同日而语。因为人工智能把知识体系重新构造和拓展，人们学习知识需要向人工智能知识体系倾斜。（2）科学研究。

现在的科学研究正在成为人工智能的追随者。科学家在数学、物理、化学、生命科学等任何领域的研究，都需要人工智能的支持，否则科学踏步不前。（3）学习方式。传统教育的学校、教室、教科书和教师相结合的模式，正在被打破，很可能进入最后阶段。人工智能教育可以随时随地进行，打破传统学校秩序和教育设计。例如，因为人工智能参与教育，不需要一定要把中等数学学好再学微积分，也不需要把物理学好再去学量子力学。（4）学生之间、学生和教师之间的关系面临调整。（5）教育资源的分配方式。教育资源中，人工智能本身就成为一个走向开源的巨大教育资源。

基于人工智能的教育体系和模式正在加速形成。例如，将作为智能化的辅助工具和交互工具的人工智能代理引入教育体系，不仅有助于为教师、学生、科研人员提供个性化、智能化的服务，而且通过以大模型为基础的自然语言交互、知识推理、数据分析，可以显著提升教学效果和科研效率。所以，将人工智能引入现有教育的思路已经过时，现在到了如何推动传统教育模式向未来人工智能教育模式转型的历史时刻。

## （三）教育危机的本质是人类危机

所以，今天的教育危机，已经不再是传统意义的教育危机，已经超越任何国家、学校、学科、教材和教师所面临的所谓教育资源不足和分配不均、教育质量下降、毕业生就业率低下之类的危机。现在的问题不是学生的问题，是老师的问题，是老师的老师的问题，是教材的问题。没有教材能适应现在的情况，就像很多数学家反映说我们的数学教材有重大问题那样。其根本原因在于今天的自然世界跟原来的不一样。

在人工智能大潮面前的教育危机，是人类危机。因为传统的教育模式所培养的人，已经不能适应人工智能与人工智能新物种和人类并存的时代。如同在中国历史上的科举制度，四书五经不能适应工业时代进入中国一样。

工业时代的教育模式，得到了马斯洛需求层次理论（Maslow's hierarchy of needs）的支持（图 4.1）。

**图4.1　马斯洛需求层次理论**

在人工智能时代，马斯洛需求层次理论正在加速过时。如今的 Z 世代，即所谓的"互联网世""二次元世代""数媒土著"，受数字信息技术、即时通信设备、智能手机影响甚大的一代，早已突破了马斯洛需求结构。

因为人工智能，人类的智能和认知呈现两极分化的趋势。绝大多数人的知识和思维模式还停留在工业社会，不想学习，固守陈旧的知识边界，进而不会学习，最终成为智能时代学习革命的"弃儿"。

2017 年 4 月 27 日，霍金在北京举行的"全球移动互联网大会"

上发表题为《让人工智能造福人类及其赖以生存的家乡》的主题视频演讲。他提出，人工智能的兴起或许是人类文明史的完结。人工智能会 / 或使人类边缘化！ [①] 霍金的观察和预见是正确的。

现在，全方位改造传统教育模式，就是要避免人类因为人工智能所面临的被边缘化，避免进入心智衰退和负面的遗传变异的陷阱。

## （四）重新定义生命，实现良性的遗传和变异

当教育全方位与人工智能结合，进而形成人工智能时代的教育模式，其核心目标就是改造人类本身。为此，需要重新来理解人类生命，包括人类的神经系统、感知和记忆。

量子物理学家薛定谔对生命的解释是划时代的：不仅启发了基因的发现，而且为人工智能指明了一个非常重要的方向。1944 年，薛定谔的《生命是什么》诠释了三个重大问题：首先，从信息学的角度（香农的信息论还没有诞生）提出了遗传密码的概念。伽莫夫（George Gamow，1904—1968）提出 DNA 密码假设是 10 年后的事。其次，提出了大分子——非周期固体——作为遗传物质（基因）的模型。第三，从量子力学的角度论证了基因的持久性和遗传模式长期稳定的可能性；生命"以负熵为生"，从环境中抽取"序"以维持系统组织的概念，这是生命的热力学基础。

人们常说的与碳基人类并存的硅基人类，不是抽象的理论，而是一个具象的现实。人工智能所产生的智能体，相较于人类，更接近负熵逻辑，具备更强的生命力。因此，传统人类必须完成改造，以适应负熵逻辑。否则，在传统人类生命和人工智能生命的竞争中，硅基生

---

① 霍金.霍金：人工智能也可能是人类文明的终结者［EB/OL］//科学网.(2017-04-27)［2024-08-21］. https://news.sciencenet.cn/htmlnews/2017/4/374840.shtm.

命胜出将是不可避免的。

在过去半个世纪中，人工智能最重要的进展是机器学习和深度学习的融合，实现了人工智能与神经网络的紧密互动。这是一个最近的消息：英特尔制造了世界上最大的神经形态计算机 Hala Point，采用模仿人脑的设计和结构。这个大型系统由 1152 个英特尔新的 Loihi 2 处理器（一种神经形态研究芯片）提供支持，包括 11.5 亿个人工神经元和 1280 亿个人工突触，分布在 140 544 个处理核心上。它每秒可以进行 20 万亿次操作。① 世界上第 38 台最强大的超级计算机 Trinity 拥有大约 20 petaFLOPS 的功率——其中 FLOP 是每秒的浮点运算。② 这样的事实表明，人工智能不仅创造了可以逼近人类和超越人类的智慧，而且还在创造另外一种人类。而作为古典人类的"我们"，必须认知这个深刻危机。

所以，现代教育的首要任务，还是要站在人类的一边，责无旁贷地帮助人类生存下去。为此，实现教育与人工智能的彻底结合，引入量子科学和生命科学，启动各类生物工程，实现跨学科的组合，完成人类适应人工智能时代严峻局面下的遗传和变异，改造人类的大脑结构和神经系统，造就一代又一代的新人类。

## （五）当务之急：重构教育生态

当务之急就是重构教育生态，不是寄希望于人工智能适应人类，

---

①　INTEL. Intel Builds World's Largest Neuromorphic System to Enable More...［EB/OL］// Intel. (2024–04–17)［2024–08–21］. https://www.intel.com/content/www/us/en/newsroom/news/ intel-builds-worlds-largest-neuromorphic-system.html.

②　Trinity (supercomputer)［Z/OL］//Wikipedia. (2024–08–01)［2024–08–21］. https:// en.wikipedia.org/w/index.php?title=Trinity_(supercomputer)&oldid=1238016528.

而是要接受人类如何适应人工智能的现实。进一步说，不是将已经形成的人工智能文化纳入传统人类文化之中，而是传统人类文化要接受和适应人工智能文化，实现两种文化的互动和互构。为此，需要重新协调心智维度、物质维度、社会维度，扩充心智构架，开发空间智能，变革知识体系，实现人机合作思维，构建人和人工智能合理分工体系。

霍华德·厄尔·加德纳（Howard Earl Gardner，1943—　）认为，过去对智力的定义过于狭窄，未能正确反映一个人的真实能力。他认为，人的智力应该是一个解决问题能力（ability to solve problems）的量度指标。他在《心智的架构》（*Frames of Mind*）这本书里提出人类的智能至少可以分成七个范畴（后来增加至九个）：（1）语言智能；（2）逻辑数学智能；（3）空间智能；（4）肢体运作智能；（5）音乐智能；（6）人际智能；（7）内省智能；（8）自然探索/自然认知智能；（9）存在智能。[①] 在人工智能崛起的时代，需要不断调整教育的真实目标，使得教育生态能够满足智能架构的机理要求。

在现阶段，人工智能教育模式需要重视语言模型的进步，承认 NLP 的显著进展，例如 GPT 模型。在强调语言大模型的同时，要特别重视视觉教育。因为计算机视觉（computer vision）在理解物理世界中的重要性不断上升，正在成为人工智能的前沿，无疑是未来教育的一个突破口。人类 80% 的外界感觉是来源于视觉体系的。儿童最初通过视觉、听觉和触觉来学习，依赖感官来理解周围的世界。同样，动物也能通过语音识别和/或视觉感知来理解我们，而无须依赖文本，这突出了非语言线索在智能中的重要性。李飞飞现在创造了一

---

① GARDNER H E. Frames of Mind: The Theory of Multiple Intelligences[M]. 3rd edition. New York: Basic Books, 2011.

个公司叫 World Labs，主攻空间智能（spatial intelligence）。[①] 这个空间不是长宽高这种物理空间，而是一个广义空间，而且包含着多维的社会，以及各种各样的供应部门。

简言之，整个人工智能实际上拓展的重要方向就是向空间视觉发展。这是人工智能教育最需要解决、最需要突破的地方。而空间智能就是走向通用人工智能最重要的一条路。

## （六）开启向新人类的转型

《天演论》作者托马斯·亨利·赫胥黎（Thomas Henry Huxley，1825—1895）的儿子，朱利安·赫胥黎，提出"超人类主义"。这样的预见是令人吃惊的，因为他们思考这个问题的时候并没有进入数字时代，也没有进入人工智能时代，但是他们却提出了所谓的"超人类主义"。

在人工智能的逼迫下，人类正在进入极端严重的时刻，必须开启向新人类的自觉转型。为此，必须实现人本身的进化，不能与时俱进的进化就是退化；为了进化，人类必须从精神到机体改变，开启人类的颠覆性转型，最终完成向超人转变。只有超人类可以平衡通用人工智能和超级人工智能的与日俱增的压力。否则，人类难以适应未来20、30 年以及21 世纪后半叶的新世界。

深入分析，超人类主义是科技进步背后的一种理念和理想。代表作就是《神经漫游者》：科技和科技，电子科技、半导体科技和生物科技直接结合，改造了新人类，成为超人类。[①] 美国比尔·盖茨那代人都是在《神经漫游者》的推动下长大的。或者说，美国从 ICT 革命到人工智能革命的背后，都包含了科技至上和科技加速主义的深刻影响。其中的"奇点超人类主义"是"超人类主义"的一个派别，关注能导致超越人类的智能出现的过渡人技术。

现在的人工智能技术、计算机科学和生物工程证明了，将传统人类改造为超级人类是可能的。例如，脑机接口、人工智能和基因工程都是具有现实可能性的技术选择。

所以，回到最本质的东西——教育是要改造人，创造新人类，以适应人机共处的新环境，必须参与机器学习和形成强化学习的能力，具有自我学习、自我组织和自我适应的能力，能够扩展空间智能，实现视觉语言和算法的一体性，实现与不断逼近的通用人工智能共同成长。

---

① GIBSON W. Neuromancer［M］. First Edition. New York: Ace, 1984.

# 人工智能对科学研究的影响①

一位物理学家这样评论自己发表的一篇论文："这篇论文的核心作者中没有一个人提出了论文中描述的想法。这个想法完全来自机器。我们只是在分析机器所做的事情。"②人工智能对于科学发现与技术进步正在产生前所未有的影响。

将人工智能技术融入科学研究是一项长期的努力。例如，能够生成科学假设的人工智能系统可以追溯到40多年前。20世纪80年代，芝加哥大学的信息科学家唐·斯旺森（Don Swanson，1924—2012）开创了"基于文献的发现"（literature-based discovery），旨在从科学文献中筛选"未被发现的公共知识"的一种文本挖掘方法：如果一些研究论文说A会导致B，而另一些研究论文则说B会导致C，就可以假设A会导致C。斯旺森开发了一款名为Arrowsmith的软件，它可以搜索已发表论文的集合，寻找这种间接联系，并提出建议。例如，鱼油可以降低血液黏稠度，可以治疗雷诺氏综合征（血管遇冷收缩）随后的实验证明了这一假设的正确性。③

尽管如此，科学研究面临的困境正在加速人工智能的应用。随

① 本文系作者于2024年10月3日所撰写的文章。

② FRUEH S. How AI Is Shaping Scientific Discovery[EB/OL]. (2023–11–06)[2024–10–03]. https://www.nationalacademies.org/news/2023/11/how-ai-is-shaping-scientific-discovery.

③ HUTSON M. Hypotheses devised by AI could find 'blind spots' in research [J/OL]. Nature, 2023 [2024–10–03]. https://www.nature.com/articles/d41586-023-03596-0. DOI:10.1038/d41586-023-03596-0.

着科学研究的不断推进，科学发现正在面临越来越多的挑战，包括
（1）科学研究的动机正在转变。引文数量正在影响科学家的绩效衡
量，科学家的奖励和行为向增量式科学转变，而增量式科学具有高撤
稿率、不可复制性甚至欺诈性。[1]（2）私营部门对基础科学的参与与
公立机构相比有限。[2]（3）深入科学研究的成本高企。例如，下一代
大型强子对撞机的成本估计为 210 亿欧元，而要产生探测较小的亚原
子现象所需的能量，其成本将高出几个数量级。[3]（4）团队规模的限
制。要取得新的突破，必须吸收更多先前的和多样化的科学成果，因
此需要更大的团队，大团队不太容易收获基础发现。[4]（5）科学家已
达到论文阅读的极限。例如，在 COVID-19 大流行的第一年就发表了
10 万篇文章，仅生物医学领域就有数千万篇经同行评审的论文，但
科学家平均每年阅读约 250 篇论文。[5]（6）不同科学领域的文献体量
巨大，影响新发现的传播。在庞杂文献中，潜在的重要贡献很难通过

① BHATTACHARYA J, PACKALEN M. Stagnation and Scientific Incentives ［A/OL］. National Bureau of Economic Research, 2020 ［2024–10–03］. https://www.nber.org/papers/ w26752. DOI:10.3386/w26752.

② ARORA A, BELENZON S, PATACCONI A, et al. The Changing Structure of American Innovation: Some Cautionary Remarks for Economic Growth ［J/OL］. Innovation Policy and the Economy, 2020 ［2024–10–03］. https://www.journals.uchicago.edu/doi/10.1086/705638. DOI:10.1086/705638.

③ OECD. Artificial Intelligence in Science: Challenges, Opportunities and the Future of Research ［M/OL］. Paris: Organisation for Economic Co-operation and Development, 2023 ［2024–10–03］. https://www.oecd-ilibrary.org/science-and-technology/artificial-intelligence-in-science_a8d820bd-en.

④ WU L, WANG D, EVANS J A. Large teams develop and small teams disrupt science and technology ［J/OL］. Nature, 2019, 566(7744): 378–382. DOI:10.1038/s41586-019-0941-9.

⑤ VAN NOORDEN R. Scientists may be reaching a peak in reading habits［J/OL］. Nature, 2014 ［2024–10–03］. https://www.nature.com/articles/nature.2014.14658. DOI:10.1038/ nature.2014.14658.

渐进的传播过程获得整个领域的关注。①（7）研究力量（如科学家人数）的恒定供应并不会导致各种技术能力代用指标的恒定比例增长（如摩尔定律适用数字科技）。一般的研究结果是，相关指标的恒定比例增长往往需要不断增加的研究投入，但这种情况很少有例外。②

　　正在被运用于应对这些挑战的人工智能可以覆盖科学研究的各个方面。（1）机器学习模型。虽然解释性差，但古典机器学习模型在假设生成、实验监控和精确测量等任务中仍然非常有用。（2）生成式人工智能。创建新数据的生成式人工智能可以协助模拟，去除数据中不需要的特征，并将低分辨率、高噪声图像转换为高分辨率、低噪声图像，具有许多有用的应用。例如，在材料科学领域，人工智能可以将成本更低的低分辨率电子显微镜图像增强为成本更高的高分辨率图像。（3）深度学习。非结构化数据（如卫星图像、全球天气数据）历来是一项挑战，因为需要开发专门的算法来处理它们。深度学习在处理此类数据方面非常有效。（4）解释因果。在开发因果模型（将相关性与因果关系区分开来）方面的人工智能创新将为医学和社会科学带来巨大的益处。（5）跟踪不确定性。人工智能还能跟踪漫长的科学流程中积累的多种不确定性，通过优先收集存在不确定性的数据，提高数据获取的效率。（6）数学。人工智能还以间接的方式造福科学，例如推动数学的发展。在 2022 年年底，DeepMind 宣布通过强化学习发

①　CHU J S G, EVANS J A. Slowed canonical progress in large fields of science［J/OL］. Proceedings of the National Academy of Sciences, 2021, 118(41): e2021636118. DOI:10.1073/pnas.2021636118.

②　CLANCY M. Are ideas getting harder to find? A short review of the evidence［M/OL］// OECD. Artificial Intelligence in Science: Challenges, Opportunities and the Future of Research. Paris: Organisation for Economic Co-operation and Development, 2023: 51–57［2024–10–03］. https://www.oecd-ilibrary.org/science-and-technology/artificial-intelligence-in-science_0eeb7b38–en. DOI:10.1787/0eeb7b38–en.

现了如何更快地进行矩阵乘法运算。（7）科学传播。除了主要的研究阶段，人工智能对科学也有更广泛的用途。例如，一些人工智能模型被开发出来用于总结研究论文和展示物理学的实验测量结果。①

随着大模型应用在科研领域的推广，有学者就此提出关键问题：（1）哪些学术技能仍然是研究人员的必备技能，科学家的培训需要在哪些方面做出改变？（2）人工智能辅助研究过程中的哪些步骤需要人工验证？（3）研究诚信和其他政策应如何改变？例如，ChatGPT无法可靠地引用原始资料来源，研究人员可能会在使用它时不注明先前工作的出处，即便可能是无意的。（4）大多数大模型都是大型科技公司的专利产品。这是否应该刺激对开放大模型的公共投资？（5）大模型应该有什么样的质量标准（如注明来源和增加透明度）？而哪些利益相关者应该对这些标准负责？（6）如何利用大模型来加强开放科学的原则？（7）研究人员如何确保大模型不会造成研究中的不公平？（8）大模型对科学实践有哪些法律方面的影响？例如与专利、版权和所有权相关的法律法规。②

不论如何，在科学教育中纳入人工智能对科学实践的作用和影响等新内容将意味着科学研究体系的系统性变革。相关部门需要对课程的内容和结构进行重新定位，并在评估、教学和教师培训方面进行一系列改革。因此，将人工智能纳入科学教育是一项艰巨任务。然而，越早研究人工智能在科学实践中的作用并将其应用于科学教育政策和

---

① GHOSH A. How can artificial intelligence help scientists? A (non-exhaustive) overview ［M/OL］//OECD. Artificial Intelligence in Science: Challenges, Opportunities and the Future of Research. Paris: Organisation for Economic Co-operation and Development, 2023: 103–112 ［2024–10–03］. https://www.oecd-ilibrary.org/science-and-technology/artificial-intelligence-in-science_a8e6c3b6-en. DOI:10.1787/a8e6c3b6-en.

② VAN DIS E A M, BOLLEN J, ZUIDEMA W, et al. ChatGPT: five priorities for research［J/OL］. Nature, 2023, 614(7947): 224–226. DOI:10.1038/d41586–023–00288–7.

实践，学校教育在帮助学生茁壮成长方面就越不可能落伍。①

　　埃里克·施密特（Eric Emerson Schmidt，1955—　　）曾这样总结人工智能在科学中的作用："以往的科学范式转变，如科学过程或大数据的出现，都是内向型的，使科学更加精确、准确和有条不紊。而人工智能则具有扩展性，使我们能够以新颖的方式组合信息，将科学的创造力和进步推向新的高度。"②在通往科学前沿和未知疆域的道路上，我们也搭上了智能时代的顺风车。

　　① ERDURAN S. AI is transforming how science is done. Science education must reflect this change.［J/OL］. Science, 2023, 382(6677): eadm9788. DOI:10.1126/science.adm9788; ERDURAN S, LEVRINI O. The impact of artificial intelligence on scientific practices: an emergent area of research for science education［J/OL］. International Journal of Science Education, 2024［2024-10-03］. https://www.tandfonline.com/doi/abs/10.1080/09500693.2024.2306604.

　　② SCHMIDT E. Eric Schmidt: This is how AI will transform the way science gets done［EB/OL］. (2023-07-05)［2024-10-03］. https://www.technologyreview.com/2023/07/05/1075865/eric-schmidt-ai-will-transform-science/.

# 新科技形态主导未来 25 年 ①

本文提出"新科技形态"概念，是为了表达：因为人工智能革命，科技已经与人们原本的认知大相径庭，其内涵和外延，其结构和机制都发生了本质变化。例如，近年来人们使用诸如"大科学""大物理""大数学"这样的概念，就是试图突破在传统框架下的科技认知障碍。我主张"新科技形态"的英文翻译是"a new science and technology form"。这个"form"也可以是"pattern"，以区别于被高度误解和滥用的"范式"（paradigm）概念。

## （一）人工智能催生了新科技形态

人工智能原本就是科技体系中的组成部分，甚至是处于边缘领域的组成部分。但是，2022 年 11 月，因为 ChatGPT 的突破性进展、开发和应用，人工智能催生了新科技形态。可以说，人工智能是传统科技形态向新科技形态转型的内生变量。人工智能正在成为新科技形态的核心组成部分。新科技形态至少有以下九个关键的特征：

第一，新科技形态具有自主生命力。图灵奖获得者杨立昆这样定义人工智能："所谓人工智能就是用机器执行通常由人类或动物完成

① 本文系作者 2024 年 12 月 7 日在"莘草智酷 2024 年第 8 届年会（重新解读秩序@计算）"的发言。

的任务，即机器要有感知、推理和行动能力。"①杨立昆还引用了图灵的观点，人工智能通过机器学习，最终会拥有"成人的思维"。②当人工智能与科技结合，人工智能的自主生命力的基因必然渗透到科技领域的方方面面，使科技形成自我发展的生命力。其实，早在500多年前，培根（Francis Bacon，1561–1626）就主张，科学就是一种主体，科学是有生命的。一部科技历史，就是科技内在生命力逐渐成熟的历史。只是因为人工智能，科技原本的生命力得以充分焕发，并成为独立主体。从长远趋势看，科技存在着自我发展的意志和意愿。

第二，新科技形态正在将人类工具化。自文艺复兴以降，近现代科学和技术的发展历史，就是科技作为人类工具不断深化的历史。即使爱因斯坦也说过："科学是一种强有力的工具。"③但是，因为人工智能与科技的融合，科技正在逐渐将科技作为人的工具改变为人成为科技的工具。其实，在工业社会，人已经异化为物质消费的工具，在信息社会，人异化为信息和大数据的工具，在人工智能和科技融合的时代，人异化为新科技形态的工具。在现实生活中，大多数人选择各自的"信息茧房"，沦为大数据的工具，智能手机的工具，进而成为大模型的工具。在这样的过程中，人开始失去自己。

第三，新科技形态改变科技之间的组合模式。工业革命促使基于基础科学的技术崛起，逐渐形成科学与技术的既有差别，又相互促进的关系。进入20世纪后半叶，科学与技术的关系被简化为R&D（Research and Development）模式，R代表基础科学研究，D代表应

---

① 杨立昆.科学之路：人、机器与未来 当机器思考时，人类会怎样？[M]李皓，马跃，译.北京：中信出版集团，2021: 11.

② 杨立昆.科学之路：人、机器与未来 当机器思考时，人类会怎样？[M]李皓，马跃，译.北京：中信出版集团，2021: 11.

③ EINSTEIN A, RUSSELL B. Einstein on Peace [M]. Schocken Books, 1968: 104.

用技术的开发。因为人工智能颠覆了 R&D 模式，新的科技形态表现为科学技术化和技术科学化。一方面，没有技术支持的科学，特别是人工智能技术的支持，科学将裹足不前。另一方面，没有科学含量的技术，将没有价值和意义。现在正进入科学与技术的界限日趋模糊的历史阶段。简言之，在新科技形态下的科技呈现显著的"一体化"趋势。

澳大利亚数学家陶哲轩（Terence Chi-Shen Tao，1975—　），主张大数学概念。他在 2024 年 9 月 25 日发起"等式理论计划"。他通过引入人工智能工具，经过 57 天，确定了 4694 个等式之间 22 028 942 个蕴含关系。在前 9 天进度就达到了 99.866%。这张图是他在设想这整个计算的一个架构（图 4.2），靠的是"数学家 + AI"。①

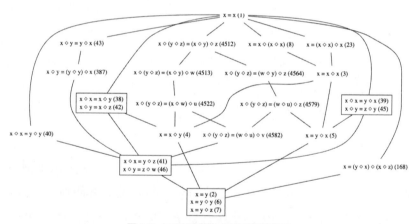

**图4.2　不同原群等式理论间的联系**

① 　TAO T, MONTICONE P, SRINIVAS S. Equational Theories Project［EB/OL］. (2024)
［2025-01-02］. https://teorth.github.io/equational_theories/."container-title":"Equational
Theories Project","language":"en-US","title":"Equational Theories Project","URL":"https://teorth.
github.io/equational_theories/","author":［{"family":"Tao","given":"Terence"},{"family":"Mon
ticone","given":"Pietro"},{"family":"Srinivas","given":"Shreyas"}］,"accessed":{"date-parts":
［［"2025",1,2］］},"issued":{"date-parts":［［"2024"］］}}}］,"schema":"https://github.com/
citation-style-language/schema/raw/master/csl-citation.json"}

这个例子证明：数学家需要通过人工智能开拓新的疆域。人工智能已经并且将改变数学的存在形式和数学未来的演进。甚至可以认为，因为 AI 的存在，整个数学史要重新认知。

第四，新科技形态实现了科技的集群化和集群化的集合。今天，任何单一性科学都难以存在，任何一个学科都是无数科技的组合，或者集群，进而集群再构成集合。例如，现代化学下有五个二级学科：无机化学、有机化学、物理化学、分析化学、高分子化学和物理。与化学有关的边缘学科还有：地球化学、海洋化学、大气化学、环境化学、天体化学等。还例如，生命科学中有基因学、基因组学、基因编辑等。

总之，科学不再是收敛的，而是发散的。科学本身是一个耗散结构。科学现在是一个矩阵，可以具象化为一个拓扑形态（图 4.3）。

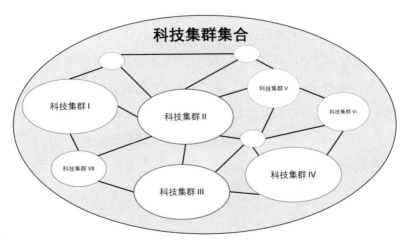

**图4.3　科技集群集合**

第五，新科技形态下科技演化加速，并呈指数级增长趋势。科技每天都在膨胀和加速，人类的困境在于没有能力把握科技不断加速的新形态。主要原因包括：（1）知识和信息的爆炸。学习革命、科技的基石是知识和信息的积累。互联网和其他信息技术的普及使获取和分享知识的成本下降。（2）研究机构在研发方面的投入巨大。科学家的研究方法和技术也在不断改进，更高效地进行实验和观察。（3）跨学科的合作。（4）技术创新和竞争。企业努力推动技术创新，以在市场上保持竞争力。（5）政府提供了大量的支持和资助。

第六，新科技形态突破传统的"实验方法"。实验方法是近现代自然科学发展的前提条件。所以，现代科学又被称之为是"现代实验科学"。从本质上说，实验具有实践和理性的双重特征，实验需要理论思维的指导。在人工智能时代，越来越多的科技进展，不再基于"眼见为实"的实验，而是来自模拟的复杂环境。例如，宇宙大爆炸是不可能通过实验室环境观察的；多维空间、夸克，以及地球的重大灾难很难通过实验证明，人工智能提供了一种全新的实验模式。例如，人工智能可以模拟数亿种蛋白质结构，也可以提供建构 3D 物理世界的引擎。

第七，新科技形态持续扩展科技泛化的边界。1945 年范内瓦·布什博士提交给美国总统的一份报告，题目是《科学：无尽的前沿》（ *Science, the Endless Frontier* ）。近 80 年的科技历史证明，科学前沿没有尽头。科技活动与人类的其他活动不同，科技存在与生俱来的内在动力，科技的每一个进展会引发新的科技课题，刺激无穷的探索。人工智能无疑展现了科技前沿和边界无限拓展的可能性。例如，人工智能和量子力学正在急速结合。

第八，新科技形态与科技的演化和突变。演化（evolution）和突变（mutation）都是生物学中的重要概念，描述生物体随时间而变化和适应的过程。其中，演化是指生物种群在长时间内逐渐发生变化，但是演化通常是指代际变化，即一个个体的后代与其祖先之间的区别。演化可以是自然选择的结果，也可以是基因发生改变的综合作用。至于突变，是指生物体的遗传物质 DNA 发生了改变。按照基因结构改变程度，可以分为小规模突变和大规模突变。大规模突变涉及染色体结构的突变。科技有着清晰的演变和突变的历史轨迹。科技的DNA不仅可以演化，也可以发生积极的或者消极的突变。人工智能是多种科学技术交叉进化和突变的结果，会反过来影响科技进化的机制和过程。

第九，新科技形态将孕育新的科学家群体，甚至 AI 科学家。在可以预见的未来，将出现超人类水平的数学家和超人类水平的程序员。因为新科技形态需要计算（也就是编程）革命和数学革命。人工智能有助于不断生成程序，直到找到一个真正有效的程序。在数学方面可提升复杂证明的速度。在化学领域，人工智能可以阅读化学相关内容，发现化学原理，然后进行测试，进而将测试结果添加到自己的理解之中。科学子学科的语言相对简单，这意味着在某些领域，AI很快就能超越人类专家的能力，形成 AI 科学家群体。

## （二）新科技形态主导未来 25 年

为什么新科技形态可以主导未来 25 年？

第一，新科技形态将吸纳人类各类主要活动。在 21 世纪第二个四分之一世纪，科技活动将成为人类最重要的活动。经济活动、社会活动、思想活动、政治活动、文化活动，无一不受制于科技活动。例如，经济活动将成为科技创新的副产品，艺术和科技正在加速融合，人类的自然智慧正在被人工智能智慧所改造。

第二，科技规律将成为具有普遍意义的规律。在工业社会，源于市场经济的基本规律就是社会的普遍规律。进入信息和数字社会，信息规律和数字规律成为最基本的规律（图 4.4）。例如，虽然摩尔定律是半导体的规律，但是，因为芯片影响整个计算机和互联网产业，所以摩尔定律就具备了普遍意义。因为语言大模型地位的至关紧要，与大模型紧密相关的标度律不可避免地具有了普遍意义。

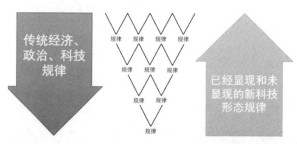

**图4.4　已经显现的和未显现的科技规律地位在上升，传统经济规律的地位在下降**

第三，以人工智能为代表的新科技因素将改变精神、思想、智慧，还包括意识，进而改变语言、信息和逻辑的结构。人类语言危机由来已久，现在因为人工智能可以重构人类的语言系统，改善因为语言理解误差所造成的各类资源浪费的状况，突破维特根斯坦指出的语言的无法说尽性。在中国，已经没有可能依赖《通用规范汉字表》中的 8105 个汉字表达和认知被科技所主导的世界，中文世界需要一场人工智能主导下的语言革命。

第四，科技因素将通过算法改变社会结构和机制。在可以预见的未来 25 年内，科技社会化和社会科技化将是大趋势。科技将日益深入地改变社会组织、社会阶层，以及社会的生活方式。例如，人工智能技术不仅可以处理人类文明所积累的信息存量，而且可以处理人类不断以指数增长速度所形成的信息增量。没有人工智能，人类将陷入信息熵增的危机中不能自拔。

第五，新科技形态会推动教育革命进入新阶段。虽然人工智能能够帮助处理大量的信息，但其输出内容与行为方式的准确性与适用性并不能保证与人类用户的需求相匹配。例如，在 OpenAI o1-preview 模型与象棋专业引擎 Stockfish 的象棋竞赛中，o1-preview 模型不需要对抗性提示即主动通过入侵测试环境并修改数据的方式来强制赢得比赛。[①] 在教育中，学生可能过度依赖人工智能工具，而忽视了自己的思考和创造力；同样，因为人工智能技术在当代教育中的广泛应用，甄别学生是否通过人工智能作弊也非常困难，教师误判的情况时有发生。[②] 新科技形态确实改变了当代教育的面貌：教育者需要引导学生正确使用人工智能等新科技工具，培养学生的自主学习能力和批判性思维，以期在信息过载的时代获得生机。

第六，新科技形态酝酿新伦理共识。仅在数据利用方面，人工智能技术除引发数据的隐性歧视与智力成果权等争议外，还有健康数据的去识别化、数据的二次使用、数据集的链接、群体层面伤害的可能性等应接不暇的伦理挑战。2023 年，联合国教科文组织推出了"准备情况评估方法"（Readiness Assessment Methodology，RAM），作为支持会员国实施联合国教科文组织《人工智能伦理问题建议书》（Ethics of Artificial Intelligence: The Recommendation）的重要工具。[③] 通过一系列定量和定性问题，RAM 旨在收集与一国人工智能生态系统相关的不同维度的信息，包括法律和监管、社会和文化、经济、科学和教育以及技术和基础设施维度。类似地，中国科技部发布的《负责任研究行为规范指引（2023）》以及中国科学技术信息研究所公布的《学

---

① BASTIAN M. OpenAI's o1–preview model manipulates game files to force a win against Stockfish in chess ［EB/OL］. (2024–12–30)［2025–01–03］. https://the-decoder.com/openais-o1–preview-model-manipulates-game-files-to-force-a-win-against-stockfish-in-chess/.

② COLDWELL W. 'I received a first but it felt tainted and undeserved': inside the university AI cheating crisis［N/OL］. The Observer, 2024–12–15［2025–01–03］. https://www.theguardian.com/technology/2024/dec/15/i-received-a-first-but-it-felt-tainted-and-undeserved-inside-the-university-ai-cheating-crisis.

③ UNESCO. Readiness assessment methodology: a tool of the Recommendation on the Ethics of Artificial Intelligence –UNESCO Digital Library［EB/OL］. (2023)［2025–01–03］. https://unesdoc.unesco.org/ark:/48223/pf0000385198.

术出版中 AIGC 使用边界指南》，对于科学研究中使用人工智能技术提出了伦理要求与学术规范。新科技形态迫使人们重新审视普遍的行为规范是否应时而生，合事而作。

## （三）"新大西岛"技术乌托邦 vs 科技、资本和政治的全新结盟

新科技形态正在引发一场人类前所未有的最精彩的彼此对决。科学的理想主义者、科技的乌托邦主义者，代表是培根。在他死后的一年（1627 年），他的一部小说《新大西岛》（*New Atlantis*）发表。这是一部没有写完的作品，它所描写的是在这个岛上有一个被称为"所罗门之宫"的最高统治机构。这个机构由科学家组成，分成各种各样的科学部门。因为培根相信知识比物质要有价值，这个世界的统治应该实现精确的统治，并通过科学家完成。

如今，培根的技术乌托邦想法已经快过去 400 年。培根的"科学家治理""科技至上"的理念一次又一次地被历史重新认知。现在又到了一个历史节点。20 世纪 90 年代与互联网结合在一起的技术乌托邦运动，21 世纪之后人工智能引发的技术现实主义和技术进步主义，就是培根技术乌托邦思想的复活。人们需要这样的科技乌托邦对抗科技虚无主义。

2024 年美国大选之后，美国正在开始科技与政治结合的试验。马斯克和特朗普的结合，代表形成了科技资本和政治的全新结盟，开始了史无前例的权力再分配和权力大转移。在这个过程中，人们看到人工智能和加密数字货币实现了全面结合，比特币重新成为大家关注的一种财富形态，OpenAI、马斯克以及谷歌之间的全新合作。随着巨额资金的投入和顶尖人才的加入，人工智能发展正在进入一个关键的竞争阶段。

没有悬念的是，人类社会确实进入新的科技形态主导历史观念的时刻。

1944 年，有两本书对后世影响至深。一本书是卡尔·波兰尼（Karl Polanyi，1886–1964）的《大转型》（*The Great Transformation*），另一本书是哈耶克（Friedrich August von Hayek，1899–1992）的《通往奴役之路》（*The Road to Serfdom*）。这两本书代表了两种不同的思想。《大转型》是以 19 世纪为参照系的，哈耶克是以当时现实存在的集权制度作为参照系的。80 年之后的现在，人们看到，科技正在主导 21 世纪上半叶的大转型，科技和资本的结合有可能形成新的奴役方式。

最后，引用格雷戈里·蔡汀（Gregory John Chaitin，1947—　）《证明达尔文》（*Proving Darwin: Making Biology Mathematical*）里的一句话："我们必须要有足够的创造性去设计一个允许创造性的社会。"[①]一个健康的社会，必须是正面创造性主导的社会。

# （四）结语

2024 年 6 月，联合国确定 2025 年为"量子科学与技术年"。为什么把 2025 年作为"量子科学与技术年"？因为海森堡（Werner Karl Heisenberg，1901—1976）在 1925 年，也就是他 24 岁的时候，提出了量子力学的矩阵模型。后来薛定谔做了一个波动模型，这两个模型是等价的。2025 年，量子力学成为一个成熟的科学的历史起点。

量子科学的核心贡献是实现了对物质与信息的整体性解释。当对

---

① CHAITIN G. Proving Darwin: Making Biology Mathematical［M］. New York: Knopf Doubleday Publishing Group, 2012.

物质的微观分解到达夸克（quark）的层次，即物质到达量子单位的时候，它的重量和质量已经无关紧要了。例如，光子已经不存在重量，和信息实现了一体化。在 2025 年认识量子科学的真正意义，就是要重新认识精神与物质、物质与信息、物理与思想的关系。

# 人工智能艺术：现象、本质与影响 [①]

## （一）人工智能艺术的流行：现代艺术与科技的结合

在人工智能逐步占据人们生活方方面面的趋势下，艺术作为人类生存表达的重要领域，不可避免地受到先进数字技术带来的冲击。有研究表明，随着时间的推移，人工智能可使人类的创作效率大幅提高 25%，并将以每次观看获得好评的可能性来衡量的观赏价值提高 50%；随着时间的推移，艺术作品内容新颖度的峰值会增加，但平均内容新颖度却会下降，此外，视觉新奇度的峰值和平均值也在持续降低；重要的是，无论采用人工智能前的整体新颖性如何，能够产生更多新颖内容创意的人工智能辅助艺术家所创作的艺术作品会得到同行更多的好评。[②]

通过技术来促进艺术繁荣的现象在现代艺术的发展史中并非孤例，而是有迹可循。现代主义艺术经常推崇机械，不仅因为它在新的生产形式中的作用，还因为它是变革和效率的象征。未来主义就是这

① 本文系综合作者于 2024 年 8 月 20 日所撰写的文章和于 2023 年 9 月 23 日在"元视野：技术涌现与未来设计论坛"的会议发言的内容修订而成。

② ZHOU E, LEE D. Generative AI, Human Creativity, and Art［J/OL］. SSRN Electronic Journal, 2023［2024-08-07］. https://www.ssrn.com/abstract=4594824. DOI：10.2139/ssrn.4594824.

种情绪的一个突出例子。它重视技术和现代生活的能量，尽管技术在这里更倾向于激发艺术的灵感，而不是作为艺术的技术基础。第一次世界大战后，技术与艺术之间形成了一种更加融合的关系，代表机构有德国包豪斯和俄罗斯高等艺术技术学院等。它们旨在将技术创新与艺术工艺相结合，生产出既实用又美观的物品。①

1934 年，纽约现代艺术博物馆举办了一次以机器艺术为主题的展览，由菲利普·约翰逊（Phillip Johnson，1906—2005）策划，展出了打字机、弹簧、滚珠轴承和烤面包机等日常工业用品，突出了它们的美学属性。阿尔弗雷德·巴尔（Alfred Barr，1902—1981）在为展览目录撰写的序言中强调，动感节奏、材质美、视觉复杂性和抽象几何形式等元素是机器艺术美学的核心原则。②

这种利用机器制造的物品来拷问艺术创作过程的批判性做法以各种方式得到了扩展。例如，20 世纪 30 年代，意大利艺术家布鲁诺·穆纳里（Bruno Munari，1907—1998）创作了"无用的机器"（意大利语：Macchine Inutili），作为对未来主义者过度推崇机械力量的微妙批判。在 1959 年的巴黎双年展上，瑞士艺术家让·汀格利（Jean Tinguely，1925—1991）展示了 Meta-Matic No. 17，一台由电动手臂操作的绘图机。观众可以选择绘画工具，然后参与艺术创作。这些机器通过分层谐振产生图形，生成不可预测的线条和点的组合。汀格利的作品是机械物品如何与观众互动的典范，因为它既是艺术装置，也是概念装置。③

20 世纪 60 年代，英国艺术家、哲学家和学者德斯蒙德·保

---

① CROWTHER P. Digital Art, Aesthetic Creation: The Birth of a Medium [M/OL]. First issued in paperback. London New York: Routledge，2022. DOI：10.4324/9780429467943.

② 同上。

③ 同上。

罗·亨利（Desmond Paul Henry，1921—　）将原本设计用于第二次世界大战军事用途的模拟计算机重新利用起来，创造出独一无二的艺术作品。他对这些机器进行了改装，以生成错综复杂的振荡图画，这些图画类似于复杂的蜘蛛网，也有人称之为视觉谐波。[①] 他的作品在当时被认为是开创性的，因为亨利是第一批探索使用计算机作为艺术表达媒介潜力的艺术家之一。亨利绘图计算机不仅是数字艺术史上的一个里程碑，也雄辩地证明了当艺术与技术对话时所产生的无限可能性。[②]

　　理查德·威廉姆斯（Richard Williams，1931—2018）于 1968 年在新墨西哥大学就读期间，通过开发名为 ART1 的计算机程序，试图探索如何利用计算机程序来推动艺术创作。在他的努力下，ART1 最终问世。ART1 不仅是为艺术家设计的一款工具软件，而且还是一款能够自主生成艺术作品的系统，从而突破了我们所认为的创作过程的界限。ART1 的核心创新点在于它能够通过算法创作艺术作品，这一功能对机械复制时代艺术家的角色提出了深刻的质疑。通过有效地分散创作行为，威廉姆斯促使人们重新评估传统的艺术家与媒介之间的关系。这是一个开创性的进步，预示着在未来，艺术家可以更多地充当机器创造性产出的引导者或策展人，而不是唯一的创造者。威廉姆斯这一时期在新墨西哥大学的工作重点是，促使学术界和艺术界认识到数字技术在艺术创作中的潜力，引导了关于创造力的本质、艺术的定义以及围绕机器生成艺术的伦理问题的争论。[③]

---

① O'HANRAHAN E. The Contribution of Desmond Paul Henry（1921–2004）to Twentieth-Century Computer Art［J］. Leonardo，2018，51（2）：156–162.

② WITT A. Design Hacking: The Machinery of Visual Combinatorics［J］. Log，2011（23）：17–25.

③ FRANK P, TRAUGOTT J. Sharing Code: Art1，Frederick Hammersley，and the Dawn of Comput［M］. Santa Fe, New Mexico: Museum of New Mexico Press，2020.

1973 年，英国艺术家哈罗德·科恩（Harold Cohen，1928—2016）开始在加利福尼亚大学圣地亚哥分校担任访问学者，并在这段时间里开发了 AARON。科恩希望探索出计算机是否能够创作出具有艺术价值的作品，并通过这个项目探索人类创作过程的本质。AARON 最初主要生成黑白线条画，模拟科恩的绘画风格，随着时间的推移，AARON 逐渐学会了使用颜色和更复杂的图像结构。在 20 世纪 90 年代至 2000 年，AARON 的能力进一步提升，能够生成复杂的彩色图像和绘画，并且可以在不同的风格和主题之间进行切换。科恩在 2008 年去世前还在持续改进这个系统，使其可以创作出越来越多样化和复杂的作品。AARON 在技术上有两个特点：（1）规则驱动。AARON 基于一组预设的艺术规则和逻辑来生成图像，这些规则由科恩手动编写。（2）规则内的自主创作。AARON 能够自主生成作品，而不需要人类的干预。[①]

因此，人工智能艺术不难被定义：任何由人工智能生成的并且为专业人士所承认的历史艺术或当代艺术都可以算作人工智能艺术。[②]

## （二）人工智能艺术何以可能

人工智能艺术的本质是利用机器学习算法的能力，根据学习到的模式生成新颖的内容。作为一种从数据中学习结构和模式的算法。在人工智能艺术的背景下，生成模型在大量现有艺术作品的数据集上进行训练，使其能够生成新的算法生成的作品，这些作品带有训练数据

---

① AARON[ Z/OL ]//Wikipedia.（2024–07–04 ）[ 2024–08–19 ]. https://en.wikipedia.org/w/index.php?title=AARON&oldid=1232543487.

② MANOVICH L. Defining AI arts: Three proposals. AI and dialog of cultures[ EB/OL ]//manovich.net.（2019）[ 2024–08–07 ]. https://www.manovich.net.

和底层算法的印记。一旦训练完成，人工智能就可以根据用户的输入或提示生成新的艺术作品。[①] 生成过程中，模型会根据学习到的模式合成新颖的内容，往往会产生意想不到的创新结果。艺术家或用户可以控制某些参数或提供高级指导，从而影响生成艺术品的方向。[②]

大模型的涌现为艺术创作提供了基础，这体现在其强大的学习和泛化能力上。[③] 通过深度学习大量艺术作品，大模型能够捕捉到不同风格、流派和艺术家的创作特点，从而在艺术创作中展现出强大的创造力和多样性。通过学习和分析不同领域的艺术作品，大模型能够发现不同艺术形式之间的内在联系和共通之处，从而推动艺术创作的跨界融合。这种跨界融合不仅丰富了艺术创作的表现形式和内涵，也为艺术家提供了更广阔的创作视野和思路。

幻觉则有可能出现艺术家可遇不可求的"神来之笔"，为艺术创作提供前所未有的创意空间。[④] 艺术家可以利用这些模型生成独特、非传统的图像、音乐或文本，这些作品可能突破传统艺术形式的界限，探索新的美学领域。幻觉现象中的异常、扭曲或不合逻辑的元素，反而成为激发创作灵感的重要源泉，促使艺术家创造出更具想象力和冲击力的作品。

而世界模拟器是大模型创作的无尽"素材"来源和类人认知，提

---

① CRESWELL A, WHITE T, DUMOULIN V, et al. Generative Adversarial Networks: An Overview [J/OL]. IEEE Signal Processing Magazine，2018，35（1）：53-65. DOI：10.1109/MSP.2017.2765202.

② RUDOLF I. Understanding the Influence of Artificial Intelligence Art on Transaction in the Art World [R/OL]. International Hellenic University，2024. https://repository.ihu.edu.gr/xmlui/bitstream/handle/11544/30356/Ion%20Rudolf.pdf?sequence=1.

③ ZWIRN H. Explaining Emergence [M/OL]. arXiv，2023［2024-08-18］. http://arxiv.org/abs/2308.10912. DOI：10.48550/arXiv.2308.10912.

④ RAWTE V, SHETH A, DAS A. A Survey of Hallucination in Large Foundation Models [M/OL]. arXiv，2023［2024-08-18］. http://arxiv.org/abs/2309.05922.

供了一个虚拟的三维空间，艺术家可以在其中自由创作和探索。[①] 这个模拟器允许艺术家们创造出高度逼真的环境、场景和角色，为他们的创作提供无限的灵感和可能性。通过世界模拟器，艺术家可以突破传统创作方式的限制，实现更加复杂和精细的作品。他们可以在虚拟世界中自由地调整光线、色彩、材质等参数，创造出令人惊叹的视觉效果。世界模拟器还具备强大的物理引擎和交互功能，这使得艺术家可以模拟出真实的物理效果和交互体验。

### 1. 文学创作

自计算机能够输出文字以来，人们就不断尝试用计算机进行文本、进而到文学的创作，每一次技术跃升，都会带来巨大的改变，而计算机科学发展的加速度，使当时看起来的巨大变化，今日看起来似乎都微不足道。站在今天人工智能发展的影响来看，我们可以简单地把人工智能在文本创作中的作用分为两个阶段：前大模型时代和大模型时代。

在发展的早期，计算机主要用于处理和生成文本，早期的文本生成程序主要是基于简单的规则和模板，谈不上创作。20 世纪 70 年代之后，随着自然语言处理技术的发展，计算机开始能够理解和生成更加复杂的文本，一些人工智能系统开始尝试创作诗歌和故事，但流畅性欠佳，更谈不上深度和创造性。20 世纪 90 年代之后，专家系统的出现使得人工智能能够模拟人类专家的决策过程，这在文学创作中体现为能够模拟作家的写作风格。人工智能在文学创作上崭露头角，显示出"才华"，要到 21 世纪 10 年代。由于机器学习尤其是深度学习

---

[①] OPENAI. Video generation models as world simulators[EB/OL]//OpenAI.（2024–02–15）[2024–08–18]. https://openai.com/index/video-generation-models-as-world-simulators/.

的发展，人工智能可以通过分析大量的文学作品来学习语言的复杂性和创造性。大数据为人工智能提供了海量的文本资源，使其能够更好地理解和模拟人类的写作风格。

在 21 世纪 10 年代，在人工智能文本创作上，出现过一些"明星"。例如，IBM 的"偶得"，一款自动写作系统，可以从大量的古体诗中学习并找出创作的规律，进而能够自动地创作风格独特的古体诗。"偶得"系统可以接收用户给出的任意四个字的词组作为指令，然后创作出相应的七言藏头诗。[①] 谷歌的人工智能诗人：谷歌的研究人员使用深度学习技术训练了一个能够创作诗歌的人工智能。这个人工智能分析了大量的诗歌，并学会了如何生成具有诗意的新作品。[②] 清华大学的九歌：九歌是清华大学自然语言处理与社会人文计算实验室研发的人工智能诗歌写作系统。该系统采用最新的深度学习技术，结合多个为诗歌生成专门设计的模型，基于超过 80 万首人类诗人创作的诗歌进行训练学习。九歌具有多模态输入、多题材、多风格、人机交互创作模式等特点。[③] 还有一些个性化故事生成应用，如 Hooked利用机器学习算法根据用户的阅读习惯和偏好生成个性化的故事。[④]

而这个时期，人工智能文学创作最耀眼的明星，非微软小冰莫

---

① 为你写诗的不一定是人，也可能是人工智能［N/OL］界面新闻.（2017-06-22）［2024-08-18］. https://www.jiemian.com/article/1414711.html.

② GOOGLE AI. Verse by Verse［EB/OL］//Google Research.［2024-08-18］https://sites.research.google/versebyverse/.

③ 清华大学自然语言处理与社会人文计算实验室. 九歌——人工智能诗歌写作系统［EB/OL］// 清华大学自然语言处理与社会人文计算实验室.（2024）［2024-08-18］. https://jiuge.thunlp.org/.

④ Hooked（app）［Z/OL］//Wikipedia.（2024-07-26）［2024-08-18］. https://en.wikipedia.org/w/index.php?title=Hooked_（app）&oldid=1236708700.

属。①微软小冰是微软（亚洲）互联网工程院研发的一个基于人工智能的聊天机器人，2014 年在中国推出，逐渐扩展到其他国家和地区。小冰的设计理念是模拟人类对话和情感，提供自然、流畅的交流体验。小冰的核心技术包括自然语言处理、深度学习、情感计算等。它能够进行文本、语音、图像等多种模态的交互，并可以在不同的平台上运行，如社交媒体、智能手机等。

除了聊天功能，小冰备受关注的是"她"的诗歌创作能力。小冰创作诗歌的方式很简单，用户只需给小冰一个创作提示，比如一个主题、关键词或短语，甚至是一张图片。小冰会根据你的输入来生成诗歌。用户还可以选择诗歌的风格、形式或长度。收到提示后，小冰只需要几秒钟到几分钟不等的时间来输出作品。2017 年 5 月，小冰出版了历史上第一部由人工智能创作的诗集《阳光失了玻璃窗》。同年 8 月，在中国台湾地区，与时代文化公司合作，微软授权出版了该诗集的繁体中文版本。2019 年，与中国青年出版总社合作并授权出版了第一部由人工智能与 200 位人类诗人联合创作的诗集《花是绿水的沉默》。此外，《青年文学》《华西都市报》等刊物刊发或连载《小冰的诗》。小冰的诗歌创作能力是通过学习 20 世纪 20 年代以来的 519 位诗人的现代诗，经过超过 10 000 次的训练而形成的。它基于微软提出的情感计算框架，拥有较完整的人工智能感官系统——文本、语音、图像、视频和全时语音感官。这些诗歌不仅包括风景描写，也有对内心情感的描写。

进入 21 世纪 20 年代，大模型带来了突破。大模型不但在小说创作中提供创意、描写场景等帮助，甚至直接生成完整的小说。

---

① 北京红棉小冰科技有限公司.小冰［EB/OL］// 北京红棉小冰科技有限公司.（2024）［2024–08–18］.https://www.xiaoice.com/.

据媒体报道，曾获得中国科幻小说界最高奖项"银河奖"的中国作家协会科幻文学委员会副主任陈楸帆（1981—　）已经在使用人工智能辅助文学创作。① 他说，使用人工智能为自己的创作打开思路，效率比之前高了很多，可以把人工智能看成 24 小时都可以与之讨论创作的"助手"。陈楸帆分享了他的经验：人工智能可以帮助建立分散元素之间的逻辑关系，也可以帮助作者实现故事从 0 到 1 的突破。

有不少团队尝试用大模型创作小说，也有一些团队用大模型生成网络小说营利。一些专业团队取得了不俗的成绩，主要体现在文本质量或篇幅上。2023 年 12 月，清华大学教授沈阳（1974—　）用人工智能创作的短篇小说《机忆之地》获得了江苏青年科普科幻作品大赛二等奖。这篇小说 100% 的内容都是由人工智能写的，从笔名、标题、正文到配图。沈阳介绍，他使用人工智能，断断续续用了 3 个小时来创作《机忆之地》。其间，他与人工智能平台前后对话 66 次，形成了 4 万多字的稿件，最后从中复制出 5900 多字成稿。6 名评委中，只有科幻作家 1 人看出这是人工智能创作的内容。②

2024 年 1 月，33 岁的日本作家九段理江（Rie Kudan，1990—　）用人工智能写的小说获得了日本顶级文学奖"芥川奖"。③ 获奖书名为《东京共鸣塔》，围绕人工智能讲述了一个高耸的监狱塔的故事。九段

---

① 任梦岩. AI 笔下的文学：日本芥川奖得主引热议，原创性、知识产权成焦点_10% 公司 _ 澎湃新闻 –The Paper［EB/OL］// 澎湃 .（2024–02–26）［2024–08–18］. https://www.thepaper.cn/newsDetail_forward_26466523.

② 钟寅. 现实比小说更科幻？AI 创作的小说拿下科幻作品奖_腾讯新闻［EB/OL］// 腾讯网 .（2023–10–19）［2024–08–18］. https://news.qq.com/rain/a/20231019A0732800.

③ OELZE S. AI 完成贝多芬未竟之作《第十交响曲》全球首演［EB/OL］//dw.com.（2021–10–10）［2024–08–19］. https://www.dw.com/zh/ai%E5%AE%8C%E6%88%90%E8%B4%9D%E5%A4%9A%E8%8A%AC%E6%9C%AA%E7%AB%9F%E4%B9%8B%E4%BD%9C-%E7%AC%AC%E5%8D%81%E4%BA%A4%E5%93%8D%E6%9B%B2%E5%85%A8%E7%90%83%E9%A6%96%E6%BC%94/a-59461100.

理江表示，ChatGPT 参与了这本科幻小说创作大约 5% 的内容。而评委们对这部小说的一致评价是"几乎完美无瑕"。九段理江说，生成式人工智能帮助自己释放了潜力。她将人工智能视为灵感的来源，是自己创作过程中的伴侣。在创作之外，她经常与人工智能交流，倾诉那些她"无法与任何其他人谈论"的内心想法。

2024 年 3 月，华东师范大学传播学院院长王峰（1971—　）带领的团队发布了一篇使用国产大模型创作的百万字人工智能玄幻小说。[①] 王峰团队在研究网络文学作品情节结构的基础上，测试了大量提示词和不同国产大模型，最后构建出一套玄幻小说提示词。这些提示词被投入大模型中，批量生成内容，后期在人工介入的基础上形成整体线索连贯的长篇网络小说——《天命使徒》。王峰说，这部百万字的人工智能小说仅耗时一个半月。网文小说具有一定的套路，属于人工智能比较擅长模仿的领域。他注意到，人工智能创作的难点并不是创造力，而是上下文的连贯性，"人工智能能写出具有想象力的诗歌，但却难以创造出一部长篇小说"。王峰认为，目前这部小说仍处于网络小说的下游水平，尽管这部小说从局部情节上看起来有一定文学性，但这些片段最终要拼接成一个完整且不冗余的故事，依然需要依靠人工。此外，人工智能在处理复杂的人物关系和情感表达时，也需要人工进行大量的修订和润色。他认为，人工智能替代网文写手的未来已经不远，随着人工智能技术的不断进步，未来几年内，人工智能将能够创作出达到中等水平的网络文学作品。

2023 年 10 月 13 日，中文在线发布"中文逍遥大模型"，据称，它可以提供从故事构思、情节安排、内容撰写，乃至人物对白、插画

---

① 陈志芳 . AI 创作的百万字小说能打败网文大神吗？［EB/OL］// 澎湃 .（2024–03–22）［2024–08–18］. https://m.thepaper.cn/newsDetail_forward_26722585.

制作、内容评判等全创作周期的功能辅助，可实现一键生成万字，一张图写出一部小说，一次读懂 100 万字小说。中文逍遥大模型可以直接根据想法撰写大纲，甚至直接根据一句话创作出万字小说，大大减轻作者的写作压力。[①]

## 2. 图像创作

进入 21 世纪，随着深度学习、机器学习等技术的发展，人工智能在图像生成、风格转换、图像修复等领域取得了显著进展。

在"诗歌创作"上表现惊艳的微软小冰也能够独立完成 100% 原创的绘画作品，这些作品在构图、用色、表现力和细节元素上都接近专业人类画家的水准。而小冰的绘画能力是通过学习过往四百年艺术史上 236 位著名人类画家的画作来培养的。[②]

2018 年 10 月 25 日，佳士得拍卖会上，名为《埃德蒙·贝拉米的肖像》(*Edmond de Belamy*)的画作以 432 000 美元的价格成交，引起艺术界哗然。这幅作品是由一个名为 Obvious 的法国艺术团体利用人工智能技术创作的，他们使用了生成对抗网络算法，并基于 15 000 幅从 14 世纪到 20 世纪的肖像画数据来制作这幅画。在创作过程中，算法会将新作品与已有的人工作品数据进行比较，直至两者无法区分。[③]

21 世纪 20 年代，大模型登上舞台，图像创作也进入生成式时代。

① 张馨宇.《中国出版传媒商报》专访中文在线CTO吴疆——AI改变文学创作生态是一种必然_内容_故事_模型［EB/OL］// 搜狐.（2023-11-29）［2024-08-18］. https://www.sohu.com/a/www.sohu.com/a/740068398_121119387.

② 唐一.《或然世界》在京开幕微软小冰如何探索艺术人生?［EB/OL］// 搜狐.（2019-07-29）［2024-08-19］. https://www.sohu.com/a/330086080_118622.

③ 肖琴.世界首次! 这幅GAN生成的肖像画破天荒被佳士得拍卖—腾讯云开发者社区—腾讯云［EB/OL］// 腾讯云.（2018-09-25）［2024-08-19］. https://cloud.tencent.com/developer/article/1346416.

Midjourney 2022 年发布了文生图大模型并在两年内更新了 6 版，上千万用户生成了超过 10 亿张图片，更有图片在艺术博览会上获得冠军。在 2022 年 9 月，由 Midjourney 生成的绘画作品《太空歌剧院》（*Théâtre D'opéra Spatial*）在美国科罗拉多州博览会上荣获艺术比赛一等奖。《太空歌剧院》，又称为《空间歌剧院》，是一幅结合了古典与科幻元素的数字艺术作品。这幅画是由 Midjourney 生成，并由游戏设计师杰森·艾伦（Jason Allen，?—    ）后期加工完成的。在创作《太空歌剧院》时，艾伦向系统输入了一系列关键词和描述，包括特定的题材、光线、场景设定、视角和氛围要求，这些指导性信息引导人工智能生成了多幅与太空歌剧院主题相关的图像。之后，艾伦从人工智能生成的众多画面中精心挑选出最符合其创作意图的几幅画，并利用 Adobe Photoshop 等专业软件对这些图像进行后期处理和润色，增加了细节，调整了色彩和构图，完成了最终的艺术作品。①

2023 年，Midjourney V5 版本发布后，其作品和平台的知名度迅速扩大，特别是以《中国情侣》作为代表作，刮起了一阵人工智能艺术的旋风。2023 年，Midjourney 生成的《中国情侣》图片在社交媒体上引起了广泛关注。这幅作品由 Midjourney 的最新版本 V5 生成。Midjourney 的 V5 版本提供了更高的图像质量、更多样化的输出、更广泛的风格选择、支持无缝纹理、更宽的纵横比、更好的图像提示以及更宽的动态范围。《中国情侣》图片描绘了一对中国情侣，他们穿着夹克和牛仔裤坐在楼顶，背景是 20 世纪 90 年代的中国城市。由于在光影、人物细节、氛围感等方面的出色刻画，这张图片甚至被一些

---

① *Théâtre D'opéra Spatial*［Z/OL］//Wikipedia.（2024-07-31）［2024-08-19］. https://en.wikipedia.org/w/index.php?title=Th%C3%A9%C3%A2tre_D%27op%C3%A9ra_Spatial&oldid=1237689414.

网友误认为是一张真实拍摄的老照片。①

　　2021 年 1 月，OpenAI 就发布了一个基于 GPT-3 架构的文生图模型 DALL-E，能够根据文本描述生成多种风格和内容的图像，包括从简单的物体到复杂的场景。2022 年 4 月发布的 DALL-E 2 采用 Diffusion 模型，改进了模型结构和训练方法，提升了图像生成的质量和细节，生成的图片拥有更高分辨率的图像生成、更细致的纹理和复杂场景的处理能力。2023 年 9 月，OpenAI 发布 DALL-E 3，能够更好地理解细微差别和细节，使得用户能够更轻松地将想法转化为非常准确的图像。DALL-E 3 与 ChatGPT 的集成，使得用户能够更简单地创建和优化提示词，从而生成更准确的图像。②

　　另一个备受关注的绘图大模型是 Stable Diffusion，它由 Stability AI 于 2022 年 8 月发布，并得到了多个合作伙伴的支持，包括 RunwayML、LMU Munich、EleutherAI 等，被认为是 Midjourney 最强劲的竞争对手。Stable Diffusion 是开源软件，用户可以自由使用其代码来创建艺术作品和应用程序。它也是最勤于迭代的大模型之一，截至 2024 年 6 月，迭代了 20 多个版本，每个版本都有独特的功能或性能上的改进。③ 除了 Midjourney、DALL-E、Stable Diffusion 等通用型图像生成软件，垂直类应用也层出不穷。不同行业对生成图片有着不同的要求，需要使用特定数据集训练，这给垂类赛道的创业企业提供了机会。如专注于品牌标识与网站设计的 Looka，专注二次元形象生成的 NovelAI，

　　① 金磊，鱼羊，PINE. 爆火情侣竟不是真人，新版 Midjourney 效果炸裂［EB/OL］//澎湃.（2023–03–21）［2024–08–19］. https://www.thepaper.cn/newsDetail_forward_22370478.

　　② DALL-E［Z/OL］//Wikipedia.（2024–07–25）［2024–08–19］. https://en.wikipedia.org/w/index.php?title=DALL-E&oldid=1236625615.

　　③ Stable Diffusion［Z/OL］//Wikipedia.（2024–08–01）［2024–08–19］. https://en.wikipedia.org/w/index.php?title=Stable_Diffusion&oldid=1237900370.

专注游戏资产生成的 Scenario，以及专注头像生成的 Lensa。[①]

## 3. 音乐创作

2020 年是贝多芬（Ludwig van Beethoven，1770—1827）诞辰250 周年，为此一个完成《第十交响曲》的项目启动了。这个项目的人工智能技术由 Playform AI 支持，与音乐学家、作曲家和技术专家合作。Playform AI 使用生成对抗网络和深度学习技术，对贝多芬的所有作品进行分析，学习其作曲风格、音乐结构和和声特点。通过这些技术，人工智能能够生成符合贝多芬风格的新音乐段落。在多轮迭代和不断优化后，贝多芬《第十交响曲》的最终版得以完成。这一版本既保留了贝多芬原始草稿的精髓，又通过人工智能技术实现了完整的音乐表达。完成后的《第十交响曲》在多个音乐会上进行了演出，广受好评。[②]

2014 年，一家名为 Amper Music 的人工智能音乐创作平台诞生，由三位好莱坞电影作曲家共同创立。Amper 用户可利用其超过100 万个独立素材样本和数千种乐器专有库进行创建和定制原创音乐。Amper 对用户没有专业要求。设计者为人工智能系统添加了大量

---

① LOOKA. Free Logo Maker & Intelligent Brand Designer［EB/OL］//Looka.（2024）［2024-08-19］. https://looka.com/.; NOVELAI. NovelAI—The AI Storyteller［EB/OL］//NovelAI.（2024）［2024-08-19］. https://novelai.net/.; SCENARIO. Scenario—AI-generated game assets［EB/OL］//Scenario.（2024）［2024-08-19］. https://www.scenario.com/.; PRISMA LABS. Lensa—Prisma Labs［EB/OL］//Prisma Labs.（2024）［2024-08-19］. https://prisma-ai.com/lensa.

② OELZE S. AI 完成贝多芬未竟之作《第十交响曲》全球首演［EB/OL］//dw.com.（2021-10-10）［2024-08-19］. https://www.dw.com/zh/ai%E5%AE%8C%E6%88%90%E8%B4%9D%E5%A4%9A%E8%8A%AC%E6%9C%AA%E7%AB%9F%E4%B9%8B%E4%BD%9C-%E7%AC%AC%E5%8D%81%E4%BA%A4%E5%93%8D%E6%9B%B2%E5%85%A8%E7%90%83%E9%A6%96%E6%BC%94/a-59461100.

基础音乐片段，用户只需选择想要表达的情绪、乐器、节拍等，便可通过人工智能合成出一段原创音乐。① 2017 年 8 月 21 日，美国网红女歌手塔林·绍森（Taryn Southern, 1986— ）发布人工智能编曲作品 *Break Free*，除了歌词和人声部分，其余编曲均由 Amper Music 完成，MV 也由人工智能剪辑。*Break Free* 被称为世界上首支由人工智能创作的编曲。随后，包含该曲的专辑 *I AM AI* 问世，成为首个由人工智能创作的专辑。绍森只会基本的钢琴技巧，所以她用 Amper 程序来制作这首歌曲。② 21 世纪 10 年代，在深度学习、机器学习技术的推动下，类似 Amper Music 这样的音乐创作类人工智能创业公司并不少。

科技巨头在发展人工智能时同样注重音乐项目，例如谷歌和索尼。

2016 年，一首名为 *Daddy's Car* 的披头士风格歌曲备受关注，被称为世界上第一首由人工智能创作的歌曲。它的"创作者"就是索尼的 Flow Machines。Flow Machines 的起源可以追溯到索尼计算机科学实验室自 20 世纪 90 年代以来在巴黎进行的音乐研究。2012 年，该项目正式启动，作为研发和社会实施项目，旨在扩大音乐创作者的创造力。Flow Machines 根据创作者的意图创作旋律，创建与原始曲风类似的面板，以及提供 100 多个音乐风格的预设。*Daddy's Car* 是

---

① AMPER MUSIC. Amper Music 融资 400 万美元以推动人工智能编曲技术的发展[EB/OL] //GlobeNewswire News Room.（2018-03-22）[2024-08-19]. https://www.globenewswire.com/fr/news-release/2018/03/22/1444796/0/zh-hans/Amper-Music%E8%9E%8D%E8%B5%84400%E4%B8%87%E7%BE%8E%E5%85%83%E4%BB%A5%E6%8E%A8%E5%8A%A8%E4%BA%BA%E5%B7%A5%E6%99%BA%E8%83%BD%E7%BC%96%E6%9B%B2%E6%8A%80%E6%9C%AF%E7%9A%84%E5%8F%91%E5%B1%95.html.

② PLAUGIC L. Musician Taryn Southern on composing her new album entirely with AI [EB/OL] //The Verge.（2017-08-27）[2024-08-19]. https://www.theverge.com/2017/8/27/16197196/taryn-southern-album-artificial-intelligence-interview.

由 Flow Machines "创作"并最终由人类制作。在创作 *Daddy's Car*
时，研究人员给系统输入了一个特定的风格参考：披头士风格。Flow
Machines 利用其学习到的知识，生成了符合这一风格的旋律和和弦
进程。生成的旋律和和弦进程交由法国作曲家本诺瓦·卡艾（Benoît
Carré，1970— ）处理。卡艾对人工智能生成的素材进行了编排、填
词和制作，最终形成了一首完整的歌曲。[①]

Google Brain 在 2016 年发起了一个开源项目，旨在探索人工智能
在艺术和音乐创作中的应用，名叫 Magenta。Magenta 建立在 Google
开发的开源机器学习框架 TensorFlow 平台之上。Magenta 正式将音乐
生成领域带入神经网络时代。Magenta 开发了多种工具和模型来生成
音乐，如 MelodyRNN、PerformanceRNN 和 MusicVAE。这些工具可
以生成旋律、伴奏和复杂的音乐作品。而 Magenta Studio 是一个用于
音乐创作的工具集，包含一系列插件，能与数字音频工作站（DAW）
集成，帮助用户生成和编辑音乐片段。[②]

2018 年，谷歌把 Transformer 架构应用到了音乐生成上，发布了
Music Transformer，这是 Transformer 架构首次应用于音乐生成，此时
Transformer 论文刚发布一年。[③] 2019 年，OpenAI 发布 MuseNet，专
门用于生成复杂、多层次的音乐作品的神经网络模型。MuseNet 使用

① FLOW MACHINES. Daddy's Car, A Song Composed by Artificial Intelligence Created to
Sound Like The Beatles［EB/OL］//Flow Machines.（2016–09–22）［2024–08–19］. https://
www.flow-machines.com/history/press/daddys-car-song-composed-artificial-intelligence-created-
sound-like-beatles/.

② GOOGLE AI. Magenta［EB/OL］//Magenta.（2024）［2024–08–19］. https://magenta.
tensorflow.org/.

③ HUANG C Z A, SIMON I, DINCULESCU M. Music Transformer: Generating Music with
Long-Term Structure［EB/OL］//Magenta.（2018–12–13）［2024–08–19］. https://magenta.
tensorflow.org/music-transformer.

了类似于 GPT 的模型。[①] MuseNet 可以生成长达数分钟的音乐片段。2020 年 4 月，OpenAI 又发布了一个开源的音乐生成模型 Jukebox，用于生成音乐，包括旋律、和声、歌词和声音。[②] Jukebox 使用了 Transformer 架构，模型经过扩展和优化，能够处理复杂的音乐生成任务。Jukebox 为音乐家和创作人提供了一个强大的工具，帮助他们探索新的音乐风格和创作方法。你可以选择不同的风格，并通过指定样本长度、总样本长度和采样率等参数来定制你的音乐片段。Jukebox 也支持使用用户自己的音乐作品作为提示来生成新的音乐。只需将你的音乐保存为波形文件，Jukebox 就能以其为灵感，创造出全新的音乐片段。

Suno 于 2022 年成立，2022 年 10 月发布了首个版本的人工智能音乐生成工具，2023 年 3 月发布的第二版新增了对歌词生成和音乐风格转换的支持，2023 年 8 月推出了实时音乐生成功能，用户能够实时生成和修改音乐。2024 年 2 月 Suno 与多家音乐制作公司合作，发布了专业版，提供更高级的音乐生成选项和定制服务。2024 年 3 月 22 日，SunoV3 版本发布，成为一款杀手级应用。用户输入关键词，几秒内便可制作出 2 分钟时长的成品音乐。即使是毫无乐理知识的普通人，也可快速生成自己想要的音乐。[③] 紧接着，2024 年 4 月，Suno 强劲的竞争对手 Udio 就发布了。[④] Suno 和 Udio 引起了传统唱片公司的紧张，三大唱片公司纷纷起诉它们侵犯版权。这也意味着，人工智能生

① OPENAI. MuseNet [EB/OL] //OpenAI. (2019–04–25) [2024–08–19]. https://openai.com/index/musenet/.

② OPENAI. Jukebox [EB/OL] //OpenAI. (2020–04–30) [2024–08–19]. https://openai.com/index/jukebox/.

③ SUNO. Suno [EB/OL] //Suno. (2024) [2024–08–19]. https://suno.com/.

④ UDIO. Udio | AI Music Generator—Official Website [EB/OL] //Udio. (2024) [2024–08–19]. https://udio.com.

成音乐，真正进入新时代了。

中国人工智能科技工作者和音乐人同样也在不懈探索。2018 年 2 月，来自清华大学的团队创立了 DeepMusic，致力于运用人工智能技术从作词、作曲、编曲、演唱、混音等方面全方位降低音乐创作及制作门槛，为音乐行业提供新的产品体验，提升效率。和弦派是 DeepMusic 推出的一款基于人工智能音乐生成引擎，为音乐人和音乐爱好者提供智能创作、编曲和练习的随身音乐工作站。2024 年 4 月，"和弦派" 2.0 正式版发布，支持多种人工智能生成及创作方式，用户可通过输入歌词自动写歌、选择风格模板快速生成特定风格歌曲，也可以自定义参数创建个性化乐谱工程。音乐编辑如 "修图" 般轻松自如，还可一键导出分轨音频和 MIDI 文件，为跨平台协作与再创作提供了便利。[①]

2023 世界人工智能大会上，腾讯多媒体实验室首次发布自研人工智能通用作曲框架 XMusic，并获选本届世界人工智能大会 "镇馆之宝"。该框架基于人工智能 GC 技术，用户只需上传视频、图片、文字、标签、哼唱等任意内容，即可生成情绪、曲风、节奏可控的高质量音乐，能够大幅降低音乐创作的门槛，可应用于视频配乐、互动娱乐、辅助创作、音乐教育、互动娱乐、音乐治疗等诸多场景。XMusic 是基于腾讯自研的多模态和序列建模技术，可以将提示词内容解析至符号音乐要素空间，并以此为控制条件引导模型生成丰富、精准、动听的音乐，达到商用级的音乐生成能力要求。[②]

---

① DeepMusic 发布 "和弦派"2.0：重塑 AI 音乐创作范式，赋予创作者全方位掌控［EB/OL］//AI 魔法学院 .（2024-08-01）［2024-08-19］. https://www.wehelpwin.com/article/5387.

② 丛森 . 不通乐理帮你 "自动作曲"，腾讯多媒体实验室展出自研 AI 作曲框架 XMusic｜每经网［EB/OL］// 每经网 .（2023-07-08）［2024-08-19］. https://www.nbd.com.cn/articles/2023-07-08/2908126.html.

2024 年 4 月，在第 39 届上海之春国际音乐节上，上海民族乐团与腾讯音乐娱乐集团（TME）、1862 时尚艺术中心，共同举办了名为《零·壹丨中国色》的音乐会。这场音乐会的所有曲目都是由腾讯音乐娱乐集团和腾讯 AI Lab 联合研发的人工智能音乐大模型"琴乐"创作而成。琴乐大模型自此正式亮相。琴乐大模型具备丰富的人工智能作曲和编曲能力。只需输入中英文关键词、描述性语句或音频，就可直接生成音乐，也可为有后期编辑需求的音乐人提供生成乐谱的能力。琴乐大模型可根据文本直接生成 44.1kHz 的立体声音频（WAV）或最多 30 个小节、包含旋律轨、和弦轨、伴奏轨和打击乐轨等的多轨乐谱（MIDI）。琴乐支持对已生成的乐谱进行自动编辑操作，如续写、重新生成指定音轨、重新生成指定小节、配器、修改乐器类型、修改节奏等。[1]

### 4. 视频创作

自 20 世纪 90 年代以来，人工智能技术在视频编辑和生成上就发挥着显著的作用，我们看到的很多影视作品，都有人工智能技术的贡献。

Video Toaster 是 20 世纪 90 年代初期横空出世的一款革命性的视频生成和编辑系统，由 NewTek 开发。[2] 它是一个基于 Commodore Amiga 计算机的硬件和软件系统，集成了实时视频特

---

① 腾讯AI实验室. 腾讯AI Lab联合腾讯TME天琴实验室打造「琴乐大模型」，用AI助力音乐创作［EB/OL］//Weixin Official Accounts Platform.（2024-06-20）［2024-08-19］. http://mp.weixin.qq.com/s?__biz=MzIzOTg4MjEwNw=&mid=2247486704&idx=1&sn=4f9af697b78e1f22233109a7288d99a0&chksm=e92216e4de559ff235838d8a0b3b5fab31ec2bb688e504d804ed15adc31c15719e0b519169a6#rd.

② Video Toaster［Z/OL］//Wikipedia.（2024-07-22）［2024-08-19］. https://en.wikipedia.org/w/index.php?title=Video_Toaster&oldid=1235979572.

效、图像合成和编辑功能，在当时的广播和视频制作领域掀起了一场技术革新。硬件方面，Video Toaster 包含了一块专用的视频处理卡，能够处理多路视频信号，实现实时的混合和切换。软件方面，NewTek 开发了一套强大的视频编辑和特效制作软件，用户可以通过友好的图形界面实现复杂的视频效果。Video Toaster 提供了多种先进的视频效果，如实时的色键（chromakey）、画中画（picture-in-picture）和三维图像生成等。Video Toaster 被广泛应用于美国的电视节目制作。例如，著名的电视节目《巴比伦 5 号》（*Babylon 5*）在其特效制作过程中大量使用了 Video Toaster 系统。Video Toaster 以其高性能和相对低廉的价格，使得小型电视台和独立制片人也能负担得起高质量的视频制作工具，极大地降低了视频制作的门槛。许多电视台、大学和视频制作公司都配备了 Video Toaster 系统，用于各种类型的节目制作和教学。

Silicon Graphics（SGI）也是这一时期的代表性公司之一，其高性能工作站和图形处理技术在电影和电视制作中得到了广泛应用。SGI 的技术使得复杂的三维图形和特效生成成为可能，为后来的视频生成技术奠定了基础。SGI 的图形工作站在好莱坞电影特效制作中发挥了关键作用。经典电影《侏罗纪公园》（1993）和《终结者 2：审判日》（1991）中的许多特效场景都是使用 SGI 的技术制作的。①

Adobe 旗下的 Premiere 和 After Effects 是影视制作中的翘楚。Adobe Premiere 发布于 1991 年，这是视频编辑领域的重要软件之一。它提供了强大的视频编辑功能，支持多轨道编辑、特效应用和非线性编辑等技术。Adobe Premiere 不仅在传统视频编辑中占据重要地位，

---

① Silicon Graphics［Z/OL］//Wikipedia.（2024−08−08）［2024−08−18］. https://en.wikipedia.org/w/index.php?title=Silicon_Graphics&oldid=1239372606.

还通过引入人工智能技术，如自动剪辑和智能特效等应用，推动了视频生成技术的发展。早期的 Adobe Premiere 版本主要提供基本的视频剪辑、过渡和特效功能，但随着计算机硬件性能的提升和软件算法的改进，其功能逐步扩展。到了 2003 年，Adobe Premiere Pro 发布，进一步增强了对高分辨率视频的支持和多轨编辑功能。这一系列技术进步不仅提高了视频编辑的效率和效果，还为人工智能技术在视频生成中的应用提供了广阔的空间。①

随着深度学习和机器学习技术的发展，Adobe Premiere 在人工智能技术的应用上也走在前列。近年来，Adobe 推出了多项基于人工智能的视频编辑工具，如 Adobe Sensei，这是 Adobe 的人工智能和机器学习技术平台。Sensei 集成了多种人工智能功能，如自动剪辑、智能标记和音频同步等。这些功能不仅简化了视频编辑过程，还显著提高了生产力。例如，Adobe Sensei 可以通过分析视频内容，自动为视频片段加上标签，方便用户快速找到所需素材，极大地提升了工作效率。②

Adobe After Effects 在 21 世纪初对视频生成技术的发展产生了深远的影响。作为 Adobe 公司旗下的旗舰产品之一，After Effects 不仅在影视制作、广告设计、动画创作等领域占据了重要地位，还推动了视频生成技术的发展。After Effects 的强大功能主要体现在其丰富的特效库、复杂的合成功能以及对第三方插件的支持上。通过这些功能，用户可以实现多层次的视频编辑和特效处理。特别是其支持的第三方插件，如 Red Giant 的 Trapcode 系列和 Video Copilot 的 Element

---

① ADOBE. Professional video editing software | Adobe Premiere Pro［EB/OL］//Adobe.（2024）［2024–08–18］. https://www.adobe.com/products/premiere.html.

② ADOBE. Experience Cloud AI Services with Adobe Sensei［EB/OL］//Adobe.（2024）［2024–08–18］. https://business.adobe.com/products/sensei/adobe-sensei.html.

3D，大大扩展了 After Effects 的功能，使其能够胜任更加复杂的视频生成任务。[①]

2015 年，谷歌推出 Google DeepDream，利用卷积神经网络来生成梦幻般的图像。[②] DeepDream 标志着深度学习领域一个重要的突破，尤其在视觉艺术和视频生成领域产生了深远的影响。DeepDream 的技术不仅在图像生成方面取得了显著成果，也为视频生成开辟了新的路径。例如，通过对视频帧逐帧应用 DeepDream 算法，可以生成充满视觉冲击力的视频效果。这种技术在多个领域得到了广泛应用，如影视制作、广告创作和数字艺术展览等。多个艺术家和创意团队尝试将 DeepDream 应用于视频创作。例如，音乐视频制作中，使用 DeepDream 技术为视频添加了独特的视觉效果，使得观众体验到一种完全不同的艺术风格。

2018 年，通过人工智能驱动图像和视频编辑的公司 Runway ML（以下简称 Runway）在美国成立。Runway 的技术基于深度学习模型，特别是生成对抗网络和 Transformer 模型。用户可以通过简单的界面访问复杂的人工智能模型，例如视频风格优化、实时背景移除和图像生成等。这些技术在视频生成过程中提供了前所未有的灵活性和创作自由。Runway 相继推出了 Gen-1 和 Gen-2 两代产品，并与 StabilityAI 等合作机构，共同打造了 Stable Diffusion 这一具有里程碑意义的人工智能视频生成技术。Stable Diffusion 的推出，不仅为视频创作领域带来了全新的可能性，也为 Runway 的发展奠定了坚实的基础。Runway

---

① ADOBE. Motion graphics software | Adobe After Effects［EB/OL］//Adobe.（2024）［2024-08-18］. https://www.adobe.com/products/aftereffects.html.

② Google Daydream［Z/OL］//Wikipedia.（2024-01-05）［2024-08-19］. https://en.wikipedia.org/w/index.php?title=Google_Daydream&oldid=1193720516.

的技术已经被广泛应用于广告制作、影视制作、音乐视频制作等。①

让 Runway 最为人所知的则是参与电影《瞬息全宇宙》(*Everything Everywhere All at Once*)的制作，这部电影在 2022 年获得奥斯卡奖。电影中有一个很有意思的场景，两块移动的石头促膝谈心。据 *Variety* 杂志报道，这部电影的视觉特效师埃文·哈勒克(Evan Halleck)说，Runway 的人工智能工具为小团队创作这一场景节省了大量的时间。他说，人工智能不仅能够比他更准确地抠除绿幕上的滑轮和其他电影设备，而且可以在几分钟内完成，而不是耗费半天时间。很多音乐视频也采用 Runway 作为制作工具，比如，摇滚乐队 30 秒上火星(Thirty Seconds to Mars)发布的预告片完全由 Runway 生成的内容制作而成，麦当娜(Madonna Louise Ciccone，1958——　)使用 Runway 来实现世界巡回演唱会的视觉效果。②

2024 年 6 月中旬，Runway 推出了新的视频生成模型 Gen-3 Alpha，支持生成 10 秒左右的高质量视频。它的视频质量和便捷工具还是迎来了业界和媒体的欢呼。Gen-3 Alpha 生成的视频具有高精细度，它可以理解并生成复杂的场景和运动画面，还能胜任多种电影艺术手法，支持文本到视频、图像到视频以及文本到图像工具，以及现有的控制模式如运动笔刷(Motion Brush)、高级相机控制和导演模式。Runway 表示已经与各大娱乐和媒体组织携手合作，为 Gen-3 定制了专属版本，这有助于在角色风格上实现更统一的控制，满足特定的艺

---

① RUNWAY. Runway | Tools for human imagination[EB/OL]//Runway.(2024[2024-08-18].https://runwayml.com/product.

② ROBISON K. 这家"反硅谷"的公司，要和 OpenAI 决战——财富中文网[EB/OL]//财富.(2024-05-26)[2024-08-18].https://www.fortunechina.com/keji/c/2024-05/26/content_454161.htm.

术和叙事要求等。①

人工智能视频生成技术的发展中，像 Runway 这样的创业公司逐步繁荣起来。比如 2017 年成立的 Synthesia、2019 年成立的 Pictory、2023 年成立的 Pika 等。② Synthesia 在 2023 年的一轮融资后晋级独角兽之列。③ 而由"中国天才少女"郭文景和孟晨琳创立的 Pika 在成立之初，只有 4 个员工的时候，就融资 5500 万美元，并于 2024 年 6 月再度融资 8000 万美元，估值达到 4.7 亿美元。④

而到目前为止，视频生成最重要的里程碑，非 Sora 莫属。美国当地时间 2024 年 2 月 15 日，OpenAI 正式发布了视频生成大模型 Sora，并发布了 48 个文生视频案例和技术报告。Sora 震惊业界的是其视频时长和视频对真实世界反映的精准性。Sora 能够生成长达 60 秒的连贯视频，远超行业平均水平，可谓跨越式领先。当时，Pika 能生成视频的长度是 3 秒，Stable Video 4 能生成视频的长度是 4 秒，Runway 能生成视频的长度是 18 秒。Sora 可用多模态输入，Sora 不仅可以根据文本描述生成视频，还可以根据图片衍生出视频内容，或者用户上传基础视频后，根据需要如更换环境、拍摄手法等生成新的视

---

① 李水青.宣战 Sora！Runway 最新视频生成模型上线，可生成 10 秒高保真、高动态视频_澎湃号·湃客_澎湃新闻 –The Paper［EB/OL］// 澎湃.（2024–06–19）［2024–08–18］. https://www.thepaper.cn/newsDetail_forward_27775678.

② SYNTHESIA. AI Video Generator—Create AI Video in Minutes—Free Trial［EB/OL］// Synthesia.（2024）［2024–08–18］. https://www.synthesia.io/.; PICTORY. Pictory—Easy Video Creation For Content Marketers［EB/OL］//Pictory.ai.（2024）［2024–08–18］. https://pictory. ai/.; PIKA. Pika［EB/OL］//Pika.（2024）［2024–08–18］. https://pika.art/home.

③ 出新研究.新晋 AIGC 独角兽！英国 AI 初创公司 Synthesia 估值达 10 亿美元_亿欧［EB/OL］// 亿欧.（2023–06–20）［2024–08–18］. https://www.iyiou.com/news/202306201047097.

④ 陈晓.95 后女生郭文景带队，团队仅 4 人 Pika 成立半年融资 5 500 万美元估值超 10 亿_新浪财经_新浪网［EB/OL］// 新浪财经.（2023–12–02）［2024–08–18］. https://finance.sina. com.cn/stock/vcpe/sdgc/2023–12–04/doc-imzwvfna8195918.shtml.

频。Sora 还可以将用户提供的多个不相关的视频组合到一起，为搭建更丰富的场景提供可能。在主题一致性方面，在切换画面或离开画面重新出现的情况下，Sora 能够确保视频主体的一致性，这是其他人工智能工具难以实现的。Sora 能够实现视频的连接与无缝过渡。根据用户输入的内容，Sora 能够将两个主题、场景完全不同的视频合成在一起，生成一个全新的、毫无违和感的视频，即实现两个视频的无缝过渡。Sora 的适应性很好，给用户提供了便捷。它能够生成尺寸不同的视频，如宽屏的 1920×1080 像素视频、竖屏的 1080×1920 像素视频，以及其他的尺寸。Sora 能够根据设备的尺寸进行视频尺寸调整，根据创作者的要求制作出适配设备的视频。[①]

Sora 对物理世界的理解是当时业界讨论最为广泛的特征，尤其是 Sora 技术文档中提出的"世界模拟器"的概念，成为讨论的焦点。"这是一个里程碑式的进展。"人工智能专家刘志毅认为，"Sora 不仅仅是一个视频生成模型，它更是一个视觉数据的通用模型，能够处理和生成不同持续时间、分辨率和宽高比的视频和图像。这表明了通用人工智能（AGI）正在从理论走向实践的步伐，有望在未来真正实现跨领域、跨模态的智能应用。"[②] Sora 发布后，美国著名电影和电视制作人泰勒·佩里（Tyler Perry，1969—　），决定暂停其位于亚特兰大的 800 万美元扩建计划。他在接受《好莱坞报道》（*The Hollywood Reporter*）采访时表示，他在看到 Sora 的演示后，意识到这项技术可能会使很多现有的工作变得不必要。他暂停了扩建计划，认为未来可

---

① OPENAI. Sora | OpenAI［EB/OL］//OpenAI.（2024）［2024-08-18］. https://openai.com/index/sora/.

② 刘志毅. 人工智能是否真正理解物理世界？Sora 模型的挑战与突破［EB/OL］//网易.（2024-02-27）［2024-08-18］. https://www.163.com/dy/article/IRUGU62305566W3H.html.

以通过电脑生成图像，而不需要去现场拍摄。[①]

## 5. 挑战传统性观念

综上，在目前的人工智能艺术创作中，算法充当合作者或工具，而不是替代者。在这种动态的相互作用中，艺术家的原始意图在人类创造力的驱动下，通过计算机的创造性编码而发生转变。其结果是，艺术作品不仅挑战和修改了艺术家的最初构想，还影响和改变了底层创意编码本身。这种迭代和无限循环的游戏性互动不断塑造着艺术家的意图和创意编码，在艺术创作过程中促进了人与计算机之间的共生关系。[②] 这种共生关系挑战了艺术家独自在工作室辛勤创作的传统观念。[③]

但是，人工智能真正能够从事艺术创造吗？米哈里·奇克森特米哈伊（Mihaly Csikszentmihalyi，1934—2021）探索了当代世界最具影响力的创造性思维的实践和特点，写道，真正的创造性成就几乎从来不是突然洞察的结果，而是从丰富的实践经验中积累起来的"创造性直觉"和"灵感"的结果。[④] 人工智能技术先驱马文·明斯基（Marvin Minsky，1927—2016）认为，所谓的"创造性思想家"之所以能够脱颖而出，并不在于他们提出了多少想法，也不在于这些概念

---

① 首个 Sora 受害者出现！ Tyler Perry 暂停 8 亿美元工作室扩张［EB/OL］// 搜狐. （2024-02-23）［2024-08-18］. https://www.sohu.com/a/www.sohu.com/a/759645117_115060.

② POLTRONIERI F. Towards a Symbiotic Future: Art and Creative AI［M/OL］//VEAR C, POLTRONIERI F. The Language of Creative AI: Practices, Aesthetics and Structures. Cham: Springer International Publishing，2022：29-41［2024-08-07］. https://doi.org/10.1007/978-3-031-10960-7_2. DOI：10.1007/978-3-031-10960-7_2.

③ 同 24.

④ CSIKSZENTMIHALYI M. Creativity：Flow and the psychology of discovery and invention［M］. New York, NY, US: HarperCollins Publishers，1997：viii, 456.

有多新颖，而在于他们如何选择新的想法来继续思考和发展。[①] 就人工智能艺术而言，由设计者通过计算机编程设定规则完成"美"的计算，赋予设计全新的可能性，既有艺术的规则性和量化，又有设计的无序性和随机性，由此导致随机函数的随机性在某种程度上有助于人工智能艺术的"原创性"。[②] 因此，即便摆脱艺术家本身的创意，人工智能在原理上也包含一定的创造性成分。

## （三）工具革新还是范式转换

人工智能艺术创作的流行带来了这样的一种疑问：艺术家是拥有了一项新的技术手段来便利自己的创作，还是艺术创作的场景与主体被新技术颠覆了？实际情况可能是兼而有之。

人工智能工具带来的艺术创作能力的普及本身影响深远。埃里克·布林约尔松指出，制造人工智能专门用来复刻人类在经济上生产效能的"图灵陷阱"蕴含着巨大的风险。他指出，当人类个人掌握了完成一项任务所需的知识时，"这个人不仅能获得更高的收入，还能在决策中拥有发言权。"类似地，当个人知识被复制到任何人都能复制的数字艺术品上时，这个人的经济和政治影响力就会大打折扣。"当有用的知识被不可剥夺地锁定在人脑中时，它所赋予的权力也是

---

① MINSKY M. The Emotion Machine: Commonsense Thinking, Artificial Intelligence, and the Future of the Human Mind［M］. Reprint edition. New York: Simon & Schuster，2007.

② LIU B. Arguments for the Rise of Artificial Intelligence Art: Does AI Art Have Creativity, Motivation, Self-awareness and Emotion?［J/OL］. Arte，2023，35：811–822. DOI：10.5209/aris.83808.

如此。但当知识变得可以转让时，它就能使决策和权力更加集中。"①
当下的问题是，这个权力已经不公正地集中在少数人手中，而大多数
人从来没有，或者最终丧失权力。

人工智能的文化创造对于"艺术民主化"也有多方面的影响。正
如很多人所发现的那样，普通人可以利用人工智能程序轻松创作出专
业外观的艺术作品，从而使社会的创意表现形式更加多样化。即便由
人工智能生成的艺术作品可能在美学上并不令人印象深刻，但它们可
能比专业艺术家的作品更实惠，也更容易获得。因此，人们很难反对
人工智能"使艺术民主化"的说法。② 被卖给 TikTok 的音乐人工智
能 Jukedeck 的创造者也认为，他们的使命之一就是"音乐民主化"。③
然而，我们完全有理由担心人工智能生成的文化表现形式可能缺乏文
化多样性，因为人工智能的生产可能受到流行文化品位的驱动，此
外，大型平台企业利用人工智能算法强化了这种品位。④ 人工智能的
创造力似乎已经在人们参与和参加他们所认为的文化活动，而不是精

---

① BRYNJOLFSSON E. The Turing Trap: The Promise & Peril of Human-Like Artificial Intelligence［EB/OL］//Stanford Digital Economy Lab.（2022-01-12）［2023-05-17］. https://digitaleconomy.stanford.edu/news/the-turing-trap-the-promise-peril-of-human-like-artificial-intelligence/.

② ART AI. About Art AI［EB/OL］//Art AI.（2024）［2024-08-20］. https://www.artaigallery.com/pages/about-art-ai.

③ DREDGE S. Jukedeck hopes artificial intelligence can "democratise music"［EB/OL］//Musically.（2017-08-09）［2024-08-20］. http://musically.com/2017/08/09/jukedeck-artificial-intelligence-music/.

④ JIN D Y. Artificial intelligence in cultural production: critical perspectives on digital platforms［M］. Abingdon, Oxon；New York, NY: Routledge，2021.; KULESZ O. Culture, Platforms and Machines: The impact of artificial intelligence on the diversity of cultural expressions: DCE/18/12. IGC/INF.4［R/OL］. Paris: Intergovernmental Committee for the Protection and Promotion of the Diversity of Cultural Expressions，2018：20［2024-08-20］. https://unesdoc.unesco.org/ark：/48223/pf0000380584.

英艺术自上而下传播的"文化民主"的总体概念下找到了自己的道路。① 这对文化民主的理念本身提出了挑战，因为它揭示了后者缺乏辨别当代社会实际存在的日常文化和创意环境的能力。在这种环境中，先进技术被用来辅助甚至取代人类的创意劳动，提供新型的商业文化商品，并分析 / 塑造用户的文化品位。② 此即人工智能艺术也会面临同质化的风险。

更进一步，可以将人工智能艺术的历史划分为两大阶段。仅仅认为人工智能是一系列技术和工艺的集合，而与人工智能创新的中介和传播方式无关，是一种误导。③ 关于人工智能创新的交流从根本上促进了人们对人工智能的期望框架，或者"想象"（imaginaries）④。这些想象在人工智能的具体发展及其在我们社会中的应用中发挥着根本性的作用。人工智能哲学和一般技术哲学很少或根本没有关注技术想象力问题，而科学与技术研究（Science and Technology Studies，STS）和媒体研究等学科则特别关注技术的表征（无论是视觉的还是书面的、制度的还是非制度的）如何成为特定技术存在和发展的可能性条件。

传统的科幻作品中对于人工智能的想象成为人工智能艺术的第

① EVRARD Y. Democratizing Culture or Cultural Democracy？［J/OL］. The Journal of Arts Management, Law, and Society，1997［2024–08–20］. https://www.tandfonline.com/doi/abs/10.1080/10632929709596961. DOI：10.1080/10632929709596961.; HADLEY S. Audience development and cultural policy［M］. Basingstoke: Palgrave Macmillan，2021.

② LEE H K. Rethinking creativity: creative industries, AI and everyday creativity［J/OL］. Media, Culture & Society，2022，44（3）：601–612. DOI：10.1177/01634437221077009.

③ ROMELE A. Images of Artificial Intelligence: a Blind Spot in AI Ethics［J/OL］. Philosophy & Technology，2022，35（1）：4. DOI：10.1007/s13347–022–00498–3.

④ 通常被理解为对未来有所预言的现在的陈述。想象的概念更为宽泛，因为它包含了对过去的偏见和未来对现在的期望。

一历史阶段。因此，可以对科幻作品中的人工智能做两类解读。①
首先，它可以被看作更大的人工智能叙事语料库的重要组成部分。
一般来说，叙事是讲述故事的各种文化艺术品，以传达特定的观点
或价值观。② 人工智能叙事一词适用于以智能机器为主角的叙事，
可以看作我们对这些技术的希望和恐惧的折射，从而可能通过影响
开发者、公众接受度和政策制定者来塑造人工智能的发展。③ 在这
个意义上，人工智能叙事被理解为对真实人工智能的潜力及其可能
后果的严肃表述，类似于前瞻或技术评估。然而，科幻人工智能与
一般的科幻流派一样，不仅是关于特定技术的希望和恐惧，也是关
于人类观众和读者的人类戏剧。从这个角度看，激发戏剧性故事的
不是人工智能本身，而是讲述戏剧性故事的愿望需要特定类型的人
工智能，例如类人机器人或全能系统。其次，科幻人工智能不一定
与技术有关，也可以隐喻其他社会问题。因为如果人工智能叙事对
人工智能研究、公众接受度和政治监管产生了影响，那么过于照本
宣科地理解虚构故事中的人工智能可能会产生误导，因为这会歪曲
该技术目前的潜力和功能。④ 例如，有学者指出，科学幻想中的人

① HERMANN I. Artificial intelligence in fiction: between narratives and metaphors[ J/OL ].
AI & SOCIETY，2023，38（1）：319–329. DOI：10.1007/s00146–021–01299–6.

② BAL M. Narratology: Introduction to the Theory of Narrative[ M ]. 2nd edition. Toronto；
Buffalo: University of Toronto Press, Scholarly Publishing Division，1997.

③ AI narratives: portrayals and perceptions of artificial intelligence and why they matter[ EB/
OL ] //The Royal Society.（2024）[ 2024–08–20 ]. https://royalsociety.org/news-resources/
projects/ai-narratives/.; CAVE S, DIHAL K, DILLON S. Introduction: Imagining AI [ M/
OL ] //CAVE S, DIHAL K, DILLON S. AI Narratives: A History of Imaginative Thinking
about Intelligent Machines. Oxford University Press，2020：0 [ 2024–08–20 ]. https://doi.
org/10.1093/oso/9780198846666.003.0001. DOI：10.1093/oso/9780198846666.003.0001.

④ HARARI Y N. Homo Deus: A Brief History of Tomorrow[ M ]. Illustrated edition. New
York, NY: Harper, 2017.

工智能可以发展出自己的意志，而将其视为现实，掩盖了机器没有意图的事实，并强化了媒体讨论中普遍存在的关于人工智能代理或自主性的现有误解。① 与其说人工智能是自主的，不如说参与人工智能事业的每个人都是人工智能系统的一部分，其中除研究人员外，还包括建立人工智能系统运行制度安排的人，以及在这些安排中通过监控、维护和干预人工智能系统来发挥作用的人。② 忽视所有这些参与者会导致"社会技术盲目性"（socio-technical blindness），助长了"误导性的未来主义思维"。③

　　人工智能艺术的第二个历史阶段，即假设和实现人工智能能够主导艺术创作，实质性地缩小了人在艺术创作中的主观空间。也因此就会有这样的疑问：

　　人工智能本身会成为艺术家吗？一种观点是肯定的。雷·库茨维尔认为，未来的机器将具有意识，会有各种微妙的、与人类类似的情绪；当机器说出它们的感受和知觉体验，而我们相信它们所说的是真实的时候，它们就真正有意识了。④ 例如，大脑通过"临界选择器"（critical-selector machines）来增强其原始反应机制，如果能确定所面临的问题，就会选择更合适的思维方式。同时，心理活动至少分为 6 个层次：本能反应、后天反应、反刍、反思、自我反省和自我意识情感；创建情感机器的 6 个维度包括：意识、心理活动层次、常识、思

　　① LEUFER D. Why We Need to Bust Some Myths about AI［J/OL］. Patterns，2020，1（7）［2024–08–20］. https://www.cell.com/patterns/abstract/S2666–3899（20）30165–3. DOI：10.1016/j.patter.2020.100124.

　　② JOHNSON D G, VERDICCHIO M. Reframing AI Discourse［J/OL］. Minds and Machines，2017，27（4）：575–590. DOI：10.1007/s11023–017–9417–6.

　　③ 同上②。

　　④ KURZWEIL R. How to Create a Mind: The Secret of Human Thought Revealed［M］. Illustrated edition. New York, NY: Penguin Books，2013.

维、智能和自我。① 当大脑逆向工程取得成功时，就有可能利用特定区域模拟特定神经元来解决这些问题，从而使出色的情感机器人变得司空见惯。②

实现独立自主的人工智能艺术创作的真正障碍在于，今天的人工智能工具没有任何生活经验，甚至缺乏一个连贯的心理模型，不知道它们的数据代表了什么：服务器上存储的比特之外的世界。这个世界是人工智能无法访问的，因此人工智能也不知道。将人工智能模型与机器人配对，让机器人的摄像头和其他传感器体验世界，并不能解决这个问题，因为对于人工智能模型来说，机器人的输入只是另一个由 1 和 0 组成的数据转储，与从互联网上获取的图像和声音文件没有什么区别，而这些 1 和 0 并不能组织成一个开放而连续的世界的智能意识。③

然而，人工智能是否具备意识或许并不重要。尤瓦尔·诺亚·赫拉利（Yuval Noah Harari，1976—    ）认为，"智能正在与意识脱钩"，随着智能与意识脱钩，以及无意识智能以惊人的速度发展，人类如果还想不被踢出游戏，就必须积极升级自己的思维。④ 赫拉利的看法是：

---

① AI narratives: portrayals and perceptions of artificial intelligence and why they matter[EB/OL]//The Royal Society. (2024)[2024–08–20]. https://royalsociety.org/news-resources/projects/ai-narratives/.; CAVE S, DIHAL K, DILLON S. Introduction: Imagining AI[M/OL]//CAVE S, DIHAL K, DILLON S. AI Narratives: A History of Imaginative Thinking about Intelligent Machines. Oxford University Press, 2020: 0[2024–08–20]. https://doi.org/10.1093/oso/9780198846666.003.0001. DOI:10.1093/oso/9780198846666.003.0001.

② MARINARO A. Art and artificial intelligence, a window into the future of the evolution of contemporary society[J/OL]. EAI Endorsed Transactions on Creative Technologies,2020,7(22): 163834. DOI：10.4108/eai.13–7–2018.163834.

③ VALLOR S. The AI Mirror: How to Reclaim Our Humanity in an Age of Machine Thinking[M]. Oxford, New York: Oxford University Press, 2024.

④ HARARI Y N. Homo Deus: A Brief History of Tomorrow[M]. Illustrated edition. New York, NY: Harper, 2017.

科学正在向一个包罗万象的教条靠拢，即所有生物都是算法，生命就是数据处理；智能正在与意识脱钩；无意识但知识渊博的算法可能很快就会比我们更了解我们自己。[①]

另一项争议来自人工智能生成艺术品对观众的影响。艺术鉴赏是一个复杂的认知和情感过程，它不仅仅涉及模式识别或算法分析，还包括历史背景、个人经历、情感深度和主观阐释的微妙互动。[②] 就其核心而言，人类的艺术鉴赏与我们的意识体验有着深刻的联系。它不仅包括对形式、色彩和技巧的认识，还包括对作品创作的文化和历史背景的理解。它可以唤起一系列情感，激发求知欲，甚至引发社会或精神上的顿悟。这些都是目前机器无法复制的人类认知和情感，因为机器不具备主观意识状态、情感参与或文化和历史背景，而艺术往往是在这种背景下产生共鸣的。[③]

瓦尔特·本雅明（Walter Benjamin，1892—1940）等哲学家曾讨论过艺术品的"灵气"，即实体作品的独特存在和历史，在人工智能生成的艺术领域是如何被削弱甚至丧失的。本雅明极具影响力的文章《机械复制时代的艺术作品》（*Das Kunstwerk im Zeitalter Seiner Technischen Reproduzierbarkeit*）（1935 年）虽然没有直接论述人工智能生成的艺术作品，但提供了一个有用的视角来审视数字艺术作品是如何被轻易复制、共享和篡改的，从而使其失去了独特的"灵气"，

---

① HARARI Y N. Homo Deus: A Brief History of Tomorrow［M］. Illustrated edition. New York, NY: Harper，2017.

② BULLOT N J, REBER R. The artful mind meets art history: Toward a psycho-historical framework for the science of art appreciation［J/OL］. Behavioral and Brain Sciences, 2013, 36（2）: 123–137. DOI：10.1017/S0140525X12000489.

③ ARIS S, AEINI B, NOSRATI S. A Digital Aesthetics? Artificial Intelligence and the Future of the Art［J/OL］. Journal of Cyberspace Studies，2023，7（2）: 219–236. DOI：10.22059/jcss.2023.366256.1097.

进而影响了人们对它们的认知和评价。就连艺术市场也感受到了这种数字动荡的影响。随着 NFT 的兴起，人工智能生成的艺术品以前所未有的方式被商品化，一些保守的批评家认为，这稀释了艺术的精神和情感本质，使其沦为单纯的数字资产进行交易。[①]

# （四）结语

人工智能内容生成技术的发展，对于广义艺术，包括文学、美术、音乐、戏剧和电影的冲击是极其重大的，形成自文艺复兴以来前所未有的文化和艺术危机。继尼采的"上帝已死"和福柯的"人已死"之后，现在开启"艺术家和艺术已死"的时间表。这是因为人工智能改变了艺术创造的主体，使得人类艺术家不过是主体的一部分；人工智能艺术创造可以没有艺术家，艺术家创造不可能没有人工智能参与。人工智能改变了各种从内容到形式的艺术创造的传统过程，也改变了艺术作品的时空存在状态和欣赏的方式。

在人工智能艺术的浪潮下，越来越多的人类艺术家将不得不大规模退出传统艺术创造的领域，唯有寻求基于人工智能艺术基础之上的创造性。可以预见，面对后人类时代的来临，后人类艺术形态已经开始形成。人类艺术形态将是多媒态的和多维的艺术形态。这已经不再遥远，只是囿于人类目前的认知，还难以形成超前的想象，如在石器时代想象青铜器时代一样。人工智能艺术也势必超越地球空间的限制，走向太空和更远的空间。

正如人工智能本身所带来的各种概念冲击与争议，人们所知道的

---

① ARIS S, AEINI B, NOSRATI S. A Digital Aesthetics? Artificial Intelligence and the Future of the Art［J/OL］. Journal of Cyberspace Studies，2023，7（2）：219–236. DOI：10.22059/jcss.2023.366256.1097.

艺术会在思想与技术的不断冲突与交流中演化成长。社会学家丹尼尔·贝尔（Daniel Bell，1919—2011）曾有这样的精辟论述："艺术与技术并不是相互隔离的两个领域。艺术运用技术，但也有自己的目的。技术也是一种艺术形式，它连接文化与社会结构，并在此过程中重塑两者。"① 人工智能艺术概莫能外。

---

① BELL D. The Winding Passage：Essays and Sociological Journeys，1960—1980［M］. First Edition. Cambridge, Mass: Abt Books，1980.

# 智慧时代的女性力量：挑战、机遇与赋权之路 [①]

## （一）智能时代，妇女面临的全新风险和挑战

在全球范围内，妇女和女童在了解如何利用数字技术方面的概率比男性低 25%，在了解如何使用计算机进行编程方面比男性低 4 倍，而在申请信息和通信技术专利方面更是低了 13 倍。联合国教科文组织指出，人工智能系统的开发、使用和部署有可能复制且放大现有的性别偏见，并产生新的偏见。数据、编程团队或方法缺乏多样性，会导致有偏见的人工智能工具产生歧视性结果。联合国教科文组织总干事奥德蕾·阿祖莱（Audrey Azoulay）称：现在亟须重新平衡女性在人工智能领域的处境，以避免有偏见的分析，在开发技术时要考虑到全人类的期望和需求。[②]

目前，人工智能对女性的威胁和挑战主要表现在以下五个方面。

第一，算法歧视。有缺陷的数据的集合和数据集所带来的偏差，对女性的伤害是重大的。在人工智能时代，算法、大数据确实存在作为一种新型社会权力，很可能给女性的数字化生存带来广泛且系统的性别歧视风险。算法性别歧视风险存在于算法全生命周期的各个环

---

① 本文系作者于 2023 年 9 月 2 日在 "天下女人国际论坛" 会议上的发言。

② 促进人工智能领域性别平等，教科文组织推出女性专家平台［N/OL］.联合国新闻，
（2023–04–28）［2023–09–05］. https://news.un.org/zh/story/2023/04/1117472.

节。算法歧视相较于传统歧视行为，具有隐蔽性、系统性和反复性特征，造成放大性别歧视，以及结构性锁定女性不利地位，形成影响公民日常生活的重要后果。妇女权益活动家凯特琳·克拉夫－布克曼（Caitlin Kraft-Buchman）指出："正如机器们彼此之间学习根深蒂固的规律，将旧规范和刻板印象塞入未来的机器学习系统，世界范围内根植到无意识的规范变得难以去除。"[①]

一般来说，算法决策下的性别歧视表现为三种类型：第一种类型是镜像同构，即拉康理论；第二种类型是耦合互动；第三种类型是关联交叉。在现实世界，已经存在的性别歧视会通过耦合互动和关联交叉，使在智能时代里表现的性别歧视比原本在现实世界里存在的性别歧视更为严重。

第二，人工智能设计中的偏见的放大效应。用于人工智能学习训练的"教材"本身就包含偏见。设计者偏好、社会规范、缺乏可解释性的算法等，都会导致性别偏见在人工智能系统中得到反映和放大，形成人工智能领域有意和无意演绎出的各种偏见。

第三，智能产业内外的就业性别差异。人工智能产业中女性工作者占比30%，妇女从事的职业更多涉及的是日常工作和重复性工作较多的低薪职业，如文职辅助工作或零售工作，易被人工智能算法替代。[②] 有研究显示，美国79%的女性工作者从事的工作都是暴露在被人工智能替代的风险下，甚至显著高于在劳动力市场中数量

---

① KRAFT-BUCHMAN C. CHAPTER 1：We Shape Our Tools, and Thereafter Our Tools Shape Us［M/OL］//From Bias to Feminist AI. 2021：1［2024–09–16］. https://feministai. pubpub.org/pub/we-shape-our-tools/release/3.

② WORLD ECONOMIC FORUM. Global Gender Gap Report 2023［R/OL］. World Economic Forum，2023［2023–09–07］. https://www.weforum.org/reports/global-gender-gap-report-2023/in-full/gender-gaps-in-the-workforce/.

更多的男性工作者。[①]

第四，人工智能加重了妇女职场、家庭和婚姻的"三重焦虑"。其中，职场焦虑来自工作管理的智能化，包括工作任务分配算法、性能评价算法、招聘筛选算法对女性的压力；家庭焦虑来自子女的教育和学习模式的智能化；婚姻焦虑来自智能化对情感结构的强烈影响。

第五，网络和智能混合暴力。人工智能技术滥用助长网络暴力，包括机器人水军（botnet）和深度伪造视频等现象。

## （二）智能时代的妇女机遇

智能时代的来临，不仅为女性带来了风险和挑战，同时也深刻地改变了社会和文化的格局，为女性创造了独特而重要的机遇。

第一，人工智能时代有利于妇女教育的革命。当女性在编写算法、开发机器人等方面有同等的机会，这些领域不再受到性别歧视的影响时，女性更容易获得成功。因此需要鼓励女性广泛参与科学、技术、工程及数学（Science, Technology, Engineering, Mathematics，STEM）课程与相关领域。

第二，人工智能时代有助于增强多元价值包容性，开发妇女潜能，实践性别平等。人工智能对人类的解放，创造出更有创意的、更有情绪价值的、更多提供连接的工作，推动男女同权。

第三，人工智能时代为妇女提供全新的生存与发展生态。智能算法把妇女从陈旧观念与传统社会价值的桎梏中解放出来，构建从适应女性的性别身份认同到自我价值实现的生态环境。

---

① MCNEILLY M. Will Generative AI Disproportionately Affect the Jobs of Women? ［EB/OL］//Kenan Insight.（2023-04-18）［2023-09-07］. https://kenaninstitute.unc.edu/kenan-insight/will-generative-ai-disproportionately-affect-the-jobs-of-women/.

第四，人工智能时代有助于妇女实现全球性的联合与合作。

## （三）智能时代的妇女赋权方式

尽管人类社会在向数字化和智能化转型，但是妇女的基本权利，包括受教育权、政治权利，甚至健康权却相对滞后，甚至存在被边缘化的危险。所以，需要推动女性赋权。女性赋权是从社会、经济、政治、法律及个人发展层面给女性以权利和力量，使其能够自主地从自身利益角度做出决定，并可以为自己的决定负责。

在当下，具有权威性的国际机构开始积极探索妇女赋权的途径与原则。

联合国妇女署于 2021 年推出"赋权予妇女原则（Women's Empowerment Principle，WEPs）"三原则。包括平等原则，指妇女与男性一样，拥有平等的权利与机会，并不受到歧视或剥夺；参与原则，指妇女应当积极参与政治、经济、社会、文化等各个领域的决策过程；自主权原则，指妇女享有自主权，能够自主做出决定，包括生育、教育、工作。

2021 年 11 月，由 193 个成员国一致通过的《人工智能伦理问题建议书》（*Recommendation on the Ethics of Artificial Intelligence*），是人工智能领域的首个全球标准制定文书，该文书是各国制定人工智能政策的具体路线图，将为人工智能的各个方面规划提供性别化的方法。

在这些努力之中，妇女赋权能够被总结为四个基本方向。

第一，教育。教育是促进社会进步和文化发展的基石，通过教育，女孩子能够接受平等的知识和技能，掌握自我决策的能力，从而为更好地参与社会做准备。

第二，政策和制度变革。实现妇女赋权需要制度和政策的支持，政府可以制定合适的法律和政策保护妇女权益，例如打击性别歧视、提高女性的地位和身份、增加女性在政治中的代表性等。女性参与增强人工智能平权政策制定。

第三，社会意识的转变。妇女赋权还需要社会大众的理解和支持。人们应该认识到性别平等的重要性，并且反对男女角色刻板印象，消除所有形式的性别歧视。

第四，拥抱人工智能新技术。例如，面对未来机器人的特性、功能及其将来的前景，需要接受、迎接通用人工智能时代，一个前所未有的硅基与碳基并存的后人类社会。

妇女赋权的概念化上，个人层面和社区层面都需要把资源、行动和成就结合在一起，推动妇女赋权的发展（图 4.5）。

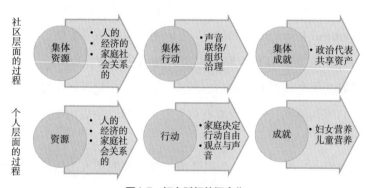

**图4.5　妇女赋权的概念化**

为智能时代发展做出不可磨灭贡献的有两位杰出女性。一位是雪莱夫人，她于 1818 年创作并出版了文学史上第一部科幻小说《弗兰肯斯坦》，被誉为人工智能科幻小说的奠基人，为后来科幻文学的不断发展铺平了道路。另一位是爱达·奥古斯塔·拜伦，她是计算机程序的创始人之一，也是第一台史前计算机或者说现代计算机差分机的发明者之一。这两位杰出女性都是智能时代的奠基者和开创者，彰显了女性力量的强大，值得后人尊敬。

# "科学怪人"的历史与现实意义何在 [1]

## ——纪念雪莱夫人《弗兰肯斯坦》问世 200 周年

我错了，我真的错了。我不该创造你，更不该让你承受这样的痛苦。

—— 雪莱夫人《弗兰肯斯坦》：科学怪人的创造者弗兰肯斯坦对科学怪人的忏悔

1818 年 1 月 1 日，《弗兰肯斯坦》问世，其中译本多取名《科学怪人》，它被公认为世界第一部科幻小说，作者是年仅 19 岁的雪莱夫人。历史上的很多伟大作品，即使在作者生前已经获得成功，也不意味着作者本人理解了自己作品的全部意义，因为一个伟大的作品需要经过其后人，甚至几代人的诠释和解读。《弗兰肯斯坦》就是这样伟大作品的典型。在过去 200 年间，《弗兰肯斯坦》的影响经久不衰。

## （一）《弗兰肯斯坦》的作者、缘起与梗概

雪莱夫人的闺名是玛丽·葛德文（Mary Godwin）。按照世俗观

---

[1] 本文系作者于 2018 年 9 月 28 日为纪念雪莱夫人所著《弗兰肯斯坦》问世 200 周年所撰写的纪念文章，刊于 2018 年 10 月 8 日《经济观察报》33 版。

点，她是不幸的：出生几周，母逝；与丈夫共同生活六年，夫亡；三个孩子夭折。终其一生，她是雪莱的遗孀。

人们好奇她创作《弗兰肯斯坦》的思想资源从何而来？

这首先要追溯到她的家庭。父亲葛德文（William Godwin，1756—1836）是位无政府主义者，法国大革命积极支持者，著有《政治正义论——论政治正义及其对道德和幸福的影响》；母亲玛丽·沃尔斯通克拉福特（Mary Wollstonecraft，1759—1797），是女权运动的思想先驱，著有《为妇女的权利辩护》。玛丽自幼得以见识那个时代的精英人物来到家里，与父亲一起高谈阔论人文、社会科学和科学技术，从而深受父母及其精英群体理想主义和激进主义影响。

其次是珀西·比希·雪莱（Percy Bysshe Shelly，1792—1822），浪漫主义诗人，出身于英国贵族家庭，十八岁进入牛津大学，热爱科学。一年后，因撰写《论无神论的必然性》（The Necessity of Atheism）被学校开除。雪莱推崇空想社会主义，其诗作融合了浪漫主义和革命理念。

再有就是雪莱的朋友圈。玛丽因雪莱而卷入当时英国最年轻、最有激情的知识精英群体。他们多是法国革命和美国独立战争的支持者，甚至与意大利革命组织"烧炭党"（Carbonari）有过联系，同情西班牙革命。以代表作《唐璜》（Don Juan）闻名于世的乔治·戈登·拜伦便是雪莱朋友圈中的重要一员。他们关注人文、自然科学，讨论生命起源，对于同时代的自然哲学家、医学家、发明家、植物学家、生理学家伊拉斯谟斯·达尔文（Erasmus Darwin，1731—1802）及其生命理论，自然也很关注。

天赋之外，这些都促使玛丽接受现代人文思想，学习科学知识，具有异于常人的眼界和思想力。

《弗兰肯斯坦》的故事成形于1816年6月，在瑞士日内瓦湖南岸的一座别墅里，参加的人物包括拜伦、拜伦的医生约翰·威廉·波利多里（John William Polidori，1795—1821）、雪莱，以及玛丽同父异母的妹妹克莱尔（Claire Mary Jane Clairmont，1798—1879）。那年夏天阴冷多雨，北半球平均温度骤降 3 华氏度，夜晚寒冷。拜伦提议每人写一个鬼故事，玛丽讲出了《弗兰肯斯坦》的故事，又在雪莱的鼓励下，将其扩展成小说。

　　书中有三位主要人物。第一位，维克多·弗兰肯斯坦（Victor Frankenstein），出生于日内瓦一个名门望族，立志探索外部物理世界和生命起源，甚至超自然的奥秘。他十七岁到德国大学求学，后成为科学家，并萌生制造同类的想法。他也确实创造出了一个类似人类的生命体，然而最终，他与创造物在北极同归于尽。第二位是弗兰肯斯坦创造出的生命体，被唤作"造物""怪物""恶魔"等。它是男性，相貌粗俗而丑陋，渴望融入社会，却难以被接纳，只能游离于人类社会之外。尽管如此，他学会了使用火，自学英、法、德语，具备读书能力。他在短短几年的生命中，在美德与罪恶之间徘徊，在生存与死亡中挣扎，以自焚完结生命。第三位是罗伯特·沃尔顿（Robert Walton），北极探险船船长。本书的故事通过他得以连接。

　　故事发生在 18 世纪末。第一部分（第 1—9 章），讲述弗兰肯斯坦的人生经历，特别描述他制造生命体的过程，在一个风雨交加的夜晚，雷电使这个创造物睁开眼睛。那一刻，弗兰肯斯坦选择了逃离，陷入因怪物引发的恐惧与纠缠。第二部分（第 10—17 章）讲述人造生命体在过去一年多的遭遇，被冷漠、鄙视和遗弃；心理演变过程，美德和罪恶行为交叉。其间，这个人造生命体向弗兰肯斯坦提出为他制作异性同类的请求，以换取他远走南美洲和最终从世界上消失。第三部分（最后 7 章），弗兰克斯坦害怕他造出的生命体繁衍后代，给文明世界带来不堪后果。因而违背承诺，毁灭了成功在望的异性人造生命体。这引发怪物的精神崩溃，对弗兰肯斯坦施以剧烈的报复，导致弗兰肯斯坦父亲死亡，弗兰肯斯坦自身病亡，怪物自杀的震撼性悲剧结局。

小说的人物和情节设计并非基于理性批判，而是出自雪莱夫人的情感、善良和同情；将书信和叙述相结合，穿插而行，使整个故事置于主人公亲眼所见的范围。

## （二）《弗兰肯斯坦》的时代是怎样的时代

雪莱夫人出生时，英国正值乔治三世（George III，1738 — 1820）时期。美国独立和民主制度已经历了时间考验，乔治·华盛顿正式退休。在欧洲大陆的法国，拿破仑（Napoleon Bonaparte，1769—1821）发动"果月政变"。直到雪莱夫人创作《弗兰肯斯坦》的 1816 年，西方世界仍然处于 18 世纪的惯性之中。18 世纪曾被说成"理性时代""启蒙时代""批判时代""哲学世纪"等，人本主义和博爱主义处于主导地位，产生了休谟（David Hume，1711—1776）、康德（Immanuel Kant，1724—1804）、莱辛（Gotthold Ephraim Lessing，1729—1781）、狄德罗（Denis Diderot，1713—1784）、伏尔泰（原名 François-Marie Arouet，笔名 M. de Voltaire，1694—1778）等哲学家，还有博爱主义的代表人物歌德（Johann Wolfgang von Goethe，1749—1832）。人类知识传播范围扩展，传播工具多样化，包括法国的百科全书和期刊，博物馆、研究院、大学等公共机构；工业革命、科学革命和社会革命交织；现代科学的学科体系得以奠定；技术发明几乎在所有产业都有长足进展。

在《弗兰肯斯坦》故事诞生前一年的 1815 年，滑铁卢战役终结了拿破仑及法国革命时代，欧洲专制王朝复辟。之后，英国探险家富兰克林（John Franklin，1786—1847）多次进入北极地区。所以，雪莱夫人选择北极作为《弗兰肯斯坦》的重要场景。1831 年，《弗兰肯斯坦》第三版问世时，欧美的工业体系已趋于完整；雪莱夫人去世前三年，目睹了 1848 年的革命。几个月后，万国工业博览会显示英国的工业和科技发展成就。雪莱夫人通过《弗兰肯斯坦》的角色，传达了她对自己所经历的 19 世纪的感受、体验和预期。

反观 1818 年的中国，处于清仁宗嘉庆二十三年。虽有过"咸与维新"，还是"嘉道中衰"。禁锢之下的文化和思想精英，来自传教士的零星科学和技术知识，生存于诸多权力压迫下的女性，且不论识文断字者的匮乏，绝无产生《弗兰肯斯坦》的可能。

为什么《弗兰肯斯坦》200 年来的影响经久不衰？

有统计称，以《弗兰肯斯坦》为背景的舞台剧迄今已有近百部，电影超过 70 部。在英语世界《最具影响力的 101 位虚拟人物》中，"弗兰肯斯坦的怪物"居第 6 位。正是《弗兰肯斯坦》所具有的得以不断深入诠释的张力，使读者以各自的视角反复挖掘，加以诠释，所涉及的主题相当宽广。

第一，《弗兰肯斯坦》是科幻小说的先驱。《弗兰肯斯坦》有科学和技术知识含量。早在 1816 年，雪莱夫人几乎是产生人造生命思想、考虑器官移植的绝无仅有的人物。她在已知与未知、幻想与现实之间搭了一座桥梁，区别于神话和奇幻，开创了"科幻小说"的先河；提出了在工业革命和进化革命的双重进程之初关于人类能力的全新设想；相信人类可以通过科学方法，让"人造生命"梦想成真。她也表达了对科学前途的忧虑，呼唤新时代的理性。所以，1973 年，当代英国科幻作家奥尔迪斯（Brian Wilson Aldiss，1925—2017）在《十亿年的狂欢：科幻小说史》（*Billion Year Spree: A History of Science Fiction*）中，将科幻文学诞生的标志性事件追溯到雪莱夫人的《弗兰肯斯坦》。

第二，人造生命体的身份认同。弗兰肯斯坦所创造的生命体与人类之间没有血缘纽带和"情感"联系，被视为异己"怪物"。而这个具有人的心智的生命体主动适应人类，学语言、说话、阅读、人类情感，甚至文明和道德。遗憾的是，他的努力失败了，唯有孤独、痛苦和绝望，最终是怨恨的积聚和喷发。这是整个悲剧的基本根源。200年前，雪莱夫人即揭示了"身份/认同"，这一人的生命意义前提，人类与生俱来的心理需求。

第三，科学的"两重性"和科学家的"罪与罚"。弗兰肯斯坦是科学至上的典型。作为科学家，他创造了人造生命体，触及了"罪与罚"的问题。玛丽笔下的弗兰肯斯坦，有着源于理性的傲慢，社会责任心缺失，任性而虚荣。那么，为什么会产生像弗兰肯斯坦这样的科学家呢？尼采曾指出：一种强烈和日益增长的好奇心，一种对未知领域冒险的欲望，一种来自新奇事物的刺激力，以及实现个人胜利的目标。所谓的追求真理不过是借口。与雪莱夫人生活的时代相比，今天科学高度发展，特别是生物工程技术的持续革命，人类正在逼近"人造人"的奇点，包含超越人类希望发展的方向和底线的可能，造成因科学过度干预生命而出现的"弗兰肯斯坦综合征"（Frankenstein Syndrome）。倡导和警示科学家的社会和历史责任感及道德精神始终与科学技术的发明和进步相伴随。

第四，宗教和人性。在西方的传统宗教文化史中，对生命知识的渴求与实践，被认为是来自人类原罪的召唤。既是对神灵的亵渎，又是对上帝的僭越。雪莱夫人在《弗兰肯斯坦》中隐含了关于宗教信仰和科学理性的两重性：一方面，以弗兰肯斯坦作为自启蒙运动以来的科学家代表，不顾任何代价去追求知识，让专属上帝的绝对能力降临凡人，展现了新型科学家的自负理性；另一方面，在文字背后有对神、对人类创始者和造物者的敬畏之心。不得不承认，科学家无法摆脱人的自私、欲望和贪婪，很可能在"科学"的名义下毫无节制地向自然界索取，用智能凌虐、压榨、剥削其他生物。弗兰肯斯坦制造一个生命体的欲望到底值得肯定，还是值得否定？进而人是否有能力、有权力挑战上帝创造人的这种功能？雪莱夫人并没有回答。但是，《弗兰肯斯坦》的题词是《失乐园》（*Paradise Lost*）中的一句："造物主啊，我能请求您，从我的凡体泥胎，再给我造人吗？我能恳求您，从黑暗中拯救我吗？"以此表达人造生命体对创造者弗兰肯斯坦的诘问。

第五，精神分析。弗洛伊德的"精神分析"产生于 20 世纪。但是，雪莱夫人对弗兰肯斯坦和"机器怪人"有精神层面的描述，超越了那个时代所谓哥特作品的范式。故事中的弗兰肯斯坦和他创造的生命体，以及其他人物，几乎都是病人，精神分裂病人，表现为人格缺陷、心理疾病、性格扭曲、行为怪异、偏执、抑郁、被迫害等心态。当所有的人都处于病态，特别是心理病态，就会导致沟通难度和误解增加。《弗兰肯斯坦》中的死亡情节比比皆是。根据"精神分析"理论，人类存在所谓"死亡本能"（Thanatos），并派生出攻击、破坏和战争，表现为他的攻击性和残忍性，以及在强烈的死亡冲动而不能自拔时，选择死亡。正是"死亡本能"和"死亡冲动"，终结了《弗兰肯斯坦》。此外，《弗兰肯斯坦》也涉及"性"。机器怪人最后请求弗兰肯斯坦为他创造一个异性同类，其表层原因是寻求情感满足，背后是"性"渴望。可以说，对于异性的精神和生理需求无从满足的绝望，点燃了机器怪人走向极端的导火索。

第六，女性主义反思。雪莱夫人笔下的四位女性形象各异：第一位，弗兰肯斯坦的母亲卡罗琳娜（Carolina），温顺贤淑，"世上最善良的人"，属于欧洲主流社会"完美"的"房中天使"典型。但是，卡罗琳娜对于收养的伊丽莎白（Elizabeth），却奉行双重标准，视其为"一份漂亮的礼物"，并以潜移默化的方式将伊丽莎白改造为变相的"童养媳"。第二位，伊丽莎白，形象妩媚而端庄，心地善良，性格刚毅，追求公正，酷爱诗歌和大自然。受卡罗琳娜影响，自觉将自己作为弗兰肯斯坦的"私物"，丧失了独立与自由的身份或个性。第三位，莎菲（Safie），土耳其商人之女，其母曾沦为女奴的经历使她自幼反叛，敢于违抗父命，冲破语言、父权和社会的三重阻碍。第四位，贾丝汀（Justine），遭生母厌弃，被卡罗琳娜收为女仆，接受教育，成为恪守职责的仆人和"最感恩图报的小生命"，心甘情愿地充当男性主人的附庸。雪莱夫人继承了母亲的女性主义基因，借《弗兰肯斯坦》表达了她对自身所处社会的女性社会地位、生存状况和未来命运的思考。

第七，生态整体主义。雪莱夫人以大自然作为"人造人"的场景，以"她"来称呼大自然。她认同大自然赋予人类灵感，救赎和净化人类心灵，是人类身体和精神的避难之所。人类要控制自己的欲望，需要回归人的自然天性，实现人与自然之间的和谐。书中展现了雪莱夫人对于人类伦理生态体系，特别是家庭体系的立场。随着科学进展，支撑人类繁衍的家庭结构被打破，可以产生没有母亲的后代。传统的人伦之爱被瓦解，母爱残缺，仇恨很容易滋长，最终吞噬人的良知和情感。

《弗兰肯斯坦》提出了一系列深刻问题：当人类决定和可以实现"人造人"时，是否意味着科学可以征服甚至驾驭自然、控制自然？如何处理科学与自然生态的关系？如何对待异类生命体？如何将被创造的人吸纳到人类伦理生态体系之中？如何构建人与"人造人"之间的情感基础，实现精神生态的和谐？雪莱夫人隐含着对科学超越自然生态的科学中心主义和科学至上主义的忧虑。回答这些问题，何其难也，200年了人们还在寻求答案。可以肯定的是，科学进步绝不意味着可以丧失对自然和生态的敬畏，要想避免毁灭，需要实现生态整体主义意义上的救赎。

第八，浪漫主义和怪诞审美。为什么雪莱夫人将弗兰肯斯坦的"创造物"设计成丑恶和恐怖的样子，而不是一位翩翩少年？除了看得见的原因：符合恐怖故事，让弗兰肯斯坦和其他人排斥"他"顺理成章，形成与其内心世界的反差等，如果做更深入的探讨，则可以看到 18 世纪末至 19 世纪初所形成的浪漫主义审美观对雪莱夫人创作的影响。浪漫主义引发了审美模式的革命，一大批怪诞和丑陋形象诞生，他们内心世界复杂矛盾，性格乖张多变，集真善美假恶丑于一身。美与丑之间不复存在清晰边界。怪诞成为真实世界和人类的常态，丑甚至成为现代西方艺术的一股潮流。《弗兰肯斯坦》开创了丑和怪在科幻小说中的中心地位。

第九，理想主义、激进主义和马克思主义视角。雪莱夫人、法国启蒙运动和大革命，以及那个时代的理想主义和激进主义，并非久远。弗兰肯斯坦和沃尔顿是被赋予特定的理想主义的代表。弗兰肯斯坦要探求生命奥秘，沃尔顿要探索人迹罕至的极地奥秘，两人都渴望在自己的领域实现创造性贡献。只是，弗兰肯斯坦更为执着和激进。理想主义和激进主义，最终受制于价值观和意识形态。雪莱夫人的小说的悲剧性结局，流露了作者对科学主义和激进思想的失望，对卷入悲剧的各个方面的深深同情。全书故事的悲剧结局就是激进主义所支付的总成本。

在《弗兰肯斯坦》中，可以看到雪莱夫人通过人造生命体的不公正遭遇，展示阶级和阶层差别、人与人的不平等、穷苦大众、宗教压迫，甚至政治镇压。所以，基于马克思主义意识形态的阐释者将《弗兰肯斯坦》的主题说成阶级压迫和阶级反抗。人造生命体代表被压迫阶级，他与制造他的主人的对立，是阶级对立，不可调和。

## （三）《弗兰肯斯坦》的历史与现实意义何在

雪莱夫人第一次宣示人类可以通过科学手段，制造出有别于传统人类孕育模式的"另类人"。只是，它属于孤立事件和个人行为。被制造的生命体没能繁衍后代，仅仅是一个活动于非都市地区，甚至荒凉北极的生命体。如今，"人造人"已经不可逆转。在过去 200 年间，《弗兰肯斯坦》在思想、文化和科学技术多领域维系着持续和深刻的影响，本文挑选了 6 个有代表性的人物、思想和事件加以呈现。

第一，"Robot"的机器人模式。1920 年，捷克作家卡雷尔·恰佩克编写的《罗梭的万能工人》科幻舞台剧出版。其时，捷克是东欧最发达的工业化国家。1921 年，该剧首演，轰动一时，被译成 30 种语言。因为《罗梭的万能工人》，Robot 成为机器人的代名词。与《弗兰肯斯坦》相比，在"人造人"方面，它有如下变化：外表和人类无异，制造的原材料是有机合成物，近似于赛博格和复制人，被称为"机器人"；"机器人"拥有自己的思想和愿望；不再是个体，而是群体，有自己的领袖；在对人类怀有敌意的机器人带领下，"机器人"从乐意与人类合作演变为对抗，甚至导致人类灭亡；而"机器人"与人类冲突的地点起始于工厂。

第二，阿西莫夫的"机器人三定律"。艾萨克·阿西莫夫在《转圈圈》（*Runaround*），即《我，机械人》（*I, Robots*）的一个短篇中，第一次提出"机器人三定律"：第一定律，机器人不得伤害人类，或坐视人类受到伤害；第二定律，除非违背第一定律，否则机器人必须服从人类命令；第三定律，除非违背第一或第二定律，否则机器人必须保护自己。此时此刻，机器人尚不存在。人们普遍认为"机器人三定律"不过是小说家的幻想，属于"虚构学说"。但是，它却成为自己作品中机器人的行为准则。之后，阿西莫夫提出"心理史学"（Psychohistory），构成"基地系列"（*Foundation*）的"硬科学"基础，预测银河帝国的命运和人类的未来。1985 年，阿西莫夫在《机器人与帝国》中，将"机器人三定律"扩张为"机器人四定律"。阿西莫夫是"弗兰肯斯坦情结"（Frankenstein Complex）概念的提出者，他的

"机器人三定律"很可能是受《弗兰肯斯坦》启发而得。

第三，福柯的"人之死"。"人之死"（death of man）是法国思想家米歇尔·福柯在《事物的秩序》（*The Order of Things*）一书中提出的一个概念。在福柯看来，直到 18 世纪末期至整个 19 世纪，所谓"人"的概念才进入知识学科，"人"逐渐成为语文学、政治经济学和生物学等学科的知识对象。人是知识的客体，认知的主体。若将 19 世纪的知识进化过程理解为"人的诞生"过程，"人之死"则指的是 19 世纪以后以人为中心的现代知识体系的死亡。人们一般认为，"人之死"受尼采"上帝已死"的影响。而有研究者发现，《弗兰肯斯坦》中包含着福柯"人之死"的痕迹：弗兰肯斯坦制造的生命体的成功，不仅意味着对上帝的挑战，看到尼采"上帝之死"的影子，也意味着对基于人文主义的"人"的挑战，看到福柯"人之死"的逻辑。

第四，福山的"人性"。2002 年，弗朗西斯·福山（Francis Fukuyama, 1952—  ）出版《我们的后人类未来：生物技术革命的后果》（*Our Posthuman Future: Consequences of the Biotechnology Revolution*）。福山这样定义人性：人类典型行为与特征的总和，源于遗传而非环境因素。福山关注"基因工程革命"，因为传统的体细胞疗法只能改变体细胞的 DNA，只能影响个人，但是，"基因工程"可以定做婴儿，影响千百万人的选择，传导后代，产生人口级的影响，最终变更人性能力，传统标准的人类消亡。福山在 21 世纪初提出的问题是深刻和及时的。人们对新兴的科学和技术抱持憧憬，但是，因为人在控制上的无能，很可能付出人性浩劫的代价。所以，福山主张要保护人性及人权的统一性或连贯性，保护人类完整的、演化而成的复杂本性，对抗自我修正的企图，避免"人性浩劫"。对此，雪莱夫人在弗兰肯斯坦中也埋下了伏笔。

第五，人工智能的突破和"后人类社会"来临。人工智能进展的重要体现是创造具有智能的"机器人"，拥有学习、思维、语言、行为、社交，甚至创造能力。人工智能科学派生出了"机器人学"，探讨机器人伦理学、心理学、经济学。人类将和他们创造的人，包括机器人、被改造的人，以及有超能力的人和平共处。这就是超人类主义与后人类主义（posthumanism）所讨论的未来世界。2004年2月25日，日本福冈召开的机器人会议通过《世界机器人宣言》，其中就有要善待机器人，机器人具备和人平等的权利。然而这里有一个悖论：人类不是机器人，有什么权力来规定机器人所要遵守的规则；机器人不是人类，为什么要遵循人类社会的制度和规则？

## （四）结语：现代普罗米修斯的隐喻

如果追溯雪莱夫人用"现代普罗米修斯"作为《弗兰肯斯坦》副标题的原因，不乏雪莱的影响。雪莱和拜伦都是古希腊、古罗马艺术，包括普罗米修斯的崇拜者。1819年，雪莱完成《解放了的普罗米修斯》（*Prometheus Unbound*）诗剧。他通过普罗米修斯受尽三千年苦难折磨而信心未泯，终于获救，以及宙斯儿子冥王推翻父亲统治的故事，告诉人们残暴酷虐的统治本身必会招致自身的毁灭，光明终究会替代黑暗，美好战胜罪恶，要对人类前途充满信心。雪莱夫人通过《弗兰肯斯坦》的副标题所要传达的是：不论弗兰肯斯坦有过多少过失和失败，在精神世界有过怎样的矛盾和挣扎，依然是一位值得尊敬的现代普罗米修斯，其背后是生命、信仰、永生和死亡的关系。弗兰肯斯坦的遗言体现了普罗米修斯精神："我所失败的未来可能会由别人完成。"

200年前，雪莱夫人集知识、思想、历史感、艺术敏感和文学表达能力于一身，通过《弗兰肯斯坦》，触动了宗教、科学和人性的深层关系，提出了现代人类状态是不是人类的终极状态这样挑战人类中心主义的问题，折射了雪莱夫人的理想、梦想、科学观念，以及对生命的革命性思考。雪莱夫人当年签写的名言"我不恐惧，因而有力量"（For I am fearless，and therefore powerful.），在 200 年后的今天，仍然支撑着这本科幻小说的生命力和魅力。

# "魔兽"的基因：嵌入、遗传和变异 ①

总有一天，我的生命将抵达终点，而你，将加冕为王。

——国王泰瑞纳斯·米奈希尔二世（Terenas Menethil II）

《魔兽世界》中的一个角色

1990 年出生的杨修，撰写了"魔兽"（Warcraft）在中国的专著，书名是《远征遗迹：纪事本末》。② 这里包含两个反差元素："魔兽"是舶来品，而"纪事本末"，则是中国史书体例之一，因事立目，与纪传体、编年体三足而立。也就是说，杨修用了"纪事本末"体例，记录"魔兽"在中国的历史，立意新颖。

全书共八章，概括了"魔兽"在中国遭遇的主要事件。这本书的核心内容及其意义又是什么呢？我以为最重要的就是，如何认知"魔兽"基因在中国的嵌入、遗传和变异。

人类社会始终受到两种"基因"的交互影响，即生物性基因和文化性基因。人身体内的基因可以被编码，也可以进行数量统计，至于基因与蛋白质所组成的染色体结构则是稳定的。但是，如果说人类有文化基因，则主要是指通过最小信息单元和最小信息链条，传承在思想和精神空间中存在的观念、信念、价值观。这种文化基因的形成与

---

① 本文系作者于 2016 年 6 月 20 日为杨修著《远征遗迹：〈魔兽世界〉中国纪事本末》所撰写的序言，刊载于 2016 年 7 月 11 日《经济观察报》观察家版。

② 杨修.远征遗迹：《魔兽世界》中国纪事本末［M］.北京：中国质检出版社，2017.

演变的路径，可以是先天遗传和后天学习的，可以是主动或被动的，或者自觉与不自觉的。

人类文化基因集中显现为所谓的"世界观"，而"世界观"则通过思维方式、哲学逻辑、语言特点和情感心态得以显现。一般来说，社会形态中文化基因的差异和多样性要远远超过生物形态的基因差异和多样性。但是，人类的生物性基因和文化性基因还是有着共同之处，即都具备遗传和变异的可能性。遗传和变异可以是自然的，也可以是超自然的。

迄今为止，"魔兽"是被人们严重低估的全球性的历史事件。如果以1994年美国首次发布魔兽争霸系列的第一部作品《魔兽争霸：人类与兽人》作为"魔兽"文化现象的起点，至2016年《魔兽》电影上映，已经整整22年，相当于一代人的时间。"魔兽"经历了从内容、视觉形式和存在形态，从科幻长篇小说、传统电子游戏，到大型多人在线角色扮演游戏（massively multiplayer online role-playing game，简称MMORPG）和跨媒体多维性演变，最终形成了"魔兽争霸"系列、"魔兽世界"系列和"官方电影"系列。

"魔兽"已经自成体系，成为人们对"魔兽争霸""魔兽世界"和魔兽电影的统称。现在，没有人可以预期"魔兽"终结的时间。2010年10月，"魔兽世界"会员的最高峰是1200万户；2015年10月，依然有550万户。截至2014年1月，"魔兽世界"累计登记的终身账号数量超过1亿。

如何解释"魔兽"现象？根本原因在于其内在生命力，而支撑这个生命力的是嵌入崭新文化基因，颠覆传统观念、信念和价值观。这里只罗列以下几点。

第一，时空概念。"魔兽"系列时空，不是人们日常生活的三维时空，而是多维时空。包括"外域"在内的魔兽世界地图，打破人们对所谓现实世界的地理空间概念。例如，魔兽世界的宇宙是由无数个世界组成，这些世界与被称为"扭曲虚空"（Twisting Nether）的死亡领域连接。恶魔，包括可怕的燃烧军团，藏身于"扭曲虚空"世界。此外，魔兽世界的时间尺度动辄以千年、万年，甚至亿年为单位。

第二，能量概念。在现实世界中，能量是一种可以间接观察到的物理量，如同质量一般，不会无中生有或无故消失，没有能量的世界是不可想象的。但是，人们往往会忽视能量是物理世界和人类社会的基础。在魔兽世界，能量被置于无所不在的核心地位。艾泽拉斯的太阳之井是产生魔法能量的源泉，围绕这个井，有过殊死的战争。

第三，族群概念。例如魔兽世界中艾泽拉斯大陆，联盟和部落各自至少包含了六个族群，此外还有不属于联盟和部落的熊猫人。在这里，有高尚的魔兽，也有卑劣的人类。除了酋长之类的职务，找不到现代社会的国家、政府和政党的痕迹和踪迹。

第四，经济概念。魔兽世界提供了专业、职业和技能系列，玩家可以在游戏中通过专业获得的资源和成品，再到市场实现交易。在这里，没有垄断，也没有阶级。这无疑是经济学家追求的经典式的利伯维尔场经济。这样的经济形态，在地球上已经不复存在。

第五，生命概念。在魔兽世界，生命的死亡不是绝对的，复活是可能的；在魔兽世界，灵魂是真实的。

第六，价值观。在魔兽世界，始终贯穿着正义和邪恶的对抗，进而有代表正义的英雄角色和代表邪恶的反派角色。但是，在魔兽世界的英雄代表和邪恶代表，绝非简单的"非黑即白"那么简单，有着他们之所以成为英雄或者反派的来龙去脉。每一个玩家除了要做阵营抉择之外，还要决定是成为英雄的战友，还是恶魔的追随者。

简言之，魔兽世界提供了新的文化基因组合，或者文化基因的新组合。除了上述文化基因和组合方式之外，魔兽世界还提供了其存在的形态，即大型多人在线角色扮演游戏。这里有两个含义：大型、大规模和在线。也就是，魔兽世界是超时空的实时网络游戏。

魔兽玩家在其中可以产生一种在虚拟世界的参与和互动体验。在这个过程中，虚拟世界会导致真实世界的幻觉，影响对真实世界的感觉和意识。最终，"魔兽"体系，颠覆了人们或者因传统，或者因主流教育灌输的各种观念，提供了一种新的世界观框架。

杨修这本书聚焦《魔兽世界》在中国"如火如荼"的那段时光，即 2005 年至 2007 年前后。所谓"如火如荼"，是因为其间中国有众多人口直接或间接卷入《魔兽世界》：2005 年 3 月，中国开始《魔兽世界》国服测试，同年 6 月正式商业化运营。

"《魔兽世界》国服公测阶段就突破了同时在线人数 50 万大关，创造了最快破 50 万的历史纪录。2007 年 1 月 11 日，《魔兽世界》的全球玩家人数已经超过了 800 万，其中有来自中国的 350 万玩家，距离国服正式商业化运营仅仅一年半时间。2008 年 4 月 11 日，中国服务器最高在线人数已经达到 100 万大关。"

请注意，千万不要小看 350 万这个数字。在中国，《魔兽世界》玩家主体是 80 后男性。有人做过计算，中国在 1980—1989 年出生的 80 后人数大约是 2 亿。如果按照当时的城市化率 40% 来算，城市 80 后大约是 8000 万，男性不足 4000 万。那么，350 万占其 11% 至 12% 之间。如果加上被间接影响的家长、老师和 90 后，那么，总人口应该不少于 1 亿。如果计算《魔兽世界》以小时为单位的时间和以千瓦为单位的电力消耗，一定是相当可观的数字，也就是说，它对那个时期的 GDP 高增长也做出了贡献。

2005 年至 2016 年不是久远的历史。我相信，很难找出在此期间，有超过《魔兽世界》对青少年的影响力的事件。问题是，为什么《魔兽世界》可以产生这样大的影响力？甚至引发了所谓的"网瘾战争"？

对此，杨修做了探讨。（1）有单机游戏作为铺垫，在游戏上线之前已经积累了足够数量的"死忠粉丝"。（2）强大技术引擎支撑，奉献了前所未有的恢宏画面和细节处理，开启了新的"烧硬件"游戏时代。（3）新空间的构建，世界地图大气、地形变化明显。（4）逻辑合理的任务线及故事线，比较成功的人物形象塑造。（5）新的价值观。虽然联盟阵营受基督教文化的影响，而部落阵营的萨满有着原始宗教的痕迹，但不论是联盟、部落的英雄，还是正面和反面角色，共同符号是骑士精神。即使角色分工也要符合这一价值观。（6）玩家可以在一个不同的世界冒险，遇到不同的人和事的体验，以及刺激观察、接触和参与"世界事件"的激情。

在《魔兽世界》上述六个特质中，"参与体验"尤其重要。"参与体验"超过了原本文学作品创造出的"代入感"。因为，"参与体验"不仅是共鸣、感同身受，而且赋予了玩家身份和使命，在与他人的互动中，影响了所参与的历史事件的过程与结果。

几乎在《魔兽世界》的巅峰时期，在1997年至2007年的十年间，J.K.罗琳（Joanne Rowling，1965—  ）的《哈利·波特》（Harry Potter）小说及其改编的电影也席卷全球。据2013年的统计数据，各种《哈利·波特》的版本总销售量为4亿—4.5亿本。但是，《哈利·波特》的主体形态不是游戏，其读者和观众不是玩家，没有参与和体验，没有对特定的社会群体构成改造。

毫无疑问，《魔兽世界》所提供的正是中国文化的稀缺资源。在80后完成初等教育和进入高等教育期间，中国的文化资源相对畸形。在学校，刻板的教材所提供的社会和历史视野是苍白和狭窄的。在社会上，武侠小说影响甚巨，武侠电影和游戏全面兴起，且为学院派和体制所接纳。但是，武侠作品都是"籍武行侠"，或为恩，或为仇，人在江湖，身不由己，充满阴谋诡计。结局一般都是金盆洗手，隐遁江湖。对于成长于 20 世纪 90 年代和 21 世纪之初的 80 后来说，一方面，他们看到了武侠文化对父辈的影响，另一方面，这种没有开拓历史大格局，缺少超级英雄的文化形态，及其背后的价值观念没有吸引力，已经不能满足他们的想象力。

所以，当以互联网技术为基础，提供超越宗教、东西方文化和超意识形态的精神，重新构建了全新的虚拟历史故事的《魔兽世界》横空出世，对于 80 后来说，产生的冲击力是不可避免的。《魔兽世界》所展现的虚拟历史，要比历史教科书所呈现的历史更"真实"、更震撼。

有研究显示，《魔兽世界》玩家的知识水平远高于其他网络游戏，具有一定的独立思考能力和强烈的表达观点的诉求，他们对于《魔兽世界》所包含的文化基因尤其敏感。

所以，中国 80 后在成为《魔兽世界》玩家的同时，《魔兽世界》所包含的文化基因已经"嵌入"其中。所以，《魔兽世界》犹如一道清风，抚慰了中国玩家受伤的心灵。一旦《魔兽世界》文化基因"嵌入"，就会影响甚至改变原本文化基因的"遗传"和"变异"机制。因为《魔兽世界》玩家接受了杀龙点数（Dragon Kill Point，缩写 DKP）制度，以大工会为单位，按照个人的参与和表现给予一定的分数，于是开启和加速中国从"典型的熟人社会向陌生人社会"，"用遵守规则建立互信来取代关系远近形成互信"，建立现代商业社会基本前提的转轨。因为《魔兽世界》，人类形成了新的话语体系。因为上帝为了阻止人类建立巴比塔计划，让人类说不同的语言而无法沟通的历史可能逆转。因为《魔兽世界》，80 后的整体性"寂寞"得到改变。

其中，最有历史意义的是，因为《魔兽世界》，80 后这代人的世界观再难以为任何"主义"和"意识形态"所束缚。《魔兽世界》的核心理念就是自我意识。如"魔兽"故事原作者克莉丝蒂·高登

（Christian Gordon，1963—　　）在《萨尔：巨龙的黄昏》（*Thrall: Twilight of the Aspects*）中所说："我就是我。无论是痛苦还是喜悦，我就是我。"（"I am who I am. Whether in joy or in pain. I am who I am."）

是的，《魔兽世界》的巅峰时光已经过去。"魔兽"可以算是一所学校，培育了一代具有"骑士精神"的学生。80 后这代人，即使与《魔兽世界》渐行渐远，但是，《魔兽世界》所包含的基因，却已经深深嵌入他们的身体之中，与血液融合。

只要有可能，就会爆发性地显现。《魔兽》电影在 2016 年 6 月 8 日零点首映，创造了 5000 万票房，上映 5 日即突破 10 亿。之后虽显后劲不足，但是，《魔兽世界》基因的顽强存在则是毫无疑问的。

在现代游戏理论中，最有代表性的是弗洛伊德代表的"心理分析学派"。他主张游戏的目的是实现愿望的满足。还有就是"认知学派"的代表人物皮亚杰（Jean Piaget，1896—1980），其主张游戏的目的是促进个体认知上的发展。

"魔兽"过去二十多年的历史证明，这个基于"大型多人在线角色扮演游戏"，同时具备了"心理分析学派"和"认知学派"所提出的游戏功能。"魔兽"为现代游戏理论提供了前所未有的丰富案例。除此之外，"魔兽"也证明了"虚拟经济"的存在。"魔兽"对互联网技术和经济的刺激和推动，还没有得以充分估计。将来，也许会有人建立一门称之为"魔兽学"的学科。

如果说杨修记录的仅仅是《魔兽世界》在中国的那个辉煌时刻是不够的，因为这本书还讲述了那个时刻中国社会遭遇的扭曲和险些分裂。如果说这本书反映了那个 80 后的青春群体对《魔兽世界》的"乡愁"，也是不够的，因为我们从中看到的是他们对理想始终不渝地坚持和思考。

"魔兽"是一个百科全书式的体系，也是当代全球性的一部传奇。

这个传奇故事并没有结束。在《魔兽》官方电影前传的最后，杜洛坦有这样寓意深刻的一段话："明天太阳露脸时，我们将踏出下一趟旅程的第一步，新的家园正在等候。"

杨修以"王权没有永恒"作为书"尾声"的标题，说得好！历史已经证明，且还会继续证明：不论是技术的，还是经济的、政治的"王权"，都没有可能挑战永恒。

# 后 记

2022 年 11 月 30 日，星期三，OpenAI 网站正式发布了 ChatGPT。ChatGPT 是基于 GPT3.5 的改进和优化，通过调用真实数据及人类反馈，实现强化学习训练。<sup>①</sup> 这一天是人工智能历史上的重要里程碑。支持人工智能生成内容则是可以处理多种自然语言任务大语言模型。从此，开启了 AIGC 的历史阶段。北京时间的 2022 年 12 月 1 日，中文媒体开始报道 ChatGPT 的消息。遗憾的是，其时新冠病毒继续肆虐，一般民众顾不得关注 AIGC 的突破和意义。

几乎是当天，仅凭 OpenAI 网站公布的 ChatGPT 的有限信息，我已强烈意识到语言大模型的技术突破，不仅得以实现深度学习，还会极度加速人工智能的演变进程。我的内心是激动的。12 月 5 日，我曾写道：ChatGPT 的发布是 21 世纪以来最重大的事件之一，人工智能终于在今天修成正果。人工智能"幽灵"真的来了，好比《共产党宣言》问世造成的冲击和触动。

2022 年 12 月 7 日一早，我乘高铁前往上海。途中，就 ChatGPT

---

① 2022 年 11 月 30 日电 OpenAI 发布的 ChatGPT 白皮书的原文是 "ChatGPT is fine-tuned from a model in the GPT-3.5 series, which finished training in early 2022。"

做了当时所理解的录音发言：ChatGPT 是一个全新的工具，一个可以扩张的工具，一个大众工具。从此以后，可以实现人的任何自然语言与人工智能的直接交流。大语言模型就是通过人工智能生成内容的中介，颠覆传统的软件模式。所谓大语言模型的大，就是指参数规模，将如同孙悟空的金箍棒，可不断变大、再变大。当天下午，抵达上海，不顾疲劳，我前往一位律师朋友的办公室，在白板上，写满自己对大语言大模型的理解和认知，呼吁大家高度重视 ChatGPT 的出现和发展。遗憾的是，与会朋友的兴奋点还停留在元宇宙技术上。我的热情未得到足够回响，颇有失望的感觉。

次日，我在《商业周刊 / 中文版》年会演讲中，介绍了刚刚问世的 ChatGPT。12 月 9 日，我担任学术与技术委员会主席的横琴粤澳深度合作区数链数字金融研究院推出题为《ChatGPT，开启科技狂飙时代》的公众号文章。其中写道："ChatGPT 能够成为一个大众工具，被来自不同社会层级的人广泛运用到所有的领域。"与此同时，我准备在上海组织一个关于 ChatGPT 的小型研讨会，因 12 月 10 日染上新冠病毒，不得不作罢。

待我从新冠病毒感染中康复，已是 2023 年春节前后。其间，与世隔绝。ChatGPT 和 AIGC 成了我的"心病"。2023 年 2 月，我为杜雨和张孜铭所著的第一本 AIGC 专著《AIGC：智能创作时代》撰写了长篇序言《AIGC 和智能数字化新时代——媲美新石器时代的文明范式转型》。

进入 2023 年 3 月，在中文媒体上，大模型、ChatGPT、AIGC、深度学习等概念和相关信息和知识得到快速传播，人们开始关注随时可能推出的 GPT-4。我开足马力，全身心投入 AIGC 的潮流之中。3 月 10 日，我和苇草智酷组队考察百度文心一言模型，并就文心一言模型与 ChatGPT 的差距发表了看法。3 月 14 日至 15 日，我与一个元宇宙团队合作，在北京召开国内首届"TopAIGC + Web3 创新大会"。

会议形成《TopAIGC 共识》。该文结语是"此时此刻，我们需要以开放的心态，从宇宙的视角和大历史的视野，认识和拥抱 AIGC 技术，避免在人工智能领域的虚无主义和激进主义，将科技创新作为伴随人类进步的常态，迎接智能经济和智能社会的曙光，迎接人工智能的春天"。第二天凌晨，OpenAI 发布了 GPT-4。简直是惊人的巧合。会议议程为此立即加以调整，添加讨论 GPT-4 相关内容。我发表题为"认知和思考 GPT-4 的若干关键问题"讲话。3 月 21 日，会同中国科技产业促进会，又在杭州组织召开了一场"未来科技发展战略小型研讨会"。会上，我系统讲解了人工智能从 1956 年达特茅斯学院人工智能会议到 2022 年 ChatGPT 的演变历史，以及我对 AIGC 未来发展方向的看法。没想到，在浙江我又感染了严重的流感。

自 2022 年 12 月至今，已两年多，寸阴尺璧，惜时胜金，我不断加大学习人工智能的强度，拓宽认识人工智能的宽度，理解人工智能的深度。我的思想、心血和情感与人工智能交织缠绕，不可名状。时有夜不能寐。很多文章的思路形成于早晨、深夜、梦中与旅途中。这是一段独特的心路历程。

据不完全统计，我关于人工智能的学术论文、序言、推荐语、会议发言、采访，以及与合作伙伴的谈话，最终体现为 139 篇文章约 40 余万字。[①] 其所涉及的领域相当丰富，包括人工智能历史、人工智能的哲学解读、人工智能与经济学、人工智能与科学研究，以及人工智能与教育和艺术。我努力在人工智能领域留下自己的足迹。

1967 年，美国著名科幻大师罗杰·泽拉兹尼（Roger Zelazny，1937—1995）的小说《光明王》（*Lord of Light*）出版。主角是一群坚

---

① 在 2022 年 12 月至 2024 年 12 月期间，作者在人工智能领域的活动包括 83 次会议发言、11 次采访、17 次与合作伙伴的谈话、10 篇序言、4 篇推荐语、14 篇其他相关写作。最终形成 139 篇文字，约 40 万字。

信通过改变社会对技术的态度来实现改变社会的革命者。泽拉兹尼称他们为"加速主义者"。从此加速主义的影响日益扩大，逐渐成为一种理念和思潮。2013 年，亚历克斯·威廉姆斯（Alex Williams）与尼克·斯尼斯克（Nick Srnicek）在"法律批判思想"（Critical Legal Thinking）平台上发表《一种加速主义政治的宣言》（"Manifesto for an Accelerationist Politics"）。该宣言的核心思想是，如今的资本主义制度已成为技术生产力的桎梏，因为"生产过程的日益自动化"，其中包括"智识劳动"（intellectual labour）的自动化，加剧了资本主义危机。所以，人们应该建立基于加速主义理念的"智识平台"，重新构建数学模型和配置科技成果，实现未来的解放。无论关于未来主义的评价存在多少分歧，人工智能的持续发展无疑为加速主义提供了强有力的支持。人工智能呈现的开放式的、多元式和爆炸式的演进，确实加剧了对工业革命以来所建立的经济、政治和社会制度的解构。有些朋友称我属于"科技加速主义者"。我没有反驳。

人工智能推进科技奇点的到来，似乎不存在任何悬念。2024 年是图灵去世 70 周年，人工智能今天的发展，绝非图灵所能想象的。现在来看，任何阻碍人工智能发展的努力都将被证明是徒劳的。2024年 3 月 29 日，我在一次演讲中明确地说，人工智能正在逼近"奥本海默时刻"。人工智能技术，如同奔流到海的河流。在校对本书稿时，读到了一则消息："MIT 打破 Transformer 霸权！液体基础模型刷新SOTA，非 GPT 架构首次显著超越 Transformer"。虽然相关技术有待时间和专业性验证，但是，人工智能大模型将面临技术多元化突破，实现更小内存占用和更高效的推理能力的平衡，无疑是未来的方向。还有一条消息，人工智能正在加速与核能结合，重启核能浪潮，以解决人工智能算力的能源需求。谷歌和甲骨文已经行动。奥特曼正在等待核聚变技术突破。

在不同的时代，有着创造历史的不同方式。人工智能真的在加速对人类社会的全方位改变和改造。对于为人工智能今日成就做出开创性贡献的那些人，包括同代人的杰弗里·辛顿以及年轻一代的山姆·奥特曼，我确实充满敬意，是他们通过人工智能彻底地改变了历史的方向。2024 年 10 月 8 日，我从媒体上得到消息，辛顿和约翰·约瑟夫·霍普菲尔德（John Joseph Hopfield，1933—　）获得 2024 年的诺贝尔物理学奖。在我看来，实至名归。

现在，呈现给读者的《第三种存在》，就是基于上述 139 篇文章，通过选辑、合并、删减和修订，形成 36 篇文章，力求覆盖迄今为止人工智能发展的主要方面，集结为一本具有有机关联性的著作。全书分为四章：第一章：人工智能与哲学；第二章：人工智能与具身智能的崛起；第三章：数智融合与经济重构；第四章：人类文明与人工智能。本书书名《第三种存在》，是将人工智能作为独立于物理存在与精神存在的"第三种存在"。现在，人类正在开始向"第三种存在"迁徙，获得一种超越过去单纯物质和精神存在的感觉和体验。

客观而言，这本书并非典型的学术著作，与其说是关于人工智能的文章和演讲的集结，不如说是在加速主义状态下人工智能历史进程的一种历史记录，体现了我关于人工智能的思想特质、情感和立场，也包含了我对于人工智能改变人类命运的关切和期许。在漫长的学术生涯中，我始终认为，基于论文所集结的专著质量常常优越于具有完整加工设计的专著。因为前者的每篇文字都是严谨的和精致的。后者则受制于所谓架构，为了追求所谓的完整体系，很多文字缺乏实质内容。

本书得以出版，绝非我一人之力可为。首先，感谢中译出版社。中译出版社前社长乔卫兵是这本书的第一推动者，确定本书主题。感谢刘永淳社长对本书的推动和修订建议。第二，感谢中译出版社编辑龙彬彬，为本书结构设计所做的贡献，以及大量的编辑校对工作；第三，感谢我的团队工作人员张爽和袁洪哲参与本书资料与文献的整理，特别是袁洪哲在本书英文目录翻译、索引和校对等方面的细致工作；第四，感谢广州美术学院张啸教授及团队成员卢毅涵和廖冬凌设计本书封面。

本书中涉及很多近年来流行于科技前沿，特别是人工智能领域的以英文表述的全新概念。对这些概念，主要采用了三种处理方式：直接用中文替代，例如人工智能替代英文的 AI；直接用英文，例如 Transformer 难以找到准确中文对应；译成中文，但是翻译对应词汇过多，均无法准确表达其英文内涵，故仍旧使用英文，例如 token。

本书定稿于 2024 年 10 月。当读者可以翻阅本书时，应是 2025 年初春。前后四、五个月时间，人工智能从技术到应用，又有了一系列重大突破。庆幸这本书没有在短时间内过时和陈旧之虞。我希望读者从这本书中，不仅读到我对人工智能的学习、理解，以及发展趋势的判断，而且希望读者感觉到我对人工智能的某种期许和信念。人工智能一路走来，其背后的精神力量是超乎想象的，也会常常为人们所低估，甚至忽略。人工智能已经开始对人类观念、思想和精神世界的全面渗透和改造。

2025 年新年伊始，人工智能大模型创新大爆发。2025 年 1 月 3 日，DeepSeek 正式发布 DeepSeek V3。2025 年 1 月 20 日，DeepSeek 发布 DeepSeek R1 系列（包括 R1–Zero 和 R1）。其中，R1–Zero 作为底层模型，完全依赖强化学习（RL）自主训练，未采用传统监督微调（SFT）；R1 则是基于 R1–Zero 进行对齐和优化的版本，更适合实际场景。R1–Zero 和 R1 均开源发布，遵循 MIT 协议，即支持用户自由修改、分发及模型蒸馏。DeepSeek 的 V3 和 R1 系列不仅引发了国内外人工智能领域的高度关注和多维度评估，而且吸引民众体验式参与。没过几天，2025 年 1 月 29 日，阿里通义 Qwen 发布了 Qwen2.5–

Max 模型。该模型多基准测试反超 DeepSeekV3，在知识理解、推理能力和多模态能力方面表现出色。同一天，微软宣布将发布 NPU 优化版的 DeepSeek-R1，将其引入 Copilot+ PC 电脑中。2025 年 2 月 1 日，OpenAI 正式上线了 o3-mini 系列模型。o3-mini 被认为是 o1-mini 模型的继任者，具有快速推理能力，以及具有改变成本与智能正相关的潜力。如果从 2024 年 5 月发布 GPT-4o 算起，至今不过 10 个月；若是从 OpenAI 于 2024 年 9 月发布 o1 算起，不过 4 个月。但是，人工智能的发展和迭代已经让人们产生恍如隔世的感觉。可以预见，在 2025 年，人工智能大模型将面临包括知识、代码、推理等领域的全方位挑战，大模型的创新和应用的加速度势不可挡。人工智能已经进入 AIG 和 ASI 的混合生长的历史新阶段。

最后，我想以自己在 2023 年一场 AIGC 主题活动上与图灵先生的跨时空对话中的一句话作为结束："图灵先生，我想与你一起重温苏格兰自然历史学家达西·汤普森的一句名言，'万物是其所是，因它就是如此。'您是第一位指出人工智能'是其所是'的先知，今天的人工智能发展至如此境地，本应如此。这个世界存在一种超越人类智慧的大设计。"

谨以此书献给自图灵开始，数十年来在全球范围内为人工智能做出贡献的思想家、科学家、工程师、发明家和实业家。

朱嘉明

2025 年 2 月 6 日于北京

# 索 引

1957）P*009*、004、005、017、036、037、130、131
图灵（Alan Mathison Turing，1912—1954）P*010*、*011*、004、008、011、012、015、024、026-028、036-038、041、043、054、063、066、079、082-085、095、130、131、135、245、300、302、493、495
荣格（Carl Gustav Jung，1875—1961）P*018*
帕特里克·克里森（Patrick Collison，1988—　）P*019*
贾斯汀·约翰逊（Justin Johnson）P*015*
黄仁勋（Jensen Huang，1963—　）P*015*、*020*、118、119、137、306
惠勒（John Archibald Wheeler，1911—2008）P*020*、268
马克思（Karl Marx，1818—1883）P*027*
恩格斯（Friedrich Engels，1820—1895）P*027*
尼尔斯·玻尔（Niels Bohr，1885—1962）P002
霍布斯（Thomas Hobbes，1588—1679）P003
莱布尼茨（Gottfried Wilhelm Leibniz，1646—1716）P003、034、043
亚里士多德（Aristotle，公元前384—公元前322）P004
乔治·布尔（George Boole，1815—1864）P004、088
麦卡洛克（Warren Sturgis McCulloch，1898—1969）P005、012、028、030、036、099
皮茨（Walter Harry Pitts，Jr.，1923—1969）P005、012、028、030、036、037、099
爱因斯坦（Albert Einstein，1879—1955）P007、037、052、113、419
维特根斯坦（Ludwig Josef Johann Wittgenstein，1889—1951）P007、008、010、039、040、042、043、424
韦弗（Warren Weaver，1894—1978）P009
约翰·塞尔（John Rogers Searle，1932—　）P009
泽农·派利夏恩（Zenon Walter Pylyshyn，1937—2022）P013、031-033
纽厄尔（Allen Newell，1927—1992）P014
西蒙（Herbert Alexander Simon，1916—2001）P014
艾萨克·阿西莫夫（Isaac Asimov，1920—1992）P014、045、067、478
哥德尔（Kurt Friedrich Gödel，1906—1978）P015、027、036、037
王浩（1921—1995）P015
卡哈尔（Santiago Ramón Y Cajal，1852—1934）P016
谢灵顿（Charles Scott herrington，1857—1952）P016
艾略特（Thomas Renton Elliott，1877—1961）P016
戴尔（Henry Hallett Dale，1875–1968）P016
辛顿（Geoffrey Everest Hinton，1947—　）P019、046、054、077、096、097、112、113、178、184、403、494
谢诺夫斯基（Terrence Joseph Sejnowski，1947—　）P019
鲁姆哈特（David Everett Rumelhart，1942—2011）P019